Robert Sommer

Diagnostik der Geisteskrankheiten

Für praktische Ärzte und Studierende

Robert Sommer

Diagnostik der Geisteskrankheiten
Für praktische Ärzte und Studierende

ISBN/EAN: 9783743452657

Hergestellt in Europa, USA, Kanada, Australien, Japan

Cover: Foto ©berggeist007 / pixelio.de

Manufactured and distributed by brebook publishing software (www.brebook.com)

Robert Sommer

Diagnostik der Geisteskrankheiten

DIAGNOSTIK

DER

GEISTESKRANKHEITEN

FÜR

PRAKTISCHE ÄRZTE UND STUDIRENDE

VON

Dr. med. et phil. ROBERT SOMMER

PRIVATDOCENT AN DER UNIVERSITÄT WÜRZBURG

MIT 24 ILLUSTRATIONEN

WIEN UND LEIPZIG

URBAN & SCHWARZENBERG

1894.

VORWORT.

Die vorliegende Schrift soll weder ein „Lehrbuch“, noch ein „Compendium“ sein, d. h. nicht eine mehr oder weniger ausführliche Uebersicht über den Stand der Wissenschaft. Während der Verfasser eines Lehrbuches sich Mühe gibt, Alles möglichst vollständig und übersichtlich zu registriren, war ich darauf bedacht, Alles wegzulassen, was für die psychiatrisch-diagnostischen Aufgaben des praktischen Arztes nicht in Betracht kommt.

Vor Allem lag mir daran, die diagnostischen Gedankengänge, die wir in praxi wirklich gehen, zum Verständniss des praktischen Arztes zu bringen, oder vielmehr seiner Erinnerung an die früher gehörte Klinik zu Hilfe zu kommen. Es handelte sich mir also nicht um eine vollständige Registrirung des Wissens, sondern um einen Unterricht in der Methode der psychiatrischen Diagnostik. Diese Uebung im Diagnosticiren wird nun, wenn man einigermassen einen Ersatz für die Wirklichkeit der Klinik bieten will, am besten erlangt durch eine kritische Analyse von thatsächlich beobachteten Fällen.

Allerdings kann ein derartig beschaffenes Buch weder die wirkliche Klinik ersetzen, noch mit den eigentlichen Lehrbüchern der Psychiatrie in Concurrenz treten, wohl aber wird es vielleicht dem in der psychiatrischen Klinik unterrichteten Arzt oder Studenten ein Uebungsbuch für die Praxis sein können.

Die Hauptgefahr für den Arzt bei der Auffassung von psychiatrischen Bildern besteht, wie es bei der öfteren Lectüre von psychiatrischen Gutachten praktischer Aerzte deutlich wird, darin, dass nach der oberflächlichen Aehnlichkeit die einzelnen Fälle in eine bestehende Kategorie gebracht werden, mit der sie blos symptomatische Verwandtschaft haben. Wenn zum Beispiel ein Mann im

mittleren Alter hypochondrische Ideen bekommt und gleichzeitig
Gedächtnissschwäche zeigt, so wird er leicht wegen des ersten Symptoms unter die Kategorie Hypochondrie gebracht werden, während
vielleicht eine genaue Untersuchung tabische Symptome gezeigt und
die Diagnose auf progressive Paralyse sichergestellt hätte.

Oder wenn Jemand an Gehörstäuschungen mit Wahnbildung
erkrankt, so wird er nach der symptomatischen Aehnlichkeit für
paranoisch erklärt werden, während die richtige Beachtung des
Tremors auf die alkoholistische Ursache der acuten Geistesstörung
geführt hätte. — Darauf kommt es mir nun vor Allem an, zu
zeigen, wie die psychiatrischen Diagnosen nur aus kritischer Abwägung der Symptomencomplexe, nicht aber blos aus der Aehnlichkeit einzelner Symptome mit bestimmten Krankheitsbildern abgeleitet werden müssen. Vielleicht bedeutet diese Art der Behandlung
einen kleinen Fortschritt auf dem Wege von der rein symptomatischen zur pathogenetischen Auffassung der Krankheiten,
welchen die Psychiatrie ebenso wie die anderen Fächer der klinischen
Medicin zu gehen hat.

Als Grundlage für diese analytische Arbeit stand mir das reiche
Krankengeschichtsmaterial der psychiatrischen Klinik in Würzburg
zur Verfügung. Ich habe allerdings davon grösstentheils nur selbst
beobachtete Fälle verwendet. Andererseits habe ich aus meiner Thätigkeit als Nervenarzt diejenigen Beobachtungen herbeigezogen, welche
geeignet erschienen, den psychischen Factor der körperlichen Krankheiten, speciell der durch Trauma bedingten, für
den praktischen Arzt in's richtige Licht zu setzen. — Illustrationen
sind ausschliesslich zur speciellen Verdeutlichung der analysirten
Fälle, nie als blosse Schemata oder Typen verwendet worden. Für
die Bereitwilligkeit zu ihrer Herstellung glaube ich der Verlags-
buchhandlung meinen Dank aussprechen zu müssen.

Die allgemeine Psychopathologie ist in dem Buche zwar nicht
in extenso, wohl aber, wenn auch nur theilweise, implicite enthalten. An einigen Punkten habe ich allgemein psychopathologische
Auseinandersetzungen eingestreut, und zwar an denjenigen Stellen,
an welchen sie durch die darauffolgenden Analysen specieller Krankheitsbilder die richtige Beleuchtung bekommen konnten. Dem Kun-
digen wird es nicht entgehen, dass ich dabei einige eigene Ansichten,
z. B. über die Verknüpfung psychopathischer Symptome, in eine einfache didaktische Form gekleidet habe, ohne irgend welche Polemik

zu treiben, welche für den Lernenden ganz werthlos gewesen wäre. Zu dem Weglassen eines besonderen Theiles über allgemeine Psychopathologie bewog mich auch folgender Umstand. Es existirt schon seit 1888 für die Hörer der hiesigen psychiatrischen Klinik ein von Herrn Professor *Rieger* verfasster gedruckter Leitfaden, welcher, abgesehen von einer kurzen Classification der Geisteskrankheiten, wesentlich nur die allgemeine Psychopathologie behandelt. Dieser Leitfaden wird nunmehr wohl veröffentlicht werden.

Den Grundstock des Buches bildet eine Reihe von Vorlesungen, welche ich in den Herbstferien 1892 vor einer Anzahl von Aerzten und Studenten in zwei aufeinander folgenden Cursen über Neurologie und Psychiatrie, oder kurz über Psychoneurologie, gehalten habe.

Möge das aus dem Leben gegriffene Buch dem praktischen Arzte ein Leitfaden sein!

Würzburg, März 1894.

Robert Sommer.

INHALTS-ÜBERSICHT.

EINLEITUNG.

—

Die Gruppirung der Geisteskrankheiten.

Die geistigen Vorgänge im Menschen sind in einer für den menschlichen Verstand unbegreiflichen Weise an einen Theil der Nervensubstanz, nämlich die Grosshirnrinde, geknüpft. Die geistigen Vorgänge stehen jedoch auch mit denjenigen Theilen der Nervensubstanz, welche nicht direct Träger oder Bedingungen der psychischen Vorgänge sind, in so naher Beziehung, dass eine ganz von der Nervenpathologie gesonderte Behandlung der Psychiatrie sich schon theoretisch unmöglich erweist. Auch praktisch greifen nun Nervenpathologie und Psychiatrie so eng in einander, dass eine völlige Sonderung nicht durchzuführen ist.

Wenn man nach einer Gruppirung der Geisteskrankheiten sucht, so handelt es sich also im Grunde darum, diesen ihren Platz im Rahmen der Krankheiten der Nervensubstanz anzuweisen. [1]) Letztere müssen in zwei grosse Gruppen getheilt werden:

A. Krankheiten, bei denen sich eine bestimmte materielle Veränderung der Nervensubstanz behaupten lässt.

B. Krankheiten, bei denen sich keine bestimmte materielle Veränderung der Nervensubstanz behaupten lässt.

Aufgabe der Naturwissenschaft ist es, die zweite Gruppe möglichst einzuengen und durch Erkenntniss der materiellen Veränderungen der Nervensubstanz die erste zu erweitern. Es ist die Pflicht der kritischen Forschung, die Grenzen der zweiten Gruppe nicht voreilig durch Hypothesen zu überschreiten. Man wird in der folgenden Darstellung einige Krankheiten in der zweiten Abtheilung finden, welche öfter schon als Theile des sicheren Gebietes der materiell bestimmbaren Krankheiten angesprochen werden. Ich halte es jedoch für besser, dass einige positive Resultate der Forschung für den praktischen Arzt noch als hypothetisch dargestellt, als dass unfertige Annahmen für feste Wissenschaft erklärt werden.

Innerhalb dieser beiden Gruppen muss die Eintheilung ausschliesslich von localisatorischen Gesichtspunkten im weitesten Sinne geleitet sein. In der materiellen Welt handelt es sich immer zunächst um den Ort oder den Sitz der Störung. Der Fortschritt der ganzen Medicin geht immer aus von der Zusammenfassung ähnlicher

---

[1]) Wie weit ich im Folgenden von *Moebius* und *Rieger* abhängig bin, mag die Kritik entscheiden. *Sommer.*

Krankheitsbilder zu Krankheitsformen, welche symptomatische Einheiten bilden. Darauf folgt die Entdeckung der materiellen Veränderungen in bestimmten Körperorganen bei dem Bestehen dieser Symptomencomplexe und schliesslich folgt das wirklich wissenschaftliche Stadium der Einsicht in die Abhängigkeit der klinischen Symptome von der materiellen Veränderung der Substanz. Genau den gleichen Weg nimmt die psychiatrische Wissenschaft. Allerdings sind wir hier noch mit der klinischen Vorarbeit, nämlich mit der Zusammenfassung gleicher Krankheitsbilder zu symptomatischen Einheiten, beschäftigt. Trotzdem muss aber principiell der localisatorische Gesichtspunkt, die Frage, welcher Theil der Nervensubstanz und in welcher Weise derselbe bei den einzelnen Symptomencomplexen verändert ist, festgehalten werden. Eine Reihe von Uebertreibungen, welche dieses Princip bei leichtfertiger Anwendung in neuerer Zeit in manchen psychiatrischen Veröffentlichungen gefunden hat, darf uns nicht hindern, dasselbe als Endziel der naturwissenschaftlich behandelten Psychiatrie in gleicher Weise wie für die Nervenpathologie hinzustellen.

Vor Allem kommen nun, wenn man den Gedanken bestimmter materieller Veränderung als Eintheilungsprincip festhält, zwei grosse Gruppen von Krankheiten in eine Reihe nebeneinander, nämlich die mit morphologisch nachweisbarer und die mit chemisch nachweisbarer Veränderung der Substanz. Morphologie im weitesten Sinne, d. h. Beobachtung der Gestalt der Theile des Körpers ist das eine grosse Mittel zur naturwissenschaftlichen Erkenntniss. Die anatomische Untersuchung des Nervensystems, welche in letzter Zeit im Vordergrund des Interesses der Psychiatrie gestanden hat, ist nur ein Theil dieser morphologischen Richtung der Wissenschaft. Die andere Hauptmethode, welche zur Zeit kaum in den Anfängen vorhanden ist, ist die chemische Untersuchung der Nervensubstanz. Obgleich in Bezug auf Untersuchungsresultate die anatomische Methode die chemische bisher beiweitem übertrifft, so muss dieselbe doch principiell als völlig gleichberechtigt neben der anatomischen hingestellt werden.

Entsprechend muss bei einer Eintheilung der Psychosen, welche die materielle Veränderung der Substanz im Auge behält, die anatomisch nachweisbare und die chemisch nachweisbare Veränderung in eine Reihe gestellt werden.

Ich habe nun unter dieser Rubrik auch alle diejenigen Erkrankungen untergebracht, in denen sich das Vorhandensein einer chemischen Störung nur aus der Thatsache schliessen lässt, dass der betreffende Symptomencomplex nach Einverleibung eines bestimmten Giftes auftritt.

Diese nicht anatomisch nachweisbaren Erkrankungen, bei denen sich wenigstens die Beeinflussung des Nervensystems durch ein bestimmtes chemisches Agens positiv behaupten lässt, stehen, selbst wenn der die Veränderung der Substanz bedingende Stoff nicht nachgewiesen werden kann, dem naturwissenschaftlichen Verständniss, welches stets die Veränderung der materiellen Beschaffenheit des Nervensystems im Auge hat, ungleich näher als die übrigen „functionellen" Nervenstörungen, und sie müssen als chemisch bedingte mit den anatomisch nachweisbaren Veränderungen in gleiche Linie gestellt werden. Somit erhalten wir folgende Abtheilungen:

A. Erkrankung des Nervensystems mit Veränderung der Substanz.
I. Anatomisch nachweisbare,
II. chemisch bedingte.

B. Erkrankung des Nervensystems ohne nachweisbare Veränderung der Substanz.

In dieses Schema haben wir nun, da wir die Nervenkrankheiten im engeren Sinne hier bei Seite lassen, diejenigen Erkrankungen einzutragen, welche Geistesstörungen bewirken.

Es gehören zu *A* I (Veränderung der Substanz anatomisch nachweisbar): Paralysis progressiva, multiple Sklerose des Hirns, Atrophia cerebri senilis, Hydrocephalus chronicus, ferner alle cerebralen Herderkrankungen, die wir allerdings hier nur soweit berücksichtigen. als sie, abgesehen von isolirten Herdsymptomen, Geistesstörung im engeren Sinne verursachen (z. B. Tumor cerebri, Porencephalie etc.).

Als Anhang zu diesen anatomisch nachweisbaren Erkrankungen der Nervensubstanz, mit denen Geistesstörung einhergeht, müssen wir die im weiteren Sinne morphologisch charakterisirbaren Zustände betrachten, mit denen Geistesstörung oft oder immer verknüpft ist. Hierher gehören: Mikrokephalie, Cretinismus.

Zu *A* II (Veränderung der Substanz chemisch bedingt) gehört die Intoxication durch Blei, Alkohol, Morphium, ferner durch die bei Infectionskrankheiten (Typhus, Variola, Intermittens, Lyssa) gebildeten Gifte, ferner durch Nervengifte, welche vom Körper selbst gebildet werden (z. B. Geistesstörung bei Urämie, Coma diabeticum etc.). Als Anhang sind die Fieberdelirien zu behandeln.

Die zu *B* gehörenden, nicht anatomisch oder chemisch fassbaren Geisteskrankheiten sind am besten einzutheilen, je nachdem sie mehr oder weniger einen endogenen Charakter zeigen oder nicht.

1. Die angeborenen (nicht durch anatomisch nachweisbare Gehirnerkrankung bedingten und nicht morphologisch charakterisirbaren) Schwächezustände (Idiotie).

2. Der primäre Schwachsinn.

3. Das periodische und circuläre Irresein.

4. Die originäre Verrücktheit.

5. Die Paranoia tarda.
Anhang: Die Hypochondrie.

6. Die Zwangstriebe.

7. Die Katatonie.

8. Der hallucinatorische Wahnsinn.

9. Hallucinatorische Verwirrtheit.

10. Die Melancholie und Manie.

11. Hysterie und Epilepsie.

12. Die traumatisch bedingten Geistesstörungen.

Wir haben hier gewissermassen eine Stufenleiter gebildet, die uns am Schluss zu denjenigen Formen von functioneller Geistesstörung führt, welche der Auffassung als endogener Zustände am fernsten stehen, und damit wieder Berührung mit der Gruppe *A* II (materielle, chemisch bedingte Veränderung) bekommen, insofern sich hier etwas über die äussere Ursache der Störung aussagen lässt. Für die Darstellung wird es sich deshalb empfehlen, die sub *B* genannten Zustände in umgekehrter Reihenfolge abzuhandeln.

I. THEIL.

I. Gruppe.

Die progressive Paralyse.

Geschichtliches. Paralyse bedeutet Lähmung. Der Ausdruck: progressive Paralyse ist also eigentlich kein Name für eine Geistesstörung, sondern für jede allmälig fortschreitende „Lähmung", welche sich bei einer Menge von cerebralen Erkrankungen findet, mögen sie nun mit oder ohne Geistesstörung verlaufen. Der Begriff ist nun zunächst auf diejenigen fortschreitenden Lähmungen eingeengt worden, welche mit Geistesstörung verknüpft sind. Es ist sodann die Geistesstörung in den Vordergrund gerückt worden und man hat die Paralysis als Nebenerscheinung der Geistesstörung aufgefasst. Von da an beginnt die wissenschaftliche Geschichte der Lehre von der progressiven Paralyse im psychiatrischen Sinne.

Man kann in dieser Geschichte drei Stadien deutlich unterscheiden. Das erste Stadium war wie immer das symptomatische, welches auf der Beobachtung ähnlicher Krankheitsbilder beruht. Man beobachtete, dass eine Anzahl von Geisteskrankheiten sich im Verlauf mit Zeichen körperlicher Lähmung complicirte. Diese Gruppe von Geisteskrankheiten mit allmälig eintretenden körperlichen Lähmungen wurde von den anderen uncomplicirten getrennt, wie man auch sonst in der Geschichte der Medicin durch das Aussondern kleinerer Gruppen mit einem reicheren Befund von Symptomen Krankheitseinheiten gebildet hat. Der Hauptfortschritt, der in dieser Lehre von der Complication der Geistesstörung mit der Paralyse gemacht worden ist, bestand darin, dass in einer Mehrzahl von Fällen dieser mit Paralyse complicirten Geistesstörungen bei der Section ein starker Hydrocephalus externus gefunden wurde. Damit ging die Entwicklung vom Symptomatischen in's Anatomisch-Localisatorische über. Zugleich wurden die Fälle, in denen sich diese diffuse Erkrankung der Hirnhäute fand, von den Fällen, in denen geistige Störungen und Lähmungen nach Zerstörung bestimmter Gehirnstellen bestanden, die dann ebenfalls durch die Section nachgewiesen werden konnten, abgetrennt.

Es wurde also eine besondere Gruppe von Geistesstörung mit fortschreitenden Lähmungen als Symptom einer chronischen Entzündung der Hirnhäute und der angrenzenden Rindenpartien aufgefasst und so eine pathologisch-anatomische Einheit geschaffen.

Dieser Fortschritt tritt am besten hervor bei *Esquirol* (cfr. Uebersetzung von *Bernhard*, Berlin 1838, Voss, Bd. II, pag. 145), welcher sagt:

„Die complicirte Verwirrtheit ist unheilbar. *Hippokrates* hat' die Complication des Deliriums mit jeder Art von Convulsionen für ein tödtliches Zeichen in acuten Krankheiten angesehen.

Was der Vater der Medicin von den acuten Krankheiten sagte, ist auch auf die Geisteskrankheit, besonders aber auf die Verwirrtheit, anwendbar.

Die Complication der Geisteskrankheiten mit Verletzungen der Bewegung widersteht allen Heilmitteln und hat bald einen tödtlichen Ausgang.

Die soeben erwähnten Thatsachen, sowie die, welche *Calmeil, Bayle, Guislain* u. A. angeführt haben, bestätigen diese traurige Wahrheit.

Im Jahre 1805 machte ich zuerst auf diese traurige Erscheinung aufmerksam und bestätigte die Unheilbarkeit der mit Paralysis complicirten Geisteskrankheit. Diese Paralysis ist häufig das Zeichen einer chronischen Entzündung der Gehirnhäute und darf nicht mit der Paralysis verwechselt werden, die den Gehirnhämorrhagien, dem Krebs, den Tuberkeln, den Gehirnerweichungen folgt.

Sie bricht bald mit den ersten Symptomen des Deliriums, während der so merkwürdigen acuten Periode im Beginn fast aller Geisteskrankheiten aus, bald geht sie dem Delirium voran, bald kommt sie einigermassen zugleich mit ihm zum Vorschein. Mag übrigens die Paralysis sich zeigen, in welchem Stadium es sei, so findet ihr Erscheinen zuweilen ohne beunruhigende Symptome statt; manchmal tritt sie nach Congestionen, hitzigen Fiebern, epileptischen Convulsionen u. s. w. auf.

Sie ist anfangs particll, dann dehnt sie sich auf eine grössere Anzahl von Muskeln aus und wird endlich allgemein. Sie hat einen unaufhaltbaren Verlauf und greift immer mehr um sich, je schwächer die Intelligenz wird. Welches auch der Charakter des Deliriums sei, so zeigt die Paralysis einen schnellen Uebergang der Geisteskrankheit zur chronischen Verwirrtheit an. Selten leben paralytische Geisteskranke länger als 1 bis 3 Jahre und von denselben sterben die stärksten und kräftigsten am schnellsten (?). Beinahe immer werden die letzten Augenblicke dieser Kranken durch Convulsionen, Gehirncongestionen, den Brand, der sich aller Theile bemächtigt, auf welchen der bewegungslose Körper ruht, bezeichnet. Einige Thatsachen werden den Verlauf dieser traurigen Complication deutlicher machen u. s. f."

Das dritte Stadium in der Entwicklung der Lehre von der progressiven Paralyse bestand nun darin, dass ausser den Veränderungen an der Hirnrinde bei der Mehrzahl der an progressiver Paralyse Verstorbenen auch Degenerationen im Rückenmark im Sinne der Tabes dorsalis gefunden wurden. Daraus folgte, dass es sich nicht im Wesentlichen um eine Erkrankung der Hirnhäute oder der Hirnrinde handeln konnte, sondern um eine diffuse Erkrankung des Centralnervensystems, deren einer Theil nur die Erkrankung der Hirnrinde ist.

Für die frühzeitige **Diagnose** der progressiven Paralyse, welche uns vor Allem interessirt, steht die Beziehung zu der Tabes dorsalis und deren Symptomen im Vordergrund des Interesses.

In der Lehre von der progressiven Paralyse macht sich in einer charakteristischen Weise bemerkbar, dass die Diagnostik immer mehr ausgebildet wird, während gegen die oft angegebenen therapeutischen Erfolge immer skeptischer vorgegangen wird. Das wäre nun sehr niederschlagend, wenn nicht in gewissem Sinne bei dieser Krankheit eine frühzeitige Diagnose zugleich eine Therapie in socialer Beziehung oder besser eine Prophylaxe gegen ihre oft fürchterlichen Folgen für die Angehörigen und die ganze menschliche Umgebung des Erkrankten wäre. Die progressive Paralyse ist eben eine Erkrankung, welche nur zum Theil als subjectives Leiden, als Pathos im gewöhnlichen Sinne aufzufassen ist und deren Haupteigenthümlichkeit in ihrer socialen Beziehung liegt, weil in ihrem Beginne durch die Handlungen, welche der Betroffene begeht, ganze Familien und grosse Berufskreise, in denen er vielleicht eine autoritative Stellung einnimmt, in's Unglück gestürzt werden können. Durch die Verschwendungssucht, welche häufig ein anfängliches Symptom bei dieser Krankheit ist, kann die pecuniäre Existenz einer ganzen Familie schon völlig ruinirt sein, bevor klar erkannt wird, dass es sich bei dem Manne, der jetzt, im Gegensatz zu seinen früheren Gewohnheiten, grosse Geldausgaben macht, um den Anfang einer Geisteskrankheit handelt. Durch die Schamlosigkeit, welche bei dem leisen Anfang der Krankheit die gesetztesten Männer und Frauen oft mit einer Art elementarer Gewalt erfasst, kann der gute Ruf des Hauses völlig vernichtet werden, bevor Jemand eine Ahnung von der zwingenden pathologischen Ursache hat.

Durch die Gedächtnissschwäche, welche oft das erste Symptom bildet, kann von Männern in amtlichen und geschäftlichen Stellen eine Kette von unangenehmen Verwicklungen herbeigeführt werden, lange bevor der Ausbruch einer geistigen Störung festgestellt wird. Am schlimmsten können die Verhältnisse sich gestalten, wenn bei Männern, von deren wohlwollendem und vernünftigem Commando das Wohl einer Menge von Untergebenen abhängt, sich die psychische Erkrankung unbemerkt einschleicht und sie sich z. B. in pathologischem Grössenwahn zu tyrannischen und quälenden Handlungen gegen die Untergebenen hinreissen lassen.

Wer als Psychiater die Anamnesen bei seinen paralytischen Kranken von diesem Gesichtspunkt aus erhebt, wird häufig bedauern müssen, dass die Natur der Krankheit erst erkannt wurde, als für den Laienverstand die Thatsache der Geisteskrankheit deutlich vorlag, während gerade die kritische Zeit, in welcher das ärztliche Einschreiten nothwendig war, nutzlos vorübergegangen ist. Dies wird so bleiben, solange sich die genauere Kenntniss dieser social wichtigen Erkrankung auf die meist an die Anstalten gebundenen Irrenärzte und die Specialisten der benachbarten Disciplinen beschränkt und nicht zu einem festen Besitz gerade der Hausärzte geworden ist.

Es wird sich also von Seiten der Psychiatrie zunächst darum handeln, in bestimmten handlichen Sätzen die Principien zu formuliren, nach welchen eine möglichst frühzeitige Diagnose der Krankheit möglich erscheint. Wir wollen deshalb kurz diejenigen Sätze und Regeln feststellen, welche dem praktischen Arzt einen diagnostischen Anhalt zu bieten im Stande sind. Wir haben es also hier zunächst nicht mit einer Schilderung des ausgebildeten Symptomencomplexes der Paralyse zu thun, sondern gerade mit denjenigen Zuständen, welche von der allgemeinen Paralyse, d. h. von dem totalen Verfall der körperlichen und geistigen Kräfte, völlig verschieden zu sein scheinen, aber doch bei genauerem Zusehen das kommende Unheil schon voraussagen lassen.

Da muss nun zunächst im Gegensatz zu der vielfach noch verbreiteten Meinung, welche den exaltirten Grössenwahn sozusagen als das specifische Symptom des paralytischen Gehirnzustandes auffasst, hervorgehoben werden, dass bei allen Formen von psychischer Erkrankung bei Männern im mittleren Alter der Gedanke der Paralyse wenigstens in's Auge gefasst werden muss.

Bald zeigen sich zuerst hypochondrische Verstimmungen oder tiefe, melancholische Depressionen, welche bis zum Suicidium führen können — so dass am Sectionstisch die Differentialdiagnose zwischen Melancholie und progressiver Paralyse zum Austrag kommen kann —, bald zeigt sich im Anfang ein exaltirtes, ideenflüchtiges Wesen, bald beginnt die Erkrankung mit Sinnestäuschungen, welche, ganz wie bei nicht paralytischen Kranken, zu der Ausbildung von Wahnideen führen können, bei Anderen wieder beginnt die Paralyse, ohne dass vorher irgend welche Störungen bemerkt wurden, mit einem Tobsuchtsanfalle, welcher einem nichtparalytischen Tobsuchtsanfall ganz ähnlich sehen kann, wieder Andere zeigen einfachen Verlust der Intelligenz ohne jede stärkere Erregung. Es muss also betont werden, dass das psychologische Bild der Paralyse in ihrem Beginn geradezu proteusartig ist. Der Versuch, in den verschiedenen psychologischen Formen etwas zu finden, was sie von den scheinbar identischen, nicht paralytischen unterscheidet, wird später von mir angestellt werden. Für den Praktiker sind jedoch diese rein psychiatrischen und psychologischen Abwägungen weniger brauchbar, weil sie sich sehr schwer in bestimmte fassliche Formeln bringen lassen und wie alles Psychologische, welches uns durch die Sprache vermittelt wird, viel weniger eindeutig sind als eine bestimmte Gruppe objectiv sichtbarer Symptome. Wir wollen also diese psychologischen Betrachtungen noch zurückschieben und uns zu denjenigen objectiven Symptomen wenden, welche bei gleichzeitiger psychischer Erkrankung die Diagnose auf den Beginn einer progressiven Paralyse ermöglichen, nämlich Sehnervenatrophie, Pupillenstarre und Fehlen des Kniephänomens.

Selbst eins von diesen Symptomen isolirt, ja selbst wenn es nur auf einer Körperseite zutrifft, kann die Wagschale zu Gunsten der Annahme einer paralytischen Erkrankung herunterdrücken. Auf den pathologisch-anatomischen Zusammenhang dieser Symptome mit der paralytischen Gehirnerkrankung einzugehen, fällt zunächst ausserhalb des Rahmens unserer Aufgabe, wir fassen also diese Symptome zunächst rein in diagnostischer Beziehung auf und werden in Folge dessen die Untersuchungsmethode dieser Symptome einer Betrachtung unterziehen müssen. — Von diesen drei Symptomen ist das erste, die Sehnervenatrophie, so speciell ophthalmologisch, dass ich es hier ganz übergehen kann, besonders da eine Fälschung des Befundes unter dem Einfluss der psychisch abnormen Beschaffenheit des zu Untersuchenden nicht geschehen kann. Wohl aber kann das Ergebniss einer Untersuchung auf Pupillenstarre durch das psychisch bedingte Verhalten eines Patienten sehr erheblich beeinflusst werden, so dass die Pupillenstarre viel mehr als die Sehnervenatrophie zur speciellen Domäne der Psychiatrie gehört.

Die vielen Täuschungen über Pupillenverhältnisse kommen wesentlich daher, weil ausser dem Lichtreiz noch ein anderes Moment eine Veränderung der Pupillenweite verursachen kann, nämlich die Accommodation auf verschieden weit entfernte Gegenstände. Wenn ein Mensch, der notorisch lichtstarre Pupillen hat, im Augenblick des vermehrten Lichtreizes seine Augen auf einen viel näheren Gegenstand einstellt, so wird eine accommodative Verengerung der Pupillen auftreten und das Vorhandensein einer reflectorischen Bewegung vorgetäuscht werden. Hieraus folgt der erste Satz, dessen Consequenzen für die Werthschätzung der Untersuchungsmethoden weitgehende sind: Eine Prüfung auf Pupillenstarre ist nur dann als einwandfrei anzusehen, wenn dabei die Accommodationsbewegung der Iris mit Sicherheit ausgeschlossen werden kann. Nun ist von vornherein klar, dass bei psychisch-abnormen Menschen dieser Ausschluss der Accommodationsbewegung viel schwieriger ist, als bei geistig gesunden Personen, denen man einfach sagt, dass sie die Augen nicht bewegen sollen. Denn die Innervation der Recti interni, welcher die accommodative Mitbewegung der Iris associirt ist, steht unter der Willkür des Menschen, welche eben bei geisteskranken Personen mit gewissen Ausnahmen viel schwerer zu beeinflussen ist als bei geistig gesunden. Daher müssen vom Psychiater mehrere Methoden völlig verworfen werden, welche man bei geistig gesunden Personen in der Praxis gern verwendet, z. B. das Verdecken der geöffneten Augen mit der Hand und plötzliches Wegziehen der letzteren. In diesem Falle wird ein geistig Gesunder wohl im Stande sein, die Augen unbewegt zu halten, aber psychisch Gestörte werden meist nach Wegziehen der Hand ihre Augen auf den unmittelbar vor ihnen stehenden Beobachter einstellen und durch die accommodative Bewegung der Iris die auf reflectorische Pupillenstarre gerichtete Untersuchung stören. Entsprechend geschieht es oft, wenn man durch eine Convexlinse concentrirtes Licht schräg von vorn in's Auge fallen lässt, dass die Geisteskranken die Augen auf den Gegenstand richten und dadurch Untersuchungsfehler veranlassen. Wo dies nicht der Fall ist, kann diese Untersuchungsmethode mit Linse und concentrirtem Licht entschieden als eine der besten bezeichnet werden, besonders weil man bei der scharfen Beleuchtung die Bewegung der Iris am besten erkennt. Im Princip muss jedoch für die Pupillenuntersuchung bei Geisteskranken verlangt werden, dass die zu Untersuchenden die Lichtquelle selbst dauernd fixiren und dass der Beobachter die fixirte Lichtquelle nach Belieben verstärken oder abschwächen kann. Erfahrungsgemäss kann man die grösste Menge der Geisteskranken dahin bringen, dass sie einen bestimmten Gegenstand, also z. B. die Flamme einer Gaslampe, eine Weile fest ansehen, wobei man durch Auf- und Niederdrehen der Flamme die Variation der Lichtstärke bewirken kann. Natürlicherweise muss dabei alles stärkere diffuse Licht, also besonders das Tageslicht, ausgeschlossen werden. Nur unter strenger Berücksichtigung dieser Sätze kann man bei Geisteskranken einwandfreie Resultate bekommen, während bei geistig Gesunden eine weniger schematische Methode meist ganz brauchbare Resultate liefert.

Abgesehen von dem gravirenden Symptom der reflectorischen Pupillenstarre muss man mit der Verwendung anderer Abnormitäten der Pupille für die Diagnose der progressiven Paralyse sehr vorsichtig sein. Vor Allem darf nie ein zu grosses Gewicht auf einfache Differenz der Pupillen ohne gleichzeitige reflectorische Starre gelegt werden. Diese einfache Differenz findet sich ebenso wie leichte Verschiedenheit der Facialisinnervation öfter, ohne dass im Mindesten eine paralytische Erkrankung bestünde. Ich nehme dabei an, dass jede peripherische Ursache der Verschiedenheit fehlt und dass es sich um centrale angeborene Innervationsverhältnisse handelt. Entsprechend wie mit der Pupillendifferenz und der Abweichung in der Facialisinnervation verhält es sich mit leichten Differenzen der Hypoglossusinnervation. Man muss sich hüten, auf solche leichte Symptome, selbst wenn sie unter Ausschluss aller peripherischen Gründe auf centrale Zustände deuten, ein zu grosses Gewicht zu legen. Man ist leicht geneigt, den oben gegebenen diagnostischen Satz unter der Hand dahin zu erweitern, dass bei bestehender psychischer Erkrankung gleichzeitige cerebrale Innervationsstörungen irgend welcher Art die Annahme einer paralytischen Erkrankung nahelegen; man würde aber bei dieser Erweiterung in grobe diagnostische Irrthümer verfallen und z. B. viele Epileptische, welche bei bestehender psychischer Erkrankung leichte Innervationsstörungen zeigen, für paralytisch erklären müssen. Der Praktiker muss also vor der übertriebenen Schätzung solcher leichten Symptome gewarnt werden.

Fast jeder angehende psychiatrische Diagnostiker wird ein Stadium durchmachen, in welchem er gerade deshalb manchmal eine falsche Diagnose auf progressive Paralyse stellen wird, weil er diese leichteren Innervationsstörungen besser sehen gelernt hat, ohne schon die nöthige Kritik zu ihrer Werthschätzung zu besitzen. Es ist oft ebenso wichtig, durch richtige Beurtheilung etwas Wohlbemerktes zu einem Nichts zusammenschrumpfen zu lassen, wie andererseits in einer kaum merklichen Erscheinung ihre grosse Bedeutung zu erkennen. Es verhält sich mit diesen leichten Innervationsstörungen wie auf einem benachbarten Theilgebiet der Psychiatrie, nämlich wie mit den Missbildungen. Manche Psychiater sind geneigt, wenn sie an einem Menschen einen etwas façonlosen Kopf, ein Paar angewachsene Ohrläppchen oder eine aus der Medianebene tendirende Nase bemerken, gleich von „psychopathischen Minderwerthigkeiten", erblicher „Belastung" oder, wenn man ganz modern sein will, von „Décadence" zu reden. Diese Schlüsse von leichten morphologischen Abweichungen auf psychische Verhältnisse sind ebenso verkehrt, als wenn Jemand

alle Menschen, welche mit der einen Gesichtshälfte besser lachen
können, als mit der andern, für künftige Paralytiker erklären wollte.
Es muss also betont werden, dass bei bestehender psychischer Erkrankung und bei normalem Befund des Augenhintergrundes, der Pupillen
und der Kniephänomene das Vorhandensein einer leichten Innervationsstörung speciell im Facialis- und Hypoglossusgebiet absolut nicht für
die Annahme der paralytischen Natur der Erkrankung in's Feld
geführt werden kann.

Von fundamentaler Bedeutung dagegen ist die Beschaffenheit,
beziehungsweise das Fehlen des Kniephänomens. — Man sollte aus der
Definition dieses Phänomens zunächst Alles, was sich auf den Reflexvorgang bezieht, weglassen und einfach sagen: Kniephänomen ist die
bei den meisten Menschen zu beobachtende Erscheinung, dass bei
Beklopfen der Quadricepssehne dicht unterhalb der Patella der Unterschenkel durch Contraction des Quadriceps etwas gehoben wird. Durch
diese rein empirisch beschreibende Definition wird man dem Charakter
eines Phänomens, d. h. einer Erscheinung im stricten Sinne, am besten
gerecht. Wer die verschiedenen möglichen Störungen des Kniephänomens im Anschluss an das gewohnte Schema über die reflectorischen
Vorgänge systematisch darstellen wollte, würde in Bezug auf die
praktischen Verhältnisse eine grosse Lücke lassen, weil oft bei ganz
normalem Reflexvorgang doch keine Bewegung des Unterschenkels,
also kein Phänomen zu Stande kommt. Dies wird stets dann der Fall
sein, wenn das Bein in irgend einer Winkelstellung willkürlich festgehalten wird, so dass die reflectorische Reizung des Quadriceps die
willkürliche Spannung der Antagonisten nicht zu durchbrechen
vermag. Dieses willkürliche Spannen, welches schon bei geistig
Gesunden oft getroffen wird, ist nun bei Geisteskranken fast die
Regel, so dass der Mangel des Kniephänomens vorgetäuscht
und eine falsche Diagnose veranlasst werden kann. Es wird also
in diesem Falle der Quadriceps bei normalem Reflexvorgang und
behinderter Bewegung des Unterschenkels isometrisch bleiben, aber
einen anderen Spannungszustand annehmen.

Man muss deshalb bei psychisch Gestörten noch viel mehr als
bei geistig Gesunden auf völlige Ablenkung des Untersuchten von
den Manipulationen an seinem Knie bedacht sein. Man kann ihn zu
diesem Zweck entweder in einem anderen Muskelgebiet motorisch
beschäftigen, z. B. durch den bekannten *Jendrassik*'schen Handgriff, oder
durch eine sonderbare Handhaltung, oder durch Bewegungen mit dem
Kopf, oder man kann ihn mit geschlossenen Augen zählen, rechnen etc.
lassen. Hier ist der Erfindungsgabe des Untersuchenden völlig freies
Spiel gelassen.

Um nun über die Contraction eine sichere Controle zu haben,
ist es bei der Untersuchung des Kniephänomens bei Geisteskranken
absolut nothwendig, den Quadriceps bei der Ausübung des Schlages
auf die Sehne mit der anderen Hand zu palpiren. Man wird dann
öfter die reflectorische Innervation, beziehungsweise Contraction des
Muskels direct fühlen, während das „Phänomen" im empirischen
Sinne völlig fehlt.

In einer Reihe anderer Fälle wird das Phänomen fehlen, weil
der Reflexbogen an irgend einer Stelle ausserhalb des Rückenmarkes

selbst unterbrochen ist, oder weil der Muskel selbst erkrankt ist und deshalb den reflectorisch zugeführten Reiz nicht beantwortet. Das Fehlen des Kniephänomens ist also bei bestehender Geisteskrankheit nur dann als pathognomonisch für eine paralytische Erkrankung anzusehen, wenn nach Ausschluss aller anderen Ursachen auf einen pathologischen Zustand des Rückenmarkes geschlossen werden kann. Hierbei muss bemerkt werden, dass nicht jede Unterbrechung dieses Reflexbogens im Rückenmark an sich schon pathologisch ist, sondern dass nur, wenn die Unterbrechung eine pathologische ist, bei bestehender Geisteskrankheit auf Paralyse geschlossen werden darf. Es kommen nämlich einige Fälle vor, wo auf Grund eines angeborenen Nerven- zustandes bei einem Menschen die Patellarreflexe fehlen oder sehr schwach sind. Erkrankt ein solcher Mensch dann psychisch, so könnte unter Verwendung des Satzes, dass Geisteskrankheit plus Fehlen des Kniephänomens Paralyse bedeutet, fälschlich diese Diagnose gestellt werden. Und es ist in der That besser, unter starrer An- wendung einer Regel einmal einen diagnostischen Fehler zu machen, als sich z. B. durch ein psychologisches Bild derart beeinflussen zu lassen, dass die progressive Paralyse verkannt wird. Da also die Möglichkeit eines angeborenen Defectes des Kniephänomens manchmal vorliegt, so wird es sich in geeigneten Fällen darum handeln, zu erfahren, ob dieses Fehlen schon zu einer Zeit constatirt worden ist, als von dem Ausbruch einer Nerven- oder Geisteskrankheit noch nicht die Rede war. Wenn z. B. die 40jährige Gattin eines Arztes an einer melancholischen Verstimmung erkrankt und das Fehlen des Kniephänomens festgestellt wird, so wird die Mittheilung des betreffenden Arztes, dass dasselbe bei seiner Frau schon vor 15 Jahren festgestellt wurde, ohne dass sich Tabes anschloss, ent- scheidend sein, um die Diagnose der progressiven Paralyse völlig aufzugeben und vielleicht eine rasche Heilung von einer einfachen Melancholie in Aussicht zu stellen. Im Allgemeinen jedoch sind diese Fälle so selten, dass man fast keinen Fehler machen wird, wenn man nach der obengenannten Regel diagnosticirt.

Es könnte einem höchstens noch passiren, dass man einmal auf Grund der Regel eine progressive Paralyse diagnosticirt, wo die Diagnose „multiple Sklerose" am Platze wäre, weil auch bei dieser Krankheit psychische Störungen vorkommen, und ausnahmsweise, wenn die sklerotischen Herde gerade im Lendenmark sitzen, an Stelle der Steigerung ein Fehlen des Kniephänomens zu Stande kommen kann. Aber in solchen Fällen wird das Vorhandensein anderer cha- rakteristischer Störungen die Differentialdiagnose sicher ermöglichen.

Ausser Sehnervenatrophie, Pupillenstarre und Fehlen des Kniephänomens gibt es drei andere weniger eindeutige Erschei- nungen, welche aber doch für eine sehr frühe Diagnose der progressiven Paralyse öfter in Frage kommen können, nämlich para- lytische Anfälle, leichte Sprachstörungen und Augen- muskellähmungen. Aus der ganzen Menge der motorischen Sym- ptome, welche das fertige Bild der progressiven Paralyse ausmachen, kann man im Uebrigen wohl keines namhaft machen, welches für eine möglichst zeitige Diagnose in Betracht kommen kann.

Auch das fertige Bild der sogenannten „paralytischen Sprachstörung" fällt ganz aus dem Rahmen unserer Betrachtung, weil sie
eben kein Symptom des Beginns, sondern einer vorgeschrittenen Entwicklung ist. Wir haben es hier mit den viel feineren, kaum merklichen Störungen der Sprache zu thun, welche lange, bevor eine
eigentliche „paralytische Sprachstörung" im Schulbegriff vorliegt,
doch schon die paralytische Natur einer Geistesstörung andeuten
können.

Ich hebe zunächst als für den Beginn der Erkrankung bedeu-
tungsvoll die paralytischen Anfälle hervor, die in ihrer Stärke zwischen den Extremen der einfachen Ohnmacht und des schweren apo-
plektiformen Anfalls mit folgender Hemiplegie variiren können. Die
Differentialdiagnose zwischen paralytischem und apoplektischem Anfall bei einem bisher normalen Menschen wird in allen den Fällen
leicht sein, wo sich bei genauer Untersuchung ein anderes paralytisches Symptom, z. B. auch eine vorübergehende ausgeprägt paralytische Sprachstörung, findet. Pupillenstarre kann zwar beim apoplektischen Anfall auch vorkommen, wird aber dann nicht dauernd
anhalten. Wenn jedoch Aufhebung des Kniephänomens nach einem
solchen Anfall bei völliger geistiger Normalität festgestellt wird,
so wird die Voraussage auf eine kommende Paralyse mit grosser
Sicherheit gestellt werden können. Diese initialen paralytischen Anfälle haben oft zur Eigenthümlichkeit, dass sie sich auffallend rasch
bessern, und, da sehr häufig in praxi eine antisyphilitische Behandlung eingeleitet wird, so kann der Anschein erweckt werden, als ob
die Besserung oder angebliche Heilung in einer causalen Abhängigkeit von der Therapie gestanden hätte. Als Anstaltsarzt hat man
jedoch häufig Gelegenheit, paralytische Anfälle zu beobachten, welche
mit grosser Gewalt einsetzen und das Körpergewicht für einige
Wochen stark herunterdrücken, aber doch überraschend schnell und
spurlos verschwinden, ohne dass irgend ein therapeutischer Versuch
gemacht worden wäre. Man kann sagen, dass, wenn ein solcher Anfall von Bewusstlosigkeit mit folgenden Lähmungen auffallend rasch
verschwindet und sich bei scheinbarer geistiger Normalität doch
leichte Spuren von Charakterveränderung und Gedächtnisschwäche
bemerklich machen, dass alsdann der Verdacht auf eine paralytische Erkrankung gefasst werden darf, der sich dann meist
durch das Auftreten eindeutiger Symptome bald bestätigt.

Diese Schlaganfälle im Beginn der progressiven Paralyse haben
forensisch eine grosse Bedeutung, weil meist von den interessirten
Angehörigen aus dem Ohnmachtsanfall, bei dem z. B. eine leichte
Kopfverletzung zu Stande kam, ein Betriebsunfall gemacht wird und
die folgende Geisteskrankheit als Wirkung des Unfalls aufgefasst
wird. Dem gegenüber muss scharf betont werden, dass noch Niemand
hat sicher nachweisen können, dass eine progressive Paralyse in Folge
einer Kopfverletzung, höchstens dass sie in zeitlicher Succession nach
einem vielleicht ganz bedeutungslosen Trauma ausgebrochen sei.
Gerade die pathologisch-anatomischen Ueberlegungen in Bezug auf
die so häufige Verbindung der Gehirnparalyse mit Rückenmarks-
degenerationen sprechen dagegen, dass ein localisirtes Trauma eine
Paralyse bewirken kann. In zweifelhaften Fällen wird man also

immer im Auge behalten müssen, dass solche Ohnmachtsanfälle, welche eventuell zu einer Verletzung geführt haben, nicht Veranlassung, sondern Symptom der beginnenden Paralyse gewesen sein können.

Wir kommen nun zu der Besprechung der Sprachstörung, so weit sie für eine frühzeitige Diagnose der Paralyse in Betracht kommt. Es ist schon darauf hingewiesen worden, dass die eigentliche, schwere paralytische Sprachstörung aus dem Rahmen der gegenwärtigen Betrachtung herausfällt. Hier handelt es sich um viel feinere Störungen, um leichtes Stocken, um eine etwas verlangsamte, monotone Sprechweise, um ein leichtes Zucken der Lippen beim Sprechen, um leichte Erscheinungen, welche oft meist im Gegensatz zu der psychologischen Beschaffenheit, z. B. zu der scheinbar maniakalischen Ideenflucht, dem Menschen ein paralytisches Gepräge geben. Allerdings kann man im Hinblick auf diese Phänomene grosse diagnostische Fehler machen, weil bei Epileptischen und stark nervösen Personen ganz ähnliche Erscheinungen zu beobachten sind. Kann man aber solche anderen Gründe dieser leichten motorischen Erscheinungen ausschliessen, so können sie bei gleichzeitiger psychischer Störung doch einen Anhalt bieten.

Ebenso kritisch muss man sich in Bezug auf die Augenmuskellähmungen verhalten (z. B. die häufig vorkommende Ptosis), welche zwar häufig einer progressiven Paralyse jahrelang vorausgehen, aber doch für die Diagnose der künftigen Paralyse lange nicht den Werth besitzen, als die drei Hauptsymptome: Pupillenstarre, Sehnervenatrophie und Fehlen des Kniephänomens.

Nach dieser kurzen Besprechung der diagnostischen Momente, welche aus dem Gebiete des objectiv Sichtbaren hergenommen sind, müssen die Hilfsmomente namhaft gemacht werden, welche in zweifelhaften Fällen mit in die Wagschale fallen können. Ich habe die Beziehung der Paralyse zur Lues bisher ganz vernachlässigt, weil letztere in diagnostischer Beziehung höchstens die Bedeutung eines unterstützenden Umstandes haben kann, den man heranzieht, wenn die objectiven eindeutigen Symptome im Stich lassen.

Wenn eine Geisteskrankheit bei einem Manne in mittleren Jahren ausbricht, bei welcher alle paralytischen Symptome fehlen, und dabei festgestellt wird, dass er eine Reihe von Jahren vorher an Lues gelitten hat, so steigt allerdings die Wahrscheinlichkeit, dass es sich trotz des Fehlens objectiver Symptome um eine paralytische Erkrankung handelt. Neben der Lues kommen andere das Nervensystem schädigende Einflüsse in Frage, z. B. Alkoholismus, übermässige geistige Anstrengung, Nachtwachen und Anderes. Offenbar handelt es sich aber hierbei nicht, so zu sagen, um die toxische Einwirkung eines von diesen Dingen, sondern um eine Summation von schädlichen Reizen, welche vereinzelt das Nervensystem nicht vernichtet hätten. Die anamnestische Thatsache, dass eine solche Summation im individuellen Leben vorgelegen hat, kann nun in zweifelhaften Fällen als unterstützendes Moment zur Behauptung einer Paralyse in Betracht kommen.

Es spielen überhaupt in die Diagnose der Paralyse eine Menge von Abwägungen hinein, welche im Gegensatz zu den bisher behandelten objectiven Symptomen etwas Juristisches an sich haben, besonders betreffend Alter, Geschlecht, Gesellschaftsstufe, Heredität.

Wenn ein junges Mädchen aus stark erblich belasteter Familie, oder eine Frau im Klimakterium psychisch erkrankt, so wird von vornherein die Wahrscheinlichkeit der Paralyse sehr gering sein. Allerdings hat sich immer mehr herausgestellt, dass sich so enge Grenzen, als man dieser Krankheit in Bezug auf das Lebensalter früher gesteckt hat, nicht ziehen lassen, sondern dass sie bis in's Alter von circa 14 Jahren hinunter- und bis in sehr hohes Alter hinaufgreifen kann. Auszuschliessen ist also die Möglichkeit nie, nur ist im Auge zu behalten, dass die Wahrscheinlichkeit, vom mittleren Lebensalter an gerechnet, nach unten und oben progressiv abnimmt.

Ebenso wie auf das Lebensalter hat die Paralyse in Bezug auf die beiden Geschlechter viel weitere Grenzen, als man ihr früher gezogen hat. Die Paralyse bei Frauen ist bei weitem nicht so selten, als man früher meinte, wohl aber macht die Gesellschaftsstufe der Frauen einen beträchtlichen Unterschied. In der Geschichte der Lehre von der Paralyse existirt das Curiosum, dass der Vorstand einer Irrenanstalt das Vorkommen der weiblichen Paralyse auf Grund seiner langjährigen Anstaltserfahrung direct bestritten hat. Die Erklärung ist sehr einfach: Es handelte sich um eine Privatanstalt, in welcher nur Angehörige der besseren Stände untergebracht waren. Die Thatsache, dass eine Frau den besseren Gesellschaftskreisen angehört, ist also als diagnostisches Moment gegen die Annahme einer Paralyse zu verwerthen.

Ferner fällt oft in die Wagschale, ob die Person, um die es sich handelt, erblich belastet ist oder nicht. Wenn eine Geisteskrankheit bei einer hereditär belasteten Person ausbricht, so ist von vornherein die Annahme einer functionellen Geistesstörung viel wahrscheinlicher, so dass hieraus ein Argument gegen die Annahme der Paralyse gezogen werden kann. Andererseits, wenn bei einem sicher nicht erblich belasteten Manne in den mittleren Jahren eine Psychose ausbricht, so ist gerade das Fehlen der Erblichkeit dafür in's Feld zu führen, dass es sich um eine durch individuelle Schädigung bedingte paralytische Erkrankung handeln wird. Hingegen ist kein Gewicht darauf zu legen, wenn z. B. der Vater oder der Bruder schon paralytisch gewesen sind, weil die Paralyse im directen Gegensatz zu den functionellen Psychosen, bei denen Erblichkeit eine so grosse Rolle spielt, wesentlich aus Schädigungen des individuellen Lebens hervorgeht. Von einer Erblichkeit der Paralyse könnte man, abgesehen von sehr seltenen Fällen, höchstens in dem Sinne reden, dass in den verschiedenen Familienmitgliedern ein Hang zu Dingen vererbt wird, welche ihrerseits eine gleichmässige Schädigung der verschiedenen individuellen Existenzen bedingen. So kann z. B. ein Vater und seine zwei Söhne alle der Reihe nach paralytisch werden, nicht weil es eine Erblichkeit der Paralyse gäbe, sondern weil sie sich alle drei den gleichen individuellen Schädlichkeiten ausgesetzt haben. — Die Thatsache, dass der Vater paralytisch war, ist also in zweifelhaften Fällen nicht als Argument dafür zu benützen, dass eine bei einem Descendenten auftretende Psychose paralytischer Natur sein werde.

Die Abwägungen über Alter, Geschlecht, Gesellschaftsclasse, Heredität, welche dem Sinn für Objectivität manchmal etwas haltlos erscheinen, bilden oft das Wesentliche der psychiatrischen Diagnostik, welcher es an absolut eindeutigen Symptomen leider fast noch ganz mangelt. Aber diese mehr juristischen Abschätzungen können in zweifelhaften Fällen völlig den Werth von eindeutigen Symptomen erhalten, besonders, wenn sich in dem psychologischen Krankheitsbild Spuren zeigen, welche nicht ganz zu der Annahme einer rein functionellen Erkrankung stimmen.

Diagnostische Sätze über progressive Paralyse.

Was den Zusammenhang mit Tabes und syphilitischer Infection betrifft, so können in Bezug auf die Diagnose der progressiven Paralyse folgende Beisätze aufgestellt werden:

1. Zeigt sich irgend eine Form von geistiger Störung mit Zeichen von Tabes dorsalis verbunden (besonders Fehlen eines oder beider Kniephänomene, reflectorische Pupillenstarre, Sehnervenatrophie, Augenmuskellähmungen), so ist mit wenigen Ausnahmen die Diagnose auf progressive Paralyse zu stellen.
2. Eine Prüfung auf reflectorische Pupillenstarre ist nur dann als einwandfrei zu betrachten, wenn die accommodative Mitbewegung der Iris ausgeschlossen ist.
3. Pupillendifferenz ohne reflectorische Starre ist bei bestehender Geistesstörung nicht beweisend für die paralytische Natur der Krankheit.
4. Leichte Verschiedenheit der Facialis- oder Hypoglossusinnervation fällt bei Abwesenheit anderer Innervationsstörungen wenig für die Diagnose der Paralysis progressiva in's Gewicht.
5. Fehlen des Kniephänomens bei bestehender Geistesstörung ist nur dann als Zeichen für die paralytische Natur derselben zu betrachten, wenn dasselbe auf eine Erkrankung des Rücken-, respective Lendenmarkes bezogen werden kann. Es ist also sorgfältig auszuschliessen, dass das Fehlen durch peripherische Ursachen oder willkürliche Muskelspannung bedingt ist.
6. Die Abwesenheit tabischer Symptome spricht nicht mit Sicherheit gegen die Annahme der progressiven Paralyse.
7. Die Thatsache, dass Jemand syphilitisch inficirt gewesen ist, fällt, wenn bei ihm eine Geisteskrankheit ausbricht, für die Annahme der paralytischen Natur derselben in die Wagschale.

Die Diagnose der progressiven Paralyse aus dem psychologischen Befund soll vom nicht specialistisch gebildeten Praktiker erst versucht werden, wenn alle Symptome von Tabes sicher ausgeschlossen sind. Die folgenden für die Diagnose aus dem psychologischen Befund aufgestellten Regeln sollen praktisch erst zur Anwendung gebracht werden, nachdem die Untersuchung auf Tabessymptome sorgfältig ausgeführt ist.

1. Der Grössenwahn der progressiven Paralyse zeichnet sich wesentlich durch folgende Züge im Verhältniss zu dem Grössenwahn bei anderen Psychosen aus:

1. Die Grössenideen sind sehr mannigfaltig und wechseln sehr häufig.
2. Dabei ist eine grosse Kritiklosigkeit in Bezug auf die Möglichkeit der Grössenideen vorhanden.
3. Sehr oft zeigen sich zugleich Gedächtnissschwäche und Intelligenzdefecte.
   (Durch das Kriterium Nr. 1 unterscheidet der paralytische Grössenwahn sich von dem der Paranoia. Es könnten jedoch Verwechslungen mit der exaltirten Prahlerei vorkommen, welche oft die Manie begleitet. Zur Vermeidung dieses Fehlers kommt hauptsächlich das Kriterium Nr. 3 in Betracht.)

II. Die hypochondrisch-melancholischen Zustände, die im Beginn vorkommen, sind oft mit Intelligenzdefecten verbunden, die wegen der Gemüthsverfassung, welche die Kranken vom Beantworten von Fragen abhält, oft schwer zu ermitteln sind.

III. Die Tobsucht, welche manchmal im Beginne der Paralyse vorkommt, zeichnet sich durch ihren sinnlosen, rein motorischen Charakter aus. Man kann dabei meist weder Hallucinationen, wie bei den Aufregungszuständen der hallucinatorischen Verwirrtheit, noch Ideenflucht, wie bei der Manie, nachweisen. Am leichtesten kann sie mit der Tobsucht der schwer Betrunkenen und der Epileptischen verwechselt werden. Wenn nicht gleichzeitige Tabessymptome die paralytische Natur erkennen lassen, so wird in Bezug auf die erwähnten Fälle oft die Anamnese helfen.

IV. Allmähliche Charakterveränderung bei Menschen im mittleren Lebensalter erweckt auf progressive Paralyse Verdacht.

V. Allmählich eintretende Intelligenzdefecte (Gedächtnissschwäche, Kritiklosigkeit) im mittleren Lebensalter sind wahrscheinlich paralytischer Natur.

Was die unterstützenden Momente der Diagnose: Geschlecht, Lebensalter, Stand, betrifft, so können folgende Sätze aufgestellt werden:

1. Alter unter circa 25 und über 55 Jahren spricht im Allgemeinen gegen die paralytische Natur einer ausgebrochenen Geistesstörung.
2. Es kommen jedoch auch Paralysen im Alter unter 25 und über 55 Jahren vor, so dass die Möglichkeit immer in Betracht gezogen werden muss.
3. Ein vielen Aufregungen ausgesetzter Stand spricht ceteris paribus für Paralyse.
4. Zugehörigkeit zu den besseren Gesellschaftsclassen spricht bei Frauen gegen die Annahme einer paralytischen Erkrankung.

Wir haben den Satz aufgestellt, dass in fast allen Fällen, wo sich bei bestehender Geistesstörung im mittleren Lebensalter deutliche tabische Symptome zeigen, progressive Paralyse diagnosticirt werden muss.

Die wenigen Ausnahmen von dieser diagnostischen Regel lassen sich in zwei Gruppen scheiden:

I. Es kann in enorm seltenen Fällen eine reine Coïncidenz von functioneller Geistesstörung und Tabes dorsalis vorliegen.

II. Es kann bei einigen Intoxicationen, welche Geistesstörung bewirken können, Fehlen der Kniephänomene ohne tabischen Process im Rückenmark zu Stande kommen.

Diese Intoxicationen kommen entweder von aussen (Blei, Alkohol in seltenen Fällen) oder aus dem menschlichen Körper selbst (Urämie, Diabetes). Wenn man aber alle derartigen Intoxicationen welche das Bild der Tabes vortäuschen können, ausgeschlossen hat, so kann man den obigen Satz mit grosser diagnostischer Sicherheit anwenden.

In Bezug auf die erste Möglichkeit zufälliger Coïncidenz führe ich folgenden Fall an:

Th. V., 40 Jahre alt, früher Amtsrichter. Es lassen sich bei ihm bis in das circa 24. Jahr zurück Spuren von Paranoia nachweisen.

Er machte sich überall durch Unverträglichkeit, Anfeindungen u. s. f. unmöglich, zeigte dann deutliche Verfolgungsideen, war maniefach in Anstalten. Circa im 26. Jahre syphilitische Infection. Zur Zeit neben der Paranoia tabische Symptome: Reflectorische Pupillenstarre, Fehlen eines Kniephänomens.

Ich hatte zuerst auf Grund unseres diagnostischen Satzes die Diagnose auf progressive Paralyse gestellt, bin nun aber in der That überzeugt, dass es sich um einen der enorm seltenen Fälle von reiner Coïncidenz von functioneller Geistesstörung mit Tabes handelt. Für den praktischen Arzt kommen diese Fälle kaum in Betracht.

Wichtiger ist die Prüfung der Frage, ob ein tabischer Symptomencomplex nur durch eine Intoxication vorgetäuscht wird.

Hierher gehört folgende Beobachtung:

H. Z., Kaufmann, aufgenommen am 23. April 1893, im Alter von 56 Jahren. Bei der Aufnahme in einem manieähnlichen Zustand. Erzählt fortwährend in pathetischer Weise mit lebhafter Gesticulation, renommirt sehr stark. Pupillen sehr weit, sind gleich, reagiren gut.

Die Patellarreflexe sind bei vielfachen Versuchen beiderseits fast aufgehoben. Starke Albuminurie.

Bei diesem Befund lag nach unserer diagnostischen Regel die Annahme einer progressiven Paralyse sehr nahe. Dazu stimmte jedoch die Anamnese nicht ganz.

Patient ist von Seiten der Mutter stark erblich belastet: Mutter war früher melancholisch, im späteren Alter dauernd geisteskrank, Schwester und Vater der Mutter geisteskrank gestorben, ein Bruder des Patienten ist epileptisch. Er war bis circa zum 40. Jahr ganz normal. Vor 14 Jahren bei Gelegenheit einer Mittelohrentzündung viel Morphium genommen. Von da an öfter stärkere psychische Erregungen. Seit circa 4 Jahren periodische Zustände, in welchen Gier nach Spirituosen im Vordergrunde steht. Seit einigen Wochen vor der Aufnahme wieder ein dipsomanischer Anfall, in welchem er den ganzen Tag Weisswein getrunken hat.

Im Hinblick auf diese Anamnese, in welcher die starke erbliche Belastung, ferner der lange Zeitraum von circa 15 Jahren, in welchem schon psychopathische Zustände aufgetreten sind, schliesslich die starke Alkoholvergiftung der letzten Wochen von Belang ist, wurde die Möglichkeit der alkoholistischen Natur der Störung offen gelassen. Hierfür kam besonders noch die gleichzeitige Albuminurie in Betracht. Der Verlauf bestätigte die Annahme des blossen Alkoholismus. Nach 5 Tagen war die Albuminurie völlig verschwunden und die Kniephänomene waren wieder hervorzurufen. Nach Ablassen der manieähnlichen Erregung zeigte sich bei dem Patienten dauernd ein mässiger Grad von Demenz. Hier ist in der That durch Alkoholismus ein Bild vorgetäuscht worden, welches nach unserer Regel hätte als progressive Paralyse diagnosticirt werden müssen. Diese Fälle sind jedoch sehr selten und werden sich dann durch die Anamnese meist leicht von der Entwicklung einer paralytischen Erkrankung unterscheiden lassen.

Ebenso ist es mit den anderen Intoxicationen. Als Beispiel gebe ich noch einen Fall, in welchem Diabetes bei schematischer Anwendung obiger Regel hätte verkannt werden können.

J. S., Privatier, 52 Jahre alt, zeigt öfter starke psychische Erregungen, läuft dann aus dem Hause, versteckt sich. Ist hinterher scheinbar wieder ganz normal. Es zeigt sich **Fehlen** beider Patellarreflexe, starker Zuckergehalt des Urins. Der Kranke hat nachweislich seit circa 12 Jahren Diabetes.

Im Hinblick auf diese Thatsache wird die obige diagnostische Regel diesmal nicht angewendet, sondern die vorübergehenden Geistesstörungen werden als Folge der diabetischen Autointoxication nach Analogie des Coma diabeticum erklärt. S. hat bisher 2 Jahre nach der ersten Untersuchung keine Progression seiner Geistesstörungen und keine beginnende „Paralyse" gezeigt, hat immer noch viel Zucker im Harn und Fehlen der Patellarreflexe.

Trotz dieser Fälle von scheinbarer Tabes mit Geistesstörung, welche man in der Praxis immer in Betracht ziehen muss, wird der praktische Arzt nur selten Fehler machen, wenn er nach obiger Regel diagnosticirt.

Wir wollen nun die obigen Sätze in einer Reihe von einzelnen Fällen prüfen.

1. Fall. F. P. aus Z., aufgenommen 25. März 1890, alt 32 Jahre, Drahtflechter.

Erblich belastet. Eine Schwester war vor drei Jahren geisteskrank im Spital zu W. Die Diagnose daselbst lautete ausweislich der Krankengeschichte Melancholie. Sie wurde nach 7 Monaten geheilt entlassen. Ist nach circa einem Jahr wieder in eine Irrenanstalt gekommen, wo sie noch ist. Der Berichterstatter, Stiefbruder des Patienten von Vaters Seite, macht einen sehr blöden Eindruck, hat leichte Articulationsstörung, weiss fast gar nichts über den Kranken anzugeben. P. ging circa im 16. Jahre in die Fremde, war in Köln, Hannover, Hamburg, zuletzt als Fabrikarbeiter in Bielefeld. Hat wahrscheinlich früher sehr viel getrunken. Von Syphilis anamnestisch nichts zu ermitteln. Als Fabrikarbeiter ist er vor einem halben Jahre plötzlich fortgelaufen. Wurde circa 14 Tage vor seiner Aufnahme in die Anstalt zu M. an einem Orte am Rheine aufgegriffen, erwies sich als geisteskrank. Hatte Grössenwahn, besass 1000 und 1000 Millionen, hatte viele Maschinen erfunden. Bei der Aufnahme in die Anstalt zu M. am 3. December 1889 starker Grössenwahn. Hat Fabriken in Westfalen und in Berlin, in denen Velocipede und Bahnräder gebaut werden. Der Kaiser ist sein Compagnon. Er gab an, das Perpetuum mobile erfunden zu haben, welches Tag und Nacht aus eigener Kraft gleichmässig gehe. Ebenso hat er eine Locomotive erfunden, die ohne Kohlenverbrauch von selber arbeite. Ferner hat er eine Flugmaschine construirt. Wiederholt oft dieselben Sachen. Er beklagt sich, durch das Zurückhalten in der Anstalt grosse Geschäftsverluste zu erleiden. Bei der Aufnahme zeigen sich Pupillen- und Patellarsehnenreflexe von normaler Stärke. Die Zunge ist leicht anstossend, zitternd, der Gang etwas stolpernd.

Bis dahin lag also die diagnostische Frage folgendermassen: Der Kranke hat seit mindestens einem halben Jahre eine Menge Grössenwahnideen ohne eine stärkere maniakalische Erregung, in der erfahrungsgemäss manchmal exaltirte Grössenideen geäussert werden. Inhaltlich zeichnen sich diese Grössenideen durch ihre völlige Sinnlosigkeit aus, sie enthalten Unmögliches in sinnloser Zusammenordnung. Selbst also wenn alle anderen Symptome fehlten und auch keine Anamnese vorhanden wäre, könnte man aus dieser Beschaffenheit schliessen, dass diese Grössenideen mit intellectueller Schwäche gepaart sind. Dies stimmt durchaus nicht zu der Art, wie Maniakalische solche Ideen äussern. Diese werden schlagfertig vorgebracht. zeigen oft von grosser Combinationskraft und sind, wenn sie technische Dinge betreffen, inhaltlich öfter wohl ausführbar.

Den Eindruck der psychischen Schwäche macht besonders auch die häufige Wiederholung derselben Worte. Selbst rein symptomatisch hätte diese Form von Grössenideen nicht mit Manie in Verbindung gebracht. sondern als Symptom einer anderen, den Intellect schwer schädigenden Erkrankung aufgefasst werden müssen. Nun bringt erfahrungsgemäss gerade die diffuse Atrophie der Hirnrinde, wie sie sich bei progressiver Paralyse findet, diese Combination von Schwachsinn und Grössenwahn zu Stande.

Diese Ueberlegung ist praktisch wichtig, weil Fälle vorkommen. in denen dieser Grössenwahn das einzige Symptom der beginnenden Paralyse ist. ohne dass Symptome einer begleitenden Tabes die Diagnose erleichtern. In der That waren damals keine groben Symptome von Tabes bei P. vorhanden. Wohl aber waren noch einige andere Symptome da, die auf eine organische Störung des Nervensystems hindeuten konnten, nämlich das leichte Anstossen beim Sprechen, das Zittern der Zunge, und der etwas ungeschickte stolpernde Gang, der selbst bei anscheinend normalem Rückenmarkszustand oft bei beginnender Paralyse gefunden wird. Der Fall lag also so, dass schon damals die Diagnose auf Paralysis progressiva mit völliger Sicherheit gestellt werden musste. Ich gebe nun einen kurzen Auszug der weiteren Krankengeschichte.

10. Januar 1889. Patient, der früher viel und mit grosser Vorliebe von seinen grossartigen Erfindungen sprach, ist allmälig stiller und einsilbiger geworden. Er äussert auf Befragen dieselben Grössenideen, lebt sonst ganz apathisch vor sich hin.

Das Moment des ruhigen Schwachsinns ist also jetzt trotz Festhaltens der Grössenideen noch mehr in den Vordergrund getreten.

Seit 25. März 1890 in der Klinik in W. Am 26. März 1890: Patellarreflexe aufgehoben, Pupillenverhältnisse normal, Augenhintergrund normal. Geistig in apathischem Blödsinn. Wenn man ihn ausfrägt. kommen zusammenhangslose Grössenideen zu Tage.

2*

Es ist also jetzt, während im December 1889 die Patellarreflexe noch ganz normal waren, Fehlen derselben zu constatiren.
Damit wird zu der schon entschiedenen Diagnose noch ein Plus
hinzugefügt. Dabei ist die Intelligenzstörung anscheinend noch stärker
geworden.

Tobsuchtsanfälle, die sonst bei der progressiven Paralyse oft
schon im Anfang vorhanden sind, sind hier bis dahin, also bis circa
³/₄ Jahre nach Auftreten der sichtbaren Zeichen von Paralyse, nicht
aufgetreten, stehen aber in solchen Fällen alle Augenblicke zu erwarten, was für die Unterbringung solcher Kranken in einer Anstalt
von grosser Wichtigkeit ist.

10. März. Manchmal heftig erregt, verlangt dann mit grossem Geschrei
seine Entlassung, weil er nicht krank sei. Er müsse seine Erfindungen
ausnützen.

Bei diesen Erregungen könnte, wenn im Uebrigen Alles unbekannt wäre und der Kranke in diesem Zustand in die Anstalt gebracht würde, nochmals die Differentialdiagnose mit Manie in Betracht
kommen, jetzt würde aber das Fehlen des Kniephänomens allein,
ohne Rücksicht auf die intellectuelle Schwäche, welche mit der Aufregung und dem Grössenwahn sich verbunden zeigt, zur Diagnose
der progressiven Paralyse genügen.

24. April. In ruhiger, zufriedener Stimmung. Spricht und lacht beständig
vor sich hin. Verlangt selten nach Entlassung. Aeussert spontan keine
Grössenideen.

1. Mai. Sehr gehobener Stimmung, singt und pfeift, will zum Theater
gehen. Kann Alles, fühlt sich völlig gesund. Macht phantastische Pläne für
die Zukunft. Ist zu keiner geistigen Anstrengung zu bringen, rechnet falsch,
schreibt sinnloses Zeug.

In diesen beiden Aufzeichnungen tritt die typische Euphorie
der Paralytiker bei gleichzeitigem Rücktreten der Grössenideen und
starker geistiger Schwäche scharf hervor.

10. Mai. Hat universellen Grössenwahn. Kann Alles, hat Maschinen
erfunden, womit er Hirn und Blut machen kann, schwelgt in Reichthümern
und Erfindungen. In den letzten Tagen oft aufgeregt, verlangt unter Schimpfen
und Toben seine Entlassung. In den letzten Tagen auffallender körperlicher
Verfall, Verdauungsstörungen, häufiges Erbrechen. (Tabes!)

Jetzt wird allmälig der eigenthümliche Widerspruch zwischen
dem intellectuellen Schwachsinn und dem körperlichen Verfall immer
deutlicher.

12. Mai. Behauptete gestern, er sei ein Mädchen und riss sich die Bart-
haare einzeln aus, so dass die Oberlippe hoch anschwoll. Ferner spuckt er
beständig aus, weil sein Gehirn voll Schleim sei. Hat noch andere hypochondrische Wahnideen, zeigt jedoch, wenn man genauer frägt, auch jetzt
gleichzeitig sinnlose Grössenideen.

Dieses plötzliche Auftreten von hypochondrischen Wahnideen
ist immerhin im Hinblick auf andere Fälle von progressiver Paralyse, wo im Anfang dieses psychische Moment der Hypochondrie in
den Vordergrund tritt, von Bedeutung. Allerdings hätte in dem Falle
selbst, wenn der Kranke unter Mangel aller Anamnese in diesem

Zustande zuerst einem Arzt als geisteskrank vorgeführt worden
wäre, eine Verwechslung mit hypochondrischer Verrücktheit nicht
vorkommen können, denn erstens hätte das gleichzeitige Bestehen
von ganz exorbitanten Grössenideen und die allgemeine intellectuelle
Schwäche des Mannes der Diagnose sofort eine andere Wendung
geben müssen, andererseits hätte das gleichzeitige Fehlen des Kniephänomens eine Tabes angedeutet, mit welcher zusammengehalten
das psychische Bild sofort unter den Begriff der progressiven Paralyse gefallen wäre. Immerhin ist dieses vorübergehende Auftreten
von hypochondrischen Ideen im Laufe einer progressiven Paralyse
wichtig zum Verständniss derjenigen Formen von progressiver Paralyse, deren Beginn das psychologische Bild der Hypochondrie völlig
beherrscht.

22. September. Oefter tobsüchtige Erregungen. Will durchaus fort, um
seine Erfindungen auszunützen. Nennt sich immer Ferdinand von Preller,
oder Gräfin von Petteletel. Seine Briefe sind eine sinnlose Aneinanderreihung
von Worten mit Brocken von Grössenideen. Die einzelnen Worte sind sehr
unorthographisch geschrieben, oft fehlen Buchstaben, oft werden solche ein-
gefügt.

Im Verhältniss zu einem am 28. April geschriebenen Brief zeigt ein
am 22. September geschriebener den fortschreitenden geistigen Verfall sehr gut.

28. April. An den Herrn Fabrikanten Siebmacher Raumer

Raumer

Hirmit die höfliche Anfrage, ob sich Herr mein Lehrmeister,
noch gesund, ob seine Madame, sein Sohn und seine Döchterlein wohl,
gut und gesund sind. Ich spreche hier mit meinen herzlichen Dank
aus, für die gute Lehre das ich kleich an gute Arbeit kam; hätte
ich nur gewuste: das er sein Geschäft noch hätte, denn habe an
meinen Arbeits-Colegen Neekermann, und da hab ich keinen Brief
bekommen.

Ich will die alt Zeit ganz vergessen und freue mich wenn ich
mein Lehrmeister zu sehen bekomme; die Freud wird gross sein von
der Familie wen Sie erst wissen wie viel ich gelernt habe.

1. Batent-Malztarren;
2, Siebe wo allein sieben;
3, Batent-Webe-Stühl
4, Batent, 5, Sicheln 6, Stümpfen und 7, Grasschneitmaschinen
8, Voglbane 9, Patentgitter ohn Ringe resp. Quartratgitter.

Brief vom 22. September. An den Hochwolgebornen Burgermeiser
ster in Zeil: Zuer Bitte an an den guten Mann muss mir Haimatheim
ausschreiben da ich in Zeil geboren am 21ten Juli 1858 jetzt 1874,
und bin erst 16 Jar alt Sebesteine 16 Jahr alt 18 Jahr als

Ferdinandin Gräfin v T Petelletel
Ferdinanden Gräfin v. Petelletel
Ferdinanden Gräfin v Peteletel.

In dem ersten Brief ist noch deutlicher Zusammenhang. Er
erkundigt sich nach dem Befinden der Meisterfamilie, er freut sich
auf das Wiedersehen und sagt dann: Die Freude wird gross sein.
wenn Sie erst wissen, wie viel ich gelernt habe. Nun kommt der
kritiklose Grössenwahn zu Tage. Er hat construirt: Patentmalzdarren,
Siebe, die allein sieben. Patentwebestühle. Patentsicheln. Grasschneid-

maschinen. Patentgitter etc. Er hat seine Erfindungen numerirt. Unterzeichnet ist der Brief mit Bezug auf die Erfindung Nr. 2 als Ferdinand Siebmacher.

Der Brief vom 22. Sept. ist schon ganz zusammenhangslos. Die Orthographie mangelt sehr, oft sind Buchstaben weggelassen. Am Schluss nennt er sich dreimal Gräfin von Petelletel.

19. December. Fortschreitender Verfall der Geisteskräfte. Er liest oft laut vor, ohne es zu verstehen.

Oft sitzt er mit einer Zeitung da und singt die dastehenden, zum Theil falsch gelesenen Worte nach alten oder selbsterfundenen Melodien, dieser Gesang artet dann oft zu einem Gebrüll aus. Manchmal singt er seine Lebensgeschichte, in der Alles wunderbar und grossartig ist. Der körperliche Verfall schreitet auch stark vorwärts. Die Sprache wird allmälig zu einem unverständlichen Lallen. Die Stimme hat etwas unsicher Vibrirendes.

3. Januar 1893. In den letzten Monaten ziemlich gleichmässiger Zustand. Intellectuell sehr schwach. Heitere Grundstimmung, manchmal Grössenideen. Von November 1890 bis December 1891 ist das Gewicht von 54 auf 90 (!) Kilo gestiegen. Im December trat dann ohne nachweisbaren Grund ein tiefer Verfall mit starker Abnahme des Körpergewichtes ein. Seit einigen Tagen, ohne dass ein acuter paralytischer Anfall aufgetreten wäre, völlige Apathie, allgemeine „Paralyse". Decubitus nur bei der grössten Sorgfalt (noch öfter Lagewechsel, ferner protrahirte Bäder) zu vermeiden.

21. Januar 1892. Seit circa drei Wochen fortwährend dem Exitus letalis nahe. Nie Fieber. Nie abnorm tiefe Temperaturen. Nie ein paralytischer Anfall. Heute Exitus letalis in tiefem Koma. Pupillenreaction bis zum Tode vorhanden, wenn auch etwas träge. Bei der Section zeigt sich ein starker Hydrocephalus externus, enorme diffuse Atrophie der Hirnwindungen, Gehirngewicht nur 950 Grm.! bei einem ziemlich beträchtlichen Schädelvolumen. Rückenmarksdegeneration der Hinterstränge und leichte Degeneration in den Pyramidenseitensträngen.

Für den praktischen Arzt ist es wichtig, zu wissen, dass im Beginn der progressiven Paralyse psychologisch eine Menge von Krankheitsbildern vorkommen, die eine überraschende Aehnlichkeit mit functionellen Geisteskrankheiten haben. Das entscheidende Moment, welches die Diagnose in solchen Fällen nach der Seite der progressiven Paralyse wendet, ist 1. das gleichzeitige Vorhandensein von tabischen Symptomen, 2. die im Uebrigen zu dem Krankheitsbild nicht passende Intelligenzschwäche. Wir nehmen nun an, dass das erste Moment, welches für den praktischen Arzt immer in erster Linie in Betracht kommt, völlig fehlt, und beziehen uns auf Fälle, in denen die Diagnose auf progressive Paralyse blos aus dem psychologischen Befund gestellt werden muss.

Ich beziehe mich zunächst auf einen Fall von psychischer Erkrankung bei einer 36jährigen Frau, welche scheinbar das Bild einer reinen Manie bot und von allen groben motorischen Symptomen, aus denen die Diagnose hätte gestellt werden können, frei war. Höchstens hätten ihre sehr weiten Pupillen in Betracht kommen können; aber da die Reaction ganz normal war, so wurde, entsprechend der oben angegebenen Regel, auf dieses blosse Grössenverhältniss kein Gewicht gelegt.

Auch Lues war weder objectiv, noch anamnestisch nachzuweisen und die Thatsache, dass die Frau ganz gesunde eheliche Kinder hatte, sprach eher dagegen. Obgleich alle objectiven Symptome und Indicienbeweise fehlten, wurde diese Frau doch sozusagen zunächst dem subjectiven Eindruck nach für paralytisch gehalten, eine Auffassung, welche nach Verlauf von 8 Wochen durch das Auftreten von paralytischen Symptomen bestätigt wurde. Ich will nun versuchen, diesen subjectiven Eindruck, welcher in der That zu einer richtigen Auffassung führte, zu analysiren, um das Incommensurable des subjectiven Eindruckes etwas mehr in's Licht des wissenschaftlichen Bewusstseins zu bringen. Die Frau war motorisch erregt wie eine Maniakalische, sie trat und stiess um sich, griff nach allen Gegenständen, um sie von sich zu werfen, aber wenn man sie genauer ansah, so trat eine leichte Ungeschicklichkeit und Plumpheit der Bewegungen zu Tage, wie sie zu der geschickten und festen Bewegungsart einer rein Maniakalischen nicht passte.

Sie sprach, lachte und weinte durcheinander in einer Weise, die man für eine rein maniakalische Ideenflucht hätte halten können, nur dass die producirten Worte manchmal etwas Schleppendes, im Verhältniss zu der Ideenflucht Verlangsamtes hatten. Dabei war von einer eigentlichen paralytischen Sprachstörung im Schulbegriff noch gar nicht die Rede. Ebenso wie die Art sich zu bewegen und zu sprechen in der Abschätzung gegen den scheinbar maniakalischen Zustand etwas Abweichendes zeigte, so war es auch mit ihrer Art, sich zu halten. Ohne irgend welches auf Tabes deutende Schwanken zu zeigen, hatte die sehr kräftig entwickelte Frau eine etwas schlaffe, willenlose Haltung, welche in Widerspruch mit ihren heftigen motorischen Explosionen stand und von der scharfen accentuirten Innervation der Typisch-Maniakalischen abwich. Ich meine also den Grund zu dem subjectiven Eindruck, welcher in diesem Falle zu der Wahrscheinlichkeitsdiagnose „Paralyse" führte, zu finden in dem Missverhältniss zwischen der Art der Innervation und der scheinbar typisch-maniakalischen Psychose, zu welcher eine exacte, lebhafte und geschickte Innervation gehört.

Ich bemerke allerdings, dass ich hier die reine typische Manie mit Gedankenflucht und wohlerhaltener Apperceptionsfähigkeit im Sinne habe, wovon die mit tiefer Verwirrtheit verbundenen tobsüchtigen Erregungen zu trennen sind.

Als Beispiel gebe ich ferner einen Fall, in dem die Diagnose Melancholie hauptsächlich in Frage kam.

H. J. aus R., Kaufmann, aufgenommen am 7. November 1892, im Alter von 37 Jahren. — Der Kranke kommt aus einem Spital für körperlich Kranke, wo er seit circa 4 Monaten sich befindet. Derselbe hat einen melancholischen Gesichtsausdruck, gibt selbst über sich Bescheid, allerdings nur langsam und stockend, aber völlig richtig und ohne Articulationsstörung. Den Beginn des Leidens, wegen dessen er Aufnahme in dem genannten Krankenhause suchte, verlegt er auf Anfang des Jahres, und zwar bestand es in Schwäche, Kopfschmerz, Ohrensausen, Beängstigungen, Zittern der Hände, aufgetriebenem Leib, Athemnoth, Gemüthsverstimmung. Zur Zeit des freiwilligen Eintrittes in das Krankenhaus hatte er noch vage Schmerzen im ganzem Leib, Schwindelanfälle. Augenhintergrund und Pupillenverhältnisse waren normal. Anfang November trat mehrfach Nahrungsverweigerung auf, der Mann klagte über abnorme Sensationen verschiedener Art. Wurde mit der Schlundsonde gefüttert. Die melancholische Verstimmung steigerte sich; er brachte nur langsam, manchmal auch gar nicht Antworten auf die gestellten Fragen vor. Zeigte völlige Theilnahmslosigkeit gegen seine Umgebung.

Am 7. November 1892 kam er in die psychiatrische Klinik. Die Anamnese wird von einem Bruder des Kranken in folgender Weise vervollständigt. In der ganzen Familie ist bisher sicher kein Fall von Nerven- oder Geisteskrankheit vorgekommen. Der Kranke hat nie viel getrunken, auch sonst mässig gelebt. Von syphilitischer Infection des H. ist dem Bruder nichts bekannt. Die Frau hat allerdings nach dem ersten Kind, welches lebt und gesund ist, zweimal abortirt. Im vorigen Sommer Bankerott.

Der Bruder meint, „H. habe in seinem Geschäfte Sachen gemacht, die ein Anderer nicht gemacht hätte“. Er hatte keine rechte Uebersicht über das Geschäft, bestellte mehr als er brauchte.

Jedoch ist das von Seiten des Bruders eine hinterher angestellte Ueberlegung. De facto hat dieser bis zum Concurs des Bruders nie an dessen Verstand gezweifelt. Einige Zeit nach dem Concurs zog H. zu seinem Bruder. War theilnahmslos, antwortete selten, aber stets richtig, klagte über Kopfschmerzen, Schlaflosigkeit, Gemüthsverstimmung. Die Verwandten hielten diesen Depressionszustand für die natürliche Folge von den Sorgen bei dem Concurs. Der Bruder mittelte ihm eine Stelle in F. aus, von wo er nach 12 Tagen zurückkehrte, ohne irgend welche Auskunft zu geben. Bei seinen Geldforderungen an den Bruder äusserte er einmal: „Wenn Du es mir nicht gibst, erschiesse ich mich.“ Eines Tages brachte er oft hypochondrische Klagen vor: „Am Ende muss ich gar an Kehlkopfschwindsucht sterben.“

Abgesehen von den retrospectiv gemachten Bemerkungen des Bruders, wonach H. schon vor dem Concurs „Dinge machte, die ein Anderer nicht gemacht haben würde“ und die als nachträgliche Gedanken sehr skeptisch aufgefasst werden müssen, ist wohl schwerlich bisher ein Zug zu finden, der auf eine progressive Paralyse deutete. Höchstens könnte man sagen, dass das rasche Verlassen der endlich ausgemittelten Stelle etwas Unüberlegtes hat. Solche Handlungen kommen aber auch am Beginn einer melancholischen Gemüthsverstimmung so häufig vor, dass darauf kein Gewicht zu legen ist. Jedenfalls war es bei der Abwesenheit paralytischer Symptome und dem Mangel einer genauen Intelligenzuntersuchung gerechtfertigt, ihn für einfach hypochondrisch-melancholisch zu halten, woraus die im Spital eingeschlagene Therapie nothwendig entsprang. Ich gebe nun einen Auszug aus der weiteren Krankengeschichte nach Transferirung in die psychiatrische Klinik.

8. November 1892. Hört seine Verwandten über sich sprechen; deutet an, dass sie schlimm über ihn denken. Hat einen etwas melancholischen Ausdruck; klagt über Magenbeschwerden. Nimmt spontan keine Nahrung zu sich, man kann ihm jedoch bei grosser Geduld allmälig flüssige Nahrung beibringen.

9. November 1892. Nachts leicht erregt; halluzinirt anscheinend, macht dunkle Andeutungen über seine Angehörigen; die meisten Anreden lässt er ohne Antwort. Intelligenzuntersuchung deshalb unmöglich.

10. November 1892. Nachdem er bei der gestrigen Untersuchung einen tief melancholischen Gesichtsausdruck geboten hat, in stereotyper Weise mit halbem Satze antwortete und Wahnideen zu verbergen schien, ist er heute früh bedeutend agiler, bewegt sich lebhaft, frei, lacht vergnügt; das Aufschreiben seiner Gedanken sei auch nicht mehr nöthig, das sei ja nun vorüber, da seien damals allerlei widrige Verhältnisse zusammengekommen.

Auf Vorhalt, dass er gestern geäussert, „angethan habe man ihm wohl etwas", lacht er heute vergnügt und sagt: „O nein, mir hat nie Jemand geschadet."

11. November 1892. Wieder ganz trübe Miene, sieht mit eigenthümlichem, scheuem Ausdruck auf Jeden, der sich im Zimmer bewegt, antwortet sehr langsam und leise. Ist noch nicht zum Aufschreiben seiner vermutheten Wahnideen zu bringen.

Lacht vergnügt bei der Visite; dann auf einmal ganz still, gibt keine Antwort mehr.

14. November 1892. Wollte heute früh nicht Kaffee trinken, gibt an, dass ihn sonderbare Gefühle am Kehlkopf hindern. Behauptet, dass seine Beine ganz dick und geschwollen seien, was öfter vorkomme. Manchmal werde der Leib plötzlich dick, was immer bald wieder verschwinde. Im Uebrigen sei er gesund. Besonders scheint er keine perversen Empfindungen der Genitalsphäre zu haben. Mittags isst er sein Fleisch nicht, behauptet, es sei ganz roh.

Gibt an, dass er wieder Schlingbeschwerden hat. In Bezug auf die früher von ihm genannten „Leute" in Speyer ist nichts Paranoisches zu eruiren.

15. November 1892. Genaue körperliche Untersuchung:

Keinerlei objective Anhaltspunkte für überstandene Lues; Infection von ihm selbst geleugnet. Patellarreflexe normal. Pupillen: Accommodativ normal, gewöhnlich mittelweit, reagiren reflectorisch träge und wenig ausgiebig. Er gibt heute leicht Antwort; dabei ergibt sich, dass er auffallend schlecht rechnet, während er noch gut lesen und schreiben kann.

Auf Grund der Pupillenverhältnisse, des ganzen Habitus und der Intelligenzdefecte wird die Diagnose „progressive Paralyse" bestimmt gestellt.

Nach der Untersuchung legt er sich im Krankenzimmer auf den Boden und sagt: „Da sind sie, da sind sie." — Dann mit tiefem Athemzug plötzlich ruhig und wie sonst. — Murmelt vor sich hin, freut sich, wenn er im Gespräch einen Trumpf einwerfen kann; wenn andere Kranke sprechen, so berichtigt er plötzlich in rauher Weise ihre Angabe über Strassen, Geschäftsinhaber etc., um dann schnell in seinen apathischen Zustand zurückzufallen.

16. November 1892. Antwortet wieder gut. Zeigt grosse Defecte beim Rechnen. Kann die einfachsten Subtractionsexempel nicht lösen. Nahrungsverweigerung. Nur mit Mühe mit dem Löffel zu füttern. Ist heute zum Schreiben zu bringen. Aufgefordert, seinen Zustand zu beschreiben, schreibt er in vierfacher Wiederholung eine Art Geschäftsbrief: „P. P. Auf Ihre werthe Annonce in dem hiesigen Generalanzeiger von heute ersehe ich, dass Sie einen Herrschaftslohndiener suchen. Da ich, Ihr jeder Zeit" (hier ist der Brief abgebrochen).

7. December 1892. Pupillen unter Mittelweite. Träge Reaction. Puls 48. Ohne Affect; ruhig, blöd, zu keiner Antwort zu bewegen. Bewegt nicht

einmal die Augen, wenn man an sein Bett tritt und ihn anspricht. Unrein mit Urin.

9. December 1892. Ganz stumpf. Wollte gestern wieder nicht essen. Musste gefüttert werden. Motiv nicht zu ermitteln.

11. December 1892. In den letzten Tagen vorübergehende Nahrungsverweigerung. Völlig apathisch.

13. Januar 1893. Bis heute unverändert. Heute früh paralytischer Anfall, nachdem er vorher sich mit Koth verunreinigt und im Bad sonderbare Kratzbewegungen gemacht hatte.

Die Anfälle dauerten den ganzen Tag und endeten Abends 6 Uhr mit dem Tod, nachdem er von 3 Uhr ab stark geröchelt hatte.

Sectionsbefund: Diffuse Atrophie der Hirnrinde. Hydrocephalus externus.

In dieser Krankengeschichte (H.) bei welcher eine scheinbar rein functionelle, hypochondrisch-melancholische Psychose sich erst nach einigen Monaten als progressive Paralyse enthüllt und dann, dieser Diagnose entsprechend, nach kurzer Zeit durch gehäufte paralytische Anfälle ad exitum letalem führt, ist besonders das Auftreten von Hallucinationen bemerkenswerth. Wer sich gewissermassen als psychologischen Typus bei progressiver Paralyse den Grössenwahn vorstellt, wird in solchen Fällen stets irregeleitet werden.

Ich gebe deshalb jetzt eine Krankengeschichte, in welcher das Moment der Hallucinationen noch mehr in den Vordergrund tritt, während doch die paralytische Natur der Erkrankung nicht bezweifelt werden kann.

P. K. aus W., früher Restaurateur, aufgenommen 18. Juni 1890, alt 64 Jahre.

Seit einigen Wochen fortwährend mit religiösen Ideen beschäftigt. Sitzt oft mit devotem Gesichte vor einem Marienbilde. Behauptet, dass ihm die Mutter Gottes öfters Nachts erschienen sei und mit ihm gesprochen habe. Einmal hat er die Mutter Gottes mit einer Handbewegung einen Brand löschen sehen. Er konnte es morgens ganz genau beschreiben, wie die nächtlichen Erscheinungen ausgesehen haben.

Von seiner Umgebung wird der Zustand für religiösen Wahnsinn gehalten. Im ärztlichen Zeugniss wird als vorläufige Diagnose Verrücktheit angenommen, es wird jedoch hinzugefügt, dass öfter aufgetretener Kopfschmerz und Schwindel eine sich entwickelnde Hirnläsion nahelege. Ferner wird von Hausbewohnern berichtet, dass K. in Abwesenheit von Frau und Tochter „dumme Streiche treibe und unsinnig spreche". Er übergab einem Miether die Schlüssel zur Wohnung, sagte, er müsse zur Kirche, um Vorbereitungen für das grosse Fest zu treffen, in dem die heilige Mutter vorgestellt werde, wobei er St. Peter spielen müsse. Dann hat er erzählt, er habe in der Kirche zu laut gebetet und sei vom Kirchner ausgewiesen worden, sagt ferner, dass er dem Dompfarrer und Probst Besuche abgestattet habe. Im ärztlichen Zeugniss heisst es: „So würde er in's Unendliche hinein fabulirt haben, wenn er nicht unterbrochen worden wäre. Der Wahn von bevorstehendem und thatsächlich stattgehabtem Verkehr mit der Mutter Gottes bildete sich noch mehr aus. Er behauptete, schon in früher Kindheit von ihr in allen Geschäften unterrichtet und geleitet worden zu sein, besonders im Billardspiel."

Vor einigen Tagen bestellte er einen vierspännigen Wagen, Blumen-
bouquets, Anzüge, fuhr zwecklos einige Stunden in der Stadt herum,
trank ausnahmsweise guten Wein, sogar Champagner. Jeden Tag erzählte
er von den Erscheinungen der „heiligen Mutter".

Es frägt sich nun, ob in diesem Falle, in dem anscheinend
Hallucinationen religiöser Färbung vorhanden waren, auch ohne jede
auf tabische, beziehungsweise paralytische Symptome gerichtete
Untersuchung rein auf Grund des psychologischen Befundes der Schluss
auf beginnende progressive Paralyse möglich gewesen wäre. Die
Hallucinationen, wenn man die subjectiven Angaben des Patienten
überhaupt als beweisend für diese ansehen will, zeichnen sich durch
eine eigenthümliche Monotonie aus. Es ist stets die Mutter Gottes,
welche erscheint. Ferner fällt in dem Bericht die Affectlosigkeit auf,
welche der Kranke bei diesen Sinnestäuschungen gezeigt hat. Er hat
keine dauernd melancholische oder heiter erregte Stimmung. Im
ärztlichen Zeugniss bemerkt der Referent, dass K. bei dem Bericht
über seine Erscheinungen vollkommen ruhig sei und in heiterster
Stimmung über dieselben und das grosse Fest in der Kirche
rede. Im Uebrigen hat er sich ruhig verhalten, regelmässig gegessen
und geschlafen. Keinesfalls konnten also die Hallucinationen mit
einem krankhaft veränderten Gemüthszustande in Verbindung gebracht werden.

Bestimmte, feste Wahnideen werden auf Grund seiner Sinnestäuschungen nicht entwickelt. Die Grössenideen, die er an seine
Erscheinungen knüpft, zeigen etwas Sinnlos-Kindisches. Er behauptet,
schon in früher Kindheit besonders im Billardspiel von der Mutter
Gottes unterrichtet worden zu sein. — Er soll in der Kirche den
St. Peter spielen. Ferner vollbringt er Handlungen, die von Ueber-
schätzung seiner Person zeugen und keine Rücksicht auf seine finan-
ziellen Verhältnisse erkennen lassen (vierspännige Kutsche, Blumen,
Anzüge, feiner Wein).

Ferner lassen sich Züge von Gedächtnissschwäche und Urtheilslosigkeit bei ihm anamnestisch nachweisen. Als Einheimischer musste
er die Ortsverhältnisse so weit kennen, um den richtigen Weg zu
der Klinik zu finden. An Stelle dessen ist er in ein anatomisches
Institut gelaufen.

Schliesslich kann man überhaupt an der Existenz der Hallucinationen zweifelhaft werden und den Verkehr mit der Mutter Gottes
als Theilerscheinung seiner verschwommenen Grössenideen auffassen.
Im ärztlichen Zeugniss wird die Neigung des Kranken zum Fabuliren
gut hervorgehoben. Aber selbst wenn man ihre Existenz annimmt,
tritt ein Zug von intellectueller Schwäche so stark hervor, dass die
Einreihung des Falles in die typischen Bilder von hallucinatorischem
Wahnsinn, Melancholia hallucinatoria, Paranoia hallucinatoria unmöglich ist.

Im Zusammenhang mit den Ideen von Grössenwahn muss diese
intellectuelle Schwäche trotz der Annahme von Hallucinationen den
Verdacht erregen, dass es sich um eine progressive Paralyse
handelt. Gegen diese kommt nun wieder — von dem körperlichen
Befund ganz abgesehen — das relativ sehr hohe Alter (64 Jahre)
in Betracht, da ja progressive Paralyse vielmehr im mittleren Lebens-

alter vorkommt. Aber das Alter darf als Argument gegen progressive Paralyse nicht überschätzt werden. Zudem wurde im vorliegenden Falle die aus dem psychologischen Befunde gemachte Diagnose bald durch die körperliche Untersuchung bestätigt.

Bei der wesentlich auf Tabes und progressive Paralyse gerichteten Untersuchung ergibt sich Folgendes: Augenhintergrund normal. Pupillen: beide reagiren träge und wenig ausgiebig. Patellarreflexe: Bei vielen Versuchen beiderseits nicht hervorzurufen, auch auf den *Jendrassik*'schen Kunstgriff nicht. Rechnet im Kopf noch ganz erträglich. Die Schrift ist durchaus paralytisch, wie ein Brief beweist, der in kalli- und orthographischer. sowie stylistischer Beziehung charakteristisch ist.

Ausserdem ist allgemeine Intelligenzschwäche schon deutlich. — Der Kranke ist eigentlich ganz willenlos, hat keine Entschliessungskraft mehr.

Ausser den Intelligenzdefecten fällt für die Diagnose der progressiven Paralyse am meisten in's Gewicht das Fehlen der Kniephänomene. Wegen der Pupillen könnte man bei dem Alter des Mannes in Zweifel sein, weil alsdann die Pupillen meist etwas träger reagiren. Es wird die Diagnose auf Tabes dorsalis und Paralysis progressiva gestellt. Der weitere Verlauf rechtfertigte diese Diagnose.

19. Juni. Ruhig, fühlt sich gesund. Keine Sprachstörung. Erzählt jeden Morgen von der Mutter Gottes, die ihm erschienen sei.

11. Juli. Uebertriebenes Wohlgefühl. Er sieht häufig Nachts Personen an seinem Bett mit weissen Fahnen, sieht ganze Processionen. Manchmal verwandelt sich die Gasflamme über der Thür zu dem Gesicht der Mutter Gottes, welche lacht oder mit ihm spricht. Diese Erzählungen werden ganz affectlos vorgebracht. Er bildet keine Wahnidee im Anschluss daran. Im Allgemeinen ist er sehr guter Laune, es gefällt ihm vorzüglich in der Anstalt. Spontan redet er nichts.

5. August 1890. Seit einigen Tagen treten Grössenideen ohne die in der Anamnese erwähnte religiöse Färbung hervor. Er ist sehr reich, weil er Präsident ist. Wenn man ihn frägt, wo das Geld sei, so sagt er, der Professor bewahre es auf. Ferner wird er manchmal leicht erregt. Hält öfter laute Monologe, schimpft darin auf die Angehörigen, die Alles verfressen und versoffen hätten. Er habe verschimmeltes Brot essen müssen. Jetzt hat er einen anderen Namen als früher. Er heisst Tarin. Wie er auf diesen sonderbaren Namen gekommen ist, lässt sich nicht ermitteln. „Er könne ja einmal ein grosser Mann werden. Tarin sei ein ausgezeichneter Mann gewesen."

30. August 1890. Die Sinnestäuschungen sind allmälig ganz in den Hintergrund getreten. Die Grössenideen haben sich nicht gesteigert, die Intelligenzschwäche und geistige Erschlaffung wird immer deutlicher. Er rechnet viel schlechter als früher, schreibt öfter unverständliches Gefasel mit kaum leserlicher Schrift. Meist liegt er unbeweglich im Bett. Manchmal betet er längere Zeit mit monotoner Stimme.

17. September 1890. In letzterer Zeit öfter Nachts unruhig. Am Tage ganz apathisch. Kann schlecht stehen, fällt leicht, offenbar wegen Unachtsamkeit.

1. October 1890. Die Pupillen sind jetzt reflectorisch ganz starr, sind verschieden weit. Bei Mittellage rechts circa 2 Mm., links 3 Mm. weit. Patellarreflexe fehlen dauernd.

Entlassen 13. October 1890 nach der Irrenanstalt in Z. Laut Bericht von dort ist K. am 25. Februar 1891 nach mehreren paralytischen Anfällen gestorben.

In dem oben analysirten zweiten Falle (H.) waren besonders noch die an Paranoia erinnernden Züge bemerkenswerth. Diese intercurrenten Beobachtungen eröffnen uns das Verständniss für die Thatsache, dass eine ausgebildete Paranoia manchmal das Anfangssymptom einer Paralyse sein kann. Aber auch hier scheint es mir, wenn ich die von mir beobachteten Fälle überblicke, dass man bei genauerem Zusehen in dem psychologischen Krankheitsbilde doch Züge entdecken kann, welche sie von der rein functionellen Erkrankung der gleichen Art unterscheidet.

In dem einen Falle handelte es sich um einen Mann von 34 Jahren, bei dem allerdings Lues festgestellt war. Er zeigte Wahnideen, wie sie sonst nur der functionellen Paranoia zugeschrieben werden: Die Telephondrähte, welche am Hause befestigt waren, hielt er für Canäle, mit denen von seinen Verfolgern Magnetismus in seinen Körper geleitet werde. Ganz wie die echt Paranoischen beschrieb er die verschiedenen Arten von Reizen, die an seinem Körper probirt würden. Aber er zeigte an manchen Tagen ein auffallend verändertes Wesen, war heiter, schien seine ganzen Wahnideen vergessen zu haben; an anderen Tagen trat wieder eine auffallende Langsamkeit seiner Gedankenentwicklung auf, so dass er bei der Production seiner Verfolgungsideen Pausen machte, welche nicht psychologisch bedingt erschienen.

Ich habe diesen Mann damals immer für einen Paranoischen gehalten, bis er eines Tages einen typischen paralytischen Anfall bekam. Jetzt aber, wenn ich auf das Krankheitsbild zurückblicke, möchte ich behaupten, dass ich zur Zeit aus dem psychischen Bild auch bei Abwesenheit aller Innervationsstörungen die Wahrscheinlichkeitsdiagnose auf Paralyse stellen würde. Auch hier ist es leichte Störung des Gedächtnisses, eine zeitweilige Langsamkeit des Gedankenablaufes und die zur Paranoia in diesem Stadium nicht passende zeitweilige Heiterkeit, was dem scheinbaren Bild einer functionellen Erkrankung doch ein paralytisches Gepräge gibt.

Es gibt noch ein Krankheitsbild aus dem Gebiet der functionellen Psychosen, unter welchem die Paralyse im Beginn auftreten kann, nämlich die einfache Demenz. Es lassen sich jedoch auch in den Fällen von Paralyse, welche mit einem primären Intelligenzverlust ohne Grössenideen beginnen, gewisse charakteristische Züge finden. Bei der paralytischen Demenz steht der Verlust der einfachsten Schulkenntnisse im Lesen, Rechnen und Schreiben im Vordergrunde, verbunden mit starker Gedächtnissschwäche, während beim einfachen Schwachsinne gerade diese elementaren Kenntnisse und das Gedächtniss oft in erstaunlicher Weise erhalten sind.

Am leichtesten ist die Diagnose aus dem blossen psychologischen Befund beim Fehlen objectiver Symptome, wenn von vornherein die Verwechslung mit einer der bekannten Formen von functioneller Geisteskrankheit ausgeschlossen ist; es ist das in denjenigen Formen psychischer Alienation der Fall, welche man unter dem Begriff der allmäligen völligen Charakterveränderung zusammenfassen kann. Wenn ein Mann in mittleren Jahren, ohne in eine heftige Psychose zu verfallen, Handlungen begeht, welche seinem ganzen früheren Wesen widersprechen, wenn er seine Familie schlecht behandelt, unnütze Geldausgaben macht, unpünktlich in seinen Dienstverrichtungen wird, vergisst, was er thun soll, jeden Sinn für das Conventionelle und Schamhafte verliert, so liegt der Verdacht auf progressive Paralyse sehr nahe.

Und gerade in solchen Fällen ist es oft wunderbar, wie lange das Krankhafte des Zustandes von der Umgebung nicht bemerkt wird, und wie Nervosität, Ueberanstrengung, Ueberreizung zur Erklärung des Zustandes herangezogen werden. Gerade hier aber ist es Sache eines psychiatrisch gebildeten Hausarztes, auf die richtige Vermuthung zu kommen und rechtzeitig die Familie vor weiterem Unheil zu bewahren.

Ich komme also zum Schluss zu folgenden beiden sich ergänzenden Sätzen:

1. Es kann fast jede Form von psychischen Krankheitsbildern im Anfang einer progressiven Paralyse auftreten.

2. Die psychischen Krankheitsbilder im Anfang einer progressiven Paralyse haben trotz der grossen Aehnlichkeit mit rein functionellen Psychosen doch gewisse Züge, welche die Diagnose auf eine progressive Paralyse gestatten, auch wenn noch keine objectiven eindeutigen Symptome vorliegen.

Tumor cerebri.

Diejenigen Fälle von Intelligenzstörung, welche in Folge localer Zerstörung der Hirnsubstanz durch Tumor cerebri zu Stande kommen, fallen ausserhalb des engeren Rahmens einer psychiatrischen Diagnostik. Es handelt sich hier wesentlich um diejenigen Fälle, bei denen eine scheinbar rein functionelle Geistesstörung vorliegt, während die Section einen Tumor des Gehirns nachweist. Das heisst also, es kommen bei Tumor cerebri manchmal, abgesehen von den cerebralen Herdsymptomen, welche bekanntlich auch ganz fehlen können, Geistesstörungen vor, die eine grosse Aehnlichkeit mit den rein functionellen haben können. Vermuthlich wird es sehr bald gelingen, rein psychologisch die Differentialdiagnose zwischen den durch Tumor cerebri bedingten und den rein functionellen Geistesstörungen trotz ihrer symptomatischen Aehnlichkeit zu stellen, ebenso wie man in den meisten Fällen von scheinbar rein functioneller, aber durch progressive Paralyse bedingter Geistesstörung rein psychologisch schon die Differentialdiagnose stellen kann.

Der erste Fall, den ich aus dem Material der psychiatrischen Klinik W. entnehme und analysiren will, ist schon früher literarisch verwerthet worden (cfr. Dr. *Link*, Statist.-casuist. Bericht über die Irrenabtheilung des königl. Juliusspitales. Allg. Zeitschr. f. Psychiatrie. Bd. XI, pag. 751). Ich lege im Folgenden die alte Krankengeschichte zu Grunde.

Johann W. aus Binzfeld, Bauer, bei der am 12. Mai 1878 erfolgten Aufnahme 41 Jahre alt, Heredität nicht zu ermitteln. Zeigte sich in der Schule begabt. Im 25. Jahre Heirat, aus welcher 6 Kinder, damals im

Alter von 1½—15 Jahren, entsprangen. Schon seit dem 27. Jahre „zeigten
sich die ersten Symptome einer psychischen Alienation: er vernachlässigte
seine Arbeiten und ergab sich in immer ausschweifenderem Masse dem
Trunke". Oefter misshandelte er seine Frau und zertrümmerte Hausgeräth-
schaften. Weil er in Folge der Trunksucht das Vermögen vergeudete und
die Familie in Schulden brachte, wurde er 1866, also im 29. Jahre, unter
Curatel gestellt. Seit dieser Zeit verschlimmerte sich der Zustand immer
mehr. Alles, was er erreichen konnte, schleppte er aus dem Hause, um es
zu verkaufen und das dafür gelöste Geld zu verzechen, einmal veräusserte
er sogar seine Leibwäsche zu diesem Zwecke.

Bis hierher wäre nun zunächst kein Grund, nach einer anatomisch nachweisbaren Hirnerkrankung bei W. zu suchen, ja sogar
wir brauchen auch keine rein functionelle Erkrankung anzunehmen:
alle Einzelheiten würden sich bis dahin ganz gut aus der Thatsache
des chronischen Alkoholismus erklären. Die Wuthanfälle, die sinnlose Art, mit dem Vermögen umzugehen, die Arbeitsscheu, der rück-
sichtslose Trieb zum Alkohol ohne Bewahrung des Anstandes passen
vollkommen zu dem Bilde des Alkoholismus. Nun trat aber eine
stärkere Geistesstörung auf, welche schon viel weniger eindeutig
auf den Alkoholismus bezogen werden kann. Es heisst in der Krankengeschichte:

Der eigentliche Beginn seiner jetzigen Erkrankung fällt in das Ende
des Monats April (also 14 Tage vor der Aufnahme). Eines Sonntags kam
er sehr betrübt aus der Kirche, wo er zur Communion gewesen war, zurück,
sagte, er wolle jetzt seine Sünden und Fehler bereuen, für seine Kinder
sorgen und seine lasterhafte Lebensweise aufgeben.

Ungefähr 8 Tage später wurden seine Reden verwirrter, verloren
den Zusammenhang und trugen die Spuren deutlicher Angst. Es war
nicht mehr möglich, ihn zu irgend einer Antwort zu bringen. Seit mehreren
Tagen verweigerte er die Nahrung und gab nach vielen Mühen, ihn zum
sprechen zu bringen, an, dass seine Frau ihn vergiften wolle, dass die ihm
vorgesetzten Speisen Blut oder Mistjauche seien.

Bei der Aufnahme sehr marastisch. Gesichtszüge finster, deprimirt.
Der Kranke blieb stundenlang auf demselben Fleck sitzen oder stehen, ohne
seine Stellung zu verändern. Alle Bewegungen geschahen langsam und
energielos. Zum Sprechen war er kaum zu bewegen. Er setzte allen absichtlichen Lageveränderungen grossen Widerstand entgegen.

Ueberblicken wir die Entwicklung des psychologischen Krankheitsbildes von dem eigentlichen Ausbruch der Krankheit an. Zuerst
that Patient Aeusserungen, welche zu dem Typus einer einfachen
Melancholie gut passten. Versündigungsideen, Selbstanklagen.
Trübsinn standen im Vordergrunde. Schon nach acht Tagen jedoch
traten schwerere Verwirrtheit und Zusammenhangslosigkeit seiner Reden auf, was zu dem gewöhnlichen Bilde einer
einfachen Melancholie nicht passt. In diesem Stadium kann der Zustand als ängstliche Verwirrtheit bezeichnet werden, wobei
die Verwirrtheit das Wesentliche ist und die Aengstlichkeit gewissermassen diesem Grundzuge nur eine bestimmte Färbung verleiht.
Aber auch dieser Zustand erweist sich nicht als das Charakteristikum
des ganzen psychologischen Bildes, sondern als Uebergangsstadium

in einer sehr raschen Entwicklung. Nach wenigen Tagen schon bot
der Kranke das Bild des Stupors mit Nahrungsverweigerung. Antworten waren fast gar nicht aus ihm herauszubringen. Nun kann
kein Zweifel sein, dass es rein functionelle Geistesstörung mit
diesem enorm raschen Verfall in Stupor gibt. Es ist jedoch ein
Punkt in der Krankengeschichte nicht genügend berücksichtigt, ob
nämlich in diesem Stupor, in welchem doch wenigstens einige Antworten zu erhalten gewesen sind, sich stärkere Intelligenzstörungen
geltend machten.

Es zeigt sich sehr häufig bei dem rein functionell bedingten
Stupor, dass, wenn man sehr eindringlich frägt, das Vorhandensein von
Verstandesthätigkeit nachgewiesen werden kann, während bei dem durch
organische Gehirnkrankheiten, speciell progressive Hirnparalyse und
Tumor cerebri bedingten Stupor sich bei mühevoller Untersuchung
überraschende Intelligenzstörungen zeigen. Ich erinnere hier an den
oben bei Behandlung der progressiven Paralyse analysirten Fall (H.),
in welchem rein psychologisch der Nachweis geliefert werden
konnte, dass der Stupor nur Theilerscheinung eines paralytischen
Geisteszustandes war. Es wäre vielleicht im vorliegenden Falle, bei
welchem später sicher ein Tumor cerebri nachgewiesen wurde, schon
damals möglich gewesen, durch eine genauere Intelligenzuntersuchung,
welche allerdings bei solchen schwer antwortenden Kranken viel
Zeit erfordert, die Wahrscheinlichkeitsdiagnose auf eine organische
Hirnkrankheit als Ursache der Geistesstörung zu stellen.

Möglicherweise ist die Verwirrtheit und das Unzusammenhängende der Reden, welches im zweiten Stadium der Entwicklung
des psychischen Krankheitsbildes hervorgehoben wurde, Theilerscheinung dieser bestehenden Intelligenzstörung gewesen.

Halten wir uns aber an den Thatbestand, dass eine derartige
Prüfung nicht vorgenommen worden ist, so frägt sich nun, da zunächst eine organische Hirnläsion nicht in Frage kam, ob das Krankheitsbild als Componente des chronischen Alkoholismus, welcher fest-
steht, aufgefasst werden kann. Dass an Stelle eines typischen Delirium tremens eine schwere
hallucinatorische Verwirrtheit ohne Thiervisionen und Tremor
auftreten kann, wird bei der Behandlung des Alkoholismus ausgeführt werden; aber die Gesammtheit des Krankheitsbildes beginnt
mit melancholischen Versündigungsideen, führte dann erst zur Verwirrtheit. Stupor kommt wohl kaum als Theilerscheinung des chronischen Alkoholismus vor. Die diagnostische Frage lag also bei dem
Mangel einer genauen Intelligenzuntersuchung so, dass man ohne Construction eines directen Zusammenhanges mit dem früher bestandenen
chronischen Alkoholismus zunächst eine functionelle Geistesstörung
von auffallendem Verlaufe annehmen musste.

Allerdings wäre noch wie bei allen solchen Psychosen von auffallendem Verlaufe bei Männern in mittlerem Lebensalter der Punkt
sorgfältig zu erwägen gewesen, ob nicht eine progressive Paralyse
vorlag. Hierfür scheint aber durchaus kein Anhaltspunkt gegeben
gewesen zu sein, wenn man dies aus dem Fehlen einer betreffenden
Notiz über Kniephänomene und Pupillen in diesem Stadium der
Krankheit schliessen darf. Es frägt sich nun, ob in den weiterhin

gemachten Beobachtungen über den Kranken ein Grund vorgelegen
hat, an eine schwere organische Hirnläsion zu denken, wie sie sich
später herausgestellt hat.

30. August. Wegen Nahrungsverweigerung mit der Schlundsonde gefüttert. Manchmal hat der Kranke hier und da etwas gesprochen, aber in
völlig zusammenhangsloser und verworrener Weise. Seine Nahrungsverweigerung war nicht constant, Kaffee pflegte er ohne Zurede
zu trinken. — Im Laufe des Monats August war eine Besserung in Bezug auf
seine Apathie zu bemerken; er steht manchmal auf Zureden vom Stuhl auf,
nimmt die Mütze ab, bringt, allerdings mit tonloser Stimme, „guten Morgen"
heraus. Vom Widerstand gegen passive Bewegungen aber nichts mehr vorhanden. Er liess seine Glieder in jede Stellung bringen, verharrte aber nach
dem Loslassen nicht darin, sondern kehrte zur Normalstellung zurück. Er isst
sehr langsam, aber ohne Widerstreben. Am 28. August Vormittags stürzte
er plötzlich ohne besonderen Anlass von seinem Stuhl zu Boden, lag eine
Viertelstunde anscheinend bewusstlos in tonischem Krampf auf der Erde.
Eine Stunde nach diesem Anfall konnte in seinem Benehmen durchaus
keine Veränderung beobachtet werden. Nur war eine geringe Schlaffheit
des rechten Armes gegen den linken bemerkbar.

Mit diesem einzigen Anfall ist die diagnostische Frage in ein
ganz neues Fahrwasser gekommen. Vorher wollen wir jedoch betrachten, ob sich aus der Veränderung des psychischen Bildes, auch
abgesehen von diesem Anfalle, Schlüsse ziehen lassen würden.

Der früher vorhandene Zustand von Stupor hat sich dahin
geändert, dass W. sich, ohne eine dauernde Gemüthsverstimmung zu
zeigen, einfach apathisch gegen die Aussenwelt verhielt. Am Anfang
der klinischen Beobachtung ist bemerkt, dass er beim Verschwinden
des Stupors manchmal sprach, aber in völlig zusammenhangsloser
Weise. Dieser weitere Verlauf des Stupors deutet nun entschieden
auf bestehende Intelligenzstörungen, selbst wenn eine genaue Untersuchung darüber unterlassen worden ist. Der Kranke hätte in diesem
Stadium mit dem Ausdruck blöd bezeichnet werden müssen. Jedenfalls gibt ein solcher Befund noch mehr Anlass, in derartigen Fällen
das Bestehen einer progressiven Paralyse in's Auge zu fassen. Nun
kommt der am 28. August beobachtete Anfall von Bewusstlosigkeit
und Krämpfen hinzu, welcher ganz gut als paralytischer Anfall aufgefasst werden könnte.

Die auffallende Form der Geistesstörung, das mittlere Lebensalter bei einem männlichen Individuum, der Blödsinn, welcher nach
einem unklaren, von Melancholie über Verwirrtheit in Stupor über-
gegangenen Krankheitsbilde auftritt, und schliesslich der „epileptische"
Anfall mussten in der That die Annahme einer progressiven Paralyse
nun nahe legen, beziehungsweise die Annahme einer organischen
Hirnerkrankung, aus welcher sich die Summe von Symptomen ableiten liessen.

Dabei musste besonders noch die Möglichkeit in Betracht gezogen werden, dass es sich um eine genuine Epilepsie handelte,
bei welcher protrahirte Geistesstörungen sehr complicirter Art entweder von epileptischen Anfällen begleitet oder ohne solche als psychische Aequivalente öfter vorkommen.

Nun war aber in der Anamnese durchaus nichts von genuiner Epilepsie zu ermitteln.[1] Allerdings kommt es vor, wie wir später ausführen werden, dass eine genuine Epilepsie gleich mit einer acuten Geistesstörung beginnt, aber diese Fälle sind verhältnissmässig sehr selten, so dass sie zur Erklärung eines Falles wie des vorliegenden nur mit grosser Vorsicht herangezogen werden dürfen. Es war deshalb nach dem erwähnten Anfall viel wahrscheinlicher, dass es sich um eine organische Hirnerkrankung handelte, weshalb nun ein genaues Ermitteln von vielleicht vorhandenen cerebralen Herdsymptomen vor Allem nothwendig war.

Zunächst hatte sich nach dem Anfall eine leichte Parese des rechten Armes gezeigt. Seit dem Anfall ass Patient beständig mit der linken Hand, der rechte Arm wurde allmälig immer kraftloser, dabei machte das psychische Verhalten Fortschritte. W. sprach zuweilen einige Worte und gab Antwort. Am 17. und 21. September, also circa 3 Wochen nach dem ersten Anfall, zwei gleiche Anfälle, wonach die schlaffe Lähmung des rechten Armes immer deutlicher hervortrat. Auch das rechte Bein wurde paretisch.

Es traten also immer mehr Erscheinungen hervor, welche auf die linke Hemisphäre als Sitz einer organischen Läsion deuteten. Es ist hier noch die Annahme eines apoplektischen Insultes als Ursache des ersten Anfalles zu erörtern. Die Annahme, dass es sich bei einem Manne im mittleren Lebensalter, welcher bei bestehender Geistesstörung einen „Schlaganfall" bekommt, um eine rein zufällige Complication handelt, ist viel unwahrscheinlicher, als dass der Geistesstörung und dem Schlaganfall eine gemeinsame Ursache (Paralysis progressiva, Epilepsie, Tumor cerebri etc.) zu Grunde liegt. Durch das öftere Auftreten von „Schlaganfällen" wird aber die Auffassung dieser als Folge von Hirnblutungen bei einem Manne in mittlerem Lebensalter ganz hinfällig, besonders wenn sie symptomatisch so ähnlich sind, wie im vorliegenden Falle. Denn wenn wirklich mehrfache Blutungen vorkommen sollten, so könnten sie nicht an derselben Stelle geschehen. Die symptomatische Gleichartigkeit solcher Anfälle ist also ein Indicium gegen die apoplektische Natur derselben.

Welche Art von cerebraler Erkrankung kann nun ihrer Natur nach mehrfache Anfälle von gleichem Charakter am leichtesten auslösen und dabei allgemeine Intelligenzstörung bedingen? Jetzt liegt nun in der That die Annahme eines Tumor cerebri am nächsten, welcher einerseits durch seine allgemeine Druckwirkung diffuse Hirnstörungen veranlassen kann, andererseits durch Fernwirkung auf benachbarte motorische Centren mehrfache einander ähnlich sehende „Schlaganfälle" auslösen kann.

Bei dieser diagnostischen Sachlage hätte nun unbedingt der Augenhintergrund untersucht werden müssen, worüber sich keine Notiz vorfindet. Ich gebe nun kurz den Verlauf bis zum Exitus letalis:

7. und 11. October Anfälle mit zuerst rechtsseitiger, dann beide Seiten befallenden Convulsionen und viertelstündiger Bewusstlosigkeit. „Er befindet sich in einem Zustande, wo fast von gar keiner Spontaneität die Rede sein kann. Auf einfache Fragen antwortet er richtig, aber mit unend-

---

[1] Die Frage der Alkoholepilepsie lasse ich hier aus didaktischen Gründen, um die Sache nicht zu sehr zu compliciren, bei Seite und verweise auf das Capitel Epilepsie.

licher Trägheit. Seine Stimmung ist nicht mehr die tief deprimirte wie früher, sondern mehr der Ausdruck eines Gefühles allgemeiner Hilflosigkeit." Diese letzteren Notizen über den Geisteszustand scheinen mir nun den Angelpunkt zu bieten, an welchem die Möglichkeit einer psychologischen Differentialdiagnose hängt. Da allgemeine Zeichen von Stupor, mit welchem Verlangsamung des Gedankenablaufes verknüpft sein kann, längst fehlten, so musste jetzt besonders nach den vorangegangenen Krampfanfällen die grosse Trägheit des Gedankenablaufes auffallen. Die Verlangsamung des Vorstellungsablaufes ist eine der oft vorhandenen charakteristischen Allgemeinerscheinungen bei Tumor cerebri, welche trotz der symptomatisch an functionelle Psychosen erinnernden Form der Erkrankung die Annahme einer organischen Hirnerkrankung nahelegt.

Es traten nun noch immer mehr die Diagnose sichernde Symptome auf. Am 30. October: Tic convulsif der rechten Gesichtshälfte. Darauf Bewusstlosigkeit und Krämpfe der rechten Körperhälfte. Allmälig traten die cerebralen Herdsymptome, deren genauere Analyse hier nicht unsere Aufgabe ist, immer mehr in den Vordergrund, während die Benommenheit immer deutlicher wurde.

Am 7. December, also circa 7 Monate nach der Aufnahme, Exitus letalis durch Hirntod. Bei der Section fand sich „in der linken Seitenwandgegend" ein prominirender, grauröthlicher, circa 8 Cm. breiter Tumor, welcher circa 5·5 Cm. tief von der Oberfläche in das Centrum Vieussenii vorgedrungen war (Glioma telcangiectaticum cerebri).

Es hat also hier notorisch ein Tumor cerebri vorgelegen, während zuerst eine rein functionelle Psychose angenommen worden war. Die Krampfanfälle sind durch den Tumor genügend erklärt. Ebenso die fortschreitenden Intelligenzstörungen. Es frägt sich nur, wie weit man die Wirkung des Tumors auf den psychischen Allgemeinzustand zurückverlegen darf. Zunächst muss entschieden die Annahme, dass die früher vorhandene „alkoholistische" Störung damit in Zusammenhang stehe, abgelehnt werden. W. wäre auch Alkoholist gewesen, wenn er keinen Tumor gehabt hätte. Wohl aber muss man die rasch in Stupor und Blödsinn überführende Geistesstörung in diesem Falle als eine psychische Begleiterscheinung der cerebralen Veränderungen durch den Tumor cerebri auffassen. Den Ausschlag für die Diagnose kann, wenn cerebrale Herdsymptome fehlen, nur eine genaue Intelligenzuntersuchung geben.

§ [Der zweite Fall, welcher mir actenmässig vorliegt, ist ebenfalls schon literarisch behandelt worden (cfr. l. c. pag. 753).

Kaspar Sebold, Bauer, im 37. Jahre aufgenommen am 18. Februar 1880. Von zwei Geschwistern des Patienten, die vollkommen gesund sind, hat ein Bruder ein an Krämpfen leidendes Kind, das, drei Jahre alt, noch nicht gehen kann. Als Kind hatte S. das „Gefraisch" sehr stark, fiel manchmal wie todt hin. Im 17. Jahre bekam er in der Kirche einen Krampfanfall und wurde bewusstlos hinweggebracht. Seitdem keine Krämpfe mehr, aber er war geistesschwach, hatte kein Gedächtniss; — war in Geldsachen sehr leichtsinnig, so dass er sein Vermögen durchbrachte. Seit 14 Jahren verheiratet. 5 Kinder, von denen 4 im Alter von 1—12 Jahren leben. Herbst

1879 Verschlimmerung. Anfangs Februar 1880 wurde er tobsüchtig, ass
und trank 3 Tage nichts. Auf dem Transport in's Spital heulte er fortwährend, rief besonders immer „Wasser". Bei der Aufnahme in tiefster
Verwirrung mit ängstlicher Erregung. Er spricht kein articulirtes
Wort, sondern stöhnt und wimmert beständig. Dabei sehr marastisch im
Verhältniss zum Lebensalter. Am 29. Februar, nachdem er noch keine
zusammenhängenden Worte vorgebracht hatte und völlig verwirrt geblieben
war, Exitus letalis.

Bei der Section zeigte sich an der rechten Hemisphäre an der Grenze
des Hinterhauptlappens eine 7 Cm. lange und 5¹/₂ Cm. breite Schwellung
der Gyri. Der Durchschnitt ergibt eine fast runde Form der Geschwulst,
welche continuirlich in das Gewebe weitergeht (Gliom).

Hier kann nun kein Zweifel sein, dass die circa 3—4 Wochen
vor dem Exitus letalis aufgetretene Geistesstörung, welche als Tobsucht mit bald folgender schwerer Verwirrtheit zu bezeichnen
ist, unmittelbar zu den Symptomen der schweren organischen Hirnläsion gehört. Im Hinblick auf den vorhergehenden Fall ist das
wiederholte Auftreten von Verwirrtheit sehr bemerkenswerth.

Räthselhaft bleibt in der Krankengeschichte jedoch das Auftreten eines anscheinend epileptischen Anfalles im 13. Jahre, also
20 Jahre vor Auftreten der durch den Tumor bedingten Geistesstörung. Da wir jedoch hier den Nachdruck auf das Vorkommen
acuter Geistesstörungen im Laufe der Entwicklung eines Tumor
cerebri legen, so können wir die Erörterung über das Auftreten
dieses rein neurologischen Symptomes bei Seite lassen.

Die dritte Beobachtung, welche mir besonders für die Differentialdiagnose wichtig zu sein scheint, ist folgende (eigene Beobachtung):

K. Schw., Kaufmann, 43 Jahre alt, zeigt seit einigen Monaten ein
niedergedrücktes Wesen, redet wenig, ist ganz apathisch, vernachlässigt
sein Geschäft. Bei der Untersuchung (Mai 1893) ist er kaum zu einer
Antwort zu bringen. Alle Antworten kommen sehr langsam heraus.
Der Kranke macht viele Rechenfehler, ist sehr vergesslich.
Dadurch wurde der Gedanke an eine progressiv-paralytische Erkrankung
nahegelegt, jedenfalls musste an eine organische Hirnläsion gedacht werden.
Bei genauerer Prüfung, welche durch seinen stuporösen Zustand sehr erschwert wird, zeigt sich völlige Agraphie, partielle Alexie und
Hemianopsie für rechts. Ferner zeigten sich, abgesehen von der allgemeinen Verlangsamung der Reactionen, im Auffinden von Worten zu Gegenständen Lücken und Verlangsamung. Auf Paralyse deutende, tabische Symptome fehlten. Es wurde ein Tumor in der Gegend des linken Gyrus supramarginalis und angularis angenommen. Operation wurde (nach genauer
Erörterung der Localisationsfrage) vorgeschlagen, aber abgelehnt.

Nach 14 Tagen rechtsseitige Hemiplegie und allgemeine Seh-
störung neben der Hemianopsie (Stauungspapille), nach 6 Wochen
Exitus letalis. Die Diagnose stimmte. — Das psychiatrisch Wichtige
in diesem Falle ist die Thatsache, dass hier bei einem scheinbar functionellen stuporösen Zustande durch rein psychologische Untersuchung
die Differentialdiagnose hätte gestellt werden können, selbst wenn
die cerebralen Herdsymptome nicht vorhanden gewesen wären. Es
ist sicher vorauszusagen, dass in einiger Zeit durch Ausbildung

der· Methoden der Intelligenzuntersuchung die Psychiatrie einen
functionellen Stupor von einem durch organische Hirnläsion bedingten
ebenso gut wird unterscheiden können, wie wir· jetzt eine Intercostalneuralgie von den durch Pleuraexsudat entstehenden Schmerzen
differenziren können. In manchen Fällen kann man es jetzt schon.

Senile Hirnatrophie.

Bei der Section von alten Leuten wird sehr häufig, auch wenn
sie im Leben keinen höheren Grad von seniler Demenz gezeigt haben,
ein beträchtlicher Hydrocephalus externus gefunden, welcher in Folge
der senilen Hirnatrophie durch Ansfüllung des zwischen Hirnober-
fläche und Schädel entstandenen Raumes entstanden ist. Es ist also
kein proportionales Verhältniss zwischen dem sichtbaren·Grad seniler
Hirnatrophie und seniler Demenz vorhanden. Trotzdem kann wohl
kein Zweifel sein, dass die senile Demenz in Folge atrophischer
Vorgänge in der Grosshirnrinde zu Stande kommt, so dass man sie
zu den Krankheiten mit materiell begreiflicher Veränderung der
Nervensubstanz rechnen kann.

Eine eindeutige psychologische Schilderung der senilen Demenz
derart zu geben, dass ein erfahrener Diagnostiker aus dem blossen
psychologischen Befund, ohne sonstige Daten, besonders in Bezug
auf das Alter, über den betreffenden Menschen zu haben, die Diagnose
stellen könnte, ist kaum möglich. In den meisten Fällen wird eben
der Umstand, dass der betreffende Mensch sich in einem beträchtlichen Alter von mehr als 55 Jahren befindet, für die Auffassung des
psychischen Zustandes als „senile Demenz" sehr in die Wagschale
fallen. Immerhin lassen sich einige Kriterien aufzählen, welche rein
psychologisch eine Wahrscheinlichkeitsdiagnose erlauben.

In einer Beziehung hat die senile Demenz eine Aehnlichkeit
mit dem primären Schwachsinn, welcher sehr oft im jugendlichen
Alter von circa 20 Jahren ausbrechend die Menschen auf ein tieferes
geistiges Niveau bringt, ohne dass die vor langer Zeit eingelernten
Associationen davon irgendwie berührt werden. Der Unterschied
besteht jedoch in der Art des Ausbruches. Während bei dem primären Schwachsinn die geistige Niveauverschiebung oft unter stürmischen Aufregungen ziemlich acut erfolgt, findet sich bei der senilen
Demenz meist ein sehr langsamer Uebergang. Das Gedächtniss für
früher Erlebtes ist erhalten, während die normale Reactionsfähigkeit
für frische Eindrücke und die thätige Antheilnahme am Gegenwärtigen völlig verloren geht. Solche Menschen werden allmälig ganz
unfähig, selbst für sich zu sorgen, vegetiren interesselos dahin und
leben nur noch in der Wiederholung früher erlebter Dinge und früher
gelernter Sprüche manchmal auf.

Hierin kann oft ein differentialdiagnostisches Moment gegenüber
der progressiven Paralyse liegen, welche ja auch in hohem Lebensalter vorkommen kann, weil nämlich bei dieser gerade die primitiven
Kenntnisse, wie Schreiben, Rechnen etc., oft zuerst in Mitleidenschaft
gezogen werden.

Ferner kommt eine Form von seniler Demenz vor, bei welcher
alte Charaktereigenschaften in einer pathologisch übertriebenen Weise

hervortreten, weil alle Hemmungen, welche sonst die einzelnen Triebe
der Menschen im Zaum halten, weggefallen sind. Auch hier kommen
dann Krankheitsbilder zu Stande, welche genetisch den Anschein
der progressiven Paralyse erwecken, während sie rein symptomatisch
als „Moral insanity" zu bezeichnen wären. Wir werden jedoch
noch öfter Gelegenheit haben, die Anwendung dieses Begriffes auf
sehr bescheidene Grenzen einzuengen. Jedenfalls darf man einen
Menschen, welcher im späteren Lebensalter im Gegensatz zu seinem
moralischen Verhalten in früheren Zeiten bedenkliche Züge z. B. im
sexuellen Gebiete, wie es öfter vorkommt, zeigt, durchaus nicht unter
den vagen Begriff Moral insanity bringen, sondern muss die Frage
erörtern, ob eine senile Demenz anzunehmen ist oder nicht.

Es können sich nun die Intelligenzdefecte bei der senilen Demenz
compliciren mit körperlichen Lähmungen, welche in Folge von Hirnblutung bei alten Leuten öfter auftreten. Die Veranlassung hierzu
ist das sehr häufige Vorhandensein von Gefässatheromatose bei solchen.
Dadurch kann ein Bild zu Stande kommen, welches symptomatisch
der progressiven Paralyse, welche ebenfalls in ziemlich hohem Alter
noch vorkommen kann, sehr ähnlich sieht. Die Differentialdiagnose
zwischen einfacher seniler Demenz und progressiver Paralyse ist
praktisch sehr wichtig, weil mit diesen beiden Diagnosen ganz verschiedene complicirte Urtheile über den weiteren Verlauf, beziehungsweise den zu vermuthenden Eintritt eines Exitus letalis ausgesprochen
werden. Ein Mensch mit seniler Demenz, selbst wenn sich diese mit
den Folgen von Apoplexieen complicirt zeigt, kann noch eine grosse
Reihe von Jahren leben, wenn nicht vielleicht ein zweiter Schlaganfall auf Grund seiner allgemeinen Atheromatose den Exitus
herbeiführt.

Dagegen bedeutet die Diagnose: progressive Paralyse, besonders
wenn sie bei einem verhältnissmässig alten Individuum gestellt wird,
welches den accidentellen Gefahren der progressiven Paralyse, z. B.
Decubitus. noch mehr ausgesetzt ist als ein junges, dass im Laufe von
wenigen Jahren Exitus letalis eintreten wird.

Ich gebe nun zunächst zwei Fälle, in welchen die Differentialdiagnose zwischen einfacher seniler Demenz und paralytischem Blödsinn in Frage kam.

Andreas Wecklein aus Arnstein, Schneidermeister, am 1. Juli 1890
aufgenommen im Alter von 68 Jahren. Heredität nicht zu ermitteln. Seit
zwei Jahren, also seit seinem 66. Jahre, begann Patient eine ganz andere
Lebensweise, als er sie bisher geführt hatte; er wurde heftig, begann zu
trinken, behandelte später seine Angehörigen schlecht, drohte bei geringen
Gelegenheiten mit Selbstmord, besonders wenn man ihn am Trinken hinderte.
Selbstüberschätzungsideen waren oft vorhanden. Als Grund für das viele
Trinken gab er an, dass im Magen ein Eisklumpen sei. Das Gedächtniss
ist sehr schwach geworden, er verlief sich, konnte nicht nach Hause finden.
Er war nicht im Stande, ordentlich aufzumerken, griff sich an den Kopf,
als ob er sich besinnen müsste. Er vergass, wer ihm die verschiedenen
Kleidungsstücke in die Werkstatt zum Ausbessern gebracht hatte. Vom
Rechnen hat er gar nichts mehr verstanden, hat zu billige oder zu theuere
Preise in seinem Geschäft gemacht. Er erkannte Kinder aus bekannten
Familien nicht wieder, vergass Familienereignisse rasch.

Rein psychologisch ist diese Anamnese durchaus nicht von der, welche ein beginnender Paralytiker bieten kann, zu unterscheiden. Die Charakterveränderung, die Trunksucht, die exaltirten Zustände, die Rohheit gegen die Angehörigen, die Intelligenzschwäche kommt ja im Beginn der progressiven Paralyse sehr häufig vor. Höchstens könnte die hypochondrisch-paranoische Idee auffallen, welche er zur Erklärung des Trinkens vorbrachte, dass ihm ein Eisklumpen im Magen liege. Aber auch solche vorübergehende Wahnideen sprechen nicht gegen die Annahme der progressiven Paralyse, wie wir ausgeführt haben, so dass es also rein psychologisch bei der Abwesenheit jeder typischen Form von Psychose durchaus gerechtfertigt war, an ausbrechende Paralyse zu denken. An eine Paranoia ist in Bezug auf die ganz vereinzelte und verschwindende Wahnidee, dass ein Eisklumpen im Magen liege, durchaus nicht zu denken. Das wäre gerade so, als wenn man bei einem Menschen, der Seitenstechen hat, sofort eine Lungenentzündung diagnosticiren wollte.

Es handelte sich also wesentlich darum, in diesem Falle die Differentialdiagnose zwischen seniler Demenz und progressiver Paralyse zu entscheiden. Hierbei ist in solchen Fällen, wie schon früher gezeigt, ein Hauptgewicht auf den Nachweis von tabischen Symptomen zu legen.

Ferner handelte es sich psychologisch darum, bei W. Züge nachzuweisen, welche, abgesehen von den mit der Annahme einer progressiven Paralyse zusammenstimmenden Symptomen, Gegenargumente gegen diese Auffassung bilden konnten. Es zeigte sich nun, dass alle tabischen Symptome fehlten. Weder in der Anamnese, noch im objectiven Befunde (Kniephänomene, Pupillenreaction) liess sich etwas dafür Sprechendes nachweisen. Die Pupillen reagirten zwar etwas langsam, aber bei einem 68jährigen Manne gehört dieser Befund nicht in's Gebiet des Pathologischen.

Durch Nachweis von Tabes liess sich also der Beweis der paralytischen Natur der Geistesstörung nicht erbringen. Nun spricht allerdings die Abwesenheit von tabischen Symptomen durchaus nicht eindeutig gegen die Annahme der paralytischen Natur einer Geistesstörung. Man konnte also trotz dieses negativen Befundes noch an der Möglichkeit dieser festhalten. Psychologisch zeigte sich bei der Aufnahme folgender Befund:

Wahnideen sind nicht zu ermitteln. Der Magen, in welchem er früher einen „Eisklumpen" gefühlt hatte, ist ganz gesund. Im Vordergrund stehen Gedächtnissdefecte und Kritiklosigkeit. Ueber seine Umgebung ist er sich nur soweit klar, dass er in ein Spital gekommen ist. Während er widerspenstig gegen das Fortgehen aus der Heimat war, bleibt er nun gerne hier. Während er aus den letzten Monaten sehr wenig weiss, hat er viele Erinnerungen aus früherer Zeit, die er gern erzählt. Für auswendig gelernte Wortreihen ist gutes Gedächtniss vorhanden. Schrift tadellos, ebenso das Lesen. W. arbeitet einfache Sachen im Schneiderhandwerk sehr geschickt.

Es zeigen sich also neben den mit der progressiven Paralyse gemeinsamen psychologischen Zügen eine kleine Anzahl von Momenten, welche die Wagschale zu Gunsten der Annahme einer einfachen senilen Demenz herunterdrücken. Das Erinnerungsvermögen

für früher Gelerntes und die Ausführung eingelernter
Bewegungsreihen ist bei ihm überraschend gut erhalten,
während die Intelligenzstörung in Bezug auf die Auffassung der
Gegenwart erheblich ist. Auf Grund dieser rein psychologischen
Differenzirung wurde bei W. die sichere Diagnose auf einfache senile
Demenz gestellt, welche durch den weiteren Verlauf vollständig ge-
rechtfertigt worden ist.

Viel verwickelter lag die Frage der Differentialdiagnose noch
in folgendem Fall, in dem körperliche Lähmungserscheinungen vorhanden waren:

E. T., aufgenommen am 23. August 1892 im Alter von 70 Jahren.
Als Kaufmann sehr anstrengendes Leben geführt. 5 Jahre vor Aufnahme
ein Schlaganfall. Es war damals das rechte Bein, der rechte Arm und die
Zunge gelähmt. Patient konnte nicht mehr gehen, schreiben und sprechen.
Im Laufe eines Jahres besserte sich die Lähmung der Zunge und des rechten
Armes, Lähmung des rechten Beines blieb bestehen. Im Laufe der letzten
zwei Jahre machte sich eine allmälige Abnahme der geistigen Leistungen
bemerkbar, namentlich starke Abnahme des Gedächtnisses; ferner Verwechseln
von Personen und Sachen, zunehmende Schwierigkeit im Gebrauch sonst
geläufiger Worte. Im letzten Jahr hat Patient öfter Anfälle gehabt, in denen
er tagelang aphasisch war und tagelang Zwangsbewegungen mit den Extremitäten ausführte. Diese Symptome verschwanden wieder, dagegen blieb darauf
eine deutliche Abnahme der geistigen Fähigkeiten bestehen.

Diese Anamnese stimmt nun symptomatisch ebenfalls zunächst
sehr gut zu der Annahme einer progressiven Paralyse. Dass diese
Krankheit auch in hohem Lebensalter vorkommen kann, ist bekannt.
Dass die Erkrankung schon vor 5 Jahren, und zwar ohne vorher-
gehende psychische Symptome, mit einem Schlaganfall eingesetzt hat,
spricht ebenfalls nicht dagegen. Man kann sogar sagen, dass die
progressive Paralyse die Aufeinanderfolge der Symptome besser
erklärt als die senile Hirnatrophie. Denn bei ersterer kommt es der
Natur der Krankheit nach oft vor, dass einem Schlaganfall Verblödung folgt. Die senile Demenz kann jedoch nur indirect durch
die gleichzeitig bestehende Atheromatose mit Schlaganfällen complicirt werden. Nun bliebe die dritte Annahme, dass die Apoplexie
im vorliegenden Falle die cerebrale Ursache der Verblödung sein
könnte. Es kommen jedoch so viele Apoplexien bei mehr oder weniger
alten Leuten ohne daraus folgende Verblödung vor, dass man nicht
ohne Weiteres einen solchen ursächlichen Zusammenhang zwischen
localer Hirnerkrankung und allgemeiner Verblödung construiren
darf. T. wäre also wahrscheinlich — wenn man progressive Paralyse
ausschliesst — in Folge seniler Hirnatrophie gerade so blöd geworden,
wenn er auch die locale Blutung nicht gehabt hätte. Es handelte
sich also zunächst darum, ob sich progressive Paralyse ausschliessen
liess oder nicht.

Tabische Symptome fehlten, wenn man die vorhandene Trägheit der Pupillen rein als senile Erscheinung auffassen wollte. —
Der geistige Zustand bot hier ebenfalls keine Handhabe, um im
Gegensatz zu der Annahme einer progressiven Paralyse einfache
senile Demenz wahrscheinlich zu machen. Der Fall lag also so, dass
bei der Aufnahme eine Differentialdiagnose kaum gestellt werden

konnte. Für progressive Paralyse konnte noch in Betracht kommen,
dass öfter aphasische Zustände aufgetreten waren, die sich leichter
aus mehrfachen leichten paralytischen Anfällen erklären als aus der
Annahme, dass es in dem Gehirn des Mannes öfter geblutet haben
soll. Allerdings ist hierbei die enorm starke Atheromatose in Betracht zu ziehen, welche T. gehabt hat. Bei solchen hochgradigen
atheromatösen Processen kommen solche functionelle Schwächen vor,
ohne dass eine anatomisch nachweisbare Blutung einerseits oder eine
diffuse paralytische Atrophie andererseits vorhanden zu sein brauchte.

In der Anstalt zeigte T. auf der Basis allgemeiner Intelligenzschwäche doch ganz auffallende Schwankungen, besonders in der
Schnelligkeit der Unterscheidung und des Erkennens von Gegenständen. Dieses Symptom deutete nun ebenfalls wieder mehr auf
eine durch organische, wenn auch nicht progressiv paralytische
Erkrankung des Gehirns, nicht aber auf eine einfache senile Demenz.
Es wurde also eine auf chronischer Gefässerkrankung beruhende,
wahrscheinlich in mehreren Erweichungsherden sich äussernde Hirnerkrankung angenommen, welche symptomatisch, aber nicht genetisch
der progressiven Paralyse ähnlich ist, und die neben der davon
unabhängigen allgemeinen senilen Demenz noch besondere functionelle
Störungen, besonders im Vorstellungsablaufe, hervorbringe.

Diese Annahme, welche in prognostischer Beziehung die Mitte
zwischen der oft noch sehr langen Lebensdauer bei einfacher seniler
Demenz und der relativ kurzen Lebensdauer bei progressiver Paralyse
hält, wurde durch den Verlauf gerechtfertigt.

Ohne dass intercurrente Krankheiten einwirkten, starb T. nach weiteren
vier Monaten ohne Krampferscheinungen in einem Koma, welches sich allmälig entwickelt hatte. Bei der Section fand sich eine starke Atheromatose
besonders der Basilararterien, ferner ein alter apoplektischer Herd in der
linken inneren Kapsel, mässiger Hydrokephalus, keine tabischen Erscheinungen
im Rückenmark.

Dieser Fall bildet also den Uebergang von der einfachen senilen
Hirnatrophie, welche wir als materiell sichtbare Ursache der senilen
Geistesstörungen hingestellt haben, zu den noch deutlicher wahrnehmbaren diffusen Gefässerkrankungen, welche in psychischer und
motorischer Beziehung progressive Paralyse vortäuschen können.

Mikrokephalie.

Diejenigen Fälle von Idiotie, welche mikrokephale Kopfform
zeigen, müssen aus dem grossen Rahmen der Idiotie überhaupt ganz
herausgehoben werden. Wir werden später ausführen, dass zum angeborenen Schwachsinn durchaus nicht nothwendig morphologische
Abnormität gehört, dass es vollkommen wohlgestaltete Idioten gibt,
deren Idiotie sich nicht aus einer frühzeitigen cerebralen Erkrankung erklärt, sondern einfach als „angeborene functionelle Geistesstörung" aufzufassen ist. Nun dürfen aber auch die morphologisch-
abnormen, angeboren Schwachsinnigen nicht in eine zusammengehörige
Gruppe gebracht werden, sondern müssen nach der zu Grunde liegenden Krankheit in ganz verschiedene Kategorien gebracht werden.

Wer sich nicht mit den rein symptomatischen Begriffen, wie z. B.
angeborener Schwachsinn, begnügt, sondern die Gehirnzustände
im Auge hat, aus welchen die symptomatisch vielleicht oft ähnlichen
Zustände entspringen, wird diesem analytischen Bestreben in der
Lehre von der Idiotie sicher zustimmen.

Wir werden bald zwei bestimmte Krankheiten behandeln,
welche Idiotie bewirken können, aber durchaus selbstständige Stellungen in der Pathologie verdienen, nämlich Porenkephalie und
Cretinismus. Es frägt sich nun, ob man aus der grossen Gruppe der
morphologisch abnormen Idioten auch die Mikrokephalie im Sinne
einer Krankheitseinheit herausheben kann. Das ist nun nicht
der Fall insofern, als Mikrokephalie einerseits Folgezustand einer
ganzen Reihe von verschiedenen Krankheitsprocessen sein kann,
andererseits in einigen Fällen auf einem endogenen, d. h. in der
angeborenen Entwicklungstendenz begründeten Stehenbleiben des
Gehirnschädelwachsthums beruhen kann. Vielleicht gelingt es einer
späteren klinischen Psychiatrie auch hier aus dem Befunde am Lebenden Schlüsse zu machen auf die Art, wie Mikrokephalie im einzelnen Falle zu Stande gekommen ist. Vorläufig müssen wir uns
darauf beschränken, die mikrokephalen Idioten wenigstens morphologisch als eine gesonderte Gruppe hervorzuheben.

Ein Theil der Fälle von Mikrokephalie wird wahrscheinlich
im Krankheitsbegriffe der Porenkephalie als Unterabtheilung auf-
gehen, insofern als es sich um Individuen handelt, welche schon im
embryonalen Leben eine Enkephalitis mit folgender Höhlenbildung
im Gehirne durchgemacht haben, woraus als pathologische Begleiterscheinung Stillstand des Schädelhirnwachsthums hervorgegangen
ist. In solchen Fällen findet man bei den Mikrokephalen im Gehirn,
entsprechend wie bei den Porenkephalen mit normalem Schädel,
Höhlen, die mit seröser Flüssigkeit gefüllt sind. In einem Falle dieser
Art, welcher von *Flesch* [in der Festschrift der Würzburger Universität, 1882, pag. 95] beschrieben ist, bildete das Gehirn des Mikrokephalen eigentlich einen einzigen Wassersack, so dass man eigentlich
von einem mikrokephalen Hydrenkephalus reden muss. Wahrscheinlich
wird es gerade in Bezug auf solche Fälle am ehesten möglich werden,
durch genaue Analyse der Lähmungserscheinungen, welche sich bei
gleichzeitiger Mikrokephalie und Idiotie zeigen, auf Grund klinischer
Beobachtung (nicht blos nachträglicher pathologisch-anatomischer
Bearbeitung) ein Urtheil über die Pathogenese der Mikrokephalie
zu fällen.

Da dies aber nur bescheidene Anfänge zu späterer klinischer
Differenzirung sind, so wollen wir zunächst hier die Mikrokephalie
rein morphologisch betrachten und die Frage in den Vordergrund
stellen, unter welchen Bedingungen man einen Schädel unter die
morphologische Rubrik „Mikrokephalie" zu bringen hat.

Es muss jedoch vorher kurz erörtert werden, weshalb es sich
hierbei nicht blos um ein rein kraniologisches, sondern auch um ein
psychologisches Problem handelt. Die Antwort auf diese Frage liegt
in der Voraussetzung, dass ein menschliches Wesen eine gewisse Menge (Quantität) functionirender Gehirntheile
haben muss, um überhaupt psychische Leistungen, welche dem

betreffenden Wesen psychologisch den Charakter des Menschlichen
geben, hervorbringen zu können.

Nur insofern, als klinisch festgestellte Mikrokephalie das Anzeichen einer ganz enorm geringen Hirnquantität ist, mit welcher
menschliche psychische Leistungen nicht mehr verbunden gedacht
werden können, fällt sie überhaupt in den Rahmen psychiatrischer
Betrachtung.

Es würde sich also klinisch zunächst darum handeln, aus der
genauen Messung solcher Mikrokephalen einen Schluss auf die
Gehirnmasse zu machen. Nun fehlt aber leider eine klinische Methode, um aus einer Kopfmessung am Lebenden einen Schluss auf
das Hirngewicht machen zu können, noch vollständig. Die Erfindung
einer solchen ist eine der nächsten Aufgaben der psychopathologischen
Kraniologie.

Die Hauptfehlerquelle dieser Methode würde darin bestehen,
dass ein sicherer Schluss aus einer Schädelform auf das den Schädel
ausfüllende Gehirn nicht gemacht werden kann, weil die Schädel-
dicke eine sehr verschiedene ist. Gerade bei Mikrokephalen kommt
nun dazu, dass in dem zu kleinen Schädel ausserdem noch ein pathologisches Gehirn liegen kann, welches porenkephalische Defecte oder
starken Hydrocephalus externus aufweisen kann, dass ferner bei
manchen Mikrokephalen enorm dicke Schädelknochen vorhanden sind.
Die Methode, welche von der Kopfmessung an Lebenden einen
Schluss auf die Hirnquantität machen will, würde also nur sagen
können, wie viel Hirnvolumen, beziehungsweise Hirngewicht im
günstigsten Falle zu einer gemessenen Schädelform gehört. Aber
schon eine annähernde Bestimmung der Maximalwerthe des Hirn-
gewichtes [1] aus der Schädelform wäre eine grosse Bereicherung der
Kraniologie, soweit sie für die Psychiatrie Interesse hat.
Wir müssen, solange eine solche Methode nicht vorliegt, unsere
wissenschaftlichen Anforderungen an die Abgrenzung der Mikrokephalie von den normalen Schädelformen sehr herabmindern.

Die klarste graphische Charakteristik einer Schädelform kann
unter Anwendung der von Professor *Rieger* erfundenen Methoden der Schädel- und Kopfmessung in folgender Weise gegeben
werden. [2]

In den beifolgenden Darstellungen von Schädelformen bedeutet
die ungebrochene Linie die Begrenzung der Ebene, welche durch
die Protuberantia occipitalis externa und die beiden Arcus super-
ciliares gelegt ist, d. h. also den Kopfumfang in der angegebenen
Ebene. Diese Ebene ist auf ein in lauter Quadratcentimeter getheiltes
Messpapier übertragen. Fig. 1 zeigt diese Masse und die projicirte
Ebene in natürlicher Grösse. In Fig. 5 u. 6 dagegen ist der Massstab
(aus dem äusserlichen Grunde, weil die Figuren in den Text gedruckt
werden sollten) verkleinert, lässt sich aber sehr leicht aus der
Figur ablesen, weil jedes Quadrat einen Quadratcentimeter bedeutet.

---

[1] Auf die verwickelten Beziehungen von Schädelvolumen, Hirnvolumen und Hirngewicht kann ich hier nicht eingehen, um die Sache nicht zu sehr zu compliciren.

[2] Cfr. *Rieger*, Eine exacte Methode der Kraniographie. Jena 1885. — *Rieger*,
Ein neuer Projections- und Coordinatenapparat für geometrische Aufnahmen von Schädeln,
Gehirnen und anderen Objecten. C. Bl. f. Nervenhk. u. Psych. 1886.

Diese Verkleinerung in der Darstellung muss bei den folgenden Besprechungen im Auge behalten werden.

Fig. 1 u. 5 bezieht sich auf graphische Darstellung von skelettirten Schädeln, Fig. 6 auf eine Kopfmessung an Lebenden. Nach oben in den Figuren befindet sich der Stirntheil, nach unten das Hinterhaupt. Die zweite, punktirte Linie in Fig. 5 bedeutet die Grenze einer Ebene, welche parallel zur ersten (zu der *Rieger*'schen Horizontale) 2 Cm. über dieser durch den Schädel gelegt ist, d. h. also, den Umfang des Schädels 2 Cm. über der *Rieger*'schen Horizontale. Die dritte aus Strichen und Punkten zusammengesetzte Linie bedeutet die obere Grenze der Medianebene, welche auf der *Rieger*'schen Horizontale senkrecht steht, d. h. also, die obere Grenzlinie des Schädels, welche von der Nasenwurzel über den Scheitel zur Protuberantia occipit. ext. gelegt ist. Diese auf der *Rieger*'schen Horizontale senkrecht stehende Ebene ist nun gewissermassen um die Längsachse dieser gedreht worden, so dass sich die obere Grenzlinie auf die gleiche Ebene projicirt hat. Dadurch findet das Verhältniss zwischen *Rieger*'scher Horizontalebene und Höhe des Schädels über ihr einen unmittelbar sichtbaren Ausdruck. Die arabischen Zahlen beziehen sich auf das Coordinatensystem in der Horizontalebene, die römischen auf die Höhe des Schädels über dieser Ebene.

Aus dem Lageverhältniss der vorderen Grenzen der unteren und oberen Horizontalebenen (ungebrochene und punktirte Linien), ferner aus der Form der Medianebene lässt sich nun die Bildung der Stirn leicht erkennen. Geht sie flach nach hinten, so liegt die punktirte Linie nach unten von der ungebrochenen. Wölbt sich die Stirn nach vorn, wie z. B. bei den hydrokephalischen Kopfformen, so liegt die ungebrochene Linie nach oben von der punktirten. Entsprechend kann man die Formation der seitlichen Schädelpartien auf den ersten Blick aus der relativen Lage der Linien erkennen. Die Capacität des Schädels hängt nun wesentlich ab von dem Verhältniss der *Rieger*'schen Horizontale zu der Höhe, beziehungsweise zu dem Inhalte der Medianebene.

Fig. 1 ist ein derartiges Schädeldiagramm der erwachsenen Mikrokephalin Margarethe Maehler. Die Länge des skelettirten Schädels in der *Rieger*'schen Horizontale lässt sich leicht als 11·8 Cm. ablesen, die grösste Breite mit 8·6, die Höhe über der *Rieger*'schen Horizontale mit 4·4 Cm. Die Höhe beträgt also nur ungefähr ein Drittel der Länge. Es springt aus dieser einfachen Zusammenstellung das enorm geringe Volumen des Schädels deutlich in's Auge.

Fig. 2 stellt den gleichen Schädel aufgesägt mit zurückgeklapptem Schädeldach vor. An dem mitphotographirten Netzplanimeter lassen sich wieder mehrere Maasse leicht ablesen. Der Sägeschnitt liegt circa 1½ Cm. über der *Rieger*'schen Horizontale. Da die Stirn stark zurückweicht, so ist diese Schnittebene kleiner als die *Rieger*'sche Horizontale auf dem vorausstehenden Schädeldiagramm. Es ist nun an dem mikrokephalen Schädel zunächst die enorme Dicke der Knochen des Schädeldaches zu bemerken. Hier wird celatant, dass realiter der Schädelinhalt, beziehungsweise die Gehirnmasse noch hinter dem zurückbleibt, was schon nach der blossen Schädelform zu vermuthen gewesen wäre. Es tritt hier also das eine von den Momenten hervor, welche auch bei dem Vorhandensein einer Methode, bei der Schlüsse aus der Kopfmessung auf den Schädelinhalt gemacht werden könnten, realiter manchmal das Hirngewicht noch herunterdrücken würden, das heisst also: zu einer vorhandenen Mikrokephalie gehört im gegebenen Falle eine noch stärkere Mikrenkephalie. Das Gehirngewicht betrug 450 Grm., also circa ein Drittel des normalen (circa 1500).

Fig. 1.

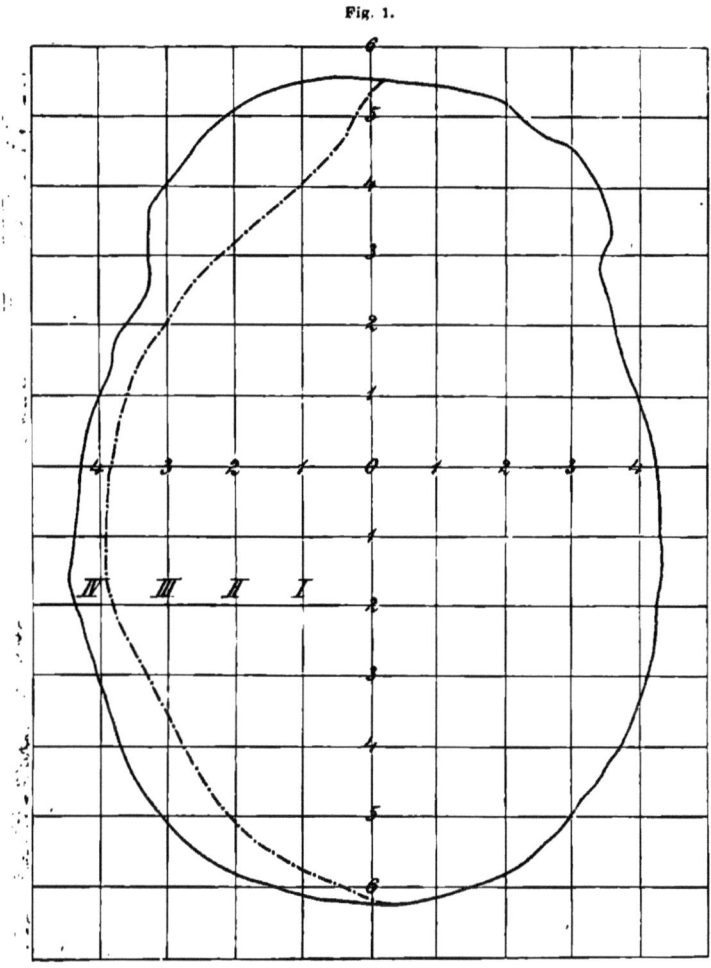

Zweiter Fall. Agnes Meckel aus Neusatz, geboren 1856, gestorben 1890 (Fig. 3), jüngstes von fünf Kindern. Die Geschwister alle gesund. Ein Kind des Bruders der Mutter ist schwachsinnig, aber nicht mikrokephal. Schwangerschaft und Geburt ohne in Betracht kommende Störung. Das Kind soll im ersten Lebensjahre nichts Auffälliges gezeigt haben. Dann traten Convulsionen auf und Stillstand der Entwicklung. Gehen lernte Agnes erst mit 6 Jahren. In der Schule konnte sie durchaus nichts lernen. Sie

Fig. 2.

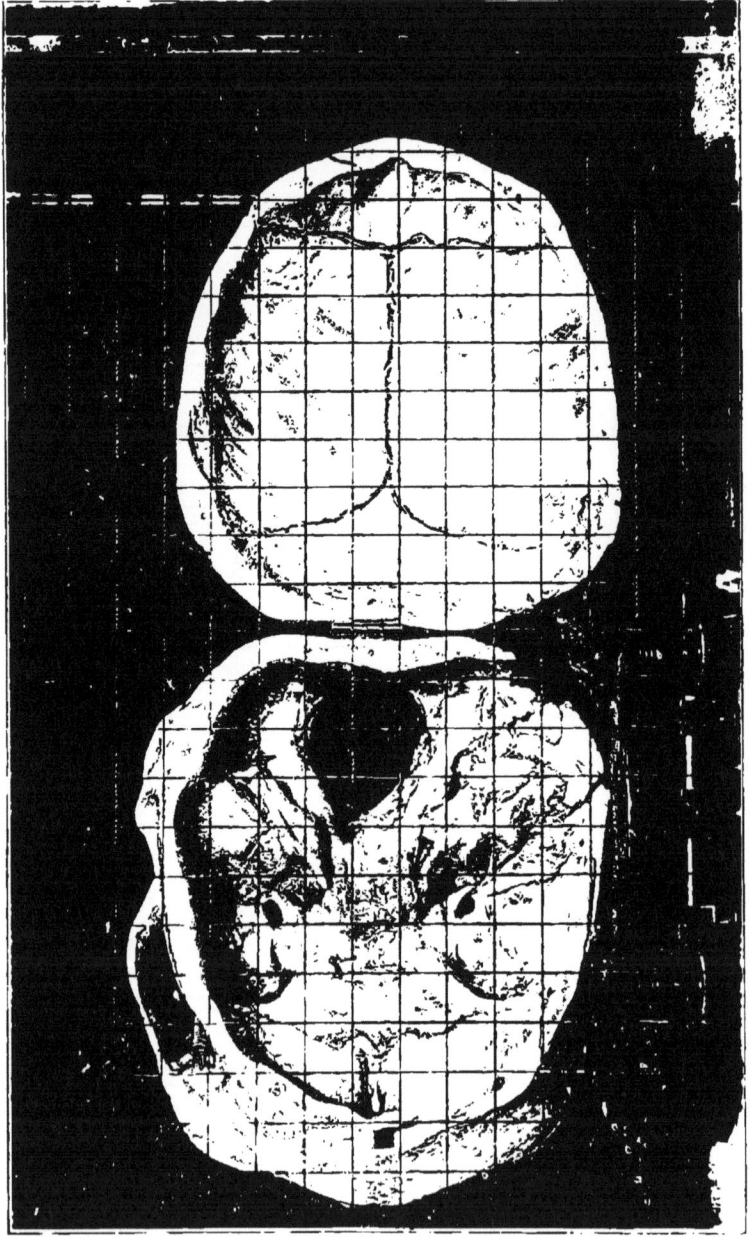

glich durch ihr ganzes Leben einem Kinde, hat nie sprechen gelernt, konnte sich nicht anziehen. Kam December 1889 in die psychiatrische Klinik, in den letzten Monaten bis zum Tode war sie gelähmt, lag fortwährend zu Bett. Schliesslich ganz schwach und somnolent. Exitus letalis 10. Mai 1890, alt 33 Jahre.

Das Kraniogramm (Fig. 5) zeigt Verhältnisse, welche bedeutend über die Maasse der Mikrokephalin Maehler hinausgehen. Die Längsachse der *Rieger*'schen Horizontalebene beträgt, wie man leicht ablesen kann, 13·6 Cm.,

Fig. 3.

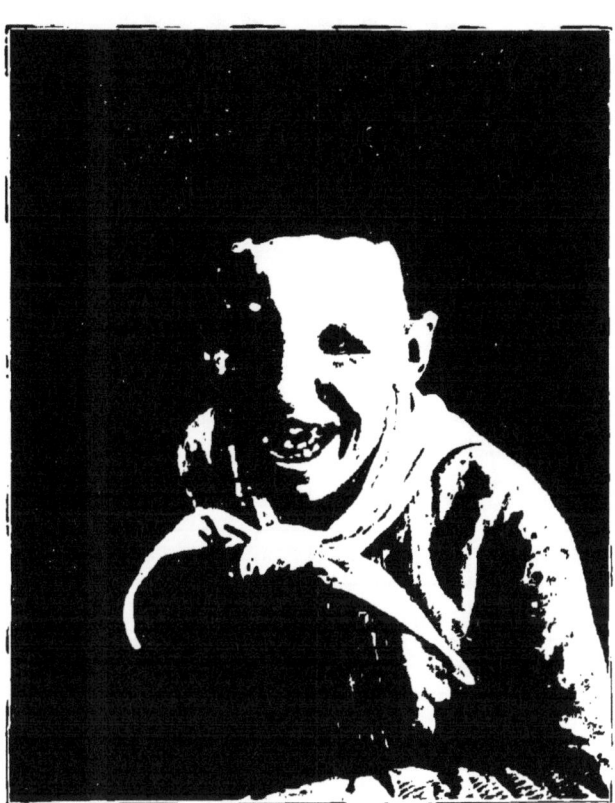

die Längsachse der parallel zu dieser, 2 Cm. höher gelegten Ebene beträgt 14·4 Cm. Es ist daraus leicht ersichtlich, dass der Schädel sich nach oben von der *Rieger*'schen Horizontale etwas erweitert, während bei Machler die Stirn stark zurückwich. Die grösste Breite bei der Horizontalebene beträgt circa 11·5 Cm. Die grösste Höhe über der *Rieger*'schen Horizontale beträgt circa 8 Cm.

Das Gehirn zeigt eine Reihe von Abnormitäten, deren Analyse zu sehr in's Einzelne führen würde. Die rechte Hemisphäre (Fig. 4) zeigt an der Convexität eine ziemlich normale Configuration. Das Ganze erscheint als

Fig. 4.

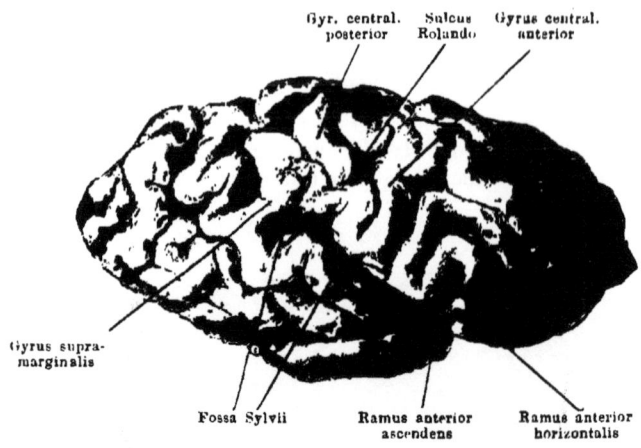

Gyr. central.   Sulcus   Gyrus central.
posterior   Rolando   anterior

Gyrus supra-
marginalis

Fossa Sylvii   Ramus anterior   Ramus anterior
ascendens   horizontalis

Fig. 5.

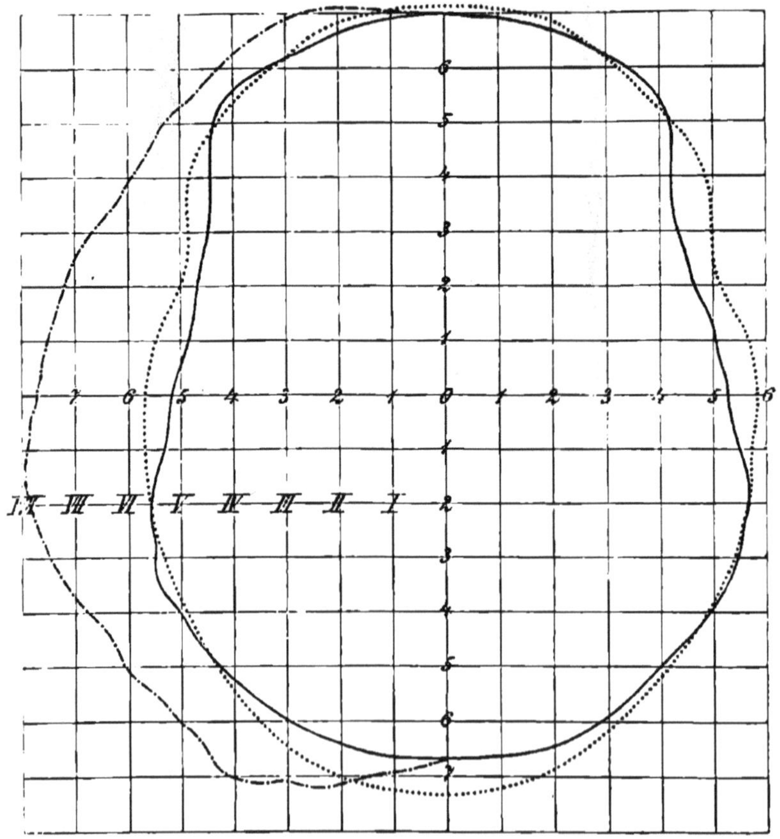

eine Art Miniaturausgabe eines normalen menschlichen Gehirns. Fossa Sylvii mit dem vorderen verticalen und horizontalen kurzen Ast, Sulcus Rolando, Frontalwindungen, Temporallappen u. s. w. sind deutlich zu erkennen. Zu diesem Geschöpf gehört das pag. 64 mitabgebildete Skelet (linksstehend), welches ebenfalls eine Art Verkleinerung eines normalen Skelettes darstellt.

Es käme nun darauf an, gewissermassen eine Stufenfolge von Schädelvolumina auf Grund eines grossen Beobachtungsmateriales

Fig. 6.

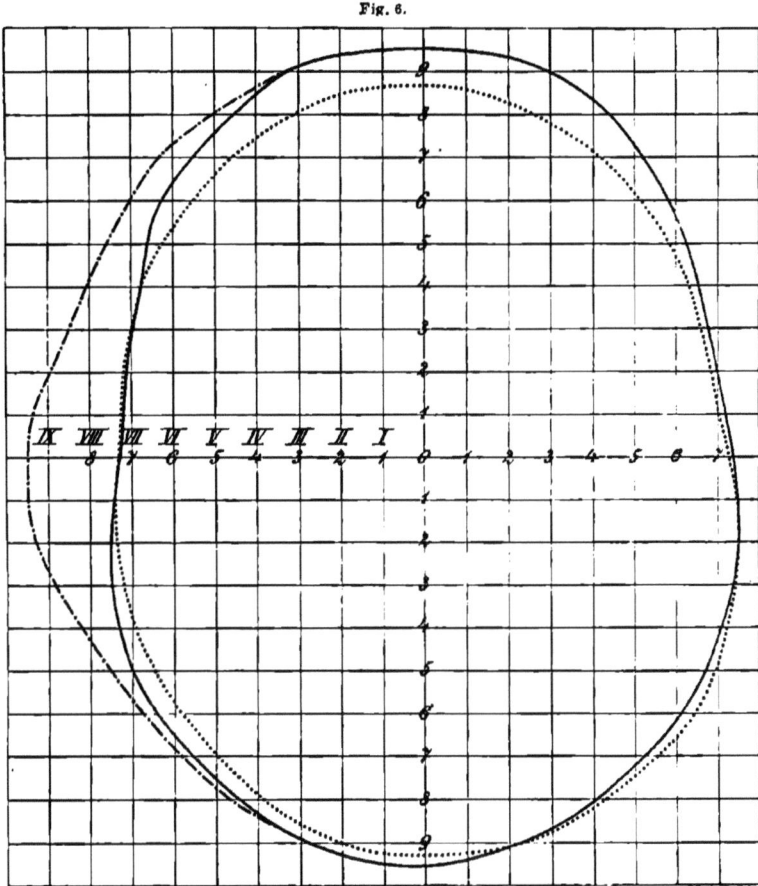

aufzustellen und in jedem einzelnen Falle den psychischen, respective psychopathischen Zustand als Parallelreihe zu ermitteln. Vielleicht würde es so gelingen, einigermassen eine Grenze zu bestimmen, unterhalb welcher man mit Bestimmtheit sagen könnte, dass zu der betreffenden Schädelform (beziehungsweise zu der Hirnquantität) ein abnormes psychisches Leben gehören müsse.

Während die sogenannten „Degenerationszeichen" im Allgemeinen vollkommen werthlos zur Entscheidung der Frage sind, ob

der betreffende Mensch normal oder abnorm sein müsse, bietet die
Untersuchung der Grenzformen von Mikrokephalie vielleicht noch
am ehesten Aussicht, einen nothwendigen Zusammenhang einer
Schädelform mit psychischer Abnormität aufzudecken. Allerdings
kommen wir hier immer wieder auf das Erforderniss einer Methode,
welche aus der Kopfmessung am Lebenden einen Schluss auf die
Gehirnquantität gestatten würde. Einen solchen Grenzfall will ich
im Folgenden durch vergleichende Mittheilung über eine der Mikrokephalie nahestehende Schädelform und gleichzeitig bestehende Geistesschwäche bieten.

Lorenz Schmitt, geboren 1845, zur Zeit Irrenpfründner im Juliusspital.
Schmitt ist in mässigem Grade schwachsinnig. Verfiel in diesen Zustand im
36. Jahre.

Das Kephalogramm (Fig. 6) zeigt, wie sich leicht ablesen lässt,
folgende Maasse: Grösste Länge der *Rieger*'schen Horizontale 19 Cm., Breite
15 Cm., Höhe über der *Rieger*'schen Horizontale nur 9·5 Cm. Hierin liegt
das Moment, welches den Schädel der Mikrokephalie annähert, obgleich die
Masse der *Rieger*'schen Horizontale nicht allzu stark vom Normalen abweichen.

Nur muss man, um die wirklichen Schädelmaasse zu bekommen, noch
den Umstand in Betracht ziehen, dass hier eine Kopfmessung am Lebenden
vorliegt, so dass also noch die Dicke der Haut in Abrechnung gebracht
werden muss.

Jedenfalls ist das Längen-, Breiten-, Höhenverhältniss abnorm. Bei
der Durchsicht einer grösseren Anzahl von Kopfmessblättern finde ich
folgende Verhältnisse: 1. Fall: 7jähriger Idiot (Kiefer) ohne Schädelabnormität: Länge 14·5, Breite 12·4, Höhe 12·0 Cm.; 2. Fall: 12jähriger
Cretin (Stock): Länge 16·2, Breite 13·2, Höhe 12·0 Cm.; 3. Fall: 37jäh-
riger Schwachsinniger (Mernzinger): Länge 17·0, Breite 15·0, Höhe 10·0 Cm.;
4. Fall: 23jähriger Paralytiker (Marthn): Länge 19·5, Breite 16·2, Höhe
12·6 Cm.; 5. Fall: 39jähriger Epileptikerpfründner (Achtziger): Länge 19·8,
Breite 16·1, Höhe 10·8 Cm.; 6. Fall: 29jähriger Schwachsinniger (Kirster):
Länge 18·0, Breite 16·2, Höhe 11·8 Cm.; 7. Fall: 29jähriger Epileptikerpfründner (Desch): Länge 17·6, Breite 14·2, Höhe 10·2 Cm.; 8. Fall:
21jähriger blödsinniger Epileptiker: Länge 16·5, Breite 13·0, Höhe 10·8 Cm.;
9. Fall: 14jähriger Epileptiker (Dietzel): Länge 18·1, Breite 15·0, Höhe
13·7 Cm.; 10. Fall: 26jähriger normaler Lehrer (B.): Länge 19·3, Breite 15·2,
Höhe 11·8 Cm.; 11. Fall: 8jähriger Idiot (Kehl): Länge 15·4, Breite 13·0,
Höhe 9·4 Cm.; 12. Fall: 20jähriger Paranoiker (Bedel): Länge 19·0, Breite 16·0,
Höhe 11·2 Cm.; 13. Fall: 15jähriger Epileptiker (Becker): Länge 17·1,
Breite 13·6, Höhe 10·2 Cm.; 14. Fall: 52jähriger Epileptiker (Scharfen-
berger): Länge 20·0, Breite 15·3, Höhe 12·0 Cm.; 15. Fall: 25jährige
hereditär Paralytische (Hesselbach): Länge 17·8, Breite 15·0, Höhe 9·7 Cm.;
16. Fall: 29jähriger blödsinniger Epileptiker (Kistner): Länge 17·4, Breite 14·8,
Höhe 10·5 Cm.; 17. Fall: 38jähriger Melancholischer (Rappert): Länge 19·0,
Breite 16·0, Höhe 10·8 Cm.; 18. Fall: 12jähriger epileptischer Knabe
(Nürnberger): Länge 16·8, Breite 14·0, Höhe 11·0 Cm.; 19. Fall: 34jäh-
riger Paranoiker (Klüpfel): Länge 19·9, Breite 16·0, Höhe 10·9 Cm.;
20. Fall: 15jähriger Epileptiker (Seubert): Länge 17·6, Breite 14·7, Höhe
12·2 Cm.

Aus dieser Zusammenstellung ist ersichtlich, dass der be-
schriebene, 48 Jahr alte Lorenz Schmitt in dieser ganzen Reihe mit

der Schädelhöhe von 9·5 Cm. über der *Rieger*'schen Horizontale, abgesehen von dem 8jährigen Idioten Kehl (cfr. Fall 11, Höhe = 9·4), am niedrigsten steht. Am nächsten steht ihm sodann ein ebenfalls ganz abnormes Geschöpf (Fall 15), welches mit 16 Jahren erkrankte, jetzt im 25. Jahre steht und nun alle Zeichen der gewöhnlichen progressiven Paralyse bietet. —

Hier ist in der That anzunehmen, dass die Wahrscheinlichkeitsdiagnose auf schwere geistige Abnormität schon aus der Messung des Schädels abzuleiten gewesen wäre, was im Allgemeinen auf die psychopathischen und criminalistischen Individuen durchaus nicht zutrifft.

Porenkephalie.

Zu den groben organischen Gehirnerkrankungen, welche psychische und nervöse Störungen, und zwar im speciellen Falle Schwachsinn und Epilepsie, bewirken können, gehört die Porenkephalie. Allerdings ist Porenkephalie (von porus, Loch, enkephalon, Gehirn) eigentlich keine Krankheit, sondern das anatomisch nachweisbare Resultat einer Krankheit. Bei dem Worte Porenkephalie hat man sich eine Höhlenbildung der Hirnsubstanz vorzustellen, welche nach einer im fötalen oder kindlichen Leben auftretenden Enkephalitis oder traumatischen Hirnzerstörung, z. B. nach schweren Geburten, zurückbleibt.

Es handelt sich also um einen völligen Verlust von bestimmten Stellen der Hirnsubstanz, welche meist durch eine Ansammlung von seröser Flüssigkeit ersetzt wird. Auf die speciellen pathologischanatomischen Fragen gehe ich hier nicht ein, weil es sich für uns ja nur um die allgemein-diagnostischen Probleme handelt.

Solche isolirte Herde können natürlich isolirte psychische Ausfallserscheinungen bedingen und werden dann nach den speciellen Regeln der Localdiagnostik in ihrer Lage bestimmt werden müssen. Aber abgesehen davon gehört die Porenkephalie in's Gebiet der engeren Psychiatrie, weil manche Fälle von angeborenem Schwachsinn und Epilepsie auf Porenkephalie zurückzuführen sind. Diese porenkephalischen Geschöpfe befinden sich häufig in Armenhäusern, Idiotenanstalten etc. und kommen weniger in die speciell psychiatrischen Anstalten.

Wenn diese Krankheit also vielleicht auch praktisch nicht von sehr grosser Bedeutung ist, so ist ihre Betrachtung doch sehr wichtig für die allgemeinen Gesichtspunkte, welche wir für die Gruppirung der Geistesstörungen aufgestellt haben. Die meisten dieser Kranken werden unter der Rubrik „Schwachsinn" oder „Epilepsie" geführt werden. Es ist aber durchaus nothwendig, sobald man die Diagnose auf Porenkephalie gestellt hat, diese Fälle aus den genannten symptomatischen Sammeltöpfen herauszunehmen und sie unter den richtigen anatomischen Begriff zu bringen. Wer Idiotie diagnosticirt, wo er Porenkephalie sagen sollte, begibt sich seines naturwissenschaftlichen Charakters, indem er für die bekannte materielle Veränderung der Substanz, welche der Krankheit zu Grunde liegt, einfach ein Symptom hinstellt.

Es ist dies ähnlich, als wenn Jemand „Tobsucht" diagnosticirt, wo er „progressive Paralyse" hätte sagen sollen, oder „hallucinatorische Verwirrtheit", wo „alkoholistische Geistesstörung" am Platze gewesen wäre. Es kommt also hier überall darauf an, durch den Nebel des blos Symptomatischen zu greifbaren Aussagen über den Gehirnzustand zu kommen.

Als diagnostischer Anhaltspunkt, um bei bestehendem Schwachsinn mit Epilepsie die Diagnose Porenkephalie zu stellen, dient häufig das gleichzeitige Bestehen von Lähmung, beziehungsweise Entwicklungshemmung der Extremitäten. Diese Lähmungen der im Wachsthum zurückgebliebenen Glieder sind meistentheils spastischer Natur und zeichnen sich durch ihre ganz auffallenden, vom Bilde der gewöhnlichen Hemiplegieen abweichenden Formen aus.

Ich gebe nun einige Musterbeispiele:

I. Beobachtung. S. H., 44 Jahre alt, Insasse der Epileptikerpfründe in Würzburg. Der Kranke hat schwere epileptische Anfälle; ist vollständig blödsinnig, bringt im Allgemeinen nur heulende Laute hervor, nur wenige Worte. Ausserdem hat er eine Hemiplegie der ganzen linken Seite. —

Nehmen wir nun an, dass ein solcher Kranker einem Polizeiarzt plötzlich mit Mangel aller Anamnese vorgeführt wird. An erster Stelle müsste dann an progressive Paralyse gedacht werden, denn auch hierbei kann lang andauernde Hemiplegie vorhanden sein (ohne dass ein anatomisch nachweisbarer Herd vorliegt) — ferner können bei Paralyse symptomatisch typische epileptische Anfälle auftreten (die wir deshalb auch „epileptisch", nicht „epileptoid" nennen, als ob sich die epileptischen Anfälle bei progressiver Paralyse irgendwie von denjenigen bei genuiner Epilepsie unterscheiden müssten). Ferner würde der völlige Blödsinn des Kranken für Paralyse sprechen. Der vollkommen normale Befund der Pupillen und des Kniephänomens auf der nicht gelähmten Seite wäre nun zwar nicht entscheidend gegen Paralyse in Betracht gekommen, hätte aber doch Bedenken gegen die Diagnose erwecken müssen.

Ferner muss in solchen Fällen an eine ausgedehnte, vielleicht traumatisch bedingte Herderkrankung der rechten Seite gedacht werden, bei welcher neben den directen Herdsymptomen Epilepsie und Geistesstörung (in seltenen Fällen) auftreten kann.

Schliesslich wäre an reine genuine Epilepsie zu denken gewesen, welche allmälige Verblödung bewirkt haben und mit welcher in seltenen Fällen eine Apoplexie complicirt sein könnte.

Aber alle diese Ueberlegungen hätten in der speciellen Form der Hemiplegie bei Mangel aller Anamnese scheitern müssen.

Bei der Hemiplegie der ganzen linken Seite mit spastischen Zuständen der Musculatur zeigte sich zugleich eine Atrophie der Muskeln und ein geringeres Wachsthum der Knochen.

Das Knochengerüst des linken Fusses und der linken Hand bleibt gegen die rechte Seite sehr zurück. Das linke Bein circa 5 Cm. kürzer als das rechte. Die Umfänge dicht über der Patella differiren um 1½ Cm. zu Ungunsten der linken Seite, Umfang zwischen mittlerem und oberem Drittel des Oberschenkels links 41, rechts 47½ Cm., also Differenz von 6½ Cm., Umfang des Oberarmes über der Höhe des

Biceps: links 22, rechts 28. Entsprechende Differenzen an den unteren Maassstellen an den Armen. Relativ am stärksten erschien die Atrophie des linken Armes.

Aus dieser Beschaffenheit der gelähmten Glieder konnte folgender Schluss gemacht werden: Es handelt sich nicht um eine Lähmung, welche ein vollkommen erwachsenes Individuum betroffen hat, sondern um eine in frühem Kindesalter entstandene Lähmung, welche gleichzeitig Wachsthumshemmung bedingt hat.

Wenn man nun eine solche in frühem Alter erworbene Herderkrankung annahm, welche sich dann in Epilepsie und Intelligenzstörungen äusserte, sei es nun, dass die Intelligenzstörungen in directer Folge auf die Herderkrankung oder im Verlauf der Epilepsie entstanden seien, so war das Krankheitsbild erklärt. — H. starb unter

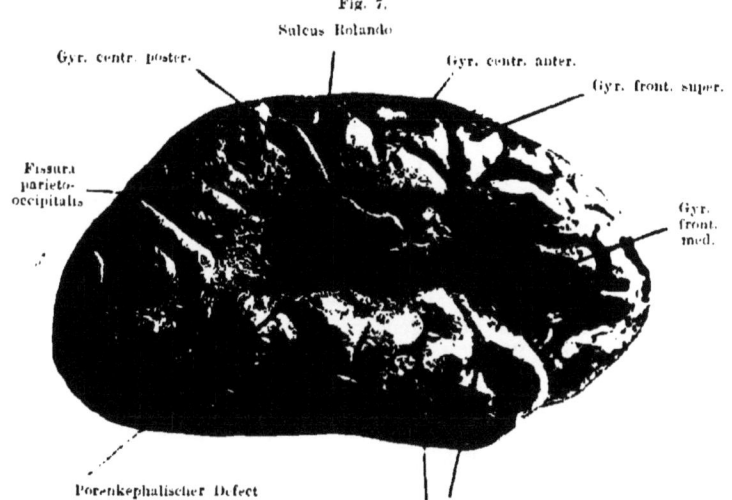

Fig. 7.

Sulcus Rolando

Gyr. centr. poster.   Gyr. centr. anter.

Gyr. front. super.

Fissura parieto-occipitalis

Gyr. front. med.

Porenkephalischer Defect

Abnorme Vertical-Furchenbildung im Temporallappen

den Anzeichen einer Hirnblutung in der linken Hemisphäre (Lähmung der rechten Seite. Koma. Tod). Es zeigte sich bei der Section Folgendes: Rechte Hirnhemisphäre deutlich flacher als linke. Der untere und mittlere Theil der beiden Centralverbindungen fehlt, so dass die Fossa Sylvii in den dadurch gebildeten Kessel einläuft. Dieser Defect ersetzt durch einen Sack mit serösem blutig gefärbten Inhalt. Die Arachnoidea ist um diesen Sack sulzig verdickt. Zwischen Dura und Arachnoidea keine Flüssigkeit. Die Gehirnoberfläche eigenthümlich trocken und fest. Arachnoidea zieht sich nur mit grosser Mühe ab. Gefässe haben einen abnorm festen Zusammenhalt, so dass sie geschnitten werden müssen, während sie sonst leicht reissen: am unteren Theile des porenkephalischen Defectes ein Convolut von Venen.

An der basalen Seite des Kleinhirns blutige Imbibition der Arachnoidea. Enorme Blutung im linken Ventrikel. Zerstörung der medial von der linken Insel gelegenen Partien.

Die Blutung erstreckt sich abwärts bis in die Haubenregion
des linken Hirnschenkels.

Der rechte Hirnschenkel schon makroskopisch viel kleiner.

Diagnose: Porenkephalischer Defect rechts in der Gegend
des Fusses des Gyrus centralis anterior und posterior, des Gyrus
supramarginalis, der ersten Temporalwindung und der Insel. Ausgedehnte Zerstörung der Gegend medial von der linken Insel durch
frische Blutung. Secundäre Degeneration der Pyramidenbahn der
linken Körperseite.

Für die Physiologie des Gehirns können die Beobachtungen an
Porenkephalen von grosser Wichtigkeit werden, wenn auf die sorgfältige Analyse der fast in jedem Falle verschiedenen motorischen
Störungen später eine genaue Gehirnuntersuchung folgt. Leider geht
die Mehrzahl dieser Fälle für die wissenschaftliche Untersuchung
verloren, weil den praktischen Aerzten, welche solche Kranke an
psychiatrische oder neurologische Specialisten weisen oder selbst
daran studiren könnten, die Krankheit, soweit ich urtheilen kann,
noch sehr unbekannt ist. Viele von diesen Kranken befinden sich
undiagnosticirt auf dem Lande in Armenhäusern oder als bettelnde
Krüppel an der Strasse.

Gerade um die praktischen Aerzte, denen das vorliegende Buch
zu Gesicht kommt, auf diese gehirnphysiologisch sehr wichtige Krankheit aufmerksam zu machen, möchte ich das Thema eingehender
behandeln, als es die relative Häufigkeit der Krankheit nothwendig
machen würde.

Der Hauptwerth ist auf die möglichst sorgfältige Analyse der
motorischen Störungen zu legen. Es muss der klinische Thatbestand
in ausgedehntester Weise actenmässig festgestellt werden, um später
im Falle einer Gehirnuntersuchung eine möglichst genaue Vergleichung von klinischen Erscheinungen und Gehirnzerstörung anstellen
zu können. Ich theile deshalb noch einige Beispiele mit.

II. Beobachtung. Michael Ziegler aus Zellingen, geboren 1841, Insasse
der Epileptikerpfründe des Juliusspitals in Würzburg. Ziegler ist bei einer
schweren Geburt zur Welt gekommen. Die Mutter hatte einen ganzen Tag
gekreist. Dann Zangengeburt. Das Kind konnte acht Tage lang nicht
„schnullen". Dann erholte es sich. Ganz gesund bis zum zweiten Jahre, in
welchem beim Zahnen Krämpfe kamen. Dann hörten sie auf, aber das Kind
war „simpelhaft". Es lachte viel, sagte einige Worte, konnte aber wenig
merken, war unrein bis circa zum siebenten Jahre. Erst im fünften Jahre
lernte Z. laufen, hatte aber damals keine deutliche Lähmung der Beine. Er
konnte drei bis vier Stunden laufen. In der Schule nicht zu gebrauchen.
Circa im vierzehnten Jahre in die epileptische Anstalt aufgenommen.

Status am 29. November 1892. Der rechte Oberarm steht fest an die
Thoraxseite angepresst (cfr. Fig. 8). Der Unterarm steht im Ellbogen
spitzwinklig gebeugt. Die pronirte Hand ist volarwärts gebeugt. Die gesammte Musculatur des rechten Armes zeigt starken Spasmus. Passive
Streckung aus der Beugestellung nur in mässiger Ausdehnung möglich.
Active Streckung des Unterarmes unmöglich, ebenso Dorsalflexion der Hand.
Supination activ und passiv unmöglich. Wohl aber können die proxi-
malen Phalangen der Finger gegen den Metacarpus gestreckt werden, ebenso
die anderen Phalangen. Beugung der Finger in mässigem Grade möglich.

Die rechte Schulter ist stark in die Höhe gezogen, so dass das Schlüsselbein steiler nach aussen oben steht. Ausserdem ist das rechte Schulterblatt

Fig. 8.

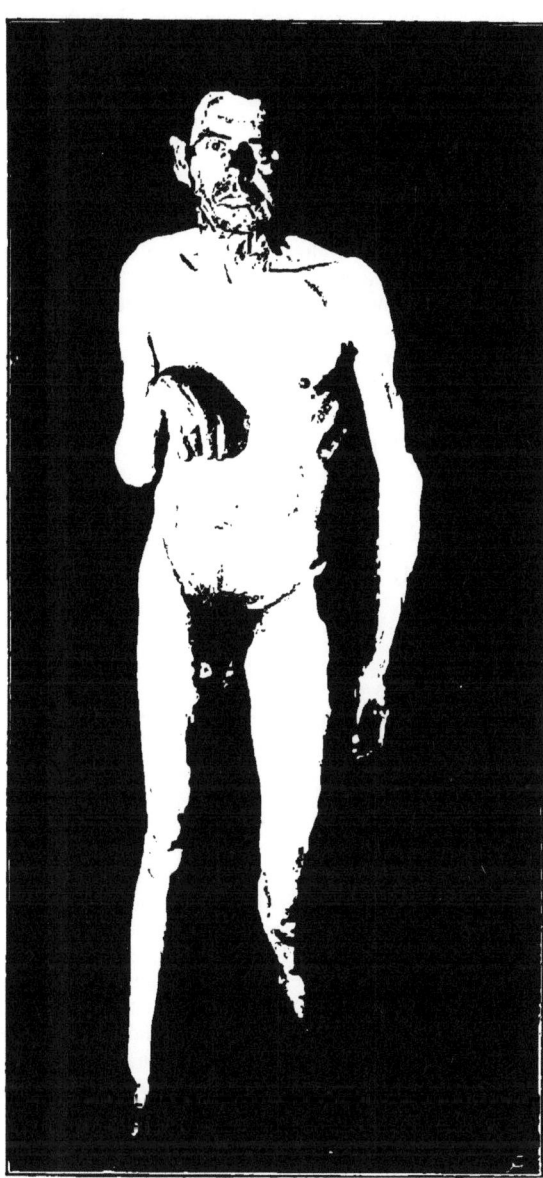

medianwärts und etwas nach hinten gezogen, so dass das Schlüsselbein
nicht blos abnorm nach oben, sondern auch nach hinten gerichtet ist.

Dadurch kommt eine beträchtliche Verschmälerung des Schultergürtels rechts
zu Stande. Die nach hinten oben gerichtete Clavicula bildet mit dem Cucullaris
eine abnorm schmale, aber tiefe Fossa supraclavicularis. Wenn man an der
Rückwand dieser nach vorn und oben geöffneten Supraclaviculargrube ein-
drückt, trifft man auf den oberen Rand der nach oben gezogenen Scapula.
Breite des Schultergürtels, gemessen von der Fossa jugularis bis zum Acro-
mion, links 23 Cm., rechts 19 Cm. Die rechte Axillarfalte steht circa 1 Cm.
höher als die linke. Die rechte Mamille ½ Cm. höher als die linke. Der
untere Winkel der rechten Scapula steht circa 4 Cm. höher als der der
linken Seite. Die innere Kante steht rechts mehr parallel als links zu der
Linie der Dornfortsätze. Der untere Winkel steht rechts 7 Cm., links 9 Cm.
von der Linie der Proc. spinosi entfernt. Der rechte untere Winkel ist näher
an den Thorax angezogen als der linke. Dagegen steht der obere Rand der
inneren Scapularkante rechts weiter vom Thorax ab als links. Dadurch
kommt rechts eine zur Linie der Dornfortsätze fast parallele scharf hervor-
springende Leiste zu Stande. An ihrem oberen Drittel spannt sich ein aus
mehreren Strängen bestehendes Muskelband zwischen beiden aus (Musculi
rhomboidei). Der ganze rechte Schultergürtel erscheint also nach hinten
oben und etwas medianwärts verschoben. Der Humerus erscheint etwas nach
innen rotirt.

	links Cm.	rechts Cm.
Umfänge an den Armen:		
Mitte des Biceps	23	18
Handgelenk (nb. Differenz zu Gunsten der rechten Seite		
wegen des starken Vorspringens der Sehnen der Beuger		
der rechten Hand)	18	17
Unterarm 10 Cm. über dem Proc. styl. ulnae	19½	17
Handrücken am Phalango-Metacarpalgelenk	19	17½
Längenmaasse:		
Oberarm vom Acromion bis Olecranon	35	33½
Unterarm vom Olecranon bis Proc. stil. ulnae bei pronirter		
Stellung	27	26½

Functionen: Active Hebung des rechten Armes nach seitwärts bei
festgehaltenem Schultergürtel fast gar nicht möglich. Es macht sich dabei
starke Spannung in den Muskeln, welche den Arm am Thorax halten, bemerklich. Dagegen ist der Mann im Stande, den ganzen rechten Schultergürtel noch etwas zu heben.

Das rechte Bein ist steif gestreckt, circa 3 Cm. kürzer als das linke.

Das rechte Knie steht bei aufrechter Haltung circa 5 Cm. gegen das
linke, etwas nach vorn gebeugte zurück. Sämmtliche Musculatur des rechten
Beines in starker Spannung. Der Rectus cruris befindet sich in starken andauernden klonischen Zuckungen. Sehr auffällig ist, dass die Haut über
diesem zuckenden Muskel sehr warm ist, während das Bein im Uebrigen
kühler ist, als das linke. Bei starker Anstrengung lässt sich der Widerstand der Musculatur überwinden und das Bein sich beugen. Der Kranke
geht mit ganz steifem gestreckten rechten Bein, kann jedoch mit Mühe
das Bein beugen.

Z. steht gewöhnlich auf dem kürzeren ganz gestreckten rechten Bein
bei etwas gebeugtem linken Bein. Wenn man den Mann sich auf das linke
Bein stellen lässt, so tritt rechts Spitzfussstellung auf mit Beugung der

Zehen. Kopfbewegungen bis auf das Neigen nach links, welches durch den angespannten Cucullaris der rechten Seite verhindert wird, frei.

Von hervorragendem Interesse in diesem Falle ist die starke Betheiligung der Muskulatur des rechten Schultergürtels, wie sie sonst wohl bei cerebralen Hemiplegieen nicht vorkommt. Auch die Stellung des Armes bietet manches Merkwürdige.

Derselbe steht fest an den Thorax angepresst. Der Spasmus ist im Uebergewicht im Musculus biceps (Nervus musculo-cutaneus); der Triceps (Nervus radialis) ist im Untergewicht. Unterarm und Hand stehen stark pronirt. Supination, welche vom Supinator longus bewirkt wird (Nervus radialis), ist gar nicht möglich. Auch hier ist der Radialis im Untergewicht. In dieser pronirten Stellung ist die Hand stark gebeugt, d. h. Uebergewicht des Medianus gegen den Radialis. Dass es sich nicht blos um Folgen der Schwere bei einfacher Lähmung im Radialisgebiet handelt, wie bei der gewöhnlichen Radialislähmung, ist bei dem Versuch, die Hand passiv zu bewegen, leicht zu erkennen. Es handelt sich um ausgeprägten Spasmus mit Uebergewicht der Beuger.

Während also am Arm eine ausgeprägte Beugecontractur vorhanden ist und ausserdem der Schultergürtel sich sehr betheiligt zeigt, finden sich am rechten Beine die Strecker im Uebergewicht. Eine vorhandene Asymmetrie des Gesichtes ist neurologisch indifferent, weil es sich um eine Localerkrankung des linken Unterkiefers handelt.

Z. zeigt also eine spastische Lähmung der rechten Extremitäten, verbunden mit Entwicklungshemmung dieser, ferner starke Intelligenzstörungen und epileptische Anfälle. Da diese Intelligenzstörungen schon bis in die ersten Lebensjahre zurückreichen, so könnte man bei ihm von Idiotie sprechen. Das wäre aber gerade so verkehrt, als wenn man bei einem Paralytiker, welcher im Laufe der Erkrankung unsittliche Züge zeigt, von Moral insanity reden wollte. Man darf eben in solchen Fällen nicht von Idiotie oder Epilepsie reden, sondern muss ganz bestimmt die Diagnose auf Porenkephalie stellen, aus welcher sich die Intelligenzstörungen und die Epilepsie als Symptome erklären.

Wo der Herd in diesem Falle sitzt, wäre sehr interessant zu wissen. Aber gerade bei Porenkephalen mit ihren ganz ungewöhnlichen Lähmungserscheinungen muss man mit der schematischen Anwendung der Localisationslehren, wonach der Herd in dem mittleren Theil der linken Centralwindungen sitzen würde, sehr vorsichtig sein. Vielmehr wird eben gerade die Localisationslehre aus der Analyse solcher Fälle noch grosse Anregungen bekommen.

Es muss nun in Bezug auf die Bewegungsstörungen bei Z. ausdrücklich betont werden, dass das Typische nur in der Combination von spastischer Lähmung der Extremitäten einer Seite mit Entwicklungshemmung liegt, während alles andere in der Beschreibung Gegebene individuelle Eigenthümlichkeit des Falles ist. Entsprechend zeigt jeder einzelne Fall die sonderbarsten Eigenthümlichkeiten.

Manchmal sind die Bewegungsstörungen ausserordentlich gering, so dass die Diagnose auf Porenkephalie kaum zu stellen ist. Da nun ferner Blödsinn und Epilepsie nicht nothwendig mit diesem Gehirnzustand verknüpft sind, so kann es vorkommen, dass bei der Section von Menschen, welche psychologisch, neurologisch und morphologisch kaum als abnorm aufgefallen sind, porenkephalische Herde gefunden werden.

Noch in einer Beziehung können Untersuchungen an Porenkephalen vielleicht noch sehr werthvoll für die Wissenschaft werden, nämlich in craniologischer. Die Natur hat hier in der That ein Experiment an dem menschlichen Hirn gemacht, welches sonst nur von Menschen an Thieren gemacht worden ist, sie hat nämlich während der Zeit der Entwickelung sozusagen einen Theil des Gehirns entfernt. Wer sich für eine wirklich physiologische Craniologie interessirt, wird vielleicht bei der Kopf- und Schädelmessung an Porenkephalischen und aus dem Vergleich dieser Messungen mit dem Substanzdefect wichtige Schlüsse auf die Mechanik des Hirnschädelwachsthums machen können. Während sonst in der Morphologie z. B. bei den sogenannten Degenerationszeichen in Bezug auf die Genesis dieser Bildungen fast völliges Dunkel herrscht, welches durch den häufigen Gebrauch des Wortes Degeneration keineswegs lichter wird, ist vielleicht bei Porenkephalischen noch am ehesten Aussicht, die physiologischen Gründe morphologischer Zustände zu finden.

Deshalb theile ich jetzt einen Fall von Porenkephalie mit, welcher sich, abgesehen von dem Symptomencomplex: Hemiplegie mit Wachsthumshemmung und Epilepsie, durch eine abnorme Schädelform auszeichnet, welche höchstwahrscheinlich mit dem Hirndefect zusammenhängt:

III. Beobachtung. Kaspar Weikert aus Nordheim, geboren 1836, Insasse der Epileptikerpfründe in Würzburg (cfr. Fig. 9). Er bekam circa im dritten Jahre seines Lebens Krämpfe, die sich in seine noch jetzt vorhandene Epilepsie fortsetzten. Seit dem Auftreten der Krämpfe ist er stumm. Zur Zeit besteht eine in ihrer speciellen Form sehr auffallende spastische Lähmung des linken Armes und linken Beines. Das linke Bein ist viel geringer entwickelt als das rechte. Die Wachsthumshemmung betrifft alle Gewebe anscheinend in gleicher Weise. Der linke Oberschenkel steht gegen den Rumpf gebengt und etwas adducirt. Der linke Arm ist ebenfalls geringer entwickelt als der rechte, steht gebengt. Die Finger sind in den Interphalangealgelenken gestreckt, in toto gegen den Metacarpus gebengt.

W. ist, ohne taub oder blödsinnig zu sein, fast völlig stumm, vermöge einer starken, cerebral bedingten Articulationsstörung im Facialis- und Hypoglossusgebiet. Eine Verschiedenheit der Facialisinnervation ist nicht zu bemerken. Pfeifen, Schnauze bilden etc. ist unmöglich. Mimischer Ausdruck sehr intensiv. Spracharticulation ganz unmöglich. Fordert man den Patienten auf, die Zunge herauszustrecken, so bewegt er den ganzen Unterkiefer nach vorn und scheint vergeblich eine Innervation der Zunge zu versuchen. Dabei wird die Zungenspitze auf der unteren Zahnreihe gleitend wirklich bis zur Mitte der Unterlippe geführt. Die Zunge selbst ist wohlgenährt. Fordert man den Patienten bei geöffnetem Munde auf, die Zunge zu bewegen, so ist er nicht im Stande, dieselbe von dem Mundboden zu erheben, man bemerkt jedoch ein Convexwerden des vorher flach ausgestreckten Organs, so dass gleichzeitig die Zungenspitze eine Kleinigkeit nach vorn geschoben wird. Dadurch erklärt sich die oben erwähnte Thatsache, dass der Patient die Zunge bis zur Mitte der Unterlippe hervor-

bringen kann. Eine Verschiedenheit zwischen rechts und links, beziehungsweise ein Abweichen der Zunge ist bei der erwähnten Innervation nicht zu
bemerken. Bei der Production des Lautes d, welchen er von allen Vocalen
allein verständlich vorbringt, bleibt die Zunge in toto unbeweglich am

Fig. 9.

Boden der Mundhöhle liegen, während an ihrem Rücken im mittleren
Abschnitt an der Medianlinie eine Convexität bemerklich wird. Dabei ist
eine Innervation des weichen Gaumens deutlich sichtbar.

Saugen kann W. wie die kleinen Kinder, indem er die Zunge als
Stempel benützt und ruckweise zieht.

Trotz der Unfähigkeit, Laute zu produciren, hat er die Worte, welche zu Personen und Gegenständen gehören, im Bewusstsein, ja er versucht sie sogar richtig zu articuliren. Sein Gestöhn hat eben so viel Absätze als das Wort Silben hat.

Der Schädel zeigt auffallende Form (cfr. Fig. 9.), das Stirnbein zeichnet sich durch grosse Steilheit und Höhe aus. Die beiden Scheitelbeine sind, von vorne nach hinten gerechnet, kurz und zeigen auf der kurzen Strecke eine starke Convexität nach oben. Die beiden Tubera parietalia sitzen dicht neben der Medianlinie an den höchsten Punkten der Schädelwölbung. Höhe des Stirnbeins über der Nasenwurzel 11 Cm. Höhe von der Coronarnaht bis zum höchsten Punkt der Schädelwölbung beträgt 5 Cm., von da bis zum Beginn des Hinterhauptbeins 5 Cm., so dass die Länge der Scheitelbeine in der Medianlinie gemessen 10 Cm. beträgt. Der Hinterkopf fällt vom Scheitel an gerechnet sehr steil ab. Der rechte Scheitelbeinhöcker erscheint eine Kleinigkeit weniger gewölbt als der linke. Der Schädelumfang beträgt gemessen in der *Rieger*'schen Horizontale 49 Cm.

Es zeigt sich also folgender Symptomencomplex:

1. Eine von dem gewöhnlichen Bild der spastischen Hemiplegie ganz abweichende Lähmung der linken Extremitäten. Wachsthumshemmung dieser Extremitäten, 2. durch Mangel an Articulation bedingte Stummheit ohne Taubheit und ohne Intelligenzstörungen. 3. schwere Epilepsie. Im Hinblick auf Nr. 1 ist entschieden die Diagnose auf Porenkephalie zu stellen und die Epilepsie daraus als Folgezustand oder Symptom abzuleiten. Die Erklärung von Nr. 2 (articulatorisch bedingte Stummheit) aus dem Hirnzustande wäre ein physiologisch sehr wichtiges Problem.

Hauptsächlich wollen wir zum Schluss dieser kurzen Charakterisirung nochmals hervorheben, dass die Epilepsie und der Schwachsinn in solchen Fällen durchaus als Symptom des bestimmt zu bezeichnenden Hirnzustandes, nicht aber als wesentliche Krankheit aufgefasst werden muss.

Cretinismus.

Der Cretinismus ist eine morphologisch charakterisirbare Krankheitsform, welche aus dem Sammelbegriff der Idiotie ganz herausgehoben werden muss. Ueberhaupt ist es eine dringende Aufgabe, die vollkommen verschiedenen Erkrankungen, welche unter dem Namen Idiotie zusammengeworfen sind, weil sie das gemeinsame Symptom des angeborenen Schwachsinnes zeigen, völlig zu trennen. Sollte dadurch das Wort Idiotie schliesslich aus der speciellen Pathologie in die allgemein als symptomatischer Begriff gebracht werden, so wäre das als ein Fortschritt der Wissenschaft zu begrüssen. Es verhält sich damit wie mit dem Wort Epilepsie, mit dem früher durch ganz verschiedene Krankheiten bedingte, symptomatisch ähnliche Zustände bezeichnet worden sind (epileptische Anfälle bei Paralysis progressiva, Tumor cerebri, Alkoholismus, Urämie etc.) oder, um ein Beispiel aus der körperlichen Medicin zu wählen, wie mit dem Wort Rheumatismus, mit dem man alle möglichen „Nervenschmerzen" (bei Tabes, Alkoholintoxication, Neuritiden etc.) zusammengefasst hatte. Der Fortschritt der Wissenschaft geht eben immer vom Symptomatischen zur charakterisirten Krankheitseinheit. Der Cretinismus muss also aus dem nebelhaften Begriff der Idiotie herausgehoben und auch für die klinische Terminologie völlig unabhängig gemacht werden.

Die mit Cretinismus behafteten Menschen zeichnen sich zunächst durch eine abnorme Kleinheit bei relativ sehr grosser Breiten- und Tiefendimension aus. Das Kriterium der Kleinheit allein genügt jedoch nicht, um die Rubrik Cretinismus in Anwendung bringen zu lassen. Es handelt sich um eine, durch bestimmte Eigenthümlichkeit des Knochenwachsthums bedingte Kleinheit. Es handelt sich nicht um eine Verkleinerung der Knochen durch Verkrümmung nach Rhachitis, sondern um eine Hemmung des Längenwachsthums. Auf die pathologisch-anatomische Seite der Frage haben wir hier nicht einzugehen, da es uns zunächst nur um eine klinische Abgrenzung, um die Auffindung bestimmter differentialdiagnostischer Merkmale handelt. Die Knochen der Cretins sind also nicht rhachitisch verkrümmt, sondern zu kurz, aber im Uebrigen richtig geformt. Wie die Gesammtlänge des Körpers zu der Breite und Tiefe im Missverhältniss steht, so sind auch die Knochen relativ zu kurz im Verhältniss zu ihrem Querschnitt.

Es muss jedoch stets eine Einschränkung gemacht werden. Diese Wachsthumshemmung bezieht sich nur auf die Skeletknochen und die Knochen der Schädelbasis, während die Knochen des Schädelgewölbes sich vollkommen entwickelt zeigen. Dieser morphologische Unterschied beweist mit dem histologischen zusammen, dass erstere (Skelet- und Schädelbasisknochen) sich aus einer knorpeligen, letztere (die des Schädeldaches) sich aus einer bindegewebigen Anlage entwickeln. Es sind also nur die zur ersten histologischen Kategorie gehörenden von der Wachsthumshemmung betroffen.

Diese pathologisch-anatomischen Unterschiede machen sich nun klinisch in einer ganz gesetzmässigen Weise bemerkbar. Da die Schädelbasis verkürzt ist wegen der Wachsthumshemmung der sie zusammensetzenden Knochen, während die einzelnen Theile des Schädelgewölbes sich zu normaler Grösse entwickeln, so erscheint die Nasenwurzel gegen die Stirn eingedrückt, was allen Cretinenphysiognomien ein ganz charakteristisches Gepräge gibt. Die Nase selbst ist kurz und breit, was seinen Grund ebenfalls in Entwicklungshemmung der Knochen hat.

Im Uebrigen gibt es am Schädel der Cretinen kein craniologisches Merkmal, um sie ohne Weiteres zu erkennen. Eine frühzeitige Verschmelzung der Schädelknochen, welche in manchen Fällen vorkommt, ohne dass sie die Ursache der Wachsthumshemmung wäre, kommt klinisch nicht in Betracht. Höchstens kann ein abnorm langes Persistiren der Nähte am Cretinenschädel, welches relativ viel häufiger vorkommt, sich klinisch durch Offenbleiben der grossen Fontanelle bis in das dritte Lebensjahrzehnt bemerklich machen.

Die Physiognomie des Cretins bekommt nun ferner einen ganz eigenartigen Zug durch die Beschaffenheit der Haut, welche man als Myxödem (ἡ μύζα Schleim, οἴδημα Schwellung) bezeichnet. Die Haut ist sehr verdickt und fühlt sich teigig an, ohne dass beim

Eindrücken der Finger ein Zeichen von wirklichem Oedem zurückbliebe. Diese teigige, in grossen Falten abhebbare, runzelige Haut ist am ganzen Körper vorhanden, am meisten am Gesicht, welches dadurch etwas Gedunsenes bekommt. Die eingedrückte Nase, die gedunsene Haut, die relative Kleinheit des Gesichtes gegen den Hirnschädel macht das Charakteristische der Cretinenphysiognomie aus.

Abgesehen von Knochenbau, Physiognomie und Hautzustand ist es vor Allem der fast regelmässig veränderte Zustand der Schilddrüse, welcher für die klinische Abgrenzung des Cretinismus in Betracht kommt. Entweder haben die Cretinen Kröpfe, oder man kann gar keine Schilddrüse entdecken. Man hat nun die eigentlichen pathologischen Zustände des Bildes (die Cretinenphysiognomie ist eine Resultirende daraus), nämlich Wachsthumshemmung der Knochen und Myxödem, als zwei Wirkungen einer Ursache, welche von der pathologischen Veränderung der Schilddrüse abhängt, aufgefasst. Am bemerkenswerthesten hierfür war die Thatsache, dass die höchsten Grade von Cretinismus mit völligem Fehlen der Schilddrüse zusammentrafen. Ferner zeigte sich, dass nach Exstirpation der Schilddrüse beim Menschen eine myxödematöse Hautbeschaffenheit und eine chronische Schädigung der geistigen Functionen auftrat. Derselbe Symptomencomplex wurde nun auch ohne Schilddrüsenexstirpation als selbstständige Krankheit beobachtet, als deren Ursache man eine Schädigung der Schilddrüse annahm. Aus der Analogie mit den Geistesstörungen bei der Cachexia strumipriva und bei dem Myxödem lassen sich nun auch die psychopathischen Zustände beim Cretinismus erklärlich finden. Allerdings muss betont werden, dass ein gesetzmässiger Parallelismus zwischen dem morphologischen Grad des Cretinismus und dem geistigen Verfall nicht existirt. Es gibt eine Reihe von schwer cretinösen Individuen, welche intellectuell ziemlich hoch stehen und in der socialen Gemeinschaft als thätige Mitglieder ihr Auskommen finden, während andere Cretinen intellectuell unter den Thieren stehen.

Man denkt sich nun also den Zusammenhang zwischen Schilddrüsenveränderung, Myxödem, Wachsthumshemmung und Geistesstörung folgendermassen: Durch ein von aussen kommendes Agens wird die Schilddrüse in ihrer Function gestört. Dadurch entsteht im Körper ein Gift, welches an verschiedenen Stellen oder Organen angreift (Haut, Knochensystem, Nervensystem) und die Function dieser Organe mehr oder minder stört. Die morphologische Abnormität ist also nicht als Ursache der cerebralen, beziehungsweise psychischen Störung aufzufassen, sondern als eine mit der cerebralen Functionsstörung coordinirte Folge eines bestimmten, aus dem Körper stammenden, durch äussere Schädlichkeiten nur indirect nach Schilddrüsenerkrankung hervorgerufenen Agens.

Hier liegt der grosse Unterschied des Cretinismus als einer morphologisch charakterisirbaren Krankheitsform — von denjenigen Formen von Idiotie, welche durch organische Gehirnstörung bedingt sind (z. B. Porenkephalie). In diesem Falle ist der Zusammenhang zwischen dem optisch fassbaren Befund und der Störung der cerebralen Functionen viel enger als bei dem Cretinismus, bei welchem

gewissermassen nur morphologische Signale vorhanden sind. die auf
ein nach verschiedenen Richtungen wirkendes pathogenes Agens
deuten. Sollte man dieses finden, so wäre natürlich der Cretinismus
in die Reihe der Intoxicationskrankheiten zu stellen.

In den folgenden Beobachtungen möchte ich nun vor Allem die
verschiedenen Grade von Intelligenzstörung in's Licht treten lassen.
welche sich bei dem Cretinismus finden.

I. Beobachtung. Cretine Poehl, Exitus letalis im Alter von 32 Jahren.
Klinische Beobachtung fehlt. Die Leiche wurde der psychiatrischen Klinik von
einem Landarzt, früherem Hörer der Klinik, zugesandt. Der Körper ist der
eines circa 2jährigen Kindes. Der Kopf ist abnorm gross. Die Nasenwurzel
liegt sehr tief. Die Haut ist dick und vielfach gerunzelt. Die Zunge ist sehr
gross. Die Leiche zeigte also alle morphologischen Eigenthümlichkeiten des
Cretinismus. Ueber den früheren Zustand sind spärliche Nachrichten zu
erhalten. Sie lag Tag und Nacht im Bett. Stellte man sie neben das Bett
auf die Füsse, so schob sie sich mit Zubilfenahme der Hände an demselben
einige Schritte seitwärts. Sie konnte also die Extremitäten etwas gebrauchen.
Für Sprache war sie vollkommen unempfänglich. Für Gesticulation zeigte
sie minimales Verständniss. Sie stand also auf dem denkbar niedrigsten
geistigen Niveau. Menstruirt war sie nie.

Bei der Section zeigte sich keine Spur von Schilddrüse. Nur
fand sich an der linken Seite am Sternocleidomastoideus eine accessorische
Drüse. deren mikroskopische Untersuchung leider nicht vorgenommen wurde.

Am bemerkenswerthesten sind die Verhältnisse des Skelettes.
welche auf den beigegebenen Bildern (Fig. 10 u. 11. das rechts-
stehende Skelet von den drei abgebildeten) ziemlich deutlich hervortreten. Wie auf dem mitphotographirten Massstab ersichtlich
ist. beträgt die Länge des Skelettes circa 85 Cm. Am Schädel. der
relativ sehr gross ist, fällt zunächst das Offenstehen der Fontanellen
in's Auge. Alle Nähte sind erhalten. Die einzelnen Knochen der
Schädelbasis zeigen noch keine Verwachsung. Am ganzen Skelet
hat noch keine Vereinigung der Epiphysen und Diaphysen stattgefunden. Es handelt sich also um eine Wachsthumshemmung der
Knochen, ohne die Synostosen, welche früher als charakteristisch
für das Cretinenskelet angenommen wurden.

Zum Vergleich des Skelettes gebe ich auf dem Bilde zwei
andere Arten von Abnormität der Knochen. welche mit angeborenem
Schwachsinn verbunden ist oder verbunden sein kann. Das links-
stehende Skelet stammt von einer Mikrocephalin, Agnes Meckel.
gestorben im 33. Jahr. über welche unter dem Capitel Mikrokephalie
genauere Angaben gemacht wurden. Bei diesem Skelet, welches
1·10 Meter lang ist, zeigt sich nichts von dem beim Cretinismus die Regel
bildenden Zurückbleiben des Längenwachsthums der Knochen gegenüber dem Breitenwachsthum. Es ist eigentlich als Miniaturausgabe
des normalen Skelettes zu bezeichnen. Das mittlere Bild stammt
von einem rhachitischen Zwerg (Pfrenzinger. Exitus letalis im 60. Jahr
An dem Skelet ist die Verbiegung der durch die Rhachitis wider-
standsunfähig gewordenen Knochen sehr deutlich zu sehen. Es
erscheint nun klinisch ganz unzulässig. solche morphologisch ganz
verschiedene Typen. selbst wenn sie das gemeinsame Symptom des
angeborenen Schwachsinns darbieten. zusammenzuwerfen.

11. Beobachtung (cfr. Fig. 12). Ferdinand Stock, geboren 1879, Insasse der Klinik, zur Zeit also 14 Jahre. Uneheliches Kind, in Würz-

Fig. 10.

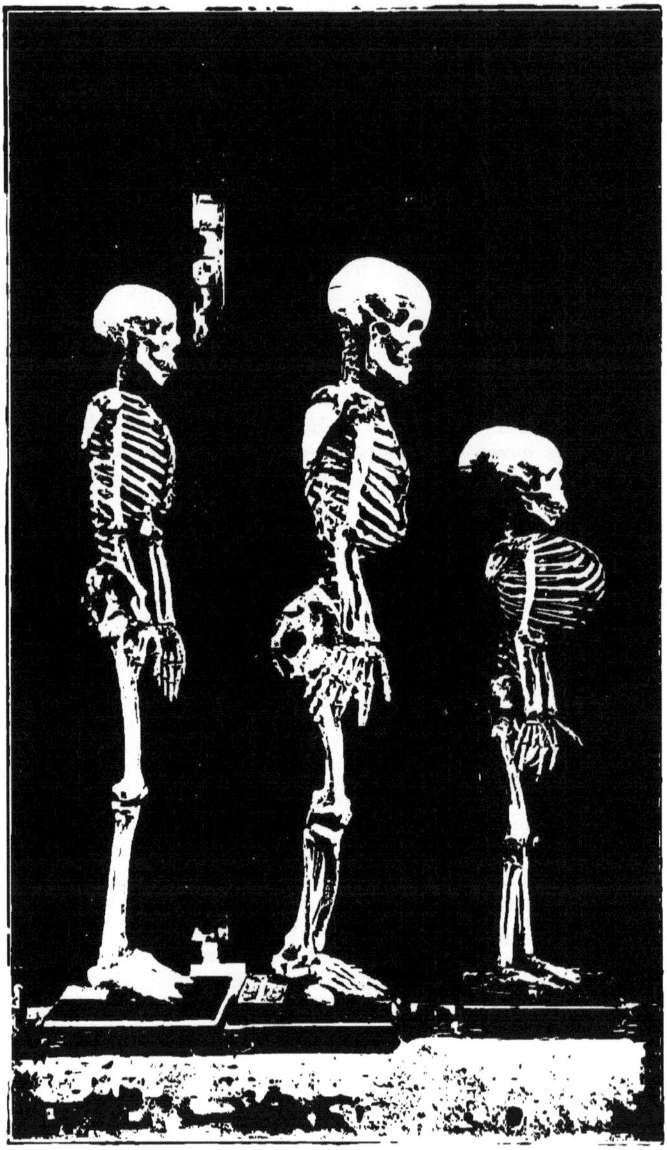

burg gezeugt, in Hirschfeld, Bezirk Schweinfurt, zur Welt gekommen und dort aufgezogen. Beide Orte sind frei von endemischem Kropf. Nach der

Geburt nichts Abnormes bemerkt. Im dritten Jahre fiel den Eltern auf, dass das Kind nicht lief, nicht sprach und immer mehr gedunsen aussah.

Fig. 11.

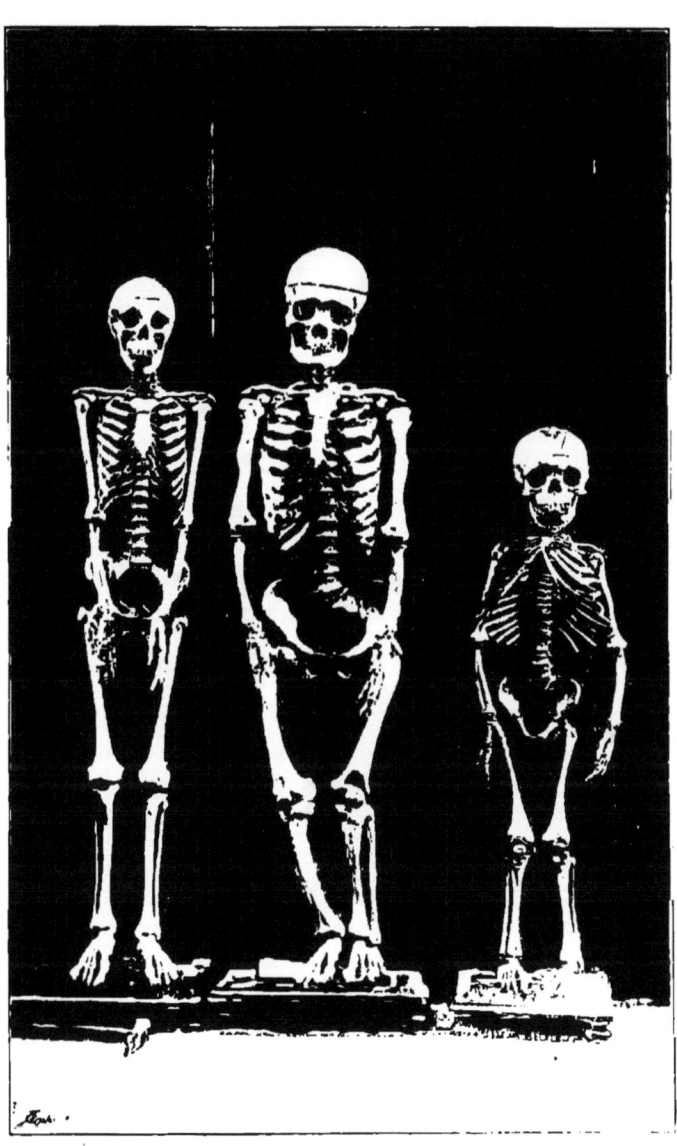

Worte hat das Kind nie verstanden, es hörte nie auf seinen Namen. Die Hände konnte es bewegen, besonders zum Greifen. Die Beine bewegte es nur selten. Stehen hat es nie gelernt.

Bei der Aufnahme, Juni 1891, zeigte sich ein unverkennbarer creti-
nöser Zustand bei dem Kinde, abnorme Kleinheit. Das 14jährige Kind ist
50 Cm. lang, hat einen abnorm grossen Kopf. Die grosse Fontanelle
ist in grosser Ausdehnung zu fühlen. (Die Fontanelle ist während
der Beobachtungszeit von zwei Jahren kleiner geworden, was mit den
anderweitig beobachteten Thatsachen über spätes, ganz minimales Wachsthum
bei Cretinen sehr gut zusammenstimmt.) Nasenwurzel tief eingesunken. Nase
kurz und „aufgestülpt".

Fig. 12.

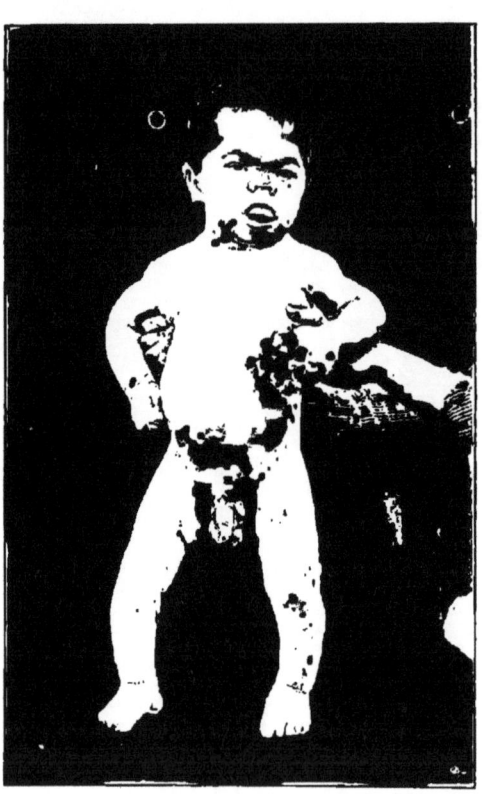

Schilddrüse scheint völlig zu fehlen, ist wenigstens bei sorgfältigster
Untersuchung nicht zu fühlen. Allgemeines Myxödem. Das Kind liegt meist
mit emporgezogenen Knien im Bett, die Beine werden fast gar nicht activ
bewegt. Mit den Händen kann es sehr gut greifen und kann kleine Gegenstände halten, z. B. den Löffel. Das Kind hat während des Anstaltsaufenthaltes mit dem Löffel essen gelernt. Ferner hat es gelernt, sich im Bett
rutschend allmälig nach vorn zu bewegen. Für Worte ist es ganz verständ-
nisslos. Es gibt manchmal ein eigenthümliches grunzendes Heulen von sich,
besonders wenn es missvergnügt ist. Es hat ein überraschend intensives
Mienenspiel für die beiden Affecte Freude und Leid. Dieser physiognomische

Ausdruck bekommt durch die gleichzeitige myxödematöse Schwellung der Gesichtshaut, besonders auch an den Augenlidern eine unbeschreibliche Eigenart. Den Ausdruck von Affecten, besonders die Freude begleitet es mit einem ganz sonderbaren rhythmischen Wiegen des Kopfes, wie man es manchmal bei Pferden findet. Für optische Eindrücke ist etwas Verständniss vorhanden. Wenn man das Kind lachend längere Zeit ansieht, so beginnt es oft seine rhythmischen Bewegungen. Nach vorgehaltenen Gegenständen greift es und hält sie fest. Hingehaltene Esswaaren kann es unterscheiden. Wenn man ein Stück Semmel an dem Fussende seiner Bettstelle festmacht, so kriecht es allmälig hin und sucht es zu erreichen. Wenn das Essen in die Abtheilung gebracht wird und es bekommt nicht alsbald etwas, so verzieht es das Gesicht zu einer Art traurigem Grinsen und stösst manchmal einen grunzenden Laut aus.

Während der Beobachtungszeit ist es entschieden in seinem minimalen Vorstellungskreis etwas lebhafter geworden. Eine nachweisliche Veränderung am Skelet bis auf das Kleinerwerden der grossen Fontanelle ist während der zweijährigen klinischen Beobachtung nicht vorgegangen. Sehr auffallend ist der häufige Wechsel im Grade des Myxödems, welches sich in der Körpergewichtscurve durch relativ sehr beträchtliche Schwankungen ausdrückt. Es wog beim Eintritt 14 Kilo, nach einem Jahre 15 Kilo, nach weiteren 3 Monaten mehrere Wochen lang fast 16 Kilo, am Ende des vierten Monats 14·750 Kilo, fiel dann im Laufe von 5 Wochen auf 13·250, hob sich dann auf 14, worauf es durch fast 3 Monate mit auffallender Constanz blieb, hob sich dann durch mehrere Monate ganz allmälig auf das Gewicht von 15 Kilo und zeigte dann wieder mehrfache Perioden von lebhaften Schwankungen u. s. f. Es kommen also in dieser Gewichtscurve Differenzen von circa 2·50 Kilo bei einem Durchschnittsgewicht von circa 15 Kilo vor, also von einem Sechstel des ganzen Körpergewichtes. Das wäre dasselbe, als wenn ein Mensch von 150 Pfund Schwankungen von circa 25 Pfund zeigt. Als Ursache liessen sich keine sonstigen körperlichen Krankheiten heranziehen, auch keine Koprostasen, Urinverhaltungen etc., wohl aber der Wechsel im Grade des enorm ausgebildeten Myxödems.

Interessant an dem Fall ist besonders das Fehlen von endemischem Kropf in den Orten, wo das Kind sich im embryonalen und infantilen Zustand befunden hat. Man hat nämlich den Satz aufgestellt, dass Cretinismus nur in den Gegenden mit endemischem Kropf vorkäme. dessen ätiologisches Agens für identisch mit dem beim Cretinismus wirkenden erklärt worden ist. Die ausnahmslose Giltigkeit des Satzes erscheint zweifelhaft und schon deshalb ist es für praktische Aerzte. auch wenn sie nicht in einer Kropf- und Cretinengegend leben, gut. diese Krankheitsform zu kennen. — Im Hinblick auf das Offenbleiben der Fontanellen ist zu vermuthen, dass das Skelet einen ähnlichen Befund aufweisen wird, wie das der Cretine Poehl.

III. Beobachtung (cfr. Fig. 13 rechts). Martin Ebert, geboren 1838 in Kleinrinderfeld bei Würzburg, also jetzt 55 Jahre alt. (In seiner Heimat Kleinrinderfeld kann von endemischem Kropf oder Cretinismus nicht die Rede sein. Eine in der Idiotenstatistik aufgezählte Person aus Kleinrinderfeld war einfach idiotisch, hatte nichts cretinöses an sich.)

5*

Der Vater war ein starker **Trinker.** Ebert hat die Schule völlig besucht, kann lesen, schreiben, rechnen. Kennt die Verhältnisse im Dorfe ganz gut.

Fig 13.

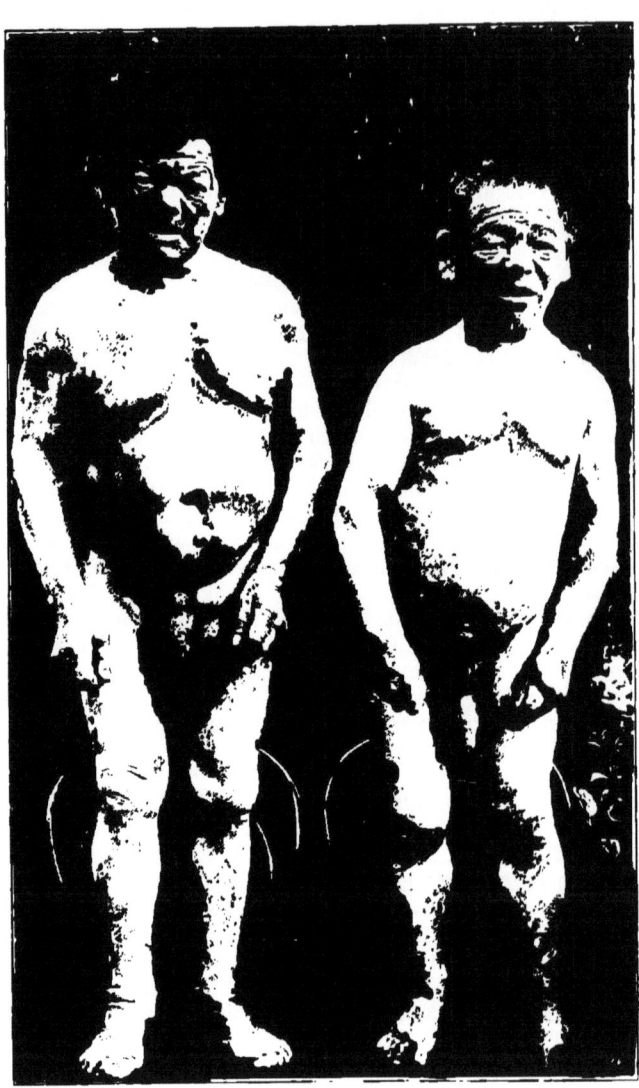

Hat sich durch Schneidern etwas verdient. Bei der Anmeldung für eine Pfrunde im Juliusspitale wird er entdeckt und in die Klinik aufgenommen.

Ebert zeigt einen typisch cretinösen Habitus, Körperlänge 150 Cm., der Kopf abnorm dick, Nasenwurzel eingesunken. Ganz enormes Myxödem, so dass er kaum aus den Augen sehen kann. Präputium abnorm lang. Schilddrüse schwer zu fühlen, anscheinend sehr klein.

E. ist also rein durch Zufall psychiatrisches Studienobject geworden, während er social trotz seines starken Cretinismus nicht unmöglich geworden war.

IV. Beobachtung (cfr. Fig. 13 links). Adam Söllner, geboren 1814 (!) in Weger, Bezirk Schweinfurt in Unterfranken. In dieser Gegend waren früher viele Cretinen. Söllner hat die Schule besucht, er kann zur Zeit noch seinen Namen schreiben, sonst fast nichts. Er stand wegen Geistesschwäche unter Curatel. War immer nur zu ganz einfachen Arbeiten zu gebrauchen. Seit mehreren Jahren in der Pfründe des Juliusspitales. August 1890 kam er wegen Steigerung seines Myxödems in's Krankenzimmer. Zeigte enorme schwammige Verdickung der Haut, besonders auch an den Fussgelenken (was sich auf dem Bild besonders durch die grossen Hautfalten sehr deutlich zeigt), ferner im Gesicht.

Söllner hat zeitweise förmliche „Anfälle" von Myxödem bekommen. Seine Gestalt ist 140 Cm. hoch, zeigt die charakteristischen Eigenthümlichkeiten des Cretinenskelettes, sehr dicken Kopf, eingesunkene Nasenwurzel. Fontanellen verstrichen. Schilddrüse nicht zu fühlen. Er ist stocktaub, was auf einer Sklerosirung der Paukenhöhle mit Ankylosirung der Gehörknöchelchen beruht.

Die Vergleichung dieser beiden Fälle ist interessant durch die Incongruenz zwischen Abnormitäten des Knochenskelettes und Intelligenzzustand. Morphologisch steht S. entschieden höher als Ebert. Intellectuell überragt Ebert den Söllner bedeutend. Söllner ist aus Nothwendigkeit psychiatrisches Object, Ebert aus Zufall. In Bezug auf das Myxödem zeigt Söllner den höheren Grad und stärkere Schwankungen. Hier wird also die Incongruenz zwischen morphologischem Zustand und psychischer Schwäche deutlich. Trotzdem muss der psychische Defect als Folge der dem Cretinismus zu Grunde liegenden Schädigung des Organismus aufgefasst werden. Dieses schädigende Agens greift eben bald am Knochensystem. bald am Nervensystem mehr an. Jedenfalls muss der durch Cretinismus bedingte Schwachsinn durchaus aus dem allgemeinen Begriff der Idiotie als ganz gesonderte Krankheit, nicht blos als Unterabtheilung der Idiotie herausgehoben werden.

II. Gruppe.

Die durch chemische Beeinflussung des Gehirns bedingten Geistesstörungen.

Geistesstörung durch Alkoholintoxication.

Die acute Alkoholintoxication. Während der eigentliche Irrenarzt. abgesehen von den wenigen Kliniken und Stadtasylen. in denen die Aufnahmebedingungen so erleichtert sind. dass psychisch Erkrankte sofort Aufnahme finden können, relativ selten in die Lage kommt, eine acute Alkoholintoxication unter dem Bild schwerer Geistesstörung zu sehen. tritt die Entscheidung der Frage. ob es sich in einem Falle um eine alkoholistisch bedingte. vorübergehende.

oder um den Beginn einer länger dauernden Geistesstörung handelt, an den praktischen Arzt manchmal in dringender Weise heran.
Es gibt, abgesehen von dem landläufigen Bilde des Rausches,
eine ganze Reihe von Wirkungen des Alkohols, welche eine schwerere
Geisteskrankheit vortäuschen und dadurch dem praktischen Arzte
Verlegenheiten bereiten können. Zunächst hebe ich aus dem Gebiet
der acuten Alkoholintoxication hervor, die im Rausche öfter auftretende Tobsucht und zweitens die Verwirrtheit. Die Abgrenzung
dieser Zustände von ähnlichen bei langdauernden Psychosen vorkommenden müssen wir hier hauptsächlich im Auge behalten.
    Vorher müssen wir einige Worte über das Zustandekommen dieser
Zustände durch die Alkoholintoxication sagen. Die eine Hauptwirkung
des Alkohols ist die Erleichterung der motorischen Uebertragungen.[1]
    Man hat diese aus dem „Wegfall von centralen Hemmungen",
worunter man hierbei die Abwesenheit der vernünftigen Ueberlegung
verstanden hat, zu erklären gesucht. Es ist nun auch besonders von
Kraepelin der Nachweis geführt worden, dass es sich nicht blos um
einen Wegfall von Hemmungen, sondern ausserdem um eine directe
Steigerung der motorischen Uebertragungen handelt. Im Rausche
setzen sich also aus diesem Grunde alle Vorstellungen leichter in
Handlungen um, als im normalen Zustande. Dieses ist das social
wichtigste Moment der Alkoholintoxication. Man kann im Allgemeinen
den Satz aufstellen, dass diejenigen Veränderungen des Vorstellungs-
lebens, welche direct mit Erregung der motorischen Sphäre, mit
äusserlich wahrnehmbaren Handlungen verknüpft sind, die social
schlimmsten sind. Die criminalistischen Folgen, welche die Alkoholintoxication durch die Production von impulsiven Gewaltacten hat,
hängt davon wesentlich ab. Dieser eine Grundzug der Alkoholwirkung,
die Erregung der motorischen Sphäre kann sich nun bis zu schwerster
Tobsucht steigern.
    Um diese richtig gegen andere Arten von Tobsucht abzugrenzen,
müssen wir einen Blick auf die zweite Wirkung des Alkohols, nämlich die auf das Sensorium ausgeübte werfen.
    Auf das erste Stadium der Einwirkung, in welchem sich schon
die Erleichterung der motorischen Uebertragungen zeigt, folgt sehr
bald eine Verlangsamung und Erschwerung in der Auffassung
äusserer Eindrücke, mit welcher die Unfähigkeit zu dauernder Anspannung der Aufmerksamkeit und genaueren Verfolgung eines
schwierigen Gedankenganges zusammenhängt.
    Diese Erschwerung der sensorischen Acte im Verlauf der
Alkoholeinwirkung kann bis zu starken Bewusstseinstrübungen führen.
Diese sensorischen Defecte geben der durch Alkohol bedingten Tobsucht ihren unterscheidenden Charakter.
    In den meisten Fällen wird sich nun die Thatsache, dass eine
alkoholistisch bedingte Tobsucht oder Verwirrtheit vorliegt, aus den
Angaben der Umgebung eruiren lassen. Es kommen aber doch öfter
Fälle vor, wo die Anamnese völlig im Stiche lässt, ja sogar, wo
anamnestisch von den Angehörigen eine Alkoholintoxication hartnäckig geleugnet wird, während es sich doch darum handelt.

---

[1] Cfr. *Kraepelin*, Die Beeinflussung einfacher psychischer Vorgänge durch einige
Arzneimittel.

Viel leichter zu diagnosticiren als diese Fälle, auf deren Differentialdiagnose wir noch zurückkommen, ist das typische **Delirium tremens potatorum.** Auf der Basis des chronischen Alkoholismus, welcher die sociale Stellung des damit Behafteten zwar oft sehr erschwert und zweifelhaft macht, aber diesen doch nur sehr selten in psychiatrische Behandlung bringt, entwickeln sich öfter stärkere Geistesstörungen, die meist eine Aufnahme der Betroffenen in eine psychiatrische Anstalt nothwendig machen. Die bekannteste davon ist das **Delirium tremens.** Diese Bezeichnung ist eine der wenigen in der Psychiatrie, welche den vorhandenen Symptomencomplex einigermassen richtig bezeichnen. — Was das Delirium betrifft, das im ersten Bestandtheil der Bezeichnung gemeint ist, so hat dasselbe häufig Eigenthümlichkeiten, die an sich schon, abgesehen von Anamnese und sonstigen Symptomen, die Diagnose dieser Erkrankung als einer durch Alkohol bedingten ermöglichen. In den lebhaften, phantastischen Sinnestäuschungen, die bei gleichzeitiger Trübung des Bewusstseins auftauchen, treten die optischen vor Allem hervor, und zwar sind es wesentlich die **Thiervisionen**, welche das charakteristische Gepräge geben. Die Kranken sehen mit hallucinatorischer Deutlichkeit Mücken, Käfer, Spinnen, Schmetterlinge, Mäuse, Ratten, Vögel, auch grössere Thiere, besonders Katzen, Hunde, Schafe, Oehsen. Das äussere Charakteristicum für die praktische Diagnose liegt aber nicht in diesem Auftreten gewisser Sinnestäuschungen, welche ja ganz subjectiv sein könnten, und auch nicht durch Worte geäussert werden, sondern in der Art, wie die Kranken auf diese Thiervisionen reagiren. Derselbe Grundzug, der uns auch in dem Rauschzustand und der durch Alkohol bedingten Tobsucht begegnet ist, die Erleichterung der **motorischen Uebertragungen** tritt hier in Verbindung mit den Thiervisionen in den Vordergrund. Diese alkoholistischen Hallucinanten starren nicht ihre Phantasmen stumm und bewegungslos an, sondern knüpfen an diese fortwährend Bewegungen des Haschens, Greifens, Schlagens, Drohens, Wischens. Dabei ist sehr bemerkenswerth, dass diese Phantasmen gewissermassen in den Zusammenhang der wirklich geschenen Objecte hineinlocalisirt werden. Die Mäuse springen über die Bettdecke und werden durch heftiges Schlagen oder Wälzen des Körpers verscheucht. Die Schmetterlinge fliegen und werden zu haschen gesucht. Der Hund erscheint nicht als Phantasma in der Luft, sondern er springt an dem Bette des Kranken empor, der ihn liebkost oder schilt, oder ihn prügelt. Die Art, wie manche von diesen Kranken am Boden knieen und rasch nach vorn rutschen, indem sie fortwährend nach dem imaginären Vogel oder anderen Thieren greifen, hat etwas so Merkwürdiges, dass es wohl kaum bei einem anderen Krankheitsbild vorkommt. Vielleicht steht diese motorische Erregung in irgend welchem Zusammenhange mit der Thatsache, dass diese visionären Thiere meist in Bewegung sind, selten sitzen, stehen, liegen.

Neben den Thiervisionen kommen noch andere Hallucinationen im Delirium tremens vor, welche ebenfalls in charakteristischer Weise meist bewegt gedacht werden. Es fliegen Fäden in der Luft herum, welche die Kranken herabholen wollen, oder sie sehen Wände, die sich bewegen, auseinandertheilen, und langen Zügen von Gestalten,

Zwergen, Kunstreitern, phantastisch aufgeputzten Gespenstern Platz machen.

Sehr häufig beobachtet man auch, dass die Kranken sich in einer ihnen vertrauten Situation im Amte, im Laden, im Wirthshaus, an einer Casse glauben und nun mit fieberhafter Thätigkeit ihre gewohnten Handlungen vollziehen.

Dabei wird dieses Phantasiebild mit den umgebenden Objecten zu einer Einheit verschmolzen. Der Besitzer einer Colonialhandlung z. B. zählt im Delirium das Geld der Ladencasse, greift dabei fortwährend suchend auf den Kissen des Bettes herum, schimpft, dass zu wenig Geld da sei, zählt dann die imaginären Geldstücke auf die Bettdecke hin, meint plötzlich, dass Jemand aus der Umgebung, z. B. der dabei stehende Wärter, das Geld nimmt, fängt an gegen diesen loszuschlagen, ruft mehrfach seine vermeintlich im Nebenzimmer anwesende Frau, dann fängt er an, an einem Regal in die Höhe zu steigen, um Waaren zu holen, wobei er im Bett aufspringt, fängt dann an, auszupacken, nimmt dann einen Theil der Waaren (in Wirklichkeit seine Bettdecke), packt sie hastig zusammen und springt heraus, um die Sachen in's Nebenzimmer zu tragen. -

Auch akustische Hallucinationen kommen im Verlauf dieses Deliriums häufig vor, aber meist im Zusammenhang mit der Aufeinanderfolge von optischen Vorstellungen: die gesehenen Kanarienvögel singen, die Hunde bellen, die Menschen sprechen, was ebenfalls den Kranken häufig wieder zu motorischen Reactionen bringt.

Das Wesentliche für die Diagnose ist die Coïncidenz dieses Deliriums mit Tremor und Albuminurie.

Ich gebe nun zunächst ein Beispiel von einem typischen Delirium tremens, und zwar mit der Aufeinanderfolge von Krankenbeobachtung und späterer Anamnese, wie sie bei solchen acut ausbrechenden Krankheitsfällen die Regel ist.

R. S. aus M. Aufgenommen: 26. Mai 1890. Diagnose: Delirium tremens. Alter: Geboren 29. August 1857. Stand: Wirth. Entlassen: 7. Juni 1890 nach Hause.

Patient wurde gestern Nachmittags inhaftirt, da er sich zu seinem Strafantritte nicht gestellt hatte. Er war wegen Nahrungsmittelfälschung zu 13 Tagen Gefängniss verurtheilt worden. Sogleich nach seinem Eintreffen in der Frohnfeste begann er irre zu reden, glaubte, er sei zu Hause, wurde dann im Laufe der Nacht sehr unruhig, lärmte und klopfte an die Thür, hatte Thiervisionen (sah Katzen und Hunde), schrie, der Teufel sei bei ihm im Zimmer. — Anamnese fehlt im Uebrigen ganz.

Status: Kräftiger Mann ohne Organerkrankungen. Gesicht congestionirt. Conjunctivitis. Hochgradiger Tremor der Hände und des ganzen Körpers. Sehr aufgeregt und unruhig. Verkennt seine Umgebung. Glaubt er sei zu Hause. Will beständig an seine Arbeit.

Hat die verschiedensten Gehörstäuschungen; sieht Hunde und Katzen, Schwaben, Krebse, Fische, Fliegen, Mücken, seine Frau und Bekannte. Urin stark eiweisshaltig.

28. Mai. In beständiger Unruhe und völliger Verwirrtheit. Hat weniger Thiervisionen, behauptet aber, es seien vier Leichen im Zimmer.

29. Mai. Beruhigte sich im Laufe des gestrigen Tages, konnte Abends zu Bett gebracht werden, schlief während der Nacht. Heute noch in benommenem Zustande, hat nur unklare Vorstellungen von den Ereignissen der letzten Tage. Zeitweise sind noch Gehörstäuschungen zu constatiren. Der Eiweissgehalt des Urins ist unverändert.

30. Mai. Ruhig, frei von Sinnestäuschungen. Schläft viel, Tremor bedeutend geringer. Im Urin viel weniger Eiweiss.

31. Mai. Fortschreitende Besserung. Patient isst und schläft regelmässig. Urin enthält nur noch eine Spur Eiweiss.

2. Juni. Patient klagt über Schwächegefühl und Kopfschmerzen; ist psychisch normal. Urin seit gestern eiweissfrei. Tremor verschwunden.

5. Juni. Völliges Wohlbefinden. Appetit und Schlaf normal. Urin enthält wieder Eiweiss. (Patient hat gestern zum 1. Male im Weinberge gearbeitet.)

7. Juni. Eiweissgehalt des Urins noch vorhanden, doch bedeutend geringer als in den letzten zwei Tagen. Patient wird nach Hause entlassen.

Wenn man nun bei der Analyse dieses Falles zunächst alle klinischen „Krankheitsformen" ausser Acht lässt und rein inductiv vom Thatbestand ausgehend zu einem Verständniss der Krankheit kommen will, so würde man sagen: Es handelt sich um eine acut ausbrechende Geistesstörung, an der drei Züge hervortreten: 1. Die Verwirrtheit, 2. die massenhaften Sinnestäuschungen, besonders im optischen Gebiet, speciell Thiervisionen, 3. die starke motorische Unruhe, 4. der Tremor der Hände und das Schlottern des ganzen Körpers, 5. das Vorhandensein von Eiweiss im Urin, 6. die Dauer der Krankheit betrug 3½ Tag, 7. nach dem Abblassen der Geistesstörung stellte sich ein auffallend langer Schlaf ein.

Halten wir zunächst die Thatsache im Auge, dass es sich hier um ein gleichzeitiges Vorhandensein von acut entstandener Geistesstörung mit Albuminurie handelt. Eine solche Combination kann noch im Verlauf einer anderen Krankheit auftreten, nämlich im Verlauf chronischer Nephritis, welche Urämie bewirken kann. Bei solchen urämischen Anfällen kann nun wie beim Delirium tremens eine schwere Bewusstseinstrübung auftreten, auch motorische Erregungen können dabei vorhanden sein. Aus dem Urin wird sich ebenfalls die differentielle Diagnose nicht stellen lassen, weil in beiden Fällen Eiweiss ohne jedes andere Zeichen einer localen Erkrankung der Niere (Cylinder etc.) vorhanden sein kann. Auch können die urämischen Anfälle an Zeitdauer sich nicht von einem Delirium tremens unterscheiden. Die Momente, welche also hier die Differentialdiagnose zu Gunsten des Delirium tremens entscheiden, sind 1. der charakteristische Tremor, 2. das Auftreten von Thiervisionen.

In der zuerst gegebenen Krankengeschichte ist nun ein Zug noch besonders hervorzuheben, weil er uns das Verständniss zu anderen Formen von acuter Geistesstörung nach Alkoholmissbrauch bahnt, nämlich das Weiterbestehen von Gehörstäuschungen nach Aufhören der Thiervisionen am 29. Mai, also am 4. Tage der Geistesstörung. Dieses Factum eröffnet das Verständniss für jene Formen von acuter Geistesstörung nach Alkoholmissbrauch, bei denen die Thiervisionen und überhaupt die Hallucinationen in der optischen Sphäre mehr zurücktreten und dafür die Worthallucinationen ganz das Bild beherrschen, während die übrigen Bestandtheile des Syndroms: Verwirrtheit, motorische Erregung, Tremor und vorübergehender Eiweissgehalt wie auch in den typischen Fällen von Delirium tremens vorhanden sind. Ja es kann auch noch eines oder das andere dieser Syptome fehlen, ohne dass die alkoholistische Ursache der Geistesstörung bestritten werden könnte.

Es kommen also auch Fälle von Delirium vor, in denen von diesem Symptomencomplex nur zwei oder drei Elemente vorhanden sind, und doch die Diagnose auf Delirium tremens gestellt werden muss.

Ich gebe nun zunächst einen Fall, in welchem das eigentlich Charakteristische des Deliriums, die Thiervisionen völlig fehlten, und doch die Diagnose auf Del. potator. aus drei anderen der oben genannten Symptome gestellt werden konnte.

Differentialdiagnose zwischen schwerem Rauschzustand und Delirium tremens.

J. D. aus W., Bäckermeister. Aufgenommen: 5. Juni 1892, alt 51 Jahre. Abends um 10 Uhr auf polizeilichen Antrag ohne bezirksärztliches Zeugniss eingeliefert. Anamnese fehlt völlig. Schwer tobsüchtig. Macht den Eindruck eines Vergifteten. Puls 160, Temperatur 36·8. Pupillenreaction normal. Ebenso Patellarreflexe. Tremor. Stösst manchmal Bruchstücke von Sätzen hervor.

Das psychologische Krankheitsbild ist also bis dahin als Tobsucht mit Verwirrtheit zu bezeichnen. Das ist aber keine Diagnose, sondern eine symptomatische Bezeichnung, in der über Natur und Verlauf der Krankheit gar nichts ausgesagt ist. Es muss also festgestellt werden, zu welcher Krankheitsform diese Verbindung von Symptomen gehört. Für den praktischen Arzt muss nun das erste sein, zu entscheiden, ob etwa ein paralytischer Aufregungszustand vorliegt. Nun zeigen sich Patellarreflexe und Pupillenverhältnisse normal. Die paralytische Natur der Tobsucht erscheint also unwahrscheinlich, wenn auch nicht ausgeschlossen. — Wenn nun die Annahme der Paralyse in den Hintergrund gedrängt wird, so erhebt sich zweitens die Frage, ob ein Aufregungszustand im Beginn oder Verlauf einer langdauernden functionellen Psychose (Manie) vorliegt. Dies erschien nach dem Inhalt der Worte unwahrscheinlich. Bei der reinen Manie, selbst wenn sie zu hochgradiger Tobsucht führt, ist meist der Grundzug der Ideenflucht noch zu erkennen, selbst wenn die einzelnen Vorstellungen so rasch wechseln, dass ein greifbarer Zusammenhang ganz verloren geht. Wenn Manie unwahrscheinlich erscheint, so ist in praxi drittens an Epilepsie zu denken, bei welcher öfter tobsüchtige Erregungen vorkommen, die meist nach wenigen Tagen wieder zur Beruhigung führen.

Für diese letztere Annahme kommen manchmal kleine Züge in Betracht, die keinen wissenschaftlichen Werth haben, aber für den Praktiker Anhaltspunkte bieten:

Epileptische Tobsuchten brechen oft ganz plötzlich aus, während bei den Tobsuchten im Verlauf einer Manie doch schon leichtere Erregungen vorangegangen sind. Gerade diese Plötzlichkeit des Auftretens führt oft dazu, dass die Kranken Hals über Kopf wie in unserem Falle unter Vernachlässigung aller Formalitäten in die nächste Anstalt gebracht werden. Dieser äussere Umstand wird dem Praktiker an sich schon die Untersuchung auf Epilepsie nahelegen.

In solchen Fällen, wo alle Anamnese fehlt, kommen nun für die Wahrscheinlichkeitsdiagnose der Epilepsie einige kleine Züge in Betracht:

Es zeigen nämlich die Epileptiker, besonders aus den niederen Ständen, oft eine grosse Menge von Narben am Kopf und Gesicht, ebenso oft Spuren von alten oder frischen Zungenbissen. Natürlich ist die Abwesenheit von Narben, welche im vorliegenden Fall ganz fehlten, nicht umgekehrt ein Argument gegen Epilepsie. — Der Inhalt der Worte sprach nicht gegen eine epileptische Tobsucht. Bei dieser kommt schwere Verwirrtheit mit spärlichem Produciren von unzusammenhängenden Worten öfter vor.

Der Zustand hätte sich also mit der Annahme einer epileptischen Tobsucht vereinigen lassen, wenn nicht als gesondertes Symptom ein Tremor der Hände, der besonders beim Spreizen der Finger hervortrat, vorhanden gewesen wäre.

Dadurch wendete sich der diagnostische Gedankengang auf den Alkoholismus. Gegen das gewöhnliche Delirium tremens sprach einigermassen die Abwesenheit von Thiervisionen und Gesichtshallucinationen im Allgemeinen, während die starke motorische Unruhe, die Verwirrtheit und der Tremor der Finger dafür sprachen. Zwei von diesen Symptomen, motorische Unruhe und Verwirrtheit und zur Noth auch das Zittern der Hände decken sich nun aber auch mit der acuten Alkoholintoxication, zu welcher die Pulsbeschleunigung bei normaler Temperatur gut passte.

So spitzte sich denn unter diesen Umständen die Differentialdiagnose zu auf das Dilemma: Atypisches Delirium tremens oder acute Alkoholintoxication. —

Diese Ueberlegungen sind hauptsächlich wegen der Prognose von so grosser praktischer Bedeutung:

I. Progressive Paralyse: Einige Jahre dauernde, zum Exitus letalis führende Psychose.

II. Manie: Zum mindesten mehrere Monate dauernde, wahrscheinlich zur Heilung führende functionelle Psychose.

III. Epilepsie: In einigen Tagen vorübergehender Anfregungszustand, d. h. gute Prognose in Beziehung auf den einzelnen Anfall, schlechteste Prognose in Beziehung auf Heilung der zu Grunde liegenden Epilepsie.

IV. Acute Psychose nach Alkoholintoxication. *a)* Delirium tremens. Sehr gute Prognose in Bezug auf den einzelnen wenige Tage dauernden Anfall, unter Umständen Möglichkeit im Anschluss an das Delirium tremens den chronischen Alkoholismus zu beseitigen. — *b)* Acute Alkoholintoxication, günstigste Prognose in jeder Beziehung.

So lag die diagnostische Frage am Abend der Aufnahme.

Am nächsten Tage konnte eine Anamnese von Seiten der Frau erhoben werden.

Ueber seine hereditären Verhältnisse ist von seiner jetzigen Frau, die mit ihm seit sechs Jahren verheiratet ist, nichts zu erfahren.

Schon seit dem 20. Mai ist er verwirrt, sagte, er müsse fort, läge im Grabe etc. Nach einiger Zeit wieder Besserung. Am Sonnabend den 4. Juni wieder schlimmer. Der Arzt constatirte Fieber und „Lungenentzündung". Dann trat wiederum Verwirrtheit und Erregung ein. Abends wird er aggressiv gegen seine Angehörigen.

Die Frau behauptet, dass er seit Himmelfahrtstag, also seit zehn Tagen fast gar nichts getrunken hat, vorher höchstens 2 Schoppen Wein am Tag. Allerdings gibt sie zu, dass er früher getrunken, ja „gesoffen" habe.

Diese Anamnese ist in ihrer Dürftigkeit ein Muster vieler psychiatrischer Anamnesen, was durch die Unverlässlichkeit der referirenden Personen bedingt ist. Die sorgfältige Kritik der über einen Kranken von Seiten der Verwandten und Bekannten gemachten Angaben ist eine der schwierigsten Aufgaben psychiatrischer Diagnostik.

Das Wesentliche der Angaben ist folgendes:

1. Der Kranke war früher, d. h. vor Jahren Potator strenuus.
2. Vor Ausbruch der Krankheit am 20. Mai soll er höchstens zwei Schoppen Wein täglich getrunken haben, das stimmt absolut nicht zur Annahme eines vor 14 Tagen ausgebrochenen Delirium tremens, abgesehen davon, dass dieses Delirium eine ganz abnorme Dauer gehabt haben müsste.
3. Der Mann hat schon am 21. Mai Zeichen von Aufregung gezeigt, die sich aber dann gelegt haben. Die bei der Aufnahme beobachtete starke Erregung ist erst am Tage vorher, nachdem er eine Zeit lang notorisch gar keinen Alkohol getrunken hatte, zum Ausbruch gekommen. Diese beiden Thatsachen stimmen zu einander. Unerklärt ist die mehrtägige Aufregung vom 20. Mai an.
4. Anamnestisch hat er am 4. Juni Fieber und „Lungenentzündung" gehabt, wovon am 5. keine Spur mehr vorhanden war. Ich gebe nun die weiteren Aufzeichnungen:

Befund am 6. Juni, Mittags: Weniger motorisch erregt, Pulse circa 90, weniger verwirrt. Gibt öfter richtige Antworten über Herkunft, Zeit, Ort. Tremor der Hände bleibt bestehen. Keine Thiervisionen.

Der Kranke ist also, nachdem er Sonnabend in den Erregungszustand gekommen war, auch jetzt noch verwirrt, aber entschieden weniger als gestern, das spricht für Delirium tremens und gegen einen acuten Rauschzustand, der meist kürzere Zeit dauert. Für Delirium spricht auch das Bestehenbleiben des Tremors der Hände bei Abblassen der übrigen motorischen Erregung. Vor Allem kommt jetzt für die Diagnose das Auftreten von Eiweiss in Betracht.

7. Juni. Sehr matt. Ganz ruhig. Heftiger Tremor der Hände. Der Urin enthält Eiweiss.

8. Juni. Urin schon wieder eiweissfrei.

Durch das verstärkte Auftreten des Tremors, bei sonstiger Milderung der motorischen Unruhe, durch das rasch vorübergehende Auftreten von Eiweiss, das rasche Verschwinden der Verwirrtheit ist die Diagnose auf Delirium tremens, obgleich eines der classischen Symptome, nämlich Thiervisionen gefehlt haben, unzweifelhaft geworden. Am 9. Juni gibt der rasch wieder klar werdende Mann folgende Daten über seine früheren Beziehungen zum Alkohol:

Früher als Weinreisender hat er enorm viel Wein getrunken. Delirium tremens hat er früher nicht gehabt. In den letzten Monaten hat er das Weintrinken vor seiner Frau verheimlicht, hat vor ihren Augen meist nur zwei Schoppen getrunken, aber im Keller, wenn er für die Gäste Wein holte, oft ganze Flaschen. Gegen den 20. Mai will er öfter halb berauscht gewesen sein, was der ahnungslosen Frau retrospectiv als beginnende Verwirrtheit und als Anfang des am 4. Juni ausgebrochenen Deliriums erschienen ist.

Gegen den 25. Mai hat er sich sehr unwohl gefühlt, war bettlägerig und trank nun gar nichts mehr (cfr. Anamnese der Frau). Dann am 4. Juni plötzlicher Ausbruch der kurzdauernden Geistesstörung, die also auch anamnestisch sich als ein Delirium tremens auf Grund von chronischem Alkoholismus nach mehrtägiger Enthaltsamkeit ausweist.

In dem eben beschriebenen Falle haben die sonst als charakteristisch angesehenen Thiervisionen ganz gefehlt. — Es kommen ferner Fälle von Delirium tremens vor, in welchem dieselben durch Worthallucinationen ersetzt sind.

R. L. aus Russland. Alter: 40 Jahre (geboren 1852). Stand: Handelsmann, zur Zeit Untersuchungsgefangener. Aufgenommen: 28. August 1892. Diagnose: Delirium tremens. Entlassen: 5. September 1892.

Vom Landgericht, wo R. sich wegen Diebstahls in Untersuchungshaft befindet, eingeliefert. R. hat mit einer auffallenden Frechheit einen Diebstahl ausgeführt, indem er am hellen Tage in einem Gasthause in ein Zimmer drang und dort aus einem Spind Kleider nahm. Er hat gleich beim Eintritt in's Gefängniss stark gezittert und einen verwirrten Eindruck gemacht. Starker Tremor der Hände. Kein Fuselgeruch aus dem Munde. Hallucinirt massenhaft, wesentlich in der sprachlichen Sphäre, weniger in der optischen. Thiervisionen fehlen völlig. Ist von einer ängstlichen Stimmung beherrscht, schlottert manchmal an allen Gliedern, offenbar unter dem Eindruck von ängstlichen Vorstellungen. Er sieht oft Männer, die ihm drohen, hört sie russisch schimpfen. Während dieses schwer gestörten Zustandes giebt er an, dass er den Diebstahl gethan habe, als ihm eine Stimme russisch gesagt habe: „Geh' hinauf, hol' den Rock."

29. August. Immer noch ängstlich verwirrt. Hört viel schimpfende Stimmen, bittet man solle ihn beschützen. Er wolle nicht mehr in's Gefängniss.

Bis jetzt lag also die diagnostische Frage folgendermassen: Es handelt sich um eine acute Geistesstörung, die mit Verwirrtheit und massenhaften Worthallucinationen mit beängstigendem Inhalt aufgetreten ist. Da es sich um einen Criminalfall handelt, so ist in praxi zunächst die Frage zu stellen, ob sich ein solcher Zustand simuliren lässt. Der erfahrene Irrenarzt wird natürlich diese Annahme meist schon auf Grund seiner intuitiven Erfahrung ausschalten können, aber es ist sehr schwierig, für den nicht fachmännisch Gebildeten psychologische Regeln zur Aufdeckung der Simulation in solchen Fällen festzustellen. Deshalb thut der praktische Arzt besser, sich einfach an das objectiv Sichtbare, in diesem Falle an den Tremor der Hände, welcher in seiner Eigenthümlichkeit nicht simulirt werden kann, zu halten.

In der That steht der Tremor hier im Vordergrund des diagnostischen Interesses. Obgleich in diesem Falle Thiervisionen und die motorische Erregung völlig fehlten, obgleich ferner noch kein Eiweiss im Urin aufgetreten war, wurde diese hallucinatorische Verwirrtheit mit Tremor der Hände als Delirium alcoholicum aufgefasst.

eine Diagnose, die von dem weiteren Verlaufe bestätigt
wurde.

2. September. Gehörshallucinationen, weniger Gesichtstäuschungen.
Tremor geringer. Urin enthielt gestern Eiweiss.

4. September. Untersuchung wurde vom Amtsgericht niedergeschlagen.
Nach Heilung des Deliriums am 5. September entlassen.

Dieser Fall, in welchem die Thiervisionen und die motorische
Unruhe ganz zurückgetreten sind, und nur Verwirrtheit mit massenhaften Sinnestäuschungen das Bild beherrschen, bildet theoretisch
den Uebergang zu denjenigen Formen, bei welchen Worthallucinationen mit Wahnbildung bei geringer Verwirrtheit im Vordergrund
stehen, also zu dem hallucinatorischen Wahnsinn auf alkoholistischer Grundlage. Um den Uebergang zu dieser Form alkoholistischer Geistesstörung noch schärfer hervortreten zu lassen, will
ich als Bindeglied noch einen Fall analysiren, in welchem neben der
Verwirrtheit und den Hallucinationen das Moment der Wahnbildung
auf Grund der Hallucinationen schon stärker hervortritt.

W. F. aus T., Cand. med., aufgenommen am 7. Juli 1891. Diagnose: Alkoholistische Geistesstörung.

In der Familie keine Geistesstörungen und Nervenkrankheiten, nur
ist der Vater, der im vorigen Jahre, 64 Jahre alt, gestorben ist, zuletzt
etwas melancholisch gewesen, hat weinerliche Verstimmungen gehabt. Der
Vater hat ziemlich viel getrunken, zur Zeit der Zeugung des Kindes jedoch
vermuthlich noch nicht.

F. hat viel Onanie getrieben und sich hinterher immer viel Selbstvorwürfe gemacht, ohne sich halten zu können.

Später bekam er sehr häufig Pollutionen, worüber er damals viel
grübelte, „bis zur Verzweiflung“. Er war glücklich, als das endlich beim
Militär aufhörte. Er glaubte damals in Folge der Onanie Gedächtnissschwäche zu bemerken. Studirte ununterbrochen in T. Hat jahrelang viel
getrunken, oft Most. Soll einmal 32 Glas Bier getrunken haben. 1883
Ulcus durum.

Kein Exanthem. Schmiercur im August 1883.

Niemals deutliche luetische Erscheinungen, nur Leistendrüsenschwel-
lung. Im Sommer 1883 auf Festung.

Dort hatte er mit einem anderen Studenten eine Beleidigungssache.
die ihm jahrelang im Kopf herumging. Er meinte oft, dass andere Leute
darüber sprechen. Erzählte seinen Kameraden davon. Im Sommer 1889
plötzliche Enthaltsamkeit von Alkohol. Seitdem hört er in der Nacht oft
schimpfende Stimmen von ganz bestimmten Personen.

Meinte, dass diese ihm auflauern, um ihn zu prügeln. Damals schrieb
er an den Vater, er solle ihn nach Hause holen, weil die „Sache von der
Festung herausgekommen sei“. Juni 1888 war er in's Staatsexamen gegangen; hatte viel gearbeitet, vor einzelnen Stationen Tag und Nacht. Er
brach das Examen nach einer missglückten Station ab. Dann fast ein
ganzes Jahr sehr viel getrunken, besonders Wein, ohne das Examen weiter
zu machen. Darauf Sommer 1889 nach Hause. Zu Hause ruhig gelebt,
das Stimmenhören verschwand.

Bis Juli 1890 in T. Fortsetzung seines Examens. Nach jeder Station
kolossal getrunken. Im Juli 1890 nach Hause wegen Tod des Vaters. Dort

vier Wochen solid. Machte sich starke Selbstvorwürfe, weil er noch nicht mit dem Examen fertig sei. Als er nach T. zurückkehrte (im August) war gerade Turnerfest. Wieder gleich stark getrunken. Im Winter kam es ihm oft vor, dass er meinte, die Leute sprechen über ihn. Hörte Nachts schimpfen. Das verschwand im Anfang 1891 wieder. Im April 1891 in N. eingezogen. Seitdem machte er sich wieder viele Selbstvorwürfe, hörte Nachts schimpfende Stimmen. Machte sich besonders Vorwürfe, weil er von seiner Geliebten Geld angenommen.

Nachts hörte er öfter: „Der ist das schuldig, er ist ein Lump." Machte sich starke Selbstvorwürfe, meinte aus der Verbindung dimittirt zu werden. Dabei machte ihm sein Examen viel Sorge. Er sollte nächstens zum drittenmal in die eine bestimmte Station zum Examen gehen.

Vor drei Tagen machte er einen Selbstmordversuch, indem er sich mit dem Taschenmesser in die rechte Brustseite stach.

9. Juli 1891. Gestern Abends starke ängstliche Hallucinationen. Hört hinter dem Fenster „Stimmen": „Schlagt ihn todt", „der Lump", „er hat ein Sittlichkeitsverbrechen begangen, er muss todtgeschlagen werden". Bemächtigt sich eines Bierglases und will die Wärter, welche er mit im Complott glaubt, damit werfen. Dieser Zustand von $\frac{1}{2}$9 Uhr bis $\frac{1}{2}$10 Uhr, ebenso von 3—5 Uhr Nachts. Im Uebrigen verhält er sich äusserlich ruhig. Kein Tremor. Albuminurie.

10. Juli. Heute Früh, nachdem er Nachts offenbar heftige Gehörshallucinationen gehabt hatte, machte F. den vergeblichen Versuch, durch Einschlagen der Hand in die Fensterscheiben sich die Radialarterien zu öffnen.

Seitdem ruhig und scheinbar etwas apathisch im Bett. Abends völlig verändert, heiter, gibt an, dass er nicht mehr so viel Stimmen hört, dass er innerlich freier sei.

Dissimulation? Nachts sehr fest geschlafen, heute Früh bei leidlicher Stimmung, etwas mehr gesammelt, ist im Stande zusammenhängend zu lesen. Anscheinend ohne Wahnideen.

11. Juli. Nachmittags behauptete er, seine Mutter sprechen gehört zu haben. Behauptet, es gehe ein Sprachrohr herauf, durch welches Schimpfworte gerufen werden. Meint, seine Geliebte habe einen Meineid geschworen und sei eingesperrt.

12. Juli. Letzte Nacht gut geschlafen.

Heute lustig, sagt die „Einbildungen" seien jetzt vorbei. Hat öfter noch einen misstrauischen horchenden Gesichtsausdruck. Anscheinend verheimlicht er die noch vorhandenen Sinnestäuschungen.

13. Juli. Nachmittags sieht Patient durch's Fenster das Mädchen, von der er vorher behauptet hatte, sie sei wegen Meineids eingesperrt. Seitdem sagt er, er habe seinen Wahnsinn erkannt. Er sei acht Tage verrückt gewesen, habe halluciniert.

Am Tage vorher habe er noch manche Gehörstäuschungen verheimlicht, jetzt sei er aber ganz gesund.

15. Juli. In völlig heiterer Stimmung. Hat Nachts gut geschlafen. Erklärt, dass er acht Tage geisteskrank gewesen sei.

17. Juli. Geistig ganz normal. Dissimulation erscheint ausgeschlossen.

22. Juli. Geistig völlig normal. Bleibt freiwillig noch hier, bis sich entschieden hat, ob er zu einem befreundeten Arzt gehen kann.

1892. F. ist bisher andauernd geistig gesund geblieben.

Noch mehr in den Vordergrund traten die Gehörstäuschungen mit folgender Wahnbildung im folgenden Falle:

F. II. Heimat: Würzburg. Aufgenommen: 9. October 1892. Diagnose: Delirium tremens. Alter: Geboren den 22. August 1868. Stand: Producten-händler. Entlassen: 18. November 1892.

Auf Polizeiantrag eingeliefert. Seit zwei Tagen starke Aufregung. Patient lief Nachts mit einem Lichte im Hause herum; wollte sich gegen Schüsse schützen, welche auf seine Wohnung abgegeben würden; sprach dabei auf „alle Leute, die er sah" ein, hat den Ofen und Küchenherd cin-gerissen.

9. October. Delirirt lebhaft von Bekannten, Soldaten, Gerichtspersonen. Er spricht auf sie ein, vertheidigt sich gegen sie, will allerhand Geschäfte vornehmen und drängt oft nach der Thüre. Zittert am ganzen Körper. Besonders Tremor der Hände.

10. October. Nachts steigert sich das Delirium. Er springt fortwährend aus dem Bett; seine Glieder schlottern förmlich. Er lebt in seinem Laden, commandirt Personen, zahlt Geld. Wenn er festgehalten wird, glaubt er, beraubt zu werden. Starker Schweiss.

10. October. Der Urin von vergangener Nacht sehr stark eiweisshaltig. Beständiges, wenn auch weniger heftiges Delirium. Der Nachmittagsurin zeigt starke Trübung von Eiweiss. In den beiden unter-suchten Urinportionen fehlen die diagnostischen Merkmale einer acuten Nephritis parenchymatosa, sowohl die Epithelialcylinder als die Blutkörperchen.

12. October. Beginnt zu schlafen. Fühlt sich krank. Zittert noch stark und hat auch noch vielgestaltige abwechselnde Delirien. Nachts mässige Steigerung derselben.

13. October. Der Grad des Deliriums und der Grad der Eiweissaus-scheidung gehen auffallend parallel. Der Urin von vergangener Nacht hat wieder Eiweiss. Kuppe des Reagenzglases voll; der Urin von Vormittag 10 Uhr zeigt eine starke Trübung, der von Nachmittag schwächere Trübung. Am Vormittag bringt er noch wirkliche, allmählich zum Bewusstsein kommende Eindrücke und deliriöse Vorstellungen durcheinander. Am Nachmittag ist er völlig orientirt und besonnen; behauptet aber steif und fest die Wirk-lichkeit vergangener Hallucinationen und bringt eine Wunde am Knie in ursächlichen Zusammenhang mit den Schüssen, welche auf sein Haus von Soldaten abgegeben worden seien. Er lässt sich nicht davon abbringen, dass er bei diesem Angriff einen Streif-schuss am Knie erhalten habe. Den Belehrungen gegenüber, dass dies Ein-bildungen gewesen seien, zeigt er die Ueberlegenheit dessen, der zu klug ist, um etwas Wirkliches sich ausreden zu lassen.

14. October. Bei klarem Bewusstsein. Urin zeigt noch schwache Trübung von Eiweiss.

15. October. Trübung von Eiweiss sehr schwach.

16. October. Urin eiweissfrei.

17. October. Ueber den Hergang bei dem Angriff auf seine Wohnung befragt, erzählt er immer noch von seinen Hallucinationen als von vergangenen Wirklichkeiten, wird dann aber schwankend und hält nur das fest, dass in der letzten Zeit mehrere Male Männer in den Laden gekommen seien und auf ihn geschossen haben. „Ich habe ja den Kugelsack und den Revolver gesehen."

20. October. Glaubt immer noch theilweise an die Realität seiner früheren Hallucinationen. Spricht davon, dass er noch Schnitte am Handgelenk habe, die ihm von seinen Verfolgern beigebracht worden seien. Thatsächlich hat er durchaus keine Spuren davon, behauptet aber fest, an der rechten Hand seien deren sechs und an der linken sieben gewesen. Er sei auf dem Wege nach W. aufgehalten worden, und man habe mit dem Federmesser rasch über seine Handgelenke geschnitten.

1. November. Urin seither immer eiweissfrei. Psychisch normal.

18. November. War die ganze Zeit her normal. Sieht jetzt auch deutlich ein, dass alle seine Hallucinationen nur krankhafter Natur waren.

Geheilt entlassen.

Das Charakteristische des Falles liegt von Anfang an in dem acuten, durch Hallucinationen genährten Verfolgungswahn. Das Moment, welches den Uebergang zu dem hallucinatorischen Wahnsinn auf alkoholistischer Grundlage bildet, ist das Festhalten der durch Hallucinationen entstandenen Wahnideen nach Verschwinden der Verwirrtheit. Noch am 17., nachdem er in der Nacht vom 12. zum 13. die letzten deliranten Hallucinationen gehabt hatte, hält er die Wahnideen fest. Da zu dieser Zeit auch der Tremor und die Albuminurie fast verschwunden waren, so hatte dieser entschieden dem ganzen Verlauf nach zum Delirium alcoholicum zu rechnende Fall eine kurze Periode, in der bei dem augenblicklichen Befund, bei dem Mangel aller Anamnese die Differentialdiagnose mit Paranoia hätte in Frage kommen können.

Jedenfalls wäre aber dann bald bei dem Ausfragen des schon wieder besonnenen Mannes die Thatsache zu Tage gekommen, dass er nur ganz dunkle Erinnerungen an die vorangegangenen Tage hatte. Hieraus hätte man schliessen können, dass es sich nicht um eine chronische Paranoia, sondern um einen paranoiaähnlichen Zustand im Verlauf, beziehungsweise beim Abklingen einer acuten Psychose hätte handeln können.

Wir stellen also die Thatsache in den Vordergrund, dass bei dieser im Verlauf des chronischen Alkoholismus auftretenden Psychose Worthallucinationen und Wahnbildung, letztere auch nach Aufhören der als Verwirrtheit bezeichneten Bewusstseinstrübung im Vordergrund gestanden haben.

Wenn wir nun von der Verwirrtheit ganz abstrahiren, so eröffnet uns dieser Fall den Zugang zum Verständniss des acuten hallucinatorischen Wahnsinns auf alkoholistischer Grundlage.

Diese allerdings seltene Form acuter Geistesstörung auf Grund von chronischem Alkoholismus ist praktisch sehr wichtig, weil hierbei leicht grosse Fehler in Bezug auf die Prognose und Zeitdauer der Erkrankung vorkommen können, wenn die alkoholistische Basis verkannt wird.

Symptomatisch ist diese Krankheitsform meist nur dann von dem nicht durch Alkoholvergiftung bedingten hallucinatorischen Wahnsinn zu unterscheiden, wenn das gleichzeitige Vorhandensein eines charakteristischen Tremors auf die alkoholistische Grundlage hindeutet.

In den meisten Fällen muss die Anamnese den Ausschlag geben. Praktisch lautet die Regel so:

Wenn sich in der Anamnese eines acut an hallucinatorischem Wahnsinn Erkrankten sicher Alkoholmissbrauch
nachweisen lässt, so ist die Prognose viel günstiger zu
stellen, und die Erkrankung gewissermassen als Aequivalent eines Delirium tremens aufzufassen.

Die Thatsache, dass ein Delirium tremens unter der Form
eines acuten hallucinatorischen Wahnsinns auftreten kann, welches
sich durch seine Begleiterscheinungen: Tremor und Albuminurie als
alkoholistische Geistesstörung erweist, wirft besonders im Hinblick
auf manche Fälle von „Gefängnisspsychose" ein Licht. In solchen
Fällen muss die rein symptomatische Diagnose: „Acuter hallucinatorischer Wahnsinn" entschieden durch die Diagnose: „Alkoholistische
Geistesstörung" ersetzt werden.

Geradezu typisch für diese ätiologische Verwandtschaft des
Delirium tremens mit dem acuten hallucinatorischen Wahnsinn ist
folgender Fall:

H. J., aufgenommen am 8. November 1893 im Alter von 43 Jahren,
Handwerksbursche. H. wurde aus dem Gefängniss in die Klinik transferirt
mit der einzigen Angabe, dass er dort sehr aufgeregt sich geberdet habe.
Er war wegen Bettelns im Rückfall zu 14 Tagen Gefängniss verurtheilt
worden. Vollkommen ruhig. Spuren von Verletzungen im Gesicht (blau
umrändertes Auge), Schorfe am ganzen rechten Arm, sowie an den Beinen,
am rechten Schienbein eine Quetschwunde. Patient hat normale Patellarreflexe, steht bei geschlossenen inneren Fussrändern und geschlossenen
Augen gut. Linke Pupille dauernd kleiner als die rechte; Reaction auf
Lichteinfall bei mässigem Tageslicht ist vorhanden, auch links, jedoch innerhalb geringer Breite. Ein merklicher Tremor der Hände ist vorhanden. Hat täglich 5—6 Maass Bier und einen Morgenschnaps auch
oft zu sich genommen. Patient hat das Drechslerhandwerk gelernt, war
während 23 Jahren sehr viel auf der Wanderschaft; kam in die Schweiz
und hat ganz Norddeutschland und Süddeutschland durchreist. Etwa 1886
oder 1887 in M. eingesperrt, nachdem er Abends vorher noch stark getrunken hatte. Er wurde am 3. oder 4. Tage des Gefängnissaufenthaltes
sehr aufgeregt, wollte an den Wänden hinaufkriechen, kroch
unter das Bett, glaubte, jemand wolle nach ihm schiessen, es
kommen Leute, die ihn bedrohen, es stehen Leute mit dem
Schlüssel an der Thür. Man hatte ihm bis auf den Strohsack alles
aus dem Zimmer weggenommen. Zwei Tage darauf war sein Verhalten
wieder normal. Wegen dreier Verletzungen an der rechten Kniescheibe
und am linken Auge, die er sich zugezogen hatte, wurde er 7 Tage im
Spital behandelt.

Seitdem hat er angeblich keinen Anfall mehr gehabt. In den letzten
Monaten war er Ausrufer in einer Schaubude, dann wieder auf der Wanderschaft. Seit 1. November 1893 befand er sich in Würzburg, wegen Bettelns
wurde er am nächsten Tage gefasst und eingesperrt. In der 2. Nacht
musste er wegen Aufregung im Gefängniss separirt werden. Er gibt an,
dass Katzen, Hunde und Menschen über sein Lager und an den
Wänden in die Höhe gesprungen seien. Dieser Zustand dauerte
2 Tage.

15. November 1893. Patient liegt während seines Aufenthaltes im
Wachsaal andauernd sehr ruhig im Bett. Beim Ansprechen ist er heiter,

gibt passende Antworten; bisher sind keine Sprachstörungen beobachtet. Rechnungen auf Papier macht er schlecht; doch scheint es bei dem Patienten thatsächlich an mangelnder Schulbildung und Mangel an Uebung zu liegen.

20. November 1893. Eine genaue Pupillenprüfung ergibt keine reflectorische Starre; auch die linke, mehr myotische Pupille reagirt innerhalb des kleinen gegebenen Spielraums. Die Accommodationsbewegung ist sehr ausgesprochen.

Nach den vorliegenden Untersuchungsergebnissen kann progressive Paralyse nicht diagnosticirt werden. Die im Gefängniss überstandene Geistesstörung ist, wenn man die Zugeständnisse über stärkeren Alkoholgenuss, den im Anfang des Anstaltsaufenthaltes noch bestehenden Tremor, die Angaben über Menschen- und Thiervisionen, sowie die zeitliche Kürze der Alienation zusammenhält, als Anfall von Delirium tremens aufzufassen. Interessant für unsere Darlegung ist die Thatsache, dass die frühere, doch klarer Weise auch alkoholistische Störung symptomatisch durchaus als acuter, hallucinatorischer Wahnsinn zu bezeichnen ist. Der Kranke, welcher, wie das manchmal vorkommt, keine Amnesie für die inneren Ergebnisse während seiner alkoholistischen Delirien zeigt, glaubte damals, es wollte jemand nach ihm schiessen, es schimpften Leute über ihn, er werde von Leuten, die hinter der Thür stünden, beobachtet. Der zweite Anfall zeigt vielmehr die typischen Thiervisionen des Delirium tremens. Hier zeigen sich also die verschiedenen klinischen Formen der acuten alkoholistischen Geistesstörung bei dem gleichen Individuum sehr deutlich.

Der Kranke ist unter Alkoholabstinenz in der Anstalt ganz normal geblieben und zeigte auch nach mehrwöchentlicher Beobachtung keine paralytischen Symptome. — — — —

Aus den mannigfaltigen Folgen des chronischen Alkoholismus sind besonders drei praktisch wichtig:

1. Die allmähliche Abnahme der intellectuellen Kräfte.
2. Der häufige chronische Eifersuchtswahn.
3. Das Auftreten von epileptischen Zuständen.

Diese einzelnen Folgen können isolirt oder auch in mannigfacher Verbindung auftreten.

Als ein Musterbeispiel für das Auftreten dieser Symptome will ich die folgende Krankengeschichte mittheilen:

H. J. aus K., Alter 38 Jahre, geboren am 21. Mai 1854. Stand: Kaufmann. Erste Aufnahme am 7. Juli 1891. Erste Entlassung am 13. Juli 1891. — Zweite Aufnahme am 25. März 1892. Zweite Entlassung am 6. Mai 1892. — Diagnose: Alcoholismus chronicus.

In der ganzen Familie sollen weder Geisteskrankheiten, noch Alkoholismus vorgekommen sein.

Patient hat sechs gesunde Geschwister.

Besuchte Latein- und Realschule. Im 16. Jahre als Volontär nach N. Machte damals schon Ausschreitungen in Baccho et Venere.

Im 18. Jahre in einem Champagnergeschäft. Dann zwei Jahre zum Militär; hatte gute Führung, hat aber schon damals oft getrunken. Vom Militär nach M. als Weinreisender zwei Jahre. Damals trank er offenbar schon viel. Dann gründete er 1878 in W. ein Geschäft, welches schlecht ging.

Darauf hatte er ein Colonialwaarengeschäft mit Schnapsausschank. 1879 verheiratet. Nach Aussage der Frau trank er damals viel Liqueur, Most und Bier. Gleich nach sechs Wochen der Ehe begannen Eifersüchteleien. Er meinte, seine Frau halte es mit Studenten. Liess sich damals noch leicht beruhigen und sah nach solchen Auftritten oft ein, dass er aufgeregt gewesen sei.

Im Jahre 1882 bankerott. Dadurch kam er noch tiefer in den Alkohol hinein.

Seitdem in N. als Mehlreisender, musste oft mit den Bäckern viel trinken. Damals trank er sehr viel, war fast immer betrunken. Durch circa sechs Jahre hindurch der gleiche Lebenswandel. Die Eifersuchtsideen steigerten sich immer mehr. Seine Wuthausbrüche wurden immer wilder, er spielte die Scenen oft vor Augen der Kinder ab. Seit vier Jahren wieder in W., unselbstständig, als Buchhalter, zeitweise auch als Agent, was jedesmal seinen alkoholistischen Zustand steigerte. Die Frau hat von jeher starkes Zittern an ihm bemerkt. In der letzten Zeit ist seine Eifersucht ganz ausgeartet. Behauptete ganz unmögliche Dinge über seine Frau. Wenn sie die Fenstervorhänge zum Schutze gegen die Sonnenstrahlen vormachte, so behauptete er, sie wolle ihre schamlosen Ehebruchsscenen vor den gegenüberwohnenden Leuten verbergen.

Seit fünf Jahren hat er auch krampfartige Anfälle. Einen Tag vorher schon erschien sein Gesicht auffallend blauroth, sein Blick stier. Dabei klagte er über Schmerzen im Kreuz, über pelziges Gefühl in den Händen. Die Frau hatte ihre „Anzeichen". Die Hände sollen in diesem Prodromalstadium der Anfälle öfter geschwollen gewesen sein. Nachts vor dem Anfall konnte er nicht schlafen. Am nächsten Morgen soll er stets Brechanfall gehabt haben. Dann begann das Zittern am ganzen Körper. Der Kopf wurde nach rückwärts gezogen, die Augen waren verdreht, mit den Armen schlug er um sich, während die Beine meist in gebeugter Stellung festgehalten wurden. Die Daumen waren eingeschlagen. Dabei war er ganz bewusstlos. Eine Stunde lang nach dem Anfall konnte er oft nicht sprechen. Er wusste nichts von dem ganzen Anfall. Diese Anfälle traten im ersten Jahre viermal auf, die Frau hat jeden notirt und behauptet, dass jedesmal ein Vierteljahr dazwischen gelegen habe.

Im zweiten Jahre nur ein Anfall. — Seitdem sind sie weggeblieben. Dafür hat er jetzt alle drei bis vier Wochen einen Tag, an welchem er durch heftiges Zittern und starkes Herzklopfen ganz arbeitsunfähig ist. In N. hat er einige Tage wirkliches Delirium tremens gehabt. Er sah schwarze Gestalten, die Kronen auf dem Kopfe hatten, Soldaten, welche mit Säbeln ihn zukamen. Thiervisionen soll er nicht gehabt haben. Nach dem Delirium hat er sehr viel Schnaps getrunken.

8. Juli. Verheimlicht seine durch Aussagen der Verwandten erwiesenen Eifersuchtsideen. Keine Hallucinationen, Tremor der Hände. Keine paralytischen Symptome.

9. Juli. Tremor heute anscheinend etwas geringer als vorgestern und gestern. Patellarreflexe, Pupillenverhältnisse normal.

12. Juli. Immer noch Tremor. Verspricht, ein durchaus braver Mensch zu werden, wenn man ihn herauslässt.

13. Juli. Zeigt öfter Spuren von starker nervöser Erregung, wenn man ihn anredet, schneller Puls, Wechsel der Gesichtsfarbe, leichtes Zucken der Lippen beim Sprechen. Leugnet alle Eifersuchtsideen. Sucht alle seine

Handlungen zu motiviren. Er will durchaus nach Hause. Behauptet, geistig gesund zu sein und widerrechtlich hierbehalten zu werden. Versuchsweise nach Hause entlassen.

Zweite Aufnahme am 25. März 1892. Rückfall!

Nach der Entlassung im vorigen Sommer soll H. vier bis fünf Tage nicht getrunken haben. Dann sei aber, nach den Angaben der Frau, das Trinken wieder heftig losgegangen. Vater und Frau wünschen schon seit einigen Monaten wieder lebhaft seine erneute Verbringung in die Klinik, worüber der Vater schriftliche Erklärung abgibt.

Auf Grund bezirksärztlichen Zeugnisses, welches seine Aufnahme wegen Alkoholismus als dringlich bezeichnet, wird er von der Polizei in die Klinik gebracht.

Sein Principal theilt mit, dass seine Comptoirarbeiten und sonstigen Leistungen in letzter Zeit schlechter geworden seien und er ihm deshalb gekündigt habe. Zu Hause hat er wieder vor den Kindern schamlose Eifersuchtsscenen aufgeführt. Bei der Aufnahme zeigt er anfangs kein erhebliches Zittern, das aber in den folgenden Tagen bei wiederholter genauer Untersuchung deutlich vorhanden und wohl zweifellos als Tremor alcoholicus aufzufassen ist; Delirien oder Wahnideen lassen sich nicht nachweisen.

28. März. Protestirt gegen Freiheitsberaubung. Der Vater beharrt aber fest darauf, dass er nicht in Freiheit gelassen werde, und erklärt, eine gerichtliche Entscheidung gegen die Entlassung anzurufen. — Darauf fügt sich der Sohn halb freiwillig in den weiteren Anstaltsaufenthalt. —

Hier sind alle Folgen des chronischen Alkoholismus vereinigt.

An zweiter Stelle haben wir als manchmal zu beobachtende Folge des chronischen Alkoholismus den Eifersuchtswahn genannt. Da im Uebrigen dabei jedes andere Symptom des chronischen Alkoholismus, wie Tremor oder früheres Delirium tremens, fehlen kann, so kommt hier manchmal die Differentialdiagnose zwischen Paranoia und alkoholistisch bedingtem Eifersuchtswahn in Betracht. Wenn nun zu einem reinen die Paranoia constituirenden Eifersuchtswahn, wie es leicht vorkommt, Alkoholmissbrauch hinzutritt, so ist die Differentialdiagnose kaum zu stellen. Auch praktisch ist hier eigentlich kein Unterschied mehr zu machen, denn für den durch chronischen Alkoholismus entstehenden Eifersuchtswahn gilt keineswegs der Satz: sublata causa cessat effectus. — Für diese Fälle von ganz isolirtem Eifersuchtswahn bei im Uebrigen normaler Intelligenz ist übrigens der grösste Skepticismus vor der Declarirung einer Geistesstörung sehr nothwendig, da in manchen Fällen der sogenannte Eifersuchtswahn nur zu sehr begründet ist. Man stelle also eine solche Diagnose nie ohne die sorgfältigste Erwägung der Aussagen der Familienmitglieder in Bezug auf Glaubhaftigkeit. Man frage, wenn es geht, ausser den Ehegatten noch andere Angehörige beider Particen aus und lasse diese Aussagen schriftlich festlegen, um der Diagnose des Eifersuchtswahnes, die beim Ausfragen der Patienten oft durchaus nicht eindeutig wird, auch die nothwendige rechtliche Sicherung geben zu können.

Erschwert wird die Sache oft dadurch, dass die Patienten selbst ihren Wahn vollständig dissimuliren, die grösste Freundschaft

gegen die Angehörigen heucheln und sofort nach der Entlassung
wieder in der fürchterlichsten Weise die Ehegatten mit Eifersucht
zu plagen beginnen. — Als Beispiel gebe ich folgenden Fall, welcher
kaum die Möglichkeit bietet, die Differentialdiagnose zwischen Paranoia
mit accidentellem Alkoholmissbrauch und Alkoholismus mit folgendem Eifersuchtswahn zu stellen.

O. F. aus A., geb. 7. October 1841, Schneider, verh., kath. Aufgenommen am 11. Mai 1892, entlassen am 28. Juni 1892 nach Hause. Diagnose: Paranoia.

Ueber Heredität nichts zu ermitteln. Seit langen Jahren viel getrunken.
Verfolgt seine Frau mit Eifersucht, hat zwei Kinder mit 12 und 8 Jahren,
welche er nicht für die Seinigen hält, obgleich er sie andererseits sehr lieb
hat. Die 38jährige Frau ist wieder schwanger. Seitdem treten seine Eifersuchtsideen wieder sehr hervor. Manchmal sehr erregt, im Allgemeinen ruhig.
Ungleiche Facialisinnervation, als Missbildung aufzufassen.

Kein Tremor, überhaupt kein alkoholisches Symptom, wenn man nicht
seinen Eifersuchtswahn als solchen betrachten will.

28. Juni 1892. Versuchsweise nach Hause entlassen. Hat immer sorgfältiger Ueberwachung bedurft, da er leicht in heftigen Zorn auf Grund
seines consequent festgehaltenen Wahnes geräth, dass seine Frau eine Ehe-
brecherin sei, die Kinder nicht von ihm seien und dass er widerrechtlich
eingesperrt werde.

Gemildert wird das Bedenkliche seines Zustandes nur dadurch, dass
er dabei doch schon ziemlich läppisch und schwachsinnig ohne Energie ist.

Es ist an dritter Stelle darauf hingewiesen worden, dass im
Verlauf des chronischen Alkoholismus manchmal epileptische Anfälle
auftreten. Ferner kann bei Epileptischen sich Alkoholmissbrauch einstellen, so dass manchmal die Differentialdiagnose zwischen Alkoholismus mit Alkoholepilepsie einerseits und Epilepsie mit Alkoholmissbrauch andererseits in Frage kommen kann. Da sich nun ferner
sowohl auf Grund der Epilepsie als auf Grund des chronischen
Alkoholismus acute Geistesstörungen entwickeln können, welche sich
beide durch einen sehr raschen Verlauf auszeichnen, so können sehr
zweifelhafte Krankheitsbilder entstehen, deren richtige Analyse jedoch praktisch sehr grosse Bedeutung haben kann. Als Musterbeispiel hierfür wollen wir folgenden Fall anführen.

V. S. aus W., geb. 6. December 1839, Taglöhner, Aufgenommen
am 19. Februar 1892, entlassen am 18. März 1892 nach W. Diagnose:
Epilepsie.

Wird von der Polizei in die Klinik gebracht, weil er in seiner Wohnung und im Wirthshaus getobt hat und im Hemd auf die Strasse gelaufen
ist. Das kurze bezirksärztliche Zeugniss lautet auf Alkoholismus.

Bei der Aufnahme mässig verwirrt und stark aufgeregt. Sehr zornmüthig, hat Neigung gleich zuzuschlagen. Zeigt morphologisch mehrere
Abnormitäten.

Hat ganz exorbitante Plattfüsse, auffallend abstehende Ohren. Das
linke Auge ist vollkommen phthisisch, anscheinend nach einer alten Verletzung. Der Kopf ist bedeckt mit einer selten grossen Menge von
Narben. An der Zunge sind keine Narben zu entdecken. Pupillen zeigen
normale Reaction. Kniephänomene normal.

Steht und geht taumelnd, wie ein Betrunkener. Kein Schnapsgeruch. Keine Spur von Tremor. Urin am Tage der Aufnahme normal.

20. Februar 1892. Schwer verwirrt. Will beständig aus dem Bett springen. Sieht Vögel, Ratten, Mäuse, greift darnach. Balgt sich im Bett mit einer imaginären Katze herum, gegen die er Verwünschungen ausstösst. Keine Spur von Tremor.

Bis jetzt stand also die Sache in diagnostischer Beziehung folgendermassen: Die paralytische Natur der Erregung war bei dem normalen Verhalten von Pupillen- und Kniephänomenen zwar nicht ausgeschlossen, aber nicht in erster Linie anzunehmen.

Von dem Syndrom des Delirium tremens waren motorische Erregung, Verwirrtheit und Thiervisionen vorhanden, es fehlte der charakteristische Tremor, nicht ganz zum Delirium passend war das auffallende Taumeln. Die enorme Menge von Narben kann in praxi oft einen Fingerzeig auf Epilepsie geben.

21. Februar. Weniger verwirrt, sehr ungeberdig, zornmüthig, ohne eigentlich mehr tobsüchtig zu sein. Thiervisionen sind verschwunden. Tremor fehlt andauernd.

22. Februar. Heute enthält der Urin, der bei der Aufnahme eiweissfrei gewesen und bis heute wegen der Erregung des Patienten nicht zu bekommen war, viel Eiweiss. Kein Tremor. Immer noch Thiervisionen; des Tages keine starke motorische Unruhe mehr, nur ein ganz unverträgliches, gewaltthätiges Wesen; Abends wieder sehr erregt, schlägt oft nach Katzen, welche in seinem Bett sitzen sollen. Stösst mit den Füssen gegen schwarze Gestalten, welche am Ende des Bettes stehen.

24. Februar. Urin eiweissfrei. Verwirrtheit geringer, keine Thiervisionen mehr.

Patient hat also ausser den alkoholistischen Thiervisionen vorübergehende Albuminurie gehabt, die viel mehr zum Delirium tremens als zur Epilepsie gehört. Nur fehlte der Tremor andauernd völlig. Es hätte also trotzdem Delirium tremens sine tremore diagnosticirt werden müssen, wenn nicht unterdessen von dem Kranken und seiner früheren Umgebung folgende Anamnese erhoben worden wäre.

S. hat seit circa 20 Jahren Anfälle von Bewusstlosigkeit mit Krämpfen. Sie traten selten auf, gingen rasch vorüber. Da er vor dem Eintritt des Anfalles wenig fühlte, so hat er sich öfters beim Fallen verletzt. Später wurde er sehr jähzornig, gewaltthätig gegen Frau und Tochter, welche er manchmal in ganz unsinniger Weise aus dem Hause jagte. Diese Aufregungen brachten ihn, wenn sie sich auf der Strasse oder im Wirthshaus abspielten, oft in Conflict mit der Polizei. Er hat mehrfache Freiheitsstrafen verbüsst.

Merkwürdigerweise ist er nie zur psychiatrischen Begutachtung gekommen. Seit mehreren Jahren, besonders seit dem Tode der Frau, sehr viel getrunken. Oft begannen die Erregungen zu Hause, führten ihn in's Wirthshaus, wo sie durch Trinken gesteigert wurden. Er soll auch manchmal Aufregungen gehabt haben, ohne dass er vorher oder dabei viel trank.

Nach dieser Anamnese ist unzweifelhaft, dass es sich bei S. um einen Epileptiker handelt, der mehrfache psychische Aufregungen gehabt hat, meistens unter Mitwirkung von Alkoholmiss-

brauch, anscheinend jedoch auch manchmal ohne dieses Moment.
Es ist deshalb zweifelhaft, ob S. nach Beendigung der zur Zeit bestehenden, als Delirium tremens sine tremore zu bezeichnenden acuten
Geistesstörung von Aufregungszuständen freibleiben wird. Deshalb
wurde S. nach Beendigung des Deliriums noch längere Zeit unter
völliger Alkoholentziehung in der Anstalt behalten, worüber folgende
Notizen vorliegen:

25. Februar. Wieder klar. Hat sich in der Umgebung völlig orientirt.
Hat für die Zeit der Verwirrtheit fast keine Erinnerung. Entsetzt sich
sehr über die Erzählungen, die man ihm darüber macht, da er sein aufgeregtes Benehmen jetzt in unterwürfiger Weise beklagt.

5. März. Psychisch wieder normal und nicht schwachsinniger als die
Durchschnittsmenschen seines Standes.

Gestern Oedem, namentlich am rechten Fuss. Dabei Herz und Nieren
normal. Heute wieder verschwunden. Gibt an, dass er solche vorübergehende
Schwellungen oft habe.

Dieses Symptom hat nun, da eine Herz- oder Nierenkrankheit
nicht existirt, mit dem Alkoholismus auch als indirecte Wirkung
nichts zu thun. Wohl aber kommen erfahrungsgemäss bei Epileptischen häufig solche vasomotorische Störungen vor.

8. März. Gestern Abends epileptischer Anfall. Darnach Urin völlig
eiweissfrei.

15. März. Seit gestern wegen einer Kleinigkeit heftig erregt bis zur
Tobsucht. Heute Früh darauf epileptischer Anfall.

18. März. Urin dauernd normal.

28. März. Da S. auch bei völliger Abstinenz mehrfach Erregungen
gehabt hat, welche ihn ausserhalb einer Anstalt zu criminellen Gewaltthätigkeiten führen müssen, so wird er der Kreis-Irrenanstalt überwiesen.

Hier tritt der grosse praktische Unterschied in der Differentialdiagnose zu Tage. Wäre S. ein gewöhnlicher Delirant gewesen,
so hätte man ihn nach Ablauf des Deliriums ruhig nach Hause entlassen können, da die Abgewöhnung des Alkoholgebrauches bei einem
wieder geistig zur Norm zurückgekehrten Menschen nicht Aufgabe
der Irrenanstalt ist.

Wenn aber das Delirium im Grunde nichts als ein epileptischer
Dämmerzustand sozusagen mit alkoholistischer Färbung war, so
konnte man ähnliche Zustände auch nach Ausschaltung des Alkohols
noch öfters erwarten, was dann auch eingetreten ist, und unter diesen
Umständen ist S. einer dauernden Anstaltsverpflegung schon wegen
seiner Criminalität dringend bedürftig. — — —

Alkoholmissbrauch im Verlauf von anderen Geistes-
störungen.

Bei der Diagnose einer alkoholistischen Geistesstörung muss
vor Allem erwogen werden, ob der Alkoholmissbrauch nicht blos
Theilerscheinung einer anderen Geisteskrankheit ist.

Vor Allem ist diese Betrachtung in Bezug auf das Verhältniss
von Alkoholismus und progressiver Paralyse anzuwenden. Ein Theil
der sogenannten Alkoholparalysen, d. h. Paralysen durch Alkohol
sind in Wirklichkeit einfache progressive Paralysen, in deren Verlauf

die Kranken Alkoholisten geworden sind. Deshalb ist auf den Ausschluss einer progressiven Paralyse bei der Diagnose des chronischen Alkoholismus sehr zu achten. Die Herabsetzung der intellectuellen Fähigkeiten, die sich sowohl im Verlauf des chronischen Alkoholismus, als auch im Beginn der progressiven Paralyse findet, gibt mit Alkoholmissbrauch verbunden am meisten Anlass zu diagnostischen Irrthümern.

Ferner kommt es manchmal zu Verwechslungen zwischen einfachem nicht paralytischen Schwachsinn mit daraus entsprungenem Alkoholmissbrauch einerseits und chronischem Alkoholismus mit daraus resultirendem Schwachsinn andererseits. Als Musterbeispiel für das Verhältniss von Alkoholismus und progressiver Paralyse gebe ich folgende Krankengeschichte:

Th. V., aufgenommen 24. August 1891 im Alter von 41 Jahren. Taglöhnerswitwe. Kommt aus einer anderen Irrenanstalt mit der Diagnose Delir. potat. Aus der mitgesandten Krankengeschichte ist zu entnehmen, dass V. „nach Angabe des Polizeidieners eine liederliche, schamlose, dem Trunke ergebene Person sei". Es ergibt sich, dass die Frau früher durchaus keine Alkoholistin gewesen ist, sondern erst seit circa 6 Monaten sich hochgradig dem Trunke ergeben und ihr früher fleissig betriebenes Geschäft vernachlässigt hat. Ebenso ist ihre Schamlosigkeit im Laufe dieser Zeit hervorgetreten. Ferner hat sie auch zu stehlen angefangen, ohne sich vor dem Erwischen in Acht zu nehmen. Manchmal ist sie Nachts in die Kirche gelaufen oder hat in ihrer Wohnung in unvorsichtiger Weise Feuer angeschürt.

Im ärztlichen Zeugniss heisst es: „Zur Entwöhnung von Alkohol wäre ihre Aufnahme in eine Anstalt höchst wünschenswerth."

Die Möglichkeit einer Paralyse ist weder in dem ärztlichen Zeugniss, noch in der Anstaltskrankengeschichte erörtert.

Nichtsdestoweniger muss gesagt werden, dass hier die hochgradigen Intelligenzstörungen und sittlichen Defecte nach einem Alkoholmissbrauch von wenigen Monaten hätten Bedenken an der blossen Diagnose auf Alkoholismus erwecken müssen.

Bei der Aufnahme in die psychiatrische Klinik zeigt sie folgenden Befund:

Patellarreflexe beiderseits völlig aufgehoben. Pupillen: linke etwas weiter als rechte, linke nicht rund, beide reflectorisch starr. Psychisch völlig apathisch. Die Diagnose wird mit Bestimmtheit auf progressive Paralyse gestellt, was durch den weiteren Verlauf bestätigt wurde.

Hier ist in der That der Alkoholmissbrauch, welcher eine Theilerscheinung der paralytischen Charakterveränderung war, als das Wesentliche und Ursächliche der Geistesstörung aufgefasst worden.

Daraus folgt, dass man nie eine Diagnose auf Alkoholismus stellen soll, ohne den Kranken sorgfältig auf progressive Paralyse, beziehungsweise Tabes untersucht zu haben.

Aehnlich liegt das Verhältniss zwischen Symptom und Grundkrankheit in folgendem Fall:

J. R., aufgenommen 31. October 1891 im Alter von 34 Jahren, Bauersknecht. Nach Angabe der Angehörigen durch dauernden Alkoholgenuss „schwach im Kopfe" geworden.

In Wirklichkeit stellt sich heraus, dass R. im Alter von 20 Jahren zum ersten Male geistig erkrankt ist. Er war vom 24. December 1870 bis

15. April 1877 in der Irrenabtheilung des Julius-Spitales, soll dann bis
18. Februar 1879 ganz normal zu Hause gewesen sein, ist jedenfalls seit
März 1879 völlig dement gewesen. In den letzten Monaten hat der schwachsinnige Kranke, welcher bei seinem Schwager in einer Gastwirthschaft etwas
half, viel getrunken und hat starke Aufregungszustände bekommen.
Diese verschwanden in der Anstalt unter Alkoholentziehung sofort, während
das alte Bild des dauernden Schwachsinns wieder klar hervortrat.

Hier war also ebenso wie in dem oben behandelten Falle der
Alkoholismus nur ein Symptom einer bestimmten Grundkrankheit.

Die Diagnose Alkoholismus wäre in diesem Falle ebenso verkehrt gewesen, als wenn man bei einem Menschen. der eine Pleuritis
hat, „Brustschmerzen" diagnostieiren wollte.

Die Aufgabe der psychiatrischen Diagnostik läuft ebenso wie
in den anderen Disciplinen der praktischen Medicin darauf hinaus,
hinter den Symptomen die zu Grunde liegenden Krankheiten zu
ermitteln.

Der Morphinismus.

Die psychopathischen Zustände, welche in Folge des chronischen
Morphiummissbrauches auftreten. sind noch nicht scharf genug definirt, um aus ihrer klinischen Erscheinung die bestimmte Diagnose
auf eine Intoxication gerade durch Morphium stellen zu können.

Hierin liegt ein grosser diagnostischer Unterschied in Bezug
auf gewisse Formen der durch Alkoholismus bedingten Gehirnstes-
störungen, unter denen zum Beispiel das Delirium tremens mit seinen
Thiervisionen eine bequeme psychologische Handhabe zur Diagnose
bietet. Immerhin ist es wahrscheinlich, dass sich sehr bald aus dem
unklaren Allgemeinbegriff der „psychischen Entartung", welche durch
den Morphinismus entsteht, bestimmte Züge werden herauslösen lassen,
die pathognomonisch für diese bestimmte Art von Vergiftung sind.
Immerhin lassen sich wohl schon jetzt einige Andeutungen darüber
finden. Jedenfalls haben zum Beispiel chronische Alkoholisten und
chronische Morphinisten in einer wahrscheinlich gesetzmässigen Weise
verschiedene Färbungen ihrer Depravation. Die Schwäche des Gedächtnisses und die Unmoralität des Charakters sind Züge, welche
beiden chronischen Intoxicationen gemeinsam sind. Das Charakteristische der chronischen Morphiumintoxication scheint mir in der
eigenthümlichen sinnlichen Schlaffheit zu liegen, welche die damit
Behafteten im Gegensatz zu der motorischen Brutalität der chronischen
Alkoholisten auszeichnet. Die genaue psychophysische Untersuchung
solcher chronisch von einem bestimmten Gift beeinflussten Menschen
wird wahrscheinlich im Stande sein, als wirklichen Grund zu den
Urtheilen. welche man aus ihrer unbefangenen Beobachtung, z. B.
in der Bemerkung der „Schlaffheit" rein sprachlich fällt, ganz bestimmte charakteristische Innervationsarten bei ihnen aufzudecken,
ähnlich wie sich in einer beiweitem gröberen Weise der Alkoholismus durch einen charakteristischen Tremor verräth.

Ferner scheint ein wichtiger Zug, der rein psychologisch diese
Intoxication von anderen unterscheidet, darin zu bestehen, dass dabei
in halbwachen Zuständen, besonders beim Einschlafen, eine Neigung

zu Sinnestäuschungen besteht, welche durchaus keine Tendenz zur
Wahnbildung wachrufen, sondern sozusagen als phantastischer Schmuck
der schalen Umgebung von den Morphiumsüchtigen gern aufgenommen
werden. Auch diesen Sinnestäuschungen gegenüber scheint hier der
eigenthümlich schlaffe Charakter des ganzen Zustandes zur Geltung
zu kommen. Wer im Gegensatz hierzu an die enorm lebhafte Art
denkt, wie z. B. Alkoholisten auf ihre Sinnestäuschungen motorisch
reagiren, wird den Unterschied dieser beiden durch Intoxicationen
bedingten psychischen Zustände zugeben.

Trotzdem wird es wohl kaum schon möglich sein, aus den
psychischen Symptomen allein die sichere Diagnose auf Morphinismus
zu machen, wenn auch der Erfahrene öfter aus der psychologischen
Beobachtung bestimmter Personen auf die Vermuthung kommen wird,
dass Morphinismus vorliegt.

Für die Diagnose kommen hier wesentlich die begleitenden
körperlichen Symptome in Betracht. Wie bei anderen Intoxicationen
kann hier der Patellarreflex fehlen. Dadurch kommt in manchen
Fällen die Differentialdiagnose mit progressiver Paralyse und mit
anderen Intoxicationen in Frage. Zum mindesten wird das Fehlen
des Patellarreflexes darauf deuten, dass eine Psychose mit materieller
Schädigung der Nervensubstanz vorliegt.

Gegen Verwechslung mit der progressiven Paralyse wird,
wenn anamnestische Daten über eine Giftwirkung fehlen, die Intelligenzuntersuchung schützen. Die Schulkenntnisse werden viel leichter
bei der progressiven Paralyse Fehler zeigen als beim Morphinismus,
welcher sich vielmehr in der Schlaffheit des Charakters äussert. Gegen
Verwechslung mit Alkoholismus wird, wenn die Anamnese nichts
klärt, meist das Vorhandensein von Tremor der Hände bei letzterem
schützen.

Der Cocainismus.

Der Cocainismus ist eine Erkrankung, welche in den psychiatrischen Lehrbüchern vermuthlich nur ein transitorisches Dasein haben
und dann von einer anderen Intoxicationserkrankung abgelöst werden
wird. Der praktische Arzt soll aus seinem Vorhandensein sich vor
Allem die Lehre ziehen, dass Narcotica in seiner Praxis nur mit
grosser Zurückhaltung angewandt werden dürfen.

Die erste Wirkung des Cocains bei einmaliger Aufnahme ist eine
dem Champagnerrausch ähnliche euphorische Erregung. Das Moment,
welches nach einmaliger Anwendung leicht Wiederholung davon und
chronischen Cocainismus zur Folge haben kann, ist das dem Rauschzustand folgende Gefühl des Abgeschlagenseins, welches durch erneute
Aufnahme beseitigt wird. Hier liegt ein praktischer Unterschied im
Hinblick auf die einmaligen Alkoholexcesse. In dem hierauf folgenden Zustande haben fast alle Menschen einen Abscheu gegen die
Wiederaufnahme von Alkohol und wenn nicht von der socialen Umgebung immer von Neuem die Anregung zum erneuten Excess gegeben würde, würden vermuthlich viele Menschen, welche realiter
Alkoholisten werden, durch die Erinnerung an die Wirkung des
Excesses von der Wiederaufnahme abgeschreckt werden. Bei dem

Cocain scheint dagegen der Folgezustand unmittelbar mit dem Trieb
zur Wiederaufnahme verknüpft zu sein. Das Aussetzen des länger
gebrauchten Mittels bewirkt schwere Abstinenzerscheinungen (allgemeines Unbehagen, Schwindel, Herzklopfen), wodurch ebenso wie
durch die Folgeerscheinungen nach einmaligem Gebrauch die erneute
Aufnahme des Mittels angeregt wird.

Die psychischen Erscheinungen bei dem chronischen Cocainmissbrauch lassen sich am besten im Hinblick auf die Wirkungen
des einmaligen Gebrauches verstehen, deren verblasstes und von der
euphorischen Grundbestimmung losgelöstes Bild sie sind.

Unfähigkeit, die Aufmerksamkeit zu concentriren, besonders
Erinnerungsbilder durch innere Anspannung heraufzuführen und die
Gegenwart scharf zu erfassen, verbunden mit leichter Ideenflucht
erinnern in abgeblasster Weise an das Rauschstadium. Der Unterschied
gegen dieses besteht in der Abwesenheit der gehobenen Stimmung
bis auf die kurzen Momente nach Einverleibung des Mittels. Im Gegentheil zeigt sich bei chronischem Cocainmissbrauch gleichzeitig neben
den an Manie erinnernden Zuständen der intellectuellen Sphäre
(leichte Ideenflucht, Vielgeschäftigkeit, Redesucht etc.), abgesehen von
der Zeit der unmittelbaren Einwirkung des Mittels, eine versteckte
Angst mit enormer Reizbarkeit.

Vielleicht liegen hier die psychologischen Momente zur Erklärung
des eigenthümlichen Bildes acuter Geistesstörung, welches sich auf
der Basis des chronischen Cocainismus entwickelt und symptomatisch als acuter hallucinatorischer Wahnsinn bezeichnet
werden muss. Es handelt sich um das Auftreten von Sinnestäuschungen,
besonders im Gebiete der Sprache, welche ihren speciellen Charakter
durch die ängstlich-misstrauische Stimmung bekommen. Diese Sinnestäuschungen sind von einer Tendenz zur Wahnbildung begleitet.
Man kann sagen, dass ähnlich wie der chronische Cocainist eine gewisse intellectuelle Vielgeschäftigkeit zeigt, er sich nun auch seinen
acut auftretenden Hallucinationen gegenüber sehr lebhaft in den
Auslegungs- und Erklärungsversuchen erweist. Wahrscheinlich hängt
die Wahnbildung der Cocainisten ihren Hallucinationen gegenüber
mit dem intellectuellen Grundzug des chronischen Cocainismus, der
raschen Association in der Sphäre der Begriffe bei mangelnder Concentration zusammen.

Auch in den anderen Sinnesgebieten bekommen hierdurch die
Hallucinationen ihre charakteristische Beigabe. Es ist das eine eigenthümliche Abenteuerlichkeit in den Erklärungsversuchen für
die bestehenden Gefühlstäuschungen. Von der Paranoia lassen sich
diese Wahnideen der Cocainisten durch ihren gewissermassen maniakalischen Reichthum unterscheiden, wenn auch der Inhalt der einzelnen Wahnideen symptomatisch den Wahnideen der Paranoischen
ganz entsprechen kann.

Das Gemeinsame liegt in der Wahnidee, das Verschiedene
in der Eintönigkeit und Constanz bei der Paranoia, beziehungsweise
dem wechselvollen Reichthum der paranoischen Ideen bei den
Cocainpsychosen.

Es handelt sich nicht um eine feste Paranoia, sondern um eine
Flucht von im Sinne der Paranoia gefärbten Gedanken. Dass aus

diesem paranoischen Delirium leicht fürchterliche Handlungen hervorgehen können (Todtschlag, Selbstmord, Brandstiftung u. s. f.) ist ohneweiters verständlich.

Auch dem hallucinatorischen Wahnsinn der Alkoholisten gegenüber werden sich vermuthlich bald charakteristische psychologische Züge finden lassen. Anscheinend zeigt der hallucinatorische Wahnsinn der Alkoholisten viel weniger den maniakalischen Zug als derjenige der Cocaïnisten. Auch die Hallucinationen bei der alkoholistischen Psychose scheinen vielmehr einen stereotypen Charakter zu haben als diejenigen bei dem Cocaïnismus.

Uebereinstimmend mit dem hallucinatorischen Wahnsinn der Alkoholisten ist die geringe Trübung des Bewusstseins bei gleichzeitiger, durch Hallucinationen bedingter Wahnbildung. Dadurch sind die Kranken ebenso wie bei dem acuten Wahnsinn der Alkoholisten im Stande, ihre verkehrten Ideen mit dem Anschein der Besonnenheit zu vertheidigen. Differentialdiagnostisch kommt für den acuten Wahnsinn der Cocaïnisten bei mangelnder Anamnese der Mangel von Tremor und Albuminurie in Betracht.

Lyssa humana.

Diese Krankheit kommt für die praktische Psychiatrie in Deutschland fast gar nicht in Betracht, während sie z. B. in Russland und Südfrankreich eine gewisse Rolle spielt. Es handelt sich um die nach Biss von wuthkranken Hunden bei Menschen auftretende Geistesstörung, welche ganz charakteristische Symptome zeigt.

Nach einem Melancholie erinnernden Vorstadium bildet sich eine schwere Verwirrtheit mit schreckhaften Sinnestäuschungen aus, in welcher die Kranken sehr gemeingefährlich sind.

Dabei zeigen sich, was die Diagnose im Hinblick auf anders bedingte Formen von hallucinatorischer Verwirrtheit oft sichert, heftige Schlundkrämpfe, besonders beim Anblick von Wasser.

Diese Verwirrtheit wird öfter von Pausen relativer Klarheit unterbrochen, bis sie schliesslich zum Stadium paralyticum und zum Exitus letalis führt.

Geistesstörung durch Autointoxication.

Bei dem allgemeinen Umschwung, welcher sich gegenwärtig vom rein Morphologischen, speciell Anatomischen zum Chemischen vollzieht, ist es kein Wunder, dass wieder versucht wird, eine Anzahl von abnormen Geisteszuständen, die eine Zeit lang zur Domäne der rein psychologischen Auffassung gehörten, wie z. B. Melancholie u. A. durch Autointoxicationen zu erklären. Diesen Versuchen muss sehr kritisch begegnet werden; die Gefahr, durch den Versuch einer chemischen Bekämpfung von solchen nach der Hypothese chemisch bedingten Zuständen, wieder in eine Art von Stercoralpsychiatrie zu verfallen, liegt, nachdem man schon wieder angefangen hat, Testikelsaft bei vielen Nervenleiden und besonders hypochondrischen Seelenzuständen einzuspritzen, sehr nahe.

Ich zähle also zu den durch Autointoxication bedingten Geistesstörungen nur diejenigen, welche sich auf der Basis einer nachweisbaren Veränderung der Blutzusammensetzung entwickeln.

Vor Allem müssen chronische Nephritis mit Urämie, und Diabetes als Erkrankungen genannt werden.

Die Autointoxicationsdelirien haben für den praktischen Arzt deshalb eine grosse Wichtigkeit, weil die richtige Diagnose in solchen Fällen für die Frage nach der Nothwendigkeit einer Anstaltsbehandlung von grosser Bedeutung ist. Gerade diese Frage wird ja sehr oft von den Angehörigen in sehr dringender Weise an den praktischen Arzt gestellt. Wenn die Diagnose auf eine Autointoxication (Urämie, Diabetes) als Grundlage der Geistesstörung richtig gestellt, so kann in manchen Fällen von der Verbringung in eine Anstalt abgesehen werden, weil es sich bei diesen Zuständen meist nur um kurze Episoden handelt.

Vor Allem sind für den Praktiker wichtig die Geistesstörungen bei chronischer Nephritis durch Urämie. Symptomatisch lässt sich keine eindeutige Charakteristik dieser Störungen geben. Die Geistesstörung scheint hier in der That unter dem Einflusse der Autointoxication eine dem individuellen Zustand des Kranken entsprechende Form anzunehmen, wenn man von der schweren Benommenheit, die sich öfter in übereinstimmender Weise entwickelt, absieht.

Geistesstörung bei Myxödem.

Zu der Gruppe der durch Autointoxication bedingten Geistesstörungen können ohne zu grosse Leichtfertigkeit auch die psychischen Erkrankungen im Verlauf des Myxödems gerechnet werden. Bei der Behandlung des Cretinismus ist auf das Zusammentreffen der drei Symptome: Fehlen der Schilddrüse, Myxödem und psychische Abnormität hingewiesen worden. Wahrscheinlich ist als Grundlage des Myxödems, wenn es selbstständig bei entwickelten Individuen auftritt, eine Schilddrüsenerkrankung anzunehmen, aus welcher ein toxischer Einfluss auf das Nervensystem resultirt. Diese Geistesstörung hat grösstentheils eine scheinbare Aehnlichkeit mit der einfachen Melancholie, unterscheidet sich jedoch von dieser bei genauerem Zusehen wesentlich.

Der Erkrankung bei Myxödem fehlt meist die eigentliche melancholische Grundstimmung.

Es handelt sich nur um eine Langsamkeit des Vorstellungsablaufes und abnorme Trägheit aller motorischen Vorgänge ohne den charakteristischen Affect der Melancholie. Ist bei diesem von der Melancholie wohl zu unterscheidenden Zustande gleichzeitig Myxödem vorhanden, so wird man berechtigt sein, für die rein symptomatische Rubrik Melancholie den naturwissenschaftlich inhaltsreicheren Begriff Myxödem zu setzen, selbst wenn dieser ebenfalls noch keine ganz klare Krankheitseinheit darstellt.

Ob in den Fällen mit stärkerer melancholischer Erregung, welche gleichzeitig myxödematöse Hautbeschaffenheit zeigen, das Myxödem als Ursache zu der rein symptomatischen Geistesstörung oder als vasomotorische Begleiterscheinung einer echten Melancholie aufzufassen sind, ist noch zweifelhaft. Jedenfalls müssen die Fälle von Melancholie, bei denen gleichzeitig Myxödem vorhanden ist, zum Zwecke späterer Differenzirung herausgehoben werden. Allerdings darf man dabei nicht gleich jede etwas schwammige Hautbeschaffenheit für Myxödem erklären. Ein derartiger nicht ganz eindeutig aufzufassender Fall ist der folgende:

G. M., Waldhütersfrau, aufgenommen am 10. October 1893 im Alter von 34 Jahren. Heredität durchaus nicht zu ermitteln. Vor 5 Monaten begann sie sich Vorwürfe zu machen. Sie sagte, sie sei verdammt, die Kinder seien verloren. Arbeitete nichts mehr, jammerte viel, äusserte Selbstmordgedanken, ass sehr wenig.

Status bei der Aufnahme: deutliche myxödematöse Hautbeschaffenheit. Die Wangen fühlen sich gedunsen an.

Obgleich sie lange Zeit wenig gegessen hat, hat sie scheinbar ein wohlgenährtes Gesicht. Besonders ist auch unterhalb beider Kniescheiben eine myxödematöse Hautbeschaffenheit auffallend. Dabei zeigt G. Schilddrüsenerkrankung. An der rechten Halsseite findet sich ein fibröser Schilddrüsenknoten, daneben fühlt man jedoch noch anscheinend normales Schilddrüsengewebe.

Jedenfalls kann von einer völligen Degeneration der Schilddrüse nicht die Rede sein. (Cfr. postoperatives Myxödem!)

Die Kranke bot psychisch bei der Aufnahme ein Symptomenbild, in welchem Gemüthsverstimmung, zeitweilige Hallucinationen und eine grosse Langsamkeit des Denkens (auch dann wenn der Affect nicht herrschte) im Vordergrund standen. Sie zeigte im weiteren Verlaufe oft starken Selbstmorddrang, äusserte Befürchtungen vor Gefängniss, Hinrichtung, Scharfrichter. Opiumbehandlung erwies sich als völlig wirkungslos. Im Hinblick auf die Verlangsamung des Gedankenablaufes, welche auch dann hervortrat, wenn sie in der Gemüthsbeziehung entschieden freier war, ohne dass sie im Uebrigen stuporös gewesen wäre, kann diese Geistesstörung doch vielleicht als Folge der myxödematösen Blutbeschaffenheit aufgefasst werden, welche dann ihrerseits als Folge der Schilddrüsenerkrankung betrachtet werden muss.

Leider fehlen Nachrichten über den Verlauf nach ihrer am 7. Februar 1893 erfolgten Entlassung.

Ebenso wie bei dem als selbstständige Krankheit auftretenden Myxödem, so kommen auch nach dem in Folge von totaler Kropfexstirpation beobachteten Geistesstörungen Fälle vor, welche einer Melancholie sehr ähnlich sehen können. In seltenen Fällen kann natürlich das Ausbrechen einer functionellen Geistesstörung der Thatsache einer Kropfexstirpation rein zufällig folgen. Mit Bezug auf diesen Unterschied zwischen einer durch das postoperative Myxödem (Kachexia strumipriva) bedingten und einer der Kropfoperation nur chronologisch folgenden Geistesstörung will ich folgenden Fall mittheilen:

L. K., Dienstmagd, aufgenommen am 1. Januar 1886 im Alter von 18 Jahren. Die Kranke war am 26. September 1885 wegen Struma im Julius-Spital in Würzburg operirt worden. Seit dem 5. October öfter Anfälle

von „Tetanie", besonders an den oberen Extremitäten. Sie hat sich
körperlich ziemlich rasch von der Operation erholt, zeigt dagegen ein eigenthümlich kindisches, läppisches Wesen, das man vor der Operation nicht
an ihr bemerkt hatte. Seit Mitte December Zustände von Beklemmung,
Cyanose, Zeichen von Tetanie. Am 30. December, also acht Monate nach
der Operation, traten Spuren von Geistesstörung auf. Klagen über Angst-
gefühl, häufiges Verlassen des Bettes, Hallucinationen und Wahnbildung.
Sie sagte, ihr Vater werde im Hofe abgeschlachtet, das ganze Haus stehe
in Flammen, sie müsse fort, um zu helfen u. dergl. Unruhiger Schlaf,
geringe Nahrungsaufnahme.

Am 1. Januar hochgradige Unruhe, nicht im Bett zu halten, lautes
Schreien, Transferirung nach der psychiatrischen Abtheilung. Status bei
der Aufnahme: Starke ängstliche Erregung, die Kranke sieht sich scheu
um, klammert sich wie hilfesuchend an die Wärterin an, hat Gesichts- und
Gehörstäuschungen. In den folgenden Tagen liess die ängstliche Erregung
etwas nach, blieb jedoch dann mit zeitweise bemerklichen geringen Nach-
lässen bestehen bis zu der aus äusseren Gründen erfolgten Entlassung am
8. Februar. Es heisst nun in der Krankengeschichte: Das Gedächtniss sehr
verlangsamt. Patientin kann einfache Arbeiten, wie Stricken, Nähen etc.,
nicht verrichten; sie beschäftigt sich zwar manchmal damit, doch ist das
Resultat unbrauchbar.

Weitere Nachrichten über die Kranke liegen nicht vor. Hier
muss die Möglichkeit einer postoperativen myxödematösen Geistesstörung offen gelassen werden.

Die Infectionsdelirien.

Infectionsdelirium bei Typhus abdominalis.

Für den praktischen Arzt besonders wichtig sind die Delirien,
welche im Beginn des Typhus abdominalis, und zwar manchmal
schon eher, als aus den körperlichen Symptomen die Diagnose gestellt
werden kann, auftreten.

Es ist in der That einer der stringentesten Beweise für die
praktische Verwendbarkeit der Psychologie, wenn, wie das wiederholt in Anstalten vorgekommen ist, aus dem psychologischen Bild mit
grosser Wahrscheinlichkeit die Diagnose auf eine bestimmte körperliche
Krankheit, nämlich Typhus abdominalis gestellt werden kann.

Als Beispiel gebe ich folgenden Fall:

F. M., Zimmermannsfrau, aufgenommen am 25. März 1892 im Alter
von 35 Jahren, aus dem Julius-Spital wegen Geistesstörung transferirt. Bei
der Aufnahme in heftiger manieähnlicher Erregung. In dem Inhalt ihrer
Reden tritt jedoch die Verwirrtheit viel mehr als die Ideenflucht in
den Vordergrund; dabei in einer sinnlosen motorischen Erregung.
Springt fortwährend aus dem Bett, ohne dann andere Handlungen in Bezug
auf das Fortlaufen anzuschliessen. Temperatur wegen Aufregung nicht zu
messen. Dabei macht sie den Eindruck einer körperlich schwer Kranken.
Am nächsten Tage (26. März 1892) andauernder Rededrang, sie macht oft
Reime, verdreht die Worte, dabei immer heftig motorisch erregt. Mittags
verfällt sie in einen soporösen Zustand, in welchem eine Temperatur von
39·3 constatirt wurde.

Bis dahin lag die diagnostische Frage folgendermassen: Das Charakteristische bei der Aufnahme war die schwere Verwirrtheit und der sinnlose, nicht von Motiven geleitete Bewegungsdrang. Die rasche Aufeinanderfolge von Worten zeigt keine deutlichen associativen Zusammenhänge, es handelt sich mehr um ein Herausstossen von gedanklichen Bruchstücken. Ebenso wenig ist der Bewegungsdrang in diesem Falle mit den lebhaften, wechselnden Bewegungen der Manie zu verwechseln. Auch zu den Formen von hallucinatorischer oder einfacher Verwirrtheit, welche als selbstständige Krankheit in der Psychopathologie bekannt sind, passte das Bild nicht. Einerseits waren keine Hallucinationen ersichtlich, anderseits war die Bewusstseinstrübung zu stark. In letzterer Beziehung fiel noch in die Wagschale, dass die Kranke am nächsten Mittag ganz in einen soporösen Zustand verfiel. Symptomatisch passte also der Fall in keine der bekannten Formen functioneller Geistesstörung. Dazu kam das körperlich schwer kranke Aussehen und das am nächsten Tage constatirte Fieber. Als einfaches Fieberdelirium konnte der Fall nicht aufgefasst werden wegen der sehr starken Bewusstseinstrübung. Es musste also eine körperliche Krankheit angenommen werden, welche einerseits Fieber machen, anderseits das Nervensystem schwer schädigen kann. Die hauptsächlichsten davon sind Meningitis und Typhus abdominalis. Da nun Meningitis wegen Mangel anderer Symptome unwahrscheinlich war, so wurde mit grosser Wahrscheinlichkeit Typhus abdominalis angenommen.

Ich gebe nun den weiteren Verlauf:

26. März Abends. Am Unterleib sind kleine rothe Flecken entstanden (Roseola?). Leichte Auftreibung des Abdomens. Milzschwellung zweifelhaft. Kein Stuhlgang.

27. März. Benommen, unorientirt, immer noch zeitweise in sinnloser, motorischer Unruhe. Mittags wird sie etwas klarer und bietet das Bild einer körperlich schwer Kranken mit Krankheitsbewusstsein. — Abends wieder benommen und ganz unorientirt. Nicht mehr motorisch erregt. Fieber sehr unregelmässig, Temperatur kaum über 38·0°. Trotz des auffallend geringen Fiebers hat sie einen sehr schwachen Puls von 140.

28. März. Deutliche Roseola an Bauch und Brust. Leichte Auftreibung des Abdomens. Stuhlgang seit der Aufnahme noch nicht vorhanden. Temperatur Früh 38·3°, Puls 140. Dabei sehr schwach. Temperatur Nachmittags 40·3. Nicht mehr erregt, sondern benommen.

Trotz des atypischen Fieberverlaufes und bei Abwesenheit charakteristischer Stühle wird mit Sicherheit Typhus abdominalis angenommen und die Kranke in's Julius-Spital zurückverlegt.

Der Verlauf hat die Diagnose, welche sich schon vor dem Auftreten der Roseola aus der Abwägung des psychologischen Befundes und des Fiebers ergeben hatte, völlig bestätigt. Die später aufgenommene Anamnese hat noch folgende für die Entstehung dieses Infectionsdeliriums bemerkenswerthe Züge ergeben:

7 Tage vor der Aufnahme Schüttelfröste und Stechen im Unterleib. 5 Tage in poliklinischer Behandlung. Bei der Aufnahme in das Julius-Spital am 24. März Mittags schwer benommen. Nachts sehr unruhig, lacht hell auf, springt aus dem Bett.

Am 25. März Früh etwas aufgehellt, gibt langsam auf einzelne Fragen richtige Antworten, frägt, wie sie in's Spital gekommen sei. Dann wieder sehr aufgeregt, wälzte sich im Bette hin und her, schwätzte und lachte. Dabei kein Fieber.

In der Poliklinik hatte sie ein sehr unregelmässiges Fieber gezeigt, und zwar am 21. März Früh 38·9°, Abends 38·8°. am 22. Früh 37°, Abends 39·8°, am 23. Früh 39°, Abends 38·5°, am 24. Früh 38·2°, Abends im Spital 39°. Am 25. Früh 37°, Abends stieg das Fieber auf 38·9°. Da sonst nichts auf organische Erkrankung deutete, wurde die Kranke in die psychiatrische Klinik transferirt. von wo sie mit der Diagnose auf Typhus abdominalis in das Spital zurückverlegt wurde.

Hier kann man in der That behaupten, dass, wie schon in anderen Fällen, ein Typhus abdominalis wesentlich aus den psychologischen Symptomen diagnosticirt worden ist.

Infectionsdelirium bei Erysipel.

J. E., Bauer, aufgenommen am 25. Juli 1893 im Alter von 34 Jahren. Bei der Aufnahme in einer sinnlosen motorischen Unruhe. Wird mit grossem Widerstreben in's Bad gebracht, reisst in einer sinnlosen Weise an seinem Penis, sobald man ihm die Hände freigibt. Stösst von Zeit zu Zeit unverständliche Bruchstücke von Sätzen hervor.

Augen starr in die Ferne oder nach der Decke gerichtet. Antwortet auf Fragen entweder gar nicht oder er stösst einige mit der Frage in keinem ersichtlichen Zusammenhang stehende Worte hervor. Im Bett sehr unruhig, rutscht herum, greift in einer schlotternden Weise nach dem Bettzeug, hebt es empor, als wenn er etwas suche. Pupillenreaction normal. Patellarreflexe vorhanden. Urin eiweissfrei. Temperatur 38·0. Im Gesicht bis zu den Ohren und auf der Stirne bis über die Haargrenze starke Hautabschuppung. Nach Aussage des Arztes, welcher den Kranken hereingebracht hat, hat E. seit dem 17. Juli, also 8 Tage vor der Aufnahme, ein Erysipel im Gesicht bekommen. Der Arzt wurde erst am 21. Juli, also 4 Tage nach dem Auftreten der Krankheit, gerufen, und zwar nicht wegen des Erysipels, sondern weil sich der Patient im Kopfe schwer krank fühlte. Der Arzt fand ihn weinerlich erregt, Abends wurde er sehr unruhig. Dabei war das Fieber sehr gering (circa 38°). Am 22. Juli wurde er still und sprach auch auf Anreden kein Wort mehr. Früh um 10 Uhr fing er zu toben an, so dass er von mehreren Männern kaum im Bette gehalten werden konnte. Mitunter suchte er plötzlich loszuschlagen. Reden der ihn umgebenden Menschen fasste er dabei gar nicht mehr auf.

Er trommelte im Tacte mit Händen und Füssen an der Bettstatt. Diese Zustände von Ruhe und Bewegungsdrang, wobei er stets schwer verwirrt war, dauerten bis zur Aufnahme in die Klinik (25. Juli) an.

Die Erkrankung, welche sich symptomatisch als Verwirrtheit mit Tobsucht darstellt, hat also am 5. Tage nach Beginn eines Erysipels bei sehr geringem Fieber begonnen. Da zur Zeit der Aufnahme das Erysipel verschwunden und nur noch an der Abschuppung kenntlich war, so erschien das Erysipel, beziehungsweise die damit einhergehende Intoxication zur Erklärung der noch bestehenden starken Geistesstörung nicht ausreichend. ebensowenig, wie das sehr geringe Fieber von 38°, welches sich kaum mehr auf das schon verschwundene Erysipel beziehen liess.

Trotzdem war die tiefe Verwirrtheit so charakteristisch für die nicht seltenen Zustände nach schweren Infectionen, dass gleich bei der Aufnahme eine solche entschieden angenommen wurde. Vor Allem wurde an Typhus abdominalis gedacht und sorgfältig auf Roseola und charakteristischen Stuhl gefahndet.

Ich gebe nun den weiteren Verlauf des merkwürdigen Falles:

26. Juli 1893. Sehr verwirrt. Sinnlose motorische Unruhe. Temperatur zwischen 38·4° und 38·6°. Urin normal. Da Meningitis ausgeschlossen scheint, und das schon vergangene Erysipel nicht zur Erklärung auszureichen scheint, wird Typhus abdominalis angenommen.

28. Juli. Vollständige schwere Verwirrtheit. Heftiger Trieb zu masturbiren und die Finger in den After zu stecken. Fieber bis 38·3° mit Intervallen. Heiserkeit, trockene Schleimhaut in der Mundhöhle, Zuckungen und rhythmisches Schleudern mit den Händen, Armen, dem Kopf, manchmal mit dem ganzen Leib. Dazu rhythmisches Ausstossen von gesangähnlichen Lauten oder Wispern. Stuhl hellgelb und übelriechend.

29. Juli. Eine Menge roseolaartiger Flecke auf der Brust und Armen. Patient lässt alles unter sich gehen. Koth gelb wie Erbsenmus. Puls 80—100, klein. Temperatur 37·8°. Mittags starke Kyanose auf Stirn und Nase, sehr kalte Nase, Spasmus der ganzen Musculatur. Pupillen auch bei mässiger Beleuchtung sehr eng, reagiren jedoch deutlich. Unverständliches rhythmisches Singen mit schwacher, beinahe tonloser Stimme.

29. Juli Abends. Von den Roseolaflecken zeigt ein Theil kleine Erhabenheiten und Pustelbildung. Decubitus am Kreuzbein. Wegen der Kothbeschaffenheit, des Fiebers, der Roseola, welche allerdings nicht ganz typisch war, der eigenartigen psychischen Verwirrtheit, wird die Diagnose auf Typhus abdominalis gestellt und der Kranke in die innere Abtheilung des Julius-Spitales transferirt.

8. August. E. stellt sich als genesen spontan in der Klinik vor, nachdem er aus dem Julius-Spital entlassen ist.

E. hat im Julius-Spital ein Recidiv seines Erysipels bekommen, hat circa 4 Tage vollkommen das Bild eines Sterbenden geboten. Die Roseola ist zum grössten Theil in Eiterpusteln übergegangen, ausserdem hat E. einen spontanen Abscess am linken Ellbogen bekommen.

In der inneren Klinik wurde die Complication der körperlichen Symptome als abnorm schwerer Fall von Erysipel mit allgemeiner Infection aufgefasst, besonders wurden die aus der Roseola entstandenen Eiterpusteln und der grössere Abscess als Folge von Kokkenembolie bezeichnet. Die starken Diarrhoen werden als nervöses Symptom erklärt.

Es hat sich hier also in der That um eine schwere Verwirrtheit bei Infection durch Erysipel gehandelt, nicht um Geistesstörung bei Typhus. Das Wesentliche ist, dass die infectiöse Grundlage der Geistesstörung gleich bei der Aufnahme rein aus den psychologischen Symptomen angenommen werden konnte.

Nachträglich hat sich herausgestellt, dass E. schon vor mehreren Jahren einmal Erysipel mit starken Delirien und Krämpfen hatte, und dass er insoferne erblich belastet erscheint, als ein Bruder des Vaters vorübergehend geistesgestört war.

7*

Infectionsdelirium bei acutem Gelenkrheumatismus.

Viel leichter zu erkennen als die Infectionsdelirien bei Typhus abdominalis, welche den charakteristischen körperlichen Symptomen öfter vorangehen, sind die Delirien bei acutem Gelenkrheumatismus, weil hier fast immer die körperliche Diagnose vorher gestellt werden kann. Hierher gehört folgende Beobachtung:

K. K., Händlerstochter, aufgenommen am 30. Juni 1891 im Alter von 24 Jahren.

Seit circa 14 Tagen Kopfschmerzen und geschwollene Gelenke. Poliklinisch behandelt. Seit zwei Tagen, also 12 Tage nach Beginn der Erkrankung, Beginn von psychischen Abnormitäten. Sie jammerte beständig vor sich hin, klagte sehr über Schmerzen und Müdigkeit, ass nichts, phantasirte Nachts viel von Tod und Sterben. Am Tage der Aufnahme, 2 Tage nach dem Beginn geistiger Störungen, wollte sie plötzlich aus dem Hause laufen, nur mit dem Unterrock bekleidet. Bei der Aufnahme schwer verwirrt, macht sinnlose Bewegungen mit den Armen, fährt an der Bettdecke herum, als ob sie Flocken lesen wollte. Sehr schwacher, schneller Puls. Fieber bis 41·0°.

Es musste hier die Frage erörtert werden, ob dieser Geisteszustand als blosses Fieberdelirium aufgefasst werden konnte. Der hohe Grad von Verwirrtheit sprach jedoch dagegen, und es wurde die bestehende schwere Bewusstseinstrübung als Infectionsdelirium aufgefasst. Wahrscheinlich kommt dieses Moment auch in anderen Fällen geradezu als Argument für eine besonders schwere Form von Infection in Betracht. Der Verlauf des vorliegenden Falles spricht dafür. K. ist nach wenigen Tagen an allgemeiner Sepsis zu Grunde gegangen.

Als Anhang zu den Delirien bei den Intoxicationen, Autointoxicationen und Infectionen müssen die Fieberdelirien genannt werden. Obgleich klinisch Fieberdelirium und Intoxicationsdelirium oft zu einer kaum trennbaren Einheit verbunden sind, lassen sie sich doch theoretisch trennen. Es gibt, wie wir gesehen haben, Infectionskrankheiten (wie z. B. Typhus), die bei sehr geringem Fieber schon starke Geistesstörung bewirken können, und zwar ist diese, wie wir gesehen haben, meist durch schwere Verwirrtheit charakterisirt, die manchmal mit sinnlosem Bewegungsdrang verbunden ist.

Dagegen kann durch hohe Fiebertemperaturen ein Delirium hervorgerufen werden, welches viel weniger durch Verwirrtheit charakterisirt ist als vielmehr durch ein lebhaftes Phantasiren und Halluciniren, was bei den echten Infectionsdelirien oft völlig fehlt.

Die gebräuchliche Eintheilung der Fieberdelirien in mehrere Grade ist offenbar dadurch zu Stande gekommen, dass die öfter allmählich in den Vordergrund tretenden Infectionsdelirien mit ihrer schweren Verwirrtheit als Stufenfolge der eigentlichen Fieberdelirien mit ihren massenhaften Phantasien erschienen sind. Diese Eintheilung in Grade ist unhaltbar.

Es kommen zum Beispiel Fälle von Typhus vor, bei denen die Geistesstörung gleich mit der Verwirrtheit der Infectionsdelirien einsetzt bei sehr niederem Fieber, worauf dann das Infectionsdelirium nachlässt und sich bei steigender Temperatur ein richtiges Fieber-

delirium mit lebhaften Phantasmen und massenhaften Sinnestäuschungen entwickelt.

Praktisch ist die Differentialdiagnose zwischen reinem Fieber-
und Infectionsdelirium, wichtig wegen der verschiedenen Prognose
quoad vitam, die bei den ersteren viel besser ist. Die echten Infectionsdelirien sind immer ein Zeichen, dass das Nervensystem von
toxischen Stoffen, die an den inficirten Organen producirt werden,
überschwemmt ist. Fieberdelirien können manchmal durch ganz
leichte Erkrankungen, bei denen die Gefahr des Exitus letalis
zunächst gar nicht in Betracht kommt, z. B. einfache Angina, in der
lebhaftesten Weise ausgelöst werden und beweisen trotz ihrer
symptomatischen Grossartigkeit durchaus nicht eine so schwere
Schädigung, wie sie bei den Infectionsdelirien immer vorliegt.

II. THEIL.

Geistesstörungen ohne nachweisbare Veränderung der Hirnsubstanz.

Wir haben als Einleitungsprincip das Kriterium hingestellt, ob sich bei einer Geistesstörung etwas über die Veränderung der Hirnsubstanz aussagen lässt oder nicht. Eine Krankheit, bei welcher fortwährend eine solche Veränderung postulirt wird, ohne dass es bisher positiv gelungen wäre, etwas Sicheres zu behaupten, ist die genuine Epilepsie. Vielleicht hat sie am meisten Aussicht, in die Kategorie der materiell definirbaren Krankheiten hinüberzukommen, vorläufig jedoch behandeln wir sie entsprechend dem in der Vorrede ausgesprochenen Grundsatz noch als eine Geistesstörung, über deren begleitende Gehirnbeschaffenheit sich nichts aussagen lässt.

Die genuine Epilepsie.

Ἐπιληψία bedeutet als Derivativum von ἐπιλαμβάνειν, ergreifen, eigentlich im Allgemeinen das Ergriffensein. Der specielle Krankheitszustand, an welchem bei dem Worte ἐπιληπτικός (von ἐπίληπτος oder ἐπίλαμπτος) gedacht wurde, setzte sich aus Bewusstlosigkeit und Krämpfen zusammen. Es ist jedoch dieser letztere Begriff zum Hauptinhalt des Wortes gemacht worden, so dass man bei dem Worte Epilepsie hauptsächlich an das rein körperliche Phänomen des Krampfes denkt. Jedenfalls ist aber das Wort nur der Ausdruck für eine Combination von Symptomen, nicht für eine Krankheit. Bewusstlosigkeit einerseits, Krämpfe andererseits und Combination von Bewusstlosigkeit mit Krämpfen kommt nun bei einer ganzen Reihe von verschiedenen Krankheiten vor. Abgesehen von dieser allgemein nervenpathologischen Bedeutung versteht man unter Epilepsie öfter eine ganz bestimmte Krankheit, in welcher jene beiden Symptome als Hauptzeichen vorkommen. Es ist aber gut, diese engere Bedeutung als bestimmte Krankheitsform durch ein specialisirendes Adjectivum zu kennzeichnen. Deshalb nenne ich die Epilepsie als wohlcharakterisirte Krankheitsform genuine

Epilepsie, nenne jedoch auch alle mit Bewusstseinsverlust einhergehenden Krämpfe epileptisch (nicht, wie es öfter geschieht, epileptoid, d. h. epilepsieähnlich), selbst wenn diese epileptischen Krämpfe nur Theilerscheinung einer anderen von der genuinen Epilepsie völlig verschiedenen Erkrankung sind. Solche Krankheiten, bei denen epileptische Krämpfe auftreten können, sind progressive Paralyse, Tumor cerebri, Alkoholismus, Bleiintoxication etc. Die Entscheidung, dass es sich bei epileptischen Krämpfen nicht um irgend eine von diesen wohlcharakterisirten Nervenkrankheiten handelt, ist die praktische Voraussetzung zur Diagnose einer genuinen Epilepsie. Deshalb müssen wir die Differentialdiagnose zwischen diesen mit epileptischen Krämpfen manchmal vergesellschafteten Krankheiten und genuiner Epilepsie andererseits besonders im Auge behalten. Zugleich geht aus dieser Definition hervor, dass die Diagnose der genuinen Epilepsie in vielen Fällen eine Ausschlussdiagnose ist und dass ihr symptomatischer Charakter wesentlich auf unserer Unkenntniss über den pathologisch-anatomischen oder chemischen Charakter der Krankheit beruht. Es ist auch wahrscheinlich, dass sich ein Theil der unter genuiner Epilepsie zusammengefassten Fälle später nach bestimmten greifbaren Charakteren wird zusammenfassen und herausheben lassen, so dass sich vielleicht später das Wort epileptisch ganz in die allgemeine Pathologie verweisen lassen wird. Die Krankheit, um welche es sich handelt, ist also weniger durch den einzelnen mit Bewusstlosigkeit verbundenen Anfall, der eben auch bei anderen Krankheiten vorkommen kann, charakterisirt, sondern durch den Verlauf.

Der einzelne Anfall verläuft dabei meist folgendermassen: Es treten meist kurz vor dem Anfall sonderbare Empfindungen auf, eine Art von Unbehaglichkeit, ein Aufwallen aus dem Körper nach dem Kopf zu, von Alters her „αῦρα, Hauch" genannt. Nun tritt plötzlich völlige Bewusstlosigkeit ein, wobei die Kranken hinstürzen, wenn sie nicht, durch die Aura gewarnt, vorher ein ungefährliches Lager aufsuchen. Zugleich beginnen die Zuckungen, welche häufig die ganze Körpermusculatur betreffen. In vielen Fällen zeigt sich eine allgemeine Starre der Musculatur. Die Zuckungen gehen an den Gliedern meist im Sinne der Beugung vor sich. Die Daumen sind dabei eingeschlagen. Oft beginnen die Zuckungen in einer bestimmten Muskelgruppe und breiten sich erst dann auf die ganze Musculatur aus. Das Facialisgebiet ist öfters betheiligt. Die Augenlider werden oft weit aufgerissen und die Augen krampfhaft nach einer Seite gedreht. Durch den krampfhaften Schluss der Masseteren kommt, wenn die Zunge sich zufällig zwischen den Zähnen befindet oder unwillkürlich krampfhaft etwas nach vorne gestreckt wird, oft Zungenbiss zu Stande. Spuren hiervon sind in zweifelhaften Fällen für die Wahrscheinlichkeitsdiagnose auf Epilepsie sehr wichtig. Die Pupillen sind manchmal während des Anfalles erweitert und starr, können aber auch normale Reaction zeigen. Die Sehnenreflexe sind manchmal während des Anfalles verschwunden, sind dann meist während des Ueberganges zum Erwachen sehr gesteigert und können sonderbarer Weise nach Aufhören des Krampfes noch einmal auf

kurze Zeit verschwinden. Mit diesem Anfall ist nun in den typischen
Fällen völlige Bewusstlosigkeit verknüpft. Meistentheils besteht
nachher völlige Erinnerungslosigkeit, so dass die Kranken das Geschehene erst von ihrer Umgebung erfahren.

Diese Charakterisirung macht jedoch mehrere Einschränkungen
nothwendig. Die völlige Erinnerungslosigkeit spricht zwar für die
epileptische Natur der Krankheit. Es ist jedoch falsch, deswegen,
weil sich ein Mensch an die Vorgänge während seiner Anfälle ganz
oder zum Theile erinnert, auf das Nichtvorhandensein von genuiner
Epilepsie zu schliessen. Es kommen Fälle von Epilepsie vor, in
welchen das Bewusstsein nicht ganz aufgehoben ist. Es ist nun
ein strenger Unterschied zu machen zwischen Bewusstlosigkeit
und Erinnerungslosigkeit (Amnesie). Wenn das Bewusstsein bei
dem Anfall ganz aufgehoben ist, so ist natürlich eine Erinnerung
an das während der Bewusstlosigkeit Geschehene von vornherein
ausgeschlossen. In diesem Fall resultirt in der That aus der Bewusstlosigkeit die Erinnerungslosigkeit. In den Fällen jedoch, wo
das Bewusstsein nicht ganz aufgehoben ist, kann Erinnerungslosigkeit da sein oder sie kann fehlen. Es kommt z. B. vor, dass eine
Person, mit der man sich unterhält, plötzlich ganz geistesabwesend
wird, vielleicht nur leicht die Augen verdreht, dabei aber noch im
Stande ist, richtig auf dem Stuhl zu sitzen oder neben einem her
zu gehen; dass sie einige sinnlose Greifbewegungen mit den Händen
macht etc., während eine im Zusammenhang des Gespräches gerichtete
Frage entweder gar nicht oder nur noch in automatenhafter Weise
ganz sinnlos mit „ja" oder „nein" beantwortet wird. Nach kurzer
Zeit kommt dann wieder die völlige geistige Fähigkeit zurück.
Hier sind unzweifelhaft während des Zustandes noch geistige Vorgänge in dem Befallenen vorhanden, so dass man von Bewusstlosigkeit nicht reden kann. Nun kann sich der Kranke an diesen
Zustand entweder erinnern oder nicht erinnern. Es kann sogar
vorkommen, dass er in diesem auf den Anfall folgenden Zustand
auf den Wortlaut der gestellten Fragen sich dunkel erinnert
und sich erst jetzt hinterher ihren Sinn zurechtlegt, was ihm vorher
vermöge der partiellen Bewusstseinsstörung unmöglich war. Diese
Thatsache, dass Jemand sich an eine zu irgend einer Zeit began-
gene Handlung erinnert, wird nun manchmal in Gutachten eindeutig gegen die Annahme der epileptischen Natur des Zustandes
verwerthet. Diese irrthümliche principielle Auffassung der Lehre
von der Amnesie als Charakteristicum des epileptischen Anfalles
muss besonders im Hinblick auf die Praxis der Begutachtung entschieden verworfen werden. — Ebenso wie die Bewusstseinsstörung
bei dem epileptischen Anfall keine absolute zu sein braucht, so verhält es sich auch mit den Krämpfen. Es ist durchaus nicht nothwendig, dass die ganze Körpermusculatur gleichmässig befallen
sein muss, um die Annahme einer genuinen, d. h. nicht durch organische Gehirnleiden oder Intoxicationen etc. bedingten Epilepsie zu
rechtfertigen. Es kommen mit völliger oder partieller Bewusstseinsstörung verbundene Krämpfe vor, welche sich nur im Facialis-
gebiete oder im Gebiete der Augenbewegungen oder an einer Ex-
tremität abspielen.

Diese Formen von Epilepsie erregen oft den Verdacht von localisirter Erkrankung der Nervensubstanz oder von Hysterie, müssen aber, im Zusammenhange des Krankheitsverlaufes betrachtet, entschieden als genuine Epilepsie aufgefasst werden. Zu diesen isolirten Krampferscheinungen ohne Bewusstseinsverlust gehören anscheinend auch manche Fälle von anfallsweise und krampfhaft auftretenden Blasenstörungen (z. B. Fälle von Enuresis bei Kindern), ferner Anfälle von Hyperhidrosis etc. Es ist zwar unmöglich, aus einem solchen Symptom, welches vielfachen Deutungen ausgesetzt ist, ohne Weiteres die Diagnose auf Epilepsie zu stellen, oft aber kann die Kenntniss von solchen Symptomen den Arzt dazu veranlassen, noch weiter nach wirklichen epileptischen Anfällen zu forschen, deren früheres Vorhandensein bemerkenswerther Weise oft erst sehr schwer und spät ermittelt wird. Ferner muss bemerkt werden, dass bei Epileptischen auch ausserhalb der Anfälle öfter tonische und klonische Zustände in isolirten Muskelgruppen vorkommen, welche ganz stereotyp immer wieder auftreten können und leicht als besondere Erkrankung nach Analogie der Tic convulsifs aufgefasst werden, wenn man die Thatsache wirklicher epileptischer Krämpfe bei den Kranken ausser Acht lässt. Man kann diese Zustände im Zusammenhang der ganzen Erkrankung als epileptische Anfälle ohne Bewusstseinstrübung auffassen.

Wir mussten also sowohl in Bezug auf den Bewusstseinszustand, als auch in Bezug auf die von den Krämpfen befallenen Muskelgebiete Einschränkungen des Satzes vornehmen, wonach der typische epileptische Anfall sich aus völliger Bewusstlosigkeit mit folgender Erinnerungslosigkeit, und allgemeinen Muskelkrämpfen zusammensetzt. Schliesslich ist auch in Bezug auf die Aura die Einschränkung zu machen, dass sie bei vielen sehr schwach oder sehr kurz auftritt, bei manchen sogar ganz fehlt. Da die Aura, teleologisch gesprochen, eine prophylaktische Einrichtung ist, gewissermassen ein Signal, um dem Kranken das Herannahen des Gewitters anzudeuten, wonach sich solche Kranke durch Niedersetzen oder -Legen vor den schwereren Verletzungen schützen, so kommen bei ihrem Fehlen oft sehr schwere Verletzungen vor. Solche Kranke stürzen dann wie vom Schlage getroffen nieder und zeigen meist, wenn die Krankheit länger gedauert hat, mannigfache Spuren von Verletzungen. Vor Allem trifft man oft alte Brüche des Nasenbeines und vielfache Kopfnarben. Auch Brandnarben sind bei solchen Fällen von schwerer Epilepsie mit plötzlichem Einsetzen der Anfälle relativ häufig, und zwar sind solche Brandverletzungen bei Epileptischen meist von enormer Tiefe, weil die Kranken, wenn sie im Anfall in's Feuer oder gegen erhitzte Eisentheile an den Ofen fallen, bewusstlos in dieser Stellung liegen bleiben. In der Würzburger Epileptikerpfründe war eine epileptische Frau, deren rechte Brustseite, rechte Schulter und rechte Halsseite nach einer früher im Anfall erlittenen Brandwunde vollkommen von geschrumpftem Narbengewebe bedeckt war, so dass dadurch eine Art Caput obstipum zu Stande gekommen war. — Von Verletzungen sind besonders noch die häufigen Narben von Zungenbissen zu erwähnen, welche in der oben erwähnten Weise durch unwillkürliche Selbstverletzung zu Stande kommen.

Diese Verletzungen sind nun in diagnostischer Beziehung sehr wichtig, zwar nicht als eindeutiges Symptom für Epilepsie. wohl aber als Argument, um die epileptische Natur, z. B. einer plötzlich auftretenden Psychose zu vermuthen. Deshalb unterziehe man stets jeden Geisteskranken schon aus diesem diagnostischen Grunde einer sorgfältigen Untersuchung auf alle früheren Verletzungen. Dass die Abwesenheit von Narben und sonstigen alten Verletzungen nicht gegen die epileptische Natur eines Zustandes spricht. ist andererseits selbstverständlich. Höchstens kann daraus der Schluss gemacht werden, dass, wenn der Zustand epileptisch ist, die epileptischen Anfälle vermuthlich ohne Aura aufgetreten sind.

Wir haben also gesehen, dass von dem Symptomencomplex: Aura, Bewusstlosigkeit, allgemeine Krämpfe, jedes einzelne Symptom einen sehr grossen Spielraum in Bezug auf den Grad der Störung hat. so dass Fälle von Epilepsie vorkommen können, die mit dem typischen Bilde kaum noch eine Aehnlichkeit haben. Und auch das typische Bild erlaubt nicht ohne Weiteres mit Sicherheit die Diagnose auf genuine Epilepsie zu stellen, bevor nicht alle anderen Krankheiten, welche epileptische Anfälle als Symptom haben können, ausgeschaltet sind.

Wir legen also ein grosses Gewicht auf den Verlauf der als genuine Epilepsie zu bezeichnenden Krankheit. Sie bricht am häufigsten aus im jugendlichen Alter bis circa zum 20. Jahre. Manchmal schliesst sie sich schon an die sogenannten „Zahnkrämpfe" an. oder vielmehr diese sind die erste Aeusserung der Erkrankung. In anderen Fällen bleiben die Kinder mehrere Jahre lang nach den Zahnkrämpfen von Krämpfen frei und dann tritt plötzlich ohne jede greifbare äussere Ursache ein Anfall von Bewusstlosigkeit mit Krämpfen auf. In diesem unvermutheten, nicht von aussen veranlassten Auftreten liegt ein wichtiges, differentialdiagnostisches Moment gegenüber den hysterischen Krampfzuständen. welche bei Kindern fast immer nach einem starken psychischen Eindruck einsetzen.

Dieser erste Anfall wird meistentheils von den Angehörigen und der Umgebung wenig beachtet, wenn nicht zufällig äussere Verletzungen dabei vorgekommen sind. Die Erkrankten selbst reagiren psychisch zunächst gar nicht auf diesen Ausbruch, weil sie von dem Anfall vermöge der Bewusstlosigkeit nichts wissen und meist aus dem Anfall wieder ganz munter erwachen. Noch weniger tritt der Beginn der schweren Krankheit in das Bewusstsein der Umgebung, wenn die ersten Anfälle Nachts auftreten. Oft werden die Eltern nur durch das häufig bei der Epilepsia nocturna auftretende Bettnässen aufmerksam und bemerken dann, dass das Kind Nachts Zuckungen hat.

Es ist nun charakteristisch, dass nach dem ersten Anfall häufig eine lange Zeit kein Anfall wieder erfolgt, so dass die Eltern sich längst über das scheinbar geringfügige Ereigniss beruhigt haben. Oft kommt erst nach mehreren Monaten der zweite Anfall. Dieser ganz allmähliche, scheinbar leichte Beginn ist nun gerade von Wichtigkeit, um solche Krampfzustände bei Kindern von den hysterischen zu unterscheiden. Letztere brechen fast immer plötzlich nach einem starken psychischen Eindruck, der ja auch mechanische Einwirkungen, z. B. eine Ohrfeige von Seiten des Lehrers, einen Fall oder eine leichte Erschütterung etc. begleiten kann, aus und häufen sich im Anfang meist in einer anscheinend sehr besorgnisserregenden Weise. Auch die weiteren Anfälle zeigen das Charakteristische, dass die hysterischen meist in bestimmten Situationen, besonders in Anwesenheit von Zuschauern, auftreten, während die echt epileptischen ohne jede äussere Veranlassung in den verschiedensten Situationen und ohne Rücksicht auf die Anwesenheit menschlicher Hilfe auftreten. Während also die hysterischen Zustände bei den Kindern fast ausschliesslich in Abhängigkeit von psychischen Einwirkungen der Umgebung stehen, zeigen die epileptischen das Charakteristicum des Elementaren, nicht psychisch Beeinflussbaren, von innen Kommenden. Während die hysterischen Anfälle meist, nachdem sie eine Zeit lang mit grosser Heftigkeit aufgetreten sind, plötzlich unter einem psychischen Einfluss ganz verschwinden, werden nach dem allmählichen Beginn der echten epileptischen Anfälle die Perioden zwischen den einzelnen Ausbrüchen immer kürzer. Während zuerst Monate zwischen den einzelnen Anfällen gelegen haben, treten dann in einer Woche vielleicht mehrere auf, worauf wieder wochenlange Pausen erfolgen. Es bilden sich dann oft Perioden von gehäuften Anfällen und relativer Ruhe heraus. Während die Kinder in den ersten Jahren nach Auftreten des ersten Anfalles geistig noch ganz normal sind, zeigen sich später fast ausnahmslos psychische Abnormitäten, besonders allmähliche Verblödung, durch welche alles in den ersten Jahren der Schule und der schon ausgebrochenen Krankheit Gelernte wieder verloren geht. Während also von den hysterischen Zuständen der Kinder, selbst wenn sie lange bestehen, der Verstand nie angegriffen wird, ist die allmählich eintretende Verblödung die Begleiterin der zuerst anscheinend so leicht aufgetretenen echten Epilepsie.

Ich gebe nun zunächst zwei Krankengeschichten, welche die gegensätzlichen Verhältnisse der hysterischen und epileptischen Krampfzustände bei Kindern in Bezug auf Beginn der Erkrankung, Veranlassung der Anfälle, Beschaffenheit derselben und die späteren Geisteszustände verdeutlichen sollen.

Barbara Sch. aus Steinfeld. Erste Aufnahme Juni 1886 im Alter von 10 Jahren. Die Eltern und die drei Geschwister der Kranken sind normal. Ueber andere Verwandte wenig zu erfahren. Der erste Anfall von Bewusstlosigkeit und Krämpfen trat in ihrem 6. Jahre auf, nachdem sie kurze Zeit in die Schule gegangen war.

Dieses chronologische Verhältniss ist in den Köpfen der Eltern zu einem causalen geworden insoferne, als diese meinen, dass das Kind durch die von dem Schulmeister ertheilten Prügel epileptisch geworden sei. Derartige falsch construirte Causalitäten begegnen nun dem praktischen Arzte bei den Verwandten von geisteskrank Gewordenen fortwährend, und es ist eine social sehr wichtige Aufgabe für ihn, gegen solche leichtsinnige Annahmen über Verursachung von Geistes-, beziehungsweise Nervenkrankheiten entschieden aufzutreten, selbst wenn die wahren Ursachen für das Ausbrechen solcher Krankheiten noch unbekannt sind. So hat sich auch im vorliegenden Falle gezeigt, dass ein objectiver Grund zur Annahme einer traumatischen Verursachung der Epilepsie speciell durch den Schullehrer durchaus nicht nachgewiesen werden konnte. Es handelt sich also hier um eine Krampfkrankheit, welche ohne nachweisbare äussere Ursache im 6. Jahre zuerst auftrat, nachdem das Kind sich bis dahin vollkommen normal entwickelt hatte.

Erst nach circa 1 Jahr der zweite Anfall, von da an 2 Jahre lang ungefähr alle 3 Wochen ein Anfall. Das Mädchen lernte schlecht, aber nicht schlechter als viele andere Schülerinnen. Circa 3 Jahre nach Beginn der Erkrankung auffallende Schwäche des Gedächtnisses und Defecte in moralischer Beziehung.

Ueber ihren geistigen Zustand während des ersten Anstalts-aufenthaltes im 10. Jahre findet sich in der Krankengeschichte Folgendes:

„Die geistigen Fähigkeiten der Patientin stehen unter dem Durchschnitt; sie lernt schwer und merkt schlecht, auch ist es nicht leicht, sie länger zur Aufmerksamkeit zu bringen. Dabei erregt sie fortwährend Unfrieden durch boshaftes Verhalten gegen ihre Mitpatientinnen. Wenn sie nicht streng beaufsichtigt wird, schlägt sie die anderen Patientinnen, neckt und zerrt sie, zerreisst fremde Tücher. Es hat den Anschein, dass es sich bei ihr um die Anfänge der Depravirung des Charakters handelt, wie sie bei Epileptikern oft beobachtet wird. Sie zeigte ferner in sexueller Beziehung Züge, welche besonders im Hinblick auf ihr jugendliches Alter als pathologisch erscheinen. Mehrmals wurde sie angetroffen, während sie einer anderen Kranken die Röcke aufhob und anscheinend die Genitalien betrachtete."

Im Hinblick auf den weiteren Verlauf der Erkrankung, den wir gleich erörtern wollen, ist es wichtig, dass zu dieser Zeit, also im Alter von 10 Jahren, bei dem Mädchen die Intelligenzdefecte verhältnissmässig noch wenig hervortraten, während sich gleichzeitig sehr starke ethische Abnormitäten zeigten. Wenn sie jedoch nicht gleichzeitig epileptisch gewesen wäre, hätte in Bezug auf ihre unmoralischen Handlungen noch sehr die Frage entstehen können, ob dieselben aus einer perversen Anlage oder nach schlechter Erziehung und unsittlichen Einflüssen eines verderbten Milieu entstanden seien. Das gleichzeitige Bestehen von epileptischen Anfällen deutet in solchen Fällen jedoch immer auf die durchaus endogene, elementar zwingende Beschaffenheit von solchen unsittlichen Antrieben. Der Zweifel über die pathologische Basis dieser Zustände muss nun im Hinblick auf den weiteren Verlauf dieses Falles ganz verschwinden. Die Kranke wurde in ihrem 15. Jahre (1891) zum zweiten Male in die Klinik aufgenommen, nachdem sie öffentliches Aergerniss erregt hatte, indem sie unanständig entblösst auf der Strasse gelegen hatte.

Bei der Aufnahme erwies sie sich jetzt, 5 Jahre nach ihrem ersten Anstaltsaufenthalt, bei dem sie nur schlechtes Gedächtniss, Unaufmerksamkeit und geringe Schulkenntnisse gezeigt hatte, als völlig blödsinnig. Zeigt dabei eine grosse Unruhe. Schlendert sich im Bett fortwährend herum. Schreit oft sinnlos. Hat im Tage circa 3 schwere Anfalle von Krämpfen mit Bewusstlosigkeit, auch Nachts öfters Krämpfe.

Also im 9. Jahre nach dem Beginn einer Krampfkrankheit, welche zuerst nur mit einem Anfall ohne greifbare äussere Ursache auftrat und dann ein ganzes Jahr ausblieb, ist die Kranke nach allmählicher Steigerung der Anfälle geistig auf ein sehr tiefes Niveau gesunken. Während in ihrem 10. Jahre ethische Abnormitäten im Vordergrunde standen, ist sie 5 Jahre später psychisch überhaupt fast Tabula rasa geworden und befindet sich fortwährend in einem von Krämpfen unterbrochenen, beziehungsweise graduell verstärkten Dämmerzustande. — Wenn wir hier das complicirende Moment der ethischen Abnormität vorläufig bei Seite lassen und die Thatsache der fortschreitenden Verblödung in den Vordergrund stellen, so haben wir hier nach Beginn, Verlauf und Ausgang ein typisches Bild der genuinen Epilepsie, wenn sie in so jugendlichem Alter auftritt.

Ich schliesse nun einen Fall an, welcher fast in jeder Beziehung die Antithese zu dem vorangegangenen bildet und nur durch den einzelnen Anfall eine Aehnlichkeit mit diesem Fall von genuiner Epilepsie haben könnte.

Moriz V., bei Beginn der Erkrankung 11³⁄₄ Jahre alt. Eine Schwester der Mutter hatte in jungen Jahren Veitstanz, von den 5 Geschwistern des Moriz V. leidet eine 10jährige Schwester an Enuresis nocturna, ohne sonstige Krämpfe zu haben. Im Alter von 9 Jahren fiel er von einer Steintreppe und schlug sich gegen den Hinterkopf. Er war bewusstlos, kam aber bald wieder zu sich, als man Wasser auf ihn schüttete. Er hat damals einmal gebrochen. Ueber den Puls ist nichts bekannt. Er konnte bald wieder gehen, war wieder ganz munter.

M. ist also erblich belastet und hat eine wenn auch leichte Hirnerschütterung erlitten. Diese Momente sind jedoch für die differentialdiagnostische Frage, welche sich gleich zeigen wird, ob nämlich bei der Aufnahme in die Anstalt sein Zustand als hysterisch oder epileptisch aufzufassen war, ganz indifferent, weil aus solchen Momenten die Annahme einer bestimmten Art von Neurose oder Psychose bei dem hereditär pathologischen oder durch Trauma geschädigten Individuum nicht abgeleitet werden kann.

Die Erkrankung begann nach einem schreckhaften Ereigniss. Er war in der Dämmerung kurze Zeit auf dem Boden des Hauses, kam plötzlich erschreckt heruntergelaufen, und behauptete, es sei ihm Jemand nachgelaufen, ein Mann mit einem rothen Gesicht. (Solche Angaben werden ja von furchtsamen Kindern bei solchen Gelegenheiten öfter gemacht, ohne dass man deshalb gleich Hallucinationen anzunehmen braucht.) Jedenfalls ist der Knabe heftig erschrocken. Seitdem klagte er öfter über Kopfschmerzen und Schwindel. Dann traten Krampfanfälle auf, in denen er auf den Boden fiel und mit Armen und Beinen schleuderte. Später traten Anfälle von Tobsucht auf, in denen er schrie, schlug und um sich biss. Er bellte dabei wie ein Hund, lief auf Händen und Füssen wie ein Hund, sprang auch in dieser Weise in's Bett. Dabei sang er, pfiff, declamirte Gedichte. Machte dabei oft Commandos nach, focht in der Luft mit den Armen, als ob er einen Gegner vor sich hätte. Diese Anfälle traten in den ersten 3 Wochen täglich circa 20mal, sehr häufig auch Nachts auf. Er war nie allein, bekam die Anfälle stets in Gegenwart anderer.

Manchmal hat er für circa 2 Stunden die Stimme verloren, war aber bei Bewusstsein und schrieb seine Wünsche auf die Tafel. Die Anfälle begannen mit einer Art von dumpfem Grunzen. Im Anfall hat er einen ganz veränderten Gesichtsausdruck, geht meistens in der Stube umher, redet ganz im Zusammenhang und wird, wenn ihm seine Einfälle und Wünsche nicht erfüllt werden, leicht wüthend; beisst dann auf die Leute los, welche ihm im Wege stehen. Ist er aus diesem Zustande, welcher oft stundenlang anhält, erwacht, so behauptet er, davon nichts zu wissen. Neulich hat ihn dieser Zustand auf einem Spaziergang überrascht; er ist dann in diesem phantasirenden Zustande nach Hause gekommen und hat später erzählt, dass ihm auf seinem Spaziergange schwindlig geworden sei und dass er von da ab nichts mehr wisse. Im Gegensatz hierzu hat die Mutter manchmal festgestellt, dass er von Eindrücken, die er in diesem Zustande bekommen hatte, hinterher doch etwas wusste, z. B. hat sie ihm während des Anfalles einen Brief zu lesen gegeben, über dessen Inhalt er hinterher Bescheid wusste. Von Ende Januar dauerte das circa 3 Wochen, dann etwas Besserung. Manchmal nur einen Anfall am Tage, Früh oder Abends im Bette. Er begann zu pfeifen oder zu singen, sprang dann im Hemd herum. Wenn die Mutter die Thür verschloss, ging er wieder ruhig in's Bett. Diese Zustände dauerten circa $1/2$—1 Stunde. Seit 4 Wochen Verschlimmerung. Fast den ganzen Tag in diesem Zustande. Er gab jedesmal bei Beginn des Anfalles ein Zeichen, einen eigenthümlichen brummenden Ton. Eine Schwester pflegte dann zur Mutter zu kommen mit der Mittheilung: „Mutter, er hat wieder gebrummt." Dass er nach diesem Zeichen im Anfalle war, schliesst die Mutter daraus, dass er auf Fragen nicht antwortete. Er verrichtete aber dabei sehr complicirte Sachen, z. B. Laubsägearbeiten, sehr gut. „Im Anfall" verschaffte er sich z. B. Esswaaren, schürte Feuer an und kochte sich Eier. Der Zustand endete stets damit, dass er sich hinsetzte, dreimal tief anfathmete und einigemal einen „Schüttler" bekam.

Hier sind also nach einem schreckhaften Ereigniss zunächst Zustände aufgetreten, welche rein symptomatisch ganz gut als Theile einer genuinen Epilepsie aufgefasst werden könnten, nämlich angebliche Schwindelanfälle und Anfälle von scheinbarer Bewusstseinsstörung mit Krämpfen. Hierauf sind nun Tobsuchtsanfälle gekommen, welche ebenfalls, wie wir bald sehen werden, als epileptisch, nämlich als psychische Aequivalente aufgefasst werden könnten. Ausserdem war, wenn man leichtgläubig ist, Amnesie für die sonderbaren Zustände von Bewusstseinsstörung vorhanden. Diese Zustände traten in enormer Häufigkeit auf und zeigten sich von dem Vorhandensein von Zuschauern abhängig. Es werden darin sehr complicirte Handlungen vollzogen, welche Verstand und Aufmerksamkeit verlangen. Die behauptete Amnesie erwies sich durch die Aussagen der Mutter als sehr zweifelhaft. Wer noch zweifeln wollte, dass es sich um Hysterie und nicht um Epilepsie gehandelt hat, trotz der symptomatischen Aehnlichkeit im Anfang, muss durch den Verlauf überzeugt werden.

Bei der Aufnahme zeigten die Anfälle folgende Beschaffenheit: Sie dauern circa $3/4$ Stunden. M. macht die Augen dabei zu, wälzt sich im Bett, schlägt mit grosser Treffsicherheit nach der Hand des Beobachters, wenn man ihn irgendwo berührt. Fletscht die Zähne, und sucht die Hand zu beissen, schreit dabei oft entsetzlich. Am zweiten Tage nach der Aufnahme $3/4$ Stunden lang sehr stark geschrieen und getobt, so dass ihn drei Erwachsene kaum erhalten konnten. Hatte hinterher völlige Erinnerung

daran. Er schrie fortwährend: „Ich will zur Mutter, lasst mich fort." Biss
und schlug dabei wüthend. Schlug dann auf sich selbst los und rief: „Wenn
Ihr mich nicht fortlasst, mach' ich mich todt." Dann Nachts ruhig geschlafen. Seitdem kein „Anfall" von Krämpfen mehr.

18. Juli 1892. Die Anfälle sind seit dem letzten heftigen Schreien
nicht mehr dagewesen. Hat am nächsten Tage nach dem heftigen Schreien
einen Brief an die Mutter geschrieben, in welchem er die ärztlich fortwährend beobachteten Thatsachen lügenhaft entstellt. Er habe geschrieen,
weil er geschlagen worden sei. Als ihm diese Lüge vorgehalten wird,
erröthet er und weint dann. Es wird ihm nun regelmässig gesagt, dass er
nur aus der Anstalt herauskommen könne, wenn die Anfälle wegblieben.
Im Uebrigen wird er völlig ignorirt.

Am dritten Tage waren die Anfälle spurlos verschwunden. Der Knabe
wurde nach 14 Tagen gesund entlassen und ist bis jetzt circa 1½ Jahre
ganz frei von allen epileptischen oder hysterischen Erscheinungen geblieben,
ist geistig völlig normal bis auf einen Hang zur Lüge, der schon bei
seinem Anstaltsaufenthalt scharf hervortrat.

Hier sind also die scheinbaren epileptischen Zustände, nachdem
sie anfangs mit grosser Häufigkeit aufgetreten waren, plötzlich im
Verlauf von wenigen Tagen unter rein psychischer Behandlung verschwunden, und die Intelligenz ist vollständig intact geblieben.

Ein Zug tritt in dieser Krankengeschichte hervor, der eine
gewisse Verwandtschaft mit den ethischen Abnormitäten des ersten
Falles zeigt, nämlich die grosse Lügenhaftigkeit. Es muss schon
hier betont werden, dass solche moralische Abnormitäten bei einer
ganzen Menge von verschiedenen Krankheiten vorkommen können,
und dass man das Wort Moral insanity nur in den sehr seltenen
Fällen verwenden soll, wenn eine andere pathologische Basis der
ethischen Defecte (Epilepsie, Hysterie, Manie, progressive Paralyse etc.)
sicher fehlt und dieselben an sich nicht mehr unter die normal-
psychologischen Zustände gerechnet werden können. Indem wir diese
schwierige Abgrenzung vorläufig bei Seite schieben, betonen wir
hier nur, dass solche antisociale Triebe sich oft im Verlaufe der
genuinen Epilepsie entwickeln und in solchen Fällen entschieden als
durch Krankheit bedingt aufzufassen sind.

Wenn bei solchen Kranken die stärkere Verblödung ausbleibt,
so können sie für ihre Umgebung durch ihre antisocialen Antriebe
sehr störend werden. Die Kenntniss dieser Charakterdepravation
durch die Epilepsie ist für den praktischen Arzt sehr wichtig, weil
er in solchen Fällen als Hausarzt in den Familien durch recht-
zeitiges Eingreifen sehr viel Schlimmes verhindern kann.

Ich gebe nun einen solchen Fall, bei welchem die Krankheit
ebenfalls in jugendlichem Alter ausgebrochen war:

Peter B., geboren 1878, erkrankte im 9. Jahre, aufgenommen in
seinem 14. Jahre, 1892. Schwester der Grossmutter ist epileptisch, sechs
Geschwister des Peter sind an Gefraisch gestorben. In der Schule wenig
gelernt, ohne dass er als geistig abnorm betrachtet worden wäre. Im
9. Jahre ohne jede äussere greifbare Ursache der erste Anfall. Nach
mehreren Monaten der zweite. Jetzt circa alle 8 Tage einen. Ist in der
Anstalt ein vorzüglicher Arbeiter, der mit einer grossen Intensität überall
helfen will, ist jedoch moralisch vollständig pervers. Gegen seine Mit-

patienten ist er sehr unverträglich. Schimpft manchmal in gemeinen Ausdrücken. Ist oft sehr boshaft. Manchmal förmliche Anfälle von Bosheit, in denen er seine Umgebung raffinirt zu ärgern sucht. Wird einmal bei einem Versuch zur Päderastie ertappt. Kann wegen ganz nichtigen Kleinigkeiten wüthend werden und muss dann von der Misshandlung der ihn umgebenden Kranken abgehalten werden. Diese Zustände sind bei ihm nicht immer gleich stark ausgeprägt, sondern wechseln mit grosser Willigkeit und Arbeitsfreudigkeit.

B., der jetzt im 15. Jahre steht und nun 6 Jahre an der Epilepsie leidet, zeigt also zur Zeit erst sehr geringe Intelligenzschwäche und wäre in psychologisch-symptomatischer Beziehung als moralisch irrsinnig zu bezeichnen, wenn nicht die Thatsache der Epilepsie als das Wesentliche erschiene. Es ist aber sehr fraglich, ob dieser Zustand constant bleiben wird. Wahrscheinlich wird B. doch noch schwachsinnig und stumpf werden, so dass er nach diesem gemeingefährlichen Stadium von moralischem Irresein noch einmal in den social viel weniger schädlichen Zustand des epileptischen Blödsinnes geräth.

Social am schwierigsten sind diejenigen Fälle, wo sich im Laufe der genuinen Epilepsie eine solche Charakterentartung entwickelt, während die Anfälle ganz ausbleiben, was ebenfalls in selteneren Fällen vorkommt. Solche Menschen bewegen sich fortwährend auf der Grenzscheide zwischen Psychopathologie und Strafrecht und bringen ihr Leben zum Theil in Gefängnissen, zum Theil in Irrenanstalten zu, was in der That öfter vorkommt. Besonders wichtig ist diese Form von epileptischer Entartung in Bezug auf die Aushebung zum Militärdienst. Manche Soldatenmisshandlung mit ihren schlimmen Folgen für die misshandelnden Vorgesetzten, welche einen „verstockten" Recruten mit Gewalt vorwärts bringen wollen, könnte vermieden werden, wenn vorher das Pathologische des Geisteszustandes richtig erkannt worden wäre. Auf einen solchen Fall bezieht sich das folgende Gutachten:

„Gottlob St., geboren 3. August 1873, alt 18 Jahre. In der Blutsverwandtschaft der Mutter sind einige Fälle von Krampfkrankheiten vorgekommen. Ein Bruder von ihr hat bis in's 17. Jahr, in welchem er nach Amerika ging, sicher Krampfanfälle mit Bewusstlosigkeit gehabt. Ein Kind ist im Alter von einem Jahr an Krämpfen gestorben. Der zweitälteste Sohn ist als Kind oft Nachts aufgestanden und ist träumend herumgewandelt, bis er geweckt wurde. Gottlob bekam im Alter von einem Jahr zum ersten Male Krämpfe; diese traten zuerst häufig, später meist nur jeden Monat an einem Tage, beziehungsweise in einer Nacht dreimal hintereinander auf. Er fiel dabei oft plötzlich hin, wobei er sich öfter den Kopf verletzte, lag dann manchmal ½ Stunde bewusstlos, während Arme und Beine straff ausgestreckt und die Daumen eingeschlagen waren. Herumgeschlagen mit den Gliedern hat er in diesem Zustande angeblich nicht. In der Schule kam er mit Mühe vorwärts, hatte von allen Geschwistern stets die schlechtesten Zeugnisse.

Die Krämpfe kamen vom 6.—10. Jahr meist Abends oder Nachts. Vom 10. Jahr wurden die Anfälle seltener, dafür die einzelnen Anfälle heftiger und länger. Ungefähr im 12. Jahr hat er öfter die „Mundsperre" bekommen. Er riss auf einmal den Mund krampfhaft auf und konnte ihn dann nicht schliessen, bis der Kiefer künstlich zurückgeschoben wurde. Seit dem 15. Jahr blieben die Krämpfe weg.

Gottlob zeigte bis zum 16. Jahr ein sehr kindisches Wesen, lernte zwar Einiges als Tapeziererlehrling, war aber auffallend unbeständig und unfähig in seinen Arbeiten. Er blieb nicht ordentlich bei der Arbeit, trieb läppische Dinge dabei, schnitzelte an Holzstöckchen oder stand theilnahmslos da. Auch nach dem Wegbleiben der Krämpfe war er Nachts öfter unrein mit Urin, was auch im letzten Jahr noch manchmal vorgekommen ist. Seit 1$\frac{1}{2}$ Jahren wird er öfter wegen Kleinigkeiten ganz wüthend, drohte manchmal mit dem Messer. Gegen den Vater ist er oft widerspenstig bis zur Wildheit. Nachts hat er seit dem Wegbleiben der eigentlichen Krampfanfälle im Schlaf Aufregungen, schlägt mit den Fäusten herum, schreit und flucht, so dass ihn die Verwandten deshalb oft wecken. In einem fremden Dienst wird er meist nicht lange behalten, weil er durchaus unselbstständig ist und oft unmotivirt von der Arbeit wegläuft.

Seit einem halben Jahre ist er zu Hause, wird zu kleinen Dienstleistungen verwendet, die er meist mit unverhältnissmässigem Zeitaufwande ausführt. Er selbst will durchaus zum Militär, wollte sich schon vor einem Jahre freiwillig melden.

Die genaue psychiatrische Untersuchung ergibt Folgendes: Ein grober Intelligenzdefect ist nicht nachzuweisen. St. kann sich sprachlich gut ausdrücken, er rechnet Exempel, wie 7×8, 9×11, 12×13 im Kopfe richtig aus, hat auch sonst genügende Schulkenntnisse.

Er hält sich für geistig ganz gesund, will gern zum Militär, aber nicht zur Cavallerie, sondern zur Infanterie. Seine Antworten bestätigen die Angaben der Mutter über seine Unstetheit beim Arbeiten und sein kindisches, spielendes Wesen. Von den Krämpfen weiss er wenig zu erzählen. was nach Krämpfen, die mit Bewusstlosigkeit einhergingen, selbstverständlich ist. Das Auftreten der Mundsperre beschreibt er richtig.

Im Gegensatze zu der Unversehrtheit der blossen Verstandesfunctionen erscheint er in anderen Dingen überraschend kritiklos. Er meint, der unterzeichnete Arzt solle ein Zeugniss schreiben, dass er nicht zur Cavallerie, sondern zur Infanterie komme. Wenn er zur Cavallerie käme, würde er bald sterben. Es fehle ihm an der Lunge. Dabei hofft er bald Unterofficier zu werden; er ist nicht im Mindesten darüber klar, dass er mit dem wilden und widerspenstigen Wesen, welches er z. B. gegen seinen Vater eingestandenermassen gezeigt hat, als Untergebener unmöglich ist. Begriffe von Ehrerbietung, Ordnung, Disciplin fehlen ihm fast ganz. — Bestimmte Wahnideen sind nicht zu ermitteln.

Die Thatsache, dass St. keine groben Intelligenzdefecte hat, spricht nun keineswegs dagegen. dass er an „Schwachsinn" im psychiatrischen Sinne leidet. Solche Menschen, die ganz „verständig" sprechen und erst in ihrem Verhalten zur Aussenwelt sich völlig unstet, kritiklos und widersinnig erweisen, sind jedem erfahrenen

Irrenarzt bekannt. In den Vordergrund zu stellen ist die Thatsache,
dass St. bis in's 15. Jahr unzweifelhaft epileptisch war. Gerade
die Verbindung von mässigem Schwachsinn mit Aufregungszuständen
gestattet im Hinblick auf diese Thatsache die Annahme, dass ein
mit der früheren Epilepsie zusammenhängender pathologischer
Geisteszustand vorliegt, welcher die Einstellung zum Militärdienst
ausschliesst.

Sollte St. im Hinblick auf den scheinbar normalen Geisteszustand, in dem er sich für die oberflächliche Beobachtung befindet,
doch zum Militär eingestellt werden, so würde eine eingehende
Beobachtung und Begutachtung von psychiatrischer Seite nothwendig
werden, sobald er in seinem Benehmen stärkere Auffälligkeiten zeigt."

Man hat nun in psychologischer Beziehung den Begriff der
Epilepsie im Hinblick auf den excessiven und antisocialen Charakter
vieler notorisch Epileptischer so erweitert, dass Menschen mit einem
solchen Charakter, auch wenn sie keine Krämpfe hatten, als epileptisch aufgefasst worden sind. Hiermit muss man aber als Praktiker
besonders bei Gutachten sehr vorsichtig sein. Es geht entschieden
über die Grenze einer Krankheitseinheit hinaus, wenn man schliesslich
alle aufbrausenden Menschen, welche im Zorn eine antisociale Handlung begehen, für epileptisch erklären und unter den Schutz des
§ 51 R. Str. G. B. stellen wollte. Solche Begriffserweiterungen, wenn
sie in der That in Gutachten auf Grund von leichtfertigen wissenschaftlichen Theorien manchmal vorkommen, können bei den Juristen
die Psychiatrie nur in Misscredit bringen.

Nur dann, wenn entweder noch Anfälle vorhanden sind, oder
sicher da waren, oder wenn deutliche „Aequivalente", von denen
wir noch reden werden, vorhanden sind oder waren, kann man solche
„epileptische Charaktere" ohne blosse Wortspielerei unter den
Krankheitsbegriff Epilepsie bringen und entsprechend begutachten.

Viel einfacher liegt die Sache bei den schweren Geistesstörungen,
welche sich im Laufe der epileptischen Erkrankung zeigen können.
Am einfachsten aus dem reinen Bilde des schweren epileptischen
Anfalles zu verstehen sind die postepileptischen Dämmerzustände.
Das Erwachen aus der schweren Bewusstlosigkeit zur völligen
Klarheit geschieht dabei nicht plötzlich, sondern in einer langsam
ansteigenden Art. Die mittleren Grade von Helligkeit des Bewusstseins können nun bei diesem allmählichen Uebergang ziemlich lange
dauern, so dass sich dann ein traumhafter Zustand bei den Kranken
zeigt, in dem sie zwar schon einfache Handlungen vollbringen können,
aber durchaus noch nicht zurechnungsfähig sind. Nun kommt es
öfter vor, dass die Handlungen, welche in solchen „somnambulen" Zuständen begangen werden, die nicht durch richtige Bewachung
vermieden werden, sehr antisocial sind. Am leichtesten wird dies
eintreten, wenn zugleich in diesem Zustand motorische Erregungen
auftreten, welche die Umsetzung von traumhaften Vorstellungen in
criminelle Handlungen begünstigen. Oefter steigern sich diese postepileptischen Erregungen zu starker Tobsucht.

Ferner können diese Bewusstseinstrübungen auch schon vor
den Anfällen eintreten, was ja im Hinblick auf die Aura und den
epileptischen Schwindel nicht verwunderlich ist. In diesen Fällen,

wo die psychische Erregung durch einen epileptischen Anfall eingeleitet oder geschlossen wird, wird meist die richtige Rubricirung des psychischen Krankheitsbildes, die Ersetzung des rein symptomatischen Wortes: Tobsucht oder hallucinatorische Verwirrtheit durch den Krankheitsbegriff „Epilepsie" keine Schwierigkeit machen. Nun kommen aber auch Fälle vor, wo bei notorisch Epileptischen solche acute Geistesstörungen ohne Anfälle auftreten, die man nun im Hinblick auf die prä- und postepileptischen Zustände als einen Ersatz der Anfälle, als Aequivalente auffassen muss.

Diese acuten Geistesstörungen bei Epilepsie können sehr verschiedene klinische Formen darbieten.

Relativ häufig ist eine furibunde Tobsucht, in der die Kranken alles um sich vernichten. Von der gewöhnlichen Manie unterscheidet sie sich durch die Abwesenheit von Ideenflucht oder vielmehr die gleichzeitig vorhandene Einschränkung des Bewusstseins; von der Tobsucht bei progressiver Paralyse, der sie symptomatisch sehr ähnlich sehen kann, durch die Abwesenheit paralytischer Symptome: von den Aufregungszuständen bei den hallucinatorischen Erkrankungen durch das Fehlen eines derartigen Vorstellungsinhaltes. Allerdings kommen auch viele Fälle vor, wo bei epileptischen Aequivalenten Tobsucht mit schreckhaften Hallucinationen verbunden vorkommt, ein Krankheitsbild, welches dann von manchen Zuständen bei der einfachen hallucinatorischen Verwirrtheit kaum zu unterscheiden ist. Vielleicht kann man sagen, dass das motorische Moment bei der auf epileptischer Basis entstehenden hallucinatorischen Verwirrtheit noch deutlicher und elementarer auftritt als bei der einfachen. — In Bezug auf die Umgebung sind diese Erregungen wohl mit das schlimmste, was die Psychopathologie aufweist.

Praktisch ist ein grosses Gewicht auf die Entscheidung der Frage zu legen, ob solche epileptische Geistesstörungen bei schon bestehendem dauernden Schwachsinn auf epileptischer Basis gewissermassen als acute Ausbrüche auftreten, oder ob dieselben nach ihrem Verschwinden einen ganz intacten Intelligenzzustand bei bestehender Epilepsie aufweisen. Hierbei muss vor Allem das Alter, in welchem die genuine Epilepsie einsetzt, berücksichtigt werden.

In dem oben erwähnten Falle hat sich die epileptische chronische Geistesstörung mehr im moralischen Gebiet gezeigt, ohne dass eine stärkere Verblödung eingetreten wäre. Im Allgemeinen kann man sagen, dass, je später eine genuine Epilepsie einsetzt, die Verblödung entweder nur geringe Grade erreicht oder ganz ausbleibt, während das Auftreten von schweren acuten Geistesstörungen als epileptischer Aequivalente bei der später einsetzenden Epilepsie durchaus nicht ausgeschlossen ist. Die Absonderung einer Epilepsia tarda als gesonderter Krankheitsform ist eigentlich ebenso wenig möglich, als man z. B. einen Hirntumor nach der Zeit, in welcher er entsteht, als infantil oder senil bezeichnen kann. Praktisch handelt es sich einfach um die Frage, ob genuine Epilepsie vorliegt oder nicht. — Nun kann man die Regel aufstellen, dass je älter ein Mensch bei dem ersten Auftreten von epileptischen Anfällen ist, die Wahrscheinlichkeit steigt, dass es sich nicht um genuine Epilepsie, sondern um symptomatische Epilepsie bei einer organischen Gehirnkrankheit.

8*

(Paralysis progressiva, Tumor cerebri etc.), oder einer Intoxications-
krankheit (Alkoholismus, Urämie etc.), handelt. Deshalb ist die
sorgfältigste Untersuchung auf neurologische Symptome (Fehlen der
Kniephänomene, reflectorische Pupillenstarre, Sehnervenatrophie,
Stauungspapille etc.), ferner auf organische Erkrankungen, welche
Autointoxicationen bedingen können (chronische Nephritis etc.), ferner
auf Gifteinwirkungen (Alkohol, Blei etc.) durchaus nothwendig, bevor
bei einem Menschen in mittlerem Lebensalter die Diagnose auf
genuine Epilepsie gestellt werden darf. Gerade hier muss erinnert
werden, dass sehr viele Fälle von Epilepsie in die allgemeine Pathologie gehören, in dem Sinn, dass zu dem Phänomen „Epilepsie"
immer erst die specielle Krankheit gesucht werden muss, aus welcher
dasselbe als Symptom entspringt.

Ich gebe nun einen Fall, welcher sich durch das Fehlen der
Intelligenzstörungen nach neunjährigem Bestehen der in der Pubertät
ausgebrochenen Erkrankung auszeichnet.

K. aus D., geboren 1869, Rechtspraktikant. Heredität fehlt. K. kam bei
einer sehr schweren Zangengeburt zur Welt. Er zeigt an der Stirn neben
der Mittellinie und am rechten Hinterhaupt zwei damit zusammenhängende
Schädeldepressionen. War normal bis zu seinem 15. Lebensjahre. Er bekam Diphtherie; als er in der Wiedergenesung war, fiel er eines Tages
früh Morgens nach dem Aufstehen plötzlich um, zuckte mit den Gliedern
und verdrehte die Augen. Er wusste von dem Anfall nur, dass ihm plötzlich schwindlig geworden war. Nach vier Wochen zweiter Anfall, ganz
ähnlich wie der erste. Er befand sich unmittelbar nach dem Erwachen
wieder ganz munter. Durch seine ganze Gymnasialzeit circa alle drei Wochen
ein Anfall, manchmal von Kopfschmerz und Abgeschlagenheit gefolgt. Seit
mehreren Jahren bekommt er manchmal den Schwindel und Zucken in
den Armen, ohne dass er das Bewusstsein verliert. Oefter fühlt er sich
nach dem Anfall ganz abgeschlagen, ist dabei in einer heftigen Unruhe,
kann nicht einschlafen, obgleich er das Bedürfniss dazu hätte, und wird
4—5 Stunden nach dem Anfall sehr müde.

Er ist geistig sehr rüstig, arbeitet viel und nach Aussage der Verwandten mit Erfolg, ist ein vorzüglicher Redner. Seit circa zwei Jahren
kommt es vor, dass er plötzlich in einen Zustand von Halbbewusstheit geräth,
in dem er noch einfache Handlungen, wie Treppensteigen, Stock- und Hut-
ablegen, sich setzen und so fort ganz richtig ausführt, dabei aber schon
geistesabwesend ist und die einfachsten Fragen kaum versteht. Diese
somnambulen Zustände bilden die Einleitung eines schweren epileptischen
Anfalles, nach dem er $1/2$—1 Stunde noch halb benommen ist und sich
an gar nichts erinnert. Seine letzten Erinnerungen reichen meist bis zu
einem Moment, nach dem er sicher, wie die sehr genauen Aussagen der
Verwandten zeigen, noch auf Grund von Vorstellungen äussere Handlungen
gemacht hat. Nach diesen Anfällen, welche ihn und die Verwandten wegen
der Gefahr für seinen Beruf sehr beunruhigen, ist er geistig wieder ganz
rüstig. Während diese Anfälle in den letzten Jahren alle 3—4 Monate auftraten, hat er vor 14 Tagen im Laufe von 3 Tagen 2 Anfälle gehabt.

Es muss nun zunächst die Frage erörtert werden, ob in diesem
Falle die notorische Epilepsie mit den am Schädel greifbaren Folgen
traumatischer Einwirkung bei der Geburt in Verbindung gebracht
werden kann. Dass in Folge von solchen Schädeldepressionen und

Gehirnzerstörungen, welche durch die traumatische Einwirkung
bewirkt sind, Epilepsie entstehen kann, ist ganz klar. Diagnostisch
fragt es sich, unter welchen Umständen eine epileptische Erkrankung auf solche Depressionen bezogen werden kann, woraus die
Indication zu einer Schädeloperation abgeleitet werden könnte. Es
ist in solchen Fällen immer zu fragen, ob irgend welche Herdsymptome vorliegen, besonders ob bestimmte Muskelgruppen isolirt
bei den Krämpfen betheiligt sind oder ob wenigstens die allgemeinen
Muskelkrämpfe in gesetzmässiger Weise in einer bestimmten Muskelgruppe beginnen. Das ist nun im vorliegenden Falle durchaus nicht
zu ermitteln gewesen. Es handelt sich um allgemeine Muskelkrämpfe,
welche ohne bemerkenswerthe zeitliche Differenzen in der Gesammt-
musculatur gleichmässig beginnen.

Nun liegen allerdings die beiden Schädeldepressionen so, dass
daraus eine directe Schädigung der den Extremitäten der anderen
Seite zugeordneten Hirnrindenpartien (im Wesentlichen Centralwindungen) nicht resultiren kann. Ausserdem bedingen sie, wenn
man die Localisationsthatsachen in Betracht zieht, bei Zerstörung
oder Reizung der unter ihnen liegenden Hirnpartien (vorderer Pol
des rechten Stirnlappens und hinterer Pol des rechten Hinterhaupts-
lappens nicht mit Nothwendigkeit anderweitige Herdsymptome.
Aus der Abwesenheit dieser kann nicht sicher geschlossen werden,
dass bei der Depression des Schädeldaches an den genannten Stellen
die darunter liegenden Gehirnpartien normal geblieben sind. Es
besteht also in der That die Möglichkeit, dass die Epilepsie hier
nachträglich auf Grund eines, beziehungsweise zweier bei der Geburt
erlittener Hirntraumata oder durch Druck der eingedrückten Stellen
des Schädeldaches auf die darunter gelegenen Hirnpartien entstanden
ist. Keinesfalls aber liegt eine localisirte sogenannte *Jackson'sche*
Epilepsie vor, die sich erfahrungsgemäss relativ häufig durch ope-
rative Hebung der deprimirten Knochenplatten und Entlastung
der vorher gedrückten Gehirnpartien heilen lässt. Dem ganzen
Verlauf nach muss die Krankheit, selbst wenn die Schädelverletzung
als Ursache mit in Betracht kommen sollte, im vorliegenden Falle
als genuine Epilepsie aufgefasst werden, die erfahrungsgemäss, selbst
wenn die Schädeloperation vorgenommen würde, ungestört verharren würde.

Was die specielle Form der Erkrankung betrifft, so haben wir
hier bei einer und derselben Erkrankung ganz verschiedene Formen
von epileptischen Zuständen voraus. Früher bildeten die schweren
typischen epileptischen Anfälle die Regel. Erst später stellten sich
leichtere Anfälle (Schwindel mit Gliederzucken) ein. Und erst in
neuerer Zeit kamen somnambule Zustände und postepileptische Dämmerzustände vor. Hier ist also diesen leichteren Erscheinungen (Schwindel etc.) und den vorübergehenden Zuständen von Halbbewusstlosigkeit
durch das gleichzeitige Bestehen von schweren epileptischen Zuständen das Siegel der genuinen Epilepsie ohne Weiteres auf-
gedrückt, aber wie gesagt, man muss oft auch ohne das Bestehen von
schweren Anfällen diese diagnostische Rubrik in Anwendung bringen.

Nun ist hier vor Allem die Prognose zu überlegen. Thatsache
ist, dass nach neunjährigem Bestehen der Krankheit ein Hirnzustand

vorliegt, welcher. abgesehen von den vorübergehenden Bewusstseinstrübungen. vollkommen leistungsfähig ist. Trotzdem muss die
Prognose des Falles als sehr bedenklich bezeichnet werden. Es
haben sich in den letzten Jahren nach den Anfällen auffallend lange
Uebergangszustände gezeigt. bevor der Kranke wieder zum Bewusstsein kam. Die Angaben über den Zustand nach der vollen Rückkehr
des Bewusstseins, über die mehrere Stunden darauf eintretende
Schlafsucht — beweisen, dass der einmalige Anfall mindestens für
Stunden hinaus auf das Nervensystem des Betroffenen Nachwirkungen übt. Ebenso beweisen die vor dem Anfall auftretenden
somnambulen Zustände. dass das Moment, welches den eigentlichen
Anfall auslöst. nicht momentan wirkt, sondern schon vorher auf den
cerebralen Mechanismus schädigend einwirkt. Keinesfalls ist die
Prognose so günstig, als es auf den ersten Anblick der Thatsache,
dass D. nach neun Jahren genuiner Epilepsie noch geistig so leistungsfähig ist. erscheinen kann. Ja man muss bekennen. dass in solchen
Fällen selbst nach einem in psychischer Beziehung anscheinend so
günstigen Verlauf, doch noch mit den Jahren, besonders nach Häufung der Anfälle. gegen alles Erwarten der Umgebung völliger
geistiger Verfall eintreten kann.

Selbst wenn die Krankheit in den zwanziger Jahren zuerst auftritt.
ist die Gefahr allmählicher Verblödung nicht ausgeschlossen. Erst
bei dem Ausbrechen von den dreissiger Jahren an kann mit ziemlicher Sicherheit das Intactbleiben der Intelligenz prognosticirt
werden, wobei jedoch acute Geistesstörungen auf der epileptischen
Basis, wie schon gesagt, keineswegs ausgeschlossen sind. Am schwierigsten wird die Diagnose, wenn die ausbrechende Epilepsie gleich
mit einem psychischen Aequivalent, mit einer acuten Geistesstörung
einsetzt, deren epileptische Natur dann meist nur aus dem raptus-
artigen Ausbruch der Krankheit, ihrem rein motorischen Charakter (nach Ausschluss der anderen Formen von „Tobsucht“. beziehungsweise derjenigen Krankheiten, welche Tobsucht bedingen
können) und der plötzlichen Heilung oft mit völliger Amnesie — vermuthet werden kann. Gerade weil in solchen Fällen bei spätem
Ausbruch der Epilepsie der vollkommen normale psychische
Zustand fast immer wieder erreicht wird, können zunächst leicht Verwechslungen mit anderen Formen von kurzdauernder, in Genesung
übergehender functioneller Geistesstörung (Manie. hallucinatorische
Verwirrtheit), oder mit Intoxicationsdelirien vorkommen. In Bezug
auf die Differentialdiagnose der progressiven Paralyse kommt noch
in Betracht, dass sich bei Epileptikern relativ häufig leichte Innervationsstörungen (Asymmetrie der Facialisinnervation. Pupillen-
ungleichheit ohne reflectorische Starre etc.) finden. die, wenn sie
in ihrer diagnostischen Bedeutung überschätzt werden. bei einer im
mittleren Lebensalter acut ausbrechenden Psychose leicht den Fehl-
schluss auf progressive Paralyse bewirken.

Mit Bezug hierauf gebe ich folgenden Fall:

Adam Düring, geboren 1842, Bauer. Zum ersten Male 1883 im Alter
von 41 Jahren in die Klinik aufgenommen. Schwester des Kranken wurde
im Puerperium geisteskrank, ist wieder gesund. Schon seit circa 7 Jahren
zeigte er sich öfter geistesgestört, ohne dass ein Anstaltsaufenthalt noth-

wendig wurde. In letzter Zeit Steigerung der Erscheinungen. Er äusserte plötzlich Furcht, glaubte er werde weggeführt, lief sehr oft in die Kirche, machte sich viele Scrupel, arbeitete aber noch fleissig. Manchmal heftige Steigerungen, in denen er aufgeregter wurde, Furcht vor allerlei Geisterspuk äusserte, weinte, stundenlang betete, Zeichen machte und oft in den höchsten Tönen sang.

Das bezirksärztliche Zeugniss sprach von einem „schlagähnlichen Anfall" und „religiösem Wahnsinn".

In der Irrenabtheilung des Julius-Spitales wurde Folgendes festgestellt: Leichte Parese des linken Facialis, neuralgische Druckpunkte an den Austrittsstellen des Nervus supraorbitalis und infraorbitalis. Sonst keine neurologischen Symptome. Während des ganzen Anstaltsaufenthaltes von circa 7 Wochen keine Spur von geistiger Störung.

Während dieser Zeit war nicht entfernt an Epilepsie gedacht worden. Als er nach circa 3 Wochen wieder in die Irrenanstalt gebracht wurde, stellte sich Folgendes heraus:

Nach seiner ersten Entlassung war er wieder ruhig seiner Beschäftigung nachgegangen. Er klagte nur öfter über heftige Kopfschmerzen. Nach vier Wochen wieder beginnende geistige Störung. Er sprang im Gespräch ohne jede Veranlassung von einem Gegenstand zum anderen, war unstet. Der Schwager wurde von der Schwester herbeigeholt, weil sie sich nicht sicher vor ihm fühle. Als der Schwager hinkam, fand er den D., wie er mit gläsernen Augen im Zimmer herumstierte. Er klagte, dass es in seinem Kopfe nicht richtig sei. Nachts um 12 Uhr fuhr er mit seinem Schwager und anderen Ortsangehörigen in den Wald, um Holz zu holen. Auf dem Heimweg wollte er mit seinem Gespann plötzlich umkehren auf schmalem Wege am Bergabhange, so dass er beinahe ein Unglück angerichtet hätte. Sein Hintermann verhinderte ihn daran und fragte ihn, warum er dies thue. Auf diese Frage gab er eine ganz verstörte Antwort: „Was ist denn?" In der nächsten Nacht stand er wieder plötzlich aus dem Bette auf, schaute seine Umgebung starr an und gab auf keine Frage Antwort. Einige Stunden darauf holte er aus dem Hofe Holz und legte es Stück neben Stück auf den Hausgang. Dann lief er seiner Frau auf Schritt und Tritt nach. Plötzlich fiel er nieder und regte kein Glied mehr. Dieser Anfall dauerte 15 Minuten, ohne dass klonische Zuckungen da waren. Am gleichen Tage traten noch drei solche Anfälle auf. Am nächsten Morgen war er verwirrt, er sagte zu einem Nachbar, der ihn besuchte, indem er ihn ganz starr ansah: „Hast du tolle Hosen an." Abends um 6 Uhr sprang er plötzlich auf die Gasse und schrie: „Mein Haus geht unter, die Welt geht unter." Er tobte und sang die ganze Nacht durch. Nachts sprang er durch das Fenster, lief zu einer ledigen Nachbarin und redete sie mit „Mutter Gottes" an. Bei der alsbald erfolgten zweiten Aufnahme in die Klinik zeigte sich folgendes Krankheitsbild:

D. befindet sich in starker motorischer Erregung. Sein Blick ist unstet. Er agirt und gesticulirt beständig. Ist in sehr heiterer Gemüthsstimmung, hält sich für Gott, Christus, benimmt sich pathetisch. Lacht, singt und redet durcheinander. In Bezug auf Zeit und Ort ist er nicht orientirt. Manchmal unterbricht er sich plötzlich, starrt fest auf einen Punkt, behauptet, da stünde sein Bärbele, seine Frau, die er dann mit Namen ruft. Im Hofe ging er auf eine Wärterin los und redete sie mit dem Namen seiner Tochter an. Entsprechend fortwährende Personenverkennung.

D. zeigte also bei der zweiten Aufnahme ein psychisches Bild. welches lebhaft an die Exaltation der rein maniakalischen erinnerte, aber doch auffallende Abweichungen darbot. Er war stärker verwirrt und unorientirt, als es bei den typischen Manien der Fall zu sein pflegt, zeigte manchmal die plötzlichen Unterbrechungen seiner Erregung, wobei er vor sich hinstarrte und Gestalten sah. Ferner zeigte er starke Personenverkennung, welches Symptom bei den typischen Manien ebenfalls weniger im Vordergrund steht.

Der frühere psychopathologische Zustand wich nach obigen Schilderungen von dem eben beschriebenen völlig ab. Nachdem D. 7 Jahre lang schon zeitweise abnorm gewesen war und schliesslich eine ängstliche Erregung mit religiösem Vorstellungsinhalt bekommen hatte, zeigte er später Zustände, in denen er ein starres Aussehen aufwies und verwirrt redete, — schliesslich bekam er eine Art von somnambulen Zustand, in dem er mit halbem Bewusstsein complicirte Handlungen (Wagenfahren, Holzzusammentragen) vollführte. Nun erst traten 4 Anfälle von Bewusstlosigkeit ohne Krämpfe auf, worauf die zur Zeit der zweiten Aufnahme bestehende acute Psychose ausbrach. Da auch die Anfälle nicht den strengen Typus der epileptischen zeigten, da ferner bei progressiver Paralyse solche Ohnmachten und langandauernde sehr unklare psychische Krankheitsbilder vorkommen, da ferner eine, wenn auch leichte Innervationsstörung vorhanden war, so musste entschieden die Möglichkeit, dass progressive Paralyse vorlag, damals noch in's Auge gefasst werden. Es fehlten jedoch auch damals alle anderen, auf Tabesparalyse deutenden Symptome. Bei der ophthalmologischen Untersuchung zeigten sich tonische und klonische Krämpfe im Levator palpebrae superioris, also ausser der Facialisasymmetrie ein zweites leichtes motorisches Phänomen.

Wenn man mir die Frage stellt, ob nun unter solchen Umständen wenigstens eine Wahrscheinlichkeitsdiagnose auf Epilepsie schon damals gestellt werden konnte, so muss entschieden mit ja geantwortet werden. Der protensartige Charakter der über 8 Jahre sich erstreckenden Geistesstörung, das oft beobachtete starre Aussehen, die somnambulen Zustände, die leichten Innervationsstörungen, schliesslich das Auftreten von langdauernden Ohnmachtsanfällen ohne paralytische Symptome, das alles zusammen gibt ein Bild, welches eigentlich nur in den Rahmen der Epilepsie passt, selbst wenn typische epileptische Anfälle noch gar nicht aufgetreten waren. Bei dieser Auffassung erklärte sich schliesslich auch der im bezirksärztlichen Zeugniss berichtete „Schlaganfall", der dann als epileptischer Anfall erscheint.

Im vorliegenden Falle sind nun alle Zweifel an der Richtigkeit dieser Auffassung dadurch beseitigt worden, dass nach dem raschen Abblassen der manieähnlichen Erregung und mehrwöchentlicher Normalität plötzlich ganz typische epileptische Anfälle mit völliger Bewusstlosigkeit und allgemeinen klonischen Krämpfen auftraten. die wieder von einer starken psychischen Erregung gefolgt waren. Seitdem hat er eine grosse Menge von epileptischen Perioden durchgemacht, die meist mit Verwirrtheit und stereotyper Personenverkennung anfangen, dann schwere epileptische Anfälle mit sich bringen. worauf eine Zeit tollster, manicähnlicher Ausgelassenheit folgt, in der er viel singt und mit bewundernswerther Geschicklichkeit tanzt. Hinterher weiss er von dem in diesen Zuständen Erlebten entweder gar nichts, oder er erinnert sich ganz dunkel. Experimenti causa wurde er während der psychischen Erregung in ganz sonderbare Situationen gebracht, er hatte aber hinterher fast nie mehr auch nur die leiseste Erinnerung daran (cfr. Fig. 14 und 15).

Fig. 14.

D. im gewöhnlichen Zustand

In der Zwischenzeit ist ein deutlicher Schwachsinn bei D. nicht wahrzunehmen. Defecte, die er aufweist, lassen sich als Folgen mangelhafter Schulbildung auffassen. Jedenfalls stimmt der Befund zu dem Satz, dass bei der spät ausbrechenden Epilepsie Verblödung meist ausbleibt.

Bemerkenswerth in diesem Fall sind vor Allem noch die leichten Innervationsstörungen im Facialisgebiet. Bei einer grossen Menge

von Epileptikern findet man dieselben auch während ihrer anfalls-
freien Zeiten. Es können leichte Zuckungen an den Armen oder
Beinen sein, ferner Facialisasymmetrien, Pupillendifferenzen ohne
reflectorische Starre, Störungen der Herzinnervation und vieles andere.
Wenn diese Symptome auch keine eindeutigen Zeichen für Epilepsie
sind, so kann ihr Vorhandensein in zweifelhaften Fällen doch auf
die richtige Spur bringen. Besonders bei länger dauernden

Fig 15

D. in epileptischer Verwirrtheit

Geistesstörungen auf epileptischer Basis, welche manchmal
das Bild einer einfachen Melancholie oder halluzinatorischen Paranoia
vortäuschen können, ist das Vorhandensein von solchen motorischen
Reizerscheinungen sehr zu beachten, weil es auf den richtigen diagnostischen Weg leitet.

Zu diesen Reizerscheinungen gehören auch vasomotorische
Störungen, z. B. plötzliche Oedeme an den Füssen ohne Nephritis.

Ebenso wichtig für die Diagnose sind oft die neuralgischen Beschwerden, welche oft bei Epileptischen mit grosser Intensität gewissermassen als sensible Aequivalente auftreten und in ihrem speciellen Sitz ausserordentlich wechseln. Bald sind es Gesichtsschmerzen, bald Gliederreissen, bald Kopfreissen. Charakteristisch ist das ganz plötzliche, von äusseren Ursachen unabhängige Auftreten, die Unzugänglichkeit für antineuralgische Medication. die oft sehr prompte Reaction auf Brom und das oft ganz ohne Medicament eintretende plötzliche Verschwinden der Störungen.

Solche motorische und sensible Aequivalente sind, wenn man sie anamnestisch sicher feststellen kann, für die richtige Auffassung von langdauernden Geistesstörungen, welche auf epileptischer Basis entstehen können, öfter von grosser Bedeutung. Ich gebe nun zwei Fälle, in denen gerade diese Nebenerscheinungen diagnostisch mit den Ausschlag gegeben haben.

J. B., 40 Jahre alt, Kaufmannsfrau, gerieth nach dem Tode ihres Vaters in eine melancholische Erregung, hörte Nachts Glockenläuten, sah Funken und leuchtende Strahlen vor den Augen. Meinte, dass die Leute über sie reden. Sie kam in eine Privatirrenanstalt, von dort nach mehreren Wochen nach Hause, wo sie von einem halb-sachverständigen Arzt unter der Diagnose Melancholie mit hohen Opiumdosen behandelt wurde.

Bei der Untersuchung zeigte sie, abgesehen von den psychischen Symptomen, auffallende Innervationsstörungen, starkes Zurückbleiben des linken unteren Facialisgebietes beim Sprechen und Lachen, Erweiterung der rechten Pupille ohne reflectorische Starre, ferner eine anfallsweise auftretende Pulsverlangsamung bis auf 48 in der Minute.

Im Hinblick auf diese motorischen Phänomene, welche in Bezug auf Intensität häufig wechselten, wurde nun eine ganz eingehende Anamnese mit Beziehung auf Epilepsie aufgenommen, welche von dem Ehemann und der Frau immer in Abrede gestellt worden war.

Es stellte sich heraus, dass die Kranke früher häufig an plötzlich auftretenden einseitigen Gesichtsschmerzen und anderen Neuralgien gelitten hatte, welche aller antineuralgischen Medication widerstanden. Schliesslich kam heraus, dass diese Anfälle von Schmerzen aufgetreten waren, nachdem die Kranke bis zu ihrem 12. Jahr Krämpfe gehabt hatte. Auf Grund dieser Anamnese und der functionell wechselnden Innervationsstörungen wurde die Diagnose auf Epilepsie gestellt. Ich brach mit dem Opium plötzlich ab und gab mittelstarke Dosen Bromkalium. Der Erfolg war nach der bisherigen mehrmonatlichen vergeblichen Behandlung überraschend. Im Laufe von acht Tagen verschwanden die Sinnestäuschungen fast ganz, dann besserte sich die Gemüthsverfassung; nun traten allerdings wieder heftige Neuralgien auf, die jedoch ebenfalls unter Brombehandlung allmählich wichen.

Hier tritt die grosse praktische Bedeutung der Diagnose auf Epilepsie deutlich zu Tage. Mit der Diagnose ist hier zugleich die Prognose und die therapeutische Indication ohne Weiteres gegeben. Wenn nicht die motorischen Reizerscheinungen hier bei dieser scheinbar einfachen Geistesstörung den Anlass gegeben hätten, nochmals ganz gründlich anamnestisch nach Symptomen von Epilepsie

zu forschen, so wäre wahrscheinlich die Diagnose auf das Grund-
leiden nicht gestellt worden.

Aehnlich liegt der folgende Fall, in welchem die Diagnose auf
Epilepsie erst nach längerer Anstaltsbehandlung gestellt wurde:

Sophie F. aus W., Arbeitersfrau, geboren 1843, aufgenommen 1893, also
in ihrem 50. Jahre. War im Herbst 1892 zuerst in ihrer Wohnung in irren-
ärztliche Beobachtung gekommen. Bot damals das typische Bild einer agitirten
Melancholie. Sie jammerte fortwährend, lief unruhig im Zimmer hin und
her, rang die Hände, verweigerte die Nahrung. Es wurde damals der Rath
ertheilt, sie sofort in die Klinik zu bringen, was aus pecuniären Gründen
nicht geschah. Bei der $^{1}/_{2}$ Jahr später in die Klinik erfolgten Aufnahme,
welche auf Antrag des Hausherrn durch die Polizei erfolgte, machte sie
zuerst den Eindruck einer einfach Melancholischen, zeigte jedoch dabei auffallende Intelligenzschwäche. Sie war sehr kritiklos in Bezug auf die Aus-
führbarkeit von manchen Wünschen, die sie äusserte. Z. B. sagte sie, ihr
Mann habe ein „Mensch" und wollte deshalb, ohne etwas Weiteres von
dieser Person zu wissen, in die Stadt laufen, um sie zu suchen. Dabei
hatte sie viele hypochondrische Klagen. Sie habe einen Stein auf dem Kopf,
es summe im Ohr. Eigentliche Hallucinationen waren nicht nachzuweisen.

Die Intelligenzstörungen machten die paralytische Natur ihrer
scheinbar functionellen Geistesstörung wahrscheinlich. Es liessen
sich jedoch durchaus keine paralytischen Symptome (Fehlen der
Kniephänomene, reflectorische Pupillenstarre etc.) finden. Auch für
andere organische Hirnerkrankungen, besonders Tumor cerebri, wobei
chronische Gemüthsdepressionen und Intelligenzstörungen vorkommen
können, liess sich kein Zeichen finden. Augenhintergrund normal.

Zu einem typischen Bilde functioneller Geistesstörung passte
der psychische Zustand ebenfalls nicht. So blieb die Diagnose im
Dunklen, bis am 14. Juni 1893 ein typischer epileptischer Anfall mit Krämpfen auftrat. Während von den Angehörigen bis
dahin Epilepsie constant in Abrede gestellt worden war, kamen
nun folgende Thatsachen zu Tage:

Schon vor ihrer Verheiratung hatte sie oft starke Kopfschmerzen, die
einige Tage dauerten. Sie lag dann arbeitsunfähig im Bette, gab keine
Antwort, hat nichts gegessen und getrunken. Auch in der Ehe sind solche
Anfälle oft aufgetreten. Von Anfällen, bei denen sie bewusstlos geworden
ist und Krämpfe gehabt hat, weiss der Mann gar nichts. Dabei ist jedoch
in Betracht zu ziehen, dass er sehr oft vom Hause abwesend war. Nach
der erwähnten ängstlichen Erregung im Herbst 1892, während welcher sie
psychiatrisch beobachtet worden war, hat sie sich bald beruhigt, ohne aber
geistig ganz normal geworden zu sein. Sie wurde öfter grob und gewaltthätig. Manchmal hat sie „tolles Zeug" geredet, es ging aber immer
wieder rasch vorüber. Manchmal hat sie den Mann des Ehebruches be-
schuldigt und die Tochter bedroht. Auch hat sie manchmal gedroht, sie
wolle sich umbringen.

Nach der Beobachtung des epileptischen Anfalles stellten sich ihre
epileptischen Zustände immer klarer heraus. Sie zeigte einen überraschenden
Wechsel in ihrem Intelligenzzustande. An manchen Tagen war sie, ohne
dass irgendwelche krampfhafte Anfälle auftraten, ganz blödsinnig, konnte
die einfachsten Rechenaufgaben nicht lösen, konnte kaum ihren Namen an-

geben. An anderen Tagen konnte sie psychisch als ganz normal bezeichnet werden. Anfangs Juli nach Hause entlassen, hat sie sich psychisch allmählich wieder ganz gebessert, leidet nur noch wie früher öfter an heftigen Kopfschmerzen und zeitweiligen Aufregungen.

Hier sind die anamnestischen Daten über die früheren epileptischen Aequivalente ebenfalls erst später zu ermitteln gewesen, und zwar, nachdem durch die klinische Beobachtung ein typischer epileptischer Anfall festgestellt war, während früher Krampfzustände von den Verwandten bestimmt in Abrede gestellt worden waren. — —

Auf Grund der vorstehenden Ausführungen kommen wir zu folgenden Sätzen über Epilepsie:

1. Die mit Bewusstlosigkeit verbundenen Krampfzustände der genuinen Epilepsie können symptomatisch den Anfällen bei organischen Gehirnerkrankungen oder Intoxicationen vollständig gleichen.

2. Eine Krankheitsform „genuine" Epilepsie kann nur auf Grund des Verlaufes aufgestellt werden.

3. Die Diagnose auf genuine Epilepsie nach Beobachtung eines Anfalles kann nur nach Ausschluss aller anderen Erkrankungen, welche epileptische Anfälle als Symptom haben, gestellt werden.

4. Die Krankheit beginnt häufig im jugendlichen Alter, nimmt dann in den höheren Lebensaltern relativ an Häufigkeit ab.

5. Die im Kindesalter auftretende genuine Epilepsie endet meist mit völliger Verblödung.

6. Je höher das Alter beim Ausbrechen der Krankheit ist, desto weniger ist die Gefahr der Verblödung vorhanden.

7. Im Pubertätsalter ausbrechende genuine Epilepsie hat in psychischer Beziehung oft noch eine schlechte Prognose, selbst wenn eine Reihe von Jahren keine stärkeren Intelligenzstörungen aufgetreten sind.

8. Sehr häufig führt die genuine Epilepsie in ihrem Verlaufe zu einer Depravation des Charakters.

9. Es ist vollständig verkehrt, eruptive Menschen und raptusartig denkende Genies unter den Begriff Epilepsie zu bringen, wenn nicht noch andere Zeichen von genuiner Epilepsie (Krämpfe, Aequivalente) an ihnen zu constatiren sind.

10. Epileptische zeigen relativ häufig leichte Innervationsstörungen, welche in zweifelhaften Fällen den Fingerzeig zur richtigen Diagnose geben können.

11. Sehr häufig haben Epileptische heftige, anfallsweise auftretende Schmerzen, welche oft als Neuralgien aufgefasst und behandelt werden.

12. Zu dem Begriff des epileptischen Anfalles gehören weder völlige Bewusstlosigkeit, noch allgemeine Muskelkrämpfe, noch völlige Erinnerungslosigkeit.

Die psychogenen Zustände.

Unter dem Namen „Psychogenie" möchte ich eine bestimmte, praktisch wichtige Gruppe von Krankheitsfällen aus dem grossen Gebiete herausheben, welches man mit dem Sammelnamen Hysterie zusammenfasst.

ὑστέρα bedeutet „Gebärmutter", so dass also Hysterie der bestimmte Ausdruck für ein mit der Genitalsphäre zusammenhängendes (Nerven-) Leiden ist. Nun hat die „Hysterie" im gegenwärtigen klinischen Begriff gar nichts mehr mit dem Uterus zu thun, so dass sich die wissenschaftliche Terminologie zu dem völligen Nonsens der „männlichen Hysterie" verstiegen hat. Für den praktischen Arzt, welcher öfter genöthigt ist, um nicht unwissend zu erscheinen, den richtigen Namen für die Krankheit den Angehörigen seiner Patienten oder diesen selbst zu sagen, hat dieses Wort Hysterie nun den grossen Uebelstand, dass das Publicum bei Hysterie, entsprechend dem ursprünglichen Sinne, fast ausnahmslos an etwas Sexuelles denkt. Während also ein Arzt z. B. einer Mutter die in Bezug auf die Prognose erfreuliche Mittheilung macht, dass die fürchterlichen Krampfanfälle ihrer 7jährigen Tochter auf Hysterie beruhen, entsetzt sich die Mutter im Stillen oder auch manchmal sehr laut über die Zumuthung, dass ihr Töchterchen schon in diesem Alter sexuell verdorben sein soll. Aehnlich ist es, wenn man eine verheiratete Frau im 45. Jahre für „hysterisch" erklärt, eine Mittheilung, welche dem Arzt sicher von vielen Ehemännern übelgenommen wird.

Abgesehen von der völligen Sinnlosigkeit, muss also schon aus Rücksicht auf die Bedürfnisse des praktischen Arztes dieses Wort durchaus beseitigt werden.

Aber nicht einmal als Bezeichnung für eine bestimmte Krankheitseinheit kann das Wort Hysterie bestehen bleiben, weil die unter diesem Namen zusammengefassten Zustände durchaus verschiedener Natur sind. Die Symptomatologie dieser künstlichen Einheit hat sich allmählich so sehr erweitert, dass es geradezu unmöglich ist, dem Praktiker ein bestimmtes Krankheitsbild zu geben, welches er sozusagen als Massstab an die ihm begegnenden Symptomencomplexe anzulegen hätte, um ihre eventuelle Identität mit der Hysterie zu erkennen.

Wer versucht, einen ihm gegebenen Krankheitsfall nach der mehr oder minder grossen Aehnlichkeit mit dem als Hysterie beschriebenen zu diagnosticiren, ohne in jedem einzelnen Falle die Symptomencomplexe genau zu analysiren und den Zusammenhang der Symptome zu erörtern, wird in praxi sehr häufig Fehldiagnosen machen.

Ich will deshalb die Construction eines einheitlichen symptomatischen Bildes der sogenannten Hysterie ganz unterlassen und nur diejenige Gruppe von Erkrankungen daraus hervorheben, welche für eine psychiatrische Diagnostik im engeren Sinne in Betracht kommen.

Nun fängt freilich die Psychiatrie in Bezug auf diese Krankheiten nicht erst bei den Insassen von Irrenanstalten an, sondern gerade der praktische Arzt bekommt sie meistens in die Hände und wird sich der damit an ihn herantretenden Aufgabe nur auf Grund von psycho-pathologischen Kenntnissen gewachsen zeigen.

Dass die von mir getroffene Wahl des Namens „Psychogenie" in sprachlicher und wissenschaftlicher Beziehung allen Anforderungen genügt, möchte ich bezweifeln. Wenn jemand ein besseres

Wort erfindet, wird dieses allen Praktikern und denjenigen Theoretikern, welche Sinn für eine Sprache haben, die Ausdruck, nicht aber blos abstractes inhaltsloses Zeichen sein oder gar durch Nebensinn irreführen soll, sicher willkommen sein. Ich suche mit dem Wort Psychogenie die Consequenzen aus den wissenschaftlichen Erörterungen zu ziehen, welche besonders von *Moebius* und *Rieger* in Deutschland über die Natur der sogenannten Hysterie angestellt worden sind, erkläre jedoch ausdrücklich Hysterie im jetzigen Sinne für den weiteren Begriff. Es handelt sich um Krankheitszustände, welche durch Vorstellungen hervorgebracht und durch Vorstellungen beeinflussbar sind. Dass diese Vorstellungen durch Theile des eigenen Körpers, z. B. bei Frauen durch den Uterus, oder auch durch mechanische, an sich unbedeutende Einwirkungen auf den eigenen Körper veranlasst werden können, ist klar. Ferner ist klar, dass organisch bedingte Krankheitszustände in dem gleichen Individuum Vorstellungen auslösen können, welche ihrerseits auf psychogenem Wege Krankheitszustände bewirken, welche das Bild der organischen Erkrankung gewissermassen umhüllen. Ferner kann es vorkommen, dass mechanische Einwirkungen auf den Körper, welche mechanische Folgen auf diesen haben (Knochenbruch, speciell Schädeltraumen, Erschütterung etc.), zugleich durch Vermittlung von Vorstellungen psychogene Krankheitszustände hervorrufen, welche das Bild der von den mechanischen Folgen des Traumas abhängigen Nervenstörungen compliciren.

Um ganz inductiv vorzugehen, gebe ich zunächst einige Beobachtungen.

I. 11jähriger Knabe. Von chirurgischer Seite an mich gewiesen, mit der Frage, ob ein traumatisch bedingtes, eventuell operables Gehirnleiden vorliege. Der Knabe klagt seit 4 Wochen über starke Kopfschmerzen an einer Narbe, die er am Hinterkopf hat, ferner über Schwindel. Schläft schlecht, sieht matt aus.

Es zeigte sich bei der Untersuchung an der linken Seite des Hinterkopfes eine circa 3½ Cm. lange, 2 Mm. breite Narbe, die über der Unterlage verschieblich ist. Der Knochen darunter ohne jede Spur von Abnormität (speciell ohne Hyperostose oder Depression).

Die der Narbe entsprechende Wunde war im fünften Lebensjahr durch einen Fall gegen eine scharfe Kante entstanden, also 6 Jahre vor Eintritt der Beschwerden. Es fragte sich nun zunächst, ob vielleicht eine Verletzung der inneren Glastafel des Schädels mit Einwirkung auf die darunter befindliche Hirnsubstanz oder die Hirnhäute, oder eine unmittelbare Schädigung der Hirnsubstanz durch das Trauma entstanden war, oder ob hinterher sich ein pathologischer Process an dieser Stelle entwickelt hatte. Abgesehen von der Länge der Zwischenzeit fehlten jedoch alle Symptome, welche auf ein organisches Hirnleiden deuten konnten (Herdsymptome, Stauungspapille). Ebenso wenig war der Zustand der Narbe so, dass er das Auftreten von localisirten Schmerzen an dieser Stelle hätte rechtfertigen können.

Es lag sonach die Thatsache vor, dass 6 Jahre nach Erleiden einer Verletzung die getroffene Stelle als höchst schmerzhaft empfunden wird, ohne dass eine mechanische Ursache zu

dieser Schmerzhaftigkeit vorhanden wäre. Es wird also hier
auf rein psychogenem Wege die Vorstellung von der Stelle einer
Verletzung mit einer Schmerzempfindung vergesellschaftet.

In der Annahme, dass es sich um einen psychogenen Zustand
handelte, wurde von jeder operativen Behandlung (Narbenexcision etc.)
dringend abgerathen.

Allerdings ist eine mechanische Behandlung solcher psychogen
schmerzhafter Körperstellen oft das beste Mittel, um Vorstellungen
zu erregen, welche ihrerseits die psychogenen Schmerzen wieder
beseitigen. Von diesen mechanischen, aber psychisch wirkenden
Agentien sind Massage und Elektricität die besten. In der That
haben sich bei dem eben besprochenen Knaben die Beschwerden nach
einer 14 Tage lang durchgeführten Massage der in mechanischer
Beziehung durchaus nicht pathogenen Narbe vollständig verloren.
Er sieht jetzt wieder blühend aus, schläft gut, ist heiter und frei
von allen Kopfbeschwerden seit einem Jahre.

Nachdem wir oben die psychogene Entstehung des Zustandes
betont haben, müssen wir im Hinblick auf den Verlauf als zweites
Charakteristicum die Beeinflussbarkeit durch Vorstellungen,
welche im speciellen Fall durch ein mechanisches Hilfsmittel erregt
waren, hervorheben.

II. Beobachtung. 14jähriger Knabe, ebenfalls von chirurgischer Seite
zur Begutachtung gesandt.

Seit 3 Wochen heftige Schmerzen an der Stirn, besonders an der
Stelle, wo sich eine alte Narbe befindet. Unruhiges, heftiges Wesen, sehr
wechselnde Stimmung, schwankender Gang.

Es zeigte sich eine 2 Cm. lange, 1/4 Cm. breite Narbe an der rechten
Stirnseite, auf der Unterlage verschieblich. Darunter der Knochen etwas
verdickt. Es waren keinerlei Symptome vorhanden, die ein organisches
Gehirnleiden beweisen konnten. Während der Gang ein sonderbares Schwanken
zeigte, war bei genauerer Untersuchung keine Spur von Ataxie vorhanden.

Ebenso war in der Beschaffenheit der Narbe kein Grund zu der
Schmerzhaftigkeit vorhanden. Dieselbe war im 9. Jahr, also 5 Jahre
vor Ausbruch der Krankheit, entstanden. .

Es wurde die psychogene Natur der Beschwerden angenommen und eine entsprechende Therapie eingeschlagen. Der Knabe
wurde mit dem galvanischen Apparat ohne Strom behandelt, wobei
die eine Elektrode auf die Stelle der Schmerzhaftigkeit aufgesetzt
wurde. Nach 10 Tagen vollkommenes Verschwinden der Symptome.

Hier ist nun vor Allem hervorzuheben, dass — abgesehen von
der localisirten Schmerzempfindung ohne mechanischen Grund — noch
eine Anzahl anderer psychischer Symptome aufgetreten waren,
welche den Angehörigen als eine krankhafte Veränderung aufgefallen
war, nämlich ein unruhiges, heftiges Wesen mit sehr wechselnder
Stimmung. Die an einen früher notorisch verletzten Theil localisirte
Schmerzempfindung wird hier gewissermassen von einer Hülle anderer
psychischer Symptome eingewickelt.

Ferner hat sich ein Symptom gezeigt, welches auf den ersten
Anblick den Eindruck einer durch wirkliche Nervenerkrankung
bedingten Erscheinung macht: nämlich das Schwanken. Diese
scheinbare Aehnlichkeit wurde jedoch bei genauerer Untersuchung

als gegenstandslos erkannt, weil in Wirklichkeit keine Ataxie der Beine vorhanden war. Im Zusammenhang mit den anderen Symptomen, den allen eine mechanische Grundlage mangelte, muss also auch dieses Symptom als psychogen aufgefasst werden, wenn es auch fast unmöglich ist, sich vorzustellen, in welcher Weise oder durch welchen psychischen Mechanismus dieses Symptom bei solchen psychogenen Zuständen zu Stande kommen kann.

III. Beobachtung. 24jähriges Mädchen, bekam in ihrem 17. Lebensjahr beim Passiren einer Brücke, Abends, plötzlich von einem Rowdy einen Messerstich in die rechte Stirnseite, war nach einer Reihe von Tagen wieder völlig geheilt. Arbeitete wieder als Büglerin. Seit mehreren Wochen heftige Kopfschmerzen in der rechten Stirnseite, Mattigkeit, Schlafsucht, Aengstlichkeit. Kommt selbst zum Nervenarzt, weil sie meint, es sei ein Nerv verletzt.

Bei der Untersuchung zeigt sich über der äusseren Seite des Arcus superciliaris rechts an der Stirn eine unregelmässig gestaltete Narbe. Diese ist verschieblich. Der Knochen ist intact.

Symptome einer Hirnerkrankung sind nicht vorhanden.

Ebenso wenig konnte an eine peripherische Nervenverletzung gedacht werden. Es wurde daher die psychogene Natur der Schmerzen angenommen und die anderen Symptome, Mattigkeit, Aengstlichkeit, Schlafsucht als Begleiterscheinungen davon aufgefasst.

Unter Anwendung von einer spirituösen Einreibung erfolgte, ohne dass die Kranke sich mehr als zweimal ihrem Arzt vorstellte, Heilung.

Diese Beobachtungen stimmen überraschend überein:

1. Alle drei Kranke hatten eine Verletzung erlitten mit sichtbaren und fühlbaren Folgen an ihrem Körper.

2. Alle drei Kranke hatten jahrelang an den betroffenen Stellen keine Beschwerden.

3. Bei allen drei Kranken stellten sich nach mehreren Jahren Beschwerden ein, welche sich auf die betroffene Körperstelle bezogen, ohne dass der Zustand der mechanisch früher geschädigten Stellen zur Erklärung der Symptome ausgereicht hätte.

4. Bei allen drei Kranken war der Zustand durch Verstellungen beeinflussbar, welche durch Anwendung mechanischer Mittel erweckt wurden (Massage, Elektricität, Einreibung).

5. Bei allen drei Kranken zeigten sich, abgesehen von den psychogenen Schmerzen, noch andere psychische Symptome (Schwindel, aufgeregtes Wesen, Mattigkeit, Aengstlichkeit u. s. f.), welche unter derselben Behandlung schwanden.

Von diesen Sätzen aus, welche aus der Analyse einer kleinen Gruppe ähnlicher Fälle entstanden sind, gewinnen wir den Zugang zu einer Reihe entsprechender Krankheitserscheinungen, bei welchen nur ein oder das andere Symptom in graduell verschiedener Weise auftritt. In der Erweiterung des ersten und dritten Satzes müssen wir sagen, dass oft gar keine fühlbaren oder greifbaren, überhaupt physikalisch nachweisbaren Folgen vorhanden sein brauchen und

doch starke Beschwerden vorhanden sind. Hieraus entspringen zwei
für den praktischen Arzt ausserordentlich wichtige Regeln:

I. Es ist falsch, aus dem Vorhandensein von localisirten Beschwerden sicher auf das Vorhandensein von
localisirten Organerkrankungen zu schliessen.

II. Es ist falsch, aus der Abwesenheit eines objectiven
Befundes auf das Nichtvorhandensein von Beschwerden
zu schliessen. Dieser Satz kommt besonders in Betracht, wenn
Beschwerden geklagt werden, während sich objectiv nichts
findet. Es darf nie in solchen Fällen ohne Weiteres
Simulation angenommen werden. Dies ist eine der wichtigsten
Regeln für die Begutachtung von Unfallskranken und darf von keinem
Arzt, welcher auf wissenschaftliche Bildung und Humanität Anspruch
erheben will, ausser Acht gelassen werden.

Der erste Satz (I), welcher den Schluss vom Vorhandensein
localisirter Beschwerden auf das Vorhandensein localisirter Organerkrankungen verwirft, ist besonders wichtig in Bezug auf Beurtheilung von Magen- und Unterleibsleiden. Diese localisirten
Schmerzen werden dann gewöhnlich als Folge von Organerkrankungen betrachtet und an Stelle, dass z. B. solche in die Uterus-
gegend localisirte Schmerzen in ihrer psychogenen Natur erkannt
werden, erörtert man die Frage der Ovariotomie oder kratzt den
Uterus aus.

Ebenso können durch Nichtbeachtung dieses Satzes in der
Behandlung von „Magenkranken" grosse Fehler gemacht werden.
Manche als „Magengeschwür" aufgefasste Fälle gehören in das
Gebiet dieser psychogenen localisirten Schmerzen, welche jeder
praktische Arzt kennen muss.

Wir kommen nun zur Weiterbildung des zweiten Satzes,
welcher aus der Analyse der obigen Fälle abstrahirt war. Während
in den obigen Fällen die Schmerzen an der betroffenen Stelle erst
eine Reihe von Jahren nachher aufgetreten sind, kommt es häufig
vor, dass die Beschwerden sich unmittelbar nach einem
Trauma einstellen, ohne dass sie aus den objectiven Folgen
des Traumas erklärt werden können. Diese Zustände hat man
unter dem Sammelnamen der traumatischen Neurosen mit inbegriffen.
Wir lassen jedoch hier in dieser psychiatrischen Diagnostik die
theoretische Differenzirung dieser Zustände ganz bei Seite und erörtern nur das davon, was sich mit unserem Begriff der Psychogenie deckt. Da nun ein Trauma häufig zugleich mechanische
Wirkungen hat, welche ihrerseits Schädigungen und Verletzungen
der Nervensubstanz verursachen können, so zeigen sich oft nach
Traumen sehr complicirte Krankheitsbilder, auf deren Analyse es
gerade in der Praxis ankommt.

Während es in anderen Theilen der Psychiatrie, z. B. in Bezug
auf die Geistesstörungen bei progressiver Paralyse, vollkommen
thöricht wäre, Combinationen von Krankheiten anzunehmen, indem
man z. B. eine Tobsucht am Beginn einer progressiven Tabesparalyse als zufällige Combination einer lange bestehenden Tabes mit
einer functionellen Geistesstörung auffasste, — muss entschieden
in Bezug auf die nach Trauma auftretenden Nervenkrankheiten der

Gesichtspunkt der Combination verschiedener Arten von Nervenkrankheiten festgehalten werden.

Die psychogenen Zustände nach Trauma sind also oft
nur Theilerscheinungen des Gesammtkrankheitsbildes, welches durch
das Trauma zu Stande kommt. In Gutachten kommt es zunächst
darauf an, diesen Theil der Beschwerden, von den durch die objectiven Folgen der Verletzung bedingten herauszulösen. Nun mischt
sich noch ein drittes Moment hinein, nämlich der Umstand, dass
durch lebhafte psychische Eindrücke im Nervensystem functionelle
Störungen im Mechanismus des Nervensystems verursacht werden
können, welche aber dann durchaus unabhängig vom Vorstellungs-
leben sind und denen dann das zweite Kriterium der von uns als
Psychogenie bezeichneten Zustände fehlt, nämlich die Beeinflussbarkeit.
Die Mehrzahl dieser Störungen fallen nicht in das Gebiet einer
psychiatrischen Diagnostik oder höchstens nur insofern, als sie
durch plötzliche, besonders schreckhafte psychische Eindrücke verursacht sind; — gehören vielmehr symptomatisch eher der reinen
Neurologie an, indem sie zwar von psychischen Zuständen veranlasst, aber nach ihrer Genesis unabhängig davon sind. Hierher
gehört ein Theil von den sogenannten „Schreckneurosen".

Vorläufig interessiren uns diese Zustände nur insofern, als
sie sich in traumatischen Nervenkrankheiten mit psychogenen
Zuständen im obigen Sinne und organisch bedingten Nervenstörungen
verbunden zeigen. Die folgenden Gutachten gehen im Wesentlichen
auf die Differenzirung der complicirten Krankheitsbilder, welche
nach Trauma zu Stande kommen, hinaus.

Bei allen diesen Unfallsnervenkrankheiten muss der Praktiker
in folgender Weise vorgehen: Zuerst ist festzustellen, ob von der
traumatischen Einwirkung objectiv nachweisbare Spuren zurückgeblieben sind. Dann ist im Anschluss hieran zu erörtern, ob in Folge
des Unfalls Nervenapparate mechanisch verletzt sein können. Drittens
ist zu überlegen, ob die geklagten subjectiven Beschwerden ganz
oder zum Theil von der eventuellen mechanischen Schädigung der
Nervensubstanz abhängen. Viertens ist, wenn ein Rest von subjectiven Beschwerden vorliegt, welcher sich nicht aus der Verletzung
der Nervensubstanz erklärt, zu fragen, ob ein psychogener Zustand
in unserem Sinne — oder Simulation vorhanden ist.

Ich gebe nun zunächst einige Beispiele, in denen solche psychogene Beschwerden zum Theil allein, zum Theil mit anderweitig bedingten Störungen combinirt vorhanden sind.

M. K., Schreiner aus W., 46 Jahre alt, fiel im December 1892 von
einer Leiter rückwärts herunter, schlug in der halben Höhe des Falles von
circa 4 Meter mit der linken Brustseite gegen ein Geländer und fiel mit
dem unteren Theil des Rückens auf eine Steintreppe. Er wurde ohnmächtig,
erwachte nach circa einer Stunde, wusste nichts von dem Moment des Auf-
schlagens, sondern nur, dass er im letzten Moment nach einem Halt ge-
griffen hatte.

Es wurde ein Bruch zweier Rippen links und ein Beckenbruch constatirt. Nach Heilung der Knochenbrüche Fortbestand der Beschwerden.

Ich gebe nun einen Auszug aus dem Gutachten:

„Ich schliesse mich zunächst dem von chirurgischer Seite ausgesprochenen Satze an, dass der geringe objective Befund in ent-
schiedenem Widerspruch mit den Klagen des Patienten steht.

Letztere beziehen sich auf Schmerzen am Rücken, die an den
unteren Theil der Lendenwirbelsäule verlegt, und die angeblich
beim Liegen und bei lebhaften Bewegungen speciell beim Bücken
schlimmer werden, ferner starke Schmerzempfindlichkeit bei Druck
auf die seitlichen und nach rückwärts gelegenen Partien des Beckens,
ferner über sonderbare Empfindungen besonders am rechten Bein,
als ob dasselbe geschwollen sei, ferner über Schmerzen am rechten
Bein, welche sich in der von chirurgischer Seite angegebenen Weise
(„Druck auf die zwischen den Lendenwirbeln austretenden Nerven")
vielleicht erklären lassen, die jedoch nur einen Bruchtheil der Beschwerden des M. ausmachen. Es fragte sich also zunächst, ob zur
Erklärung der Beschwerden, zu welcher der objective Befund nicht
ausreichend war, ein Rückenmarksleiden herangezogen werden
konnte, welches eventuell als Folge der Erschütterung oder anderweitig bedingter Verletzung beim Fall auf den Rücken hätte angenommen werden können. Ich schliesse nach eingehender Untersuchung
ein solches Leiden, sowohl ein organisches als ein functionelles mit
Sicherheit aus.

Andererseits ist für jeden psychiatrisch Erfahrenen bei M. nach
genauer Unterhaltung an Simulation nicht zu denken.

M. ist von seinem Leiden fest überzeugt, befindet sich in einem
hypochondrisch-melancholischen Gemüthszustande und empfindet die
von ihm angegebenen Beschwerden wirklich.

Zudem hat der Mann, ohne dass ich seine Identität mit dem
Unfallskranken, auf den sich der mir zugestellte Act bezog, kannte,
und bevor M. den Auftrag, sich bei mir zur Untersuchung einzu-
stellen — also schon vor meiner Beschäftigung mit dem Unfallsact —
mein Interesse erregt. Ich hatte Gelegenheit, ihn öfter bei dem
Bau der neuen psychiatrischen Klinik in Würzburg, wobei er mit
leichter Tischlerarbeit beschäftigt war, zu sehen. Er hinkte in einer
höchst seltsamen und ganz gleichbleibenden Weise, indem er das
linke Bein steif hielt und dem Becken eine schiefe Stellung gab und
knickte öfter mit den Knieen ein. —

Ich komme also zu dem Schluss, dass M. wirklich die von ihm
angegebenen Beschwerden empfindet, selbst wenn der objective
Befund am Becken zu ihrer Erklärung nicht ausreicht. Es liegt
einer von den nach schweren Unfällen nicht seltenen Fällen von
traumatischer Hysterie vor. Ich halte es für billig, dem Manne
die Rente von 60 Procent zunächst auf weitere drei Monate zu
belassen.

Zugleich bemerke ich, dass ich diesen Zustand unter geeigneter
Behandlung entschieden für besserungsfähig halte, da eine organische
Nervenverletzung nicht vorliegt."

Dieses (abgekürzt wiedergegebene) Gutachten soll dem Praktiker den Gedankengang in solchen Fällen illustriren. Zuerst wird
der objective Befund, dann die Möglichkeit einer Verletzung der
Nervensubstanz, dann das Verhältniss der subjectiven Beschwerden
zum Befund, sodann die Annahme der Simulation erörtert.

Aehnlich liegt das Verhältniss in folgendem Falle, in dem noch weniger mechanische Wirkungen des Unfalles vorlagen.

„B. A., 36 Jahre alt, Steinbrucharbeiter. B. sah, als er am 16. Mai 1891 im Steinbruch arbeitete, plötzlich einen Felsblock von oben herabfliegen. Er suchte bei Seite zu springen, wurde von der fallenden Steinplatte schräg von hinten noch getroffen und bei Seite geschleudert. War nur kurze Zeit ohnmächtig. Die locale Folge der Contusion am Rücken waren nur geringe Quetschungen.

B. klagt zur Zeit, 4. April 1893, über Schmerzen am Rücken und auf der Brust, Unfähigkeit zu gehen, Zittern an Händen, Füssen und Rumpf, ferner über Schwindelanfälle.

Bei den mehrfachen Untersuchungen zeigte sich folgender Befund: Schmerzhaftigkeit des ganzen Rückens, besonders der Wirbelsäule bei Druck. Eine greifbare Ursache für diese Schmerzhaftigkeit ist nicht vorhanden. Puls andauernd beschleunigt auf 90—120. Zittern des ganzen Körpers, besonders auch des Kopfes.

Zittern der Lippen. Sehr gesteigerte Reflexempfindlichkeit. Die Kniephänomene sind stark gesteigert. Besonders auffällig ist die starke gleichzeitige Contraction der Antagonisten des Quadriceps bei Beklopfen der Quadricepssehne. Das Zittern des Körpers ist in der Ruhelage geringer, steigert sich nach den geringsten Anstrengungen.

Nach geringen Anstrengungen beim Laufen wird er schwindlig und sinkt zusammen. Bei geschlossenen Augen fällt B. nach hinten um. Der Mann ist in einem sehr gedrückten Gemüthszustande, bricht manchmal nach leichten Anstrengungen bei gleichzeitigem Erbleichen in Thränen aus. Er ist in ausserordentlichem Masse schreckhaft.

Auf Grund dieses Befundes lassen sich folgende Sätze aufstellen:

1. Eine organische Rückenmarksläsion in Folge der Verletzung am Rücken ist nicht vorhanden.

2. Die wechselnden Schmerzen am ganzen Rücken bei völliger Anwesenheit einer anatomisch nachweisbaren Ursache könnten als Simulation aufgefasst werden, obgleich erfahrungsgemäss nach solchen Verletzungen oft Schmerzen ohne greifbare Ursache vorkommen.

3. Die motorischen Symptome (Zittern, erhöhte Reflexerregbarkeit, Pulsbeschleunigung etc.) lassen sich in der bei dem Manne vorhandenen Weise nicht simuliren.

4. In Zusammenhang mit den sub 2 erwähnten sensiblen Störungen und den psychischen Anomalien (gedrückte Gemüthsstimmung, erhöhte Schreckhaftigkeit) ergeben diese motorischen Störungen das öfter vorkommende Krankheitsbild einer cerebral bedingten functionellen Neurose, die sich unter den Sammelnamen Hysterie bringen lässt.

5. Für das Zustandekommen dieser Krankheit ist weniger die mechanische Läsion durch den herabfallenden Stein (cfr. Anamnese) als vielmehr das schwere „psychische Trauma" beim Anblick des fallenden Steines und im Moment des Getroffenwerdens verantwortlich zu machen.

6. Die Erkrankung, welche den Kranken völlig arbeitsunfähig macht, ist durch den Unfall verursacht.'

Nun muss bemerkt werden, dass durch solche traumatische Einwirkungen auch länger dauernde Gemüthsverstimmungen bewirkt werden können, welche sich oft mit den mechanischen Folgen compliciren.

„Z. J., 32 Jahre alt, Dachdecker, fiel am 11. Juli 1892 vom Gerüst circa drei Stockwerke herunter, blieb zweimal beim Fallen hängen und schlug mit dem Kopf auf einen Haufen von Glasscherben. Z. klagt über Kopfschmerzen, Schwindel, Mattigkeit, dauernde Verstimmung, ferner Schmerzen an den Fersen beim Gehen.

Da alle diese Beschwerden simulirbar sind, so frägt es sich, ob objectiv nachweisbare Spuren eines krankhaften Zustandes bei Z. zu finden sind. Ausser der kleinen Narbe an der Stirn befindet sich am Hinterkopf dicht neben der Mittellinie, circa 4 Cm. über der Protuberantia occipital. externa eine unregelmässig gestaltete Narbe, welche über der Unterlage verschieblich ist. Unter dieser zeigt das Schädeldach eine Depression, wie sie nach schweren Kopfverletzungen auch ohne äussere Wunde öfter beobachtet wird. Diese Depression ist offenbar eine Folge der mechanischen Läsion beim Aufschlagen nach dem Sturz.

Abgesehen von den allgemeinen Kopfschmerzen, welche nicht an einen bestimmten Theil des Schädels verlegt werden, ist diese Stelle des Schädels bei Druck sehr empfindlich. Der Kranke schreckt bei ihrer Berührung zusammen, wird bleich und sagt, dass er schwindlig werde. Dabei ist im Zustand der Narbe und im gegenwärtigen Zustand des wieder consolidirten Knochens ein Grund zu dieser grossen Empfindlichkeit nicht gegeben. Diese Symptome sind indirect psychisch bei Berührung der Stelle der traumatischen Einwirkung bedingt, was erfahrungsmässig bei traumatischen Nervenkrankheiten, auch wenn das Unfallsgesetz gar nicht in Frage kommt, öfter vorkommt.

Ferner zeigt der Kranke ein in keiner Weise simulirbares Symptom: Die linke Pupille ist bei mittlerer Beleuchtung beträchtlich weiter als die rechte. Bei stärkerer Beleuchtung geht die linke mehr zusammen als die rechte, so dass die Differenz etwas ausgeglichen, aber nicht ganz gehoben wird. Die rechte Pupille reagirt auf Lichteinfall schwächer als die linke. Beide oberen Augenlider hängen etwas tiefer herab, als bei normalen Menschen, jedoch ist eine eigentliche Parese der betreffenden Oculomotoriuszweige nicht vorhanden. Ueber die Pupillen befindet sich in dem Bericht von Herrn Dr. G. vom 1. December 1892 die Notiz, dass bei der Aufnahme in's Spital nach dem Unfall die Pupillen prompt auf Lichteinfall reagirten. Dieses Symptom: Differenz der Pupillenweite und träge Reaction auf der rechten Seite hat sich also erst später eingestellt, was bei den durch Erschütterung bedingten Nervenkrankheiten manchmal vorkommt, ohne dass progressive Paralyse vorliegt.

An den Fersen, wo Z. Schmerzen beim Gehen hat, ist durchaus nichts greifbares Pathologisches zu finden. Es muss jedoch folgendes zur Beurtheilung dieses negativen Befundes angeführt werden: Z. will bei dem Sturz mit den Absätzen an einer Rinne hängen geblieben sein, so dass von den Stiefeln die Absätze und Sohlen bei dem Fall abgerissen wurden und er hinterher eine Schwellung an den Fersen hatte. Die Fersen sind demnach für Z. eine bei dem Sturz besonders betroffene Stelle, selbst wenn sich keine objective Veränderung an den Gelenken, Sehnen, Knochen etc. finden. Solche Schmerzhaftigkeit an objectiv normalen Stellen, die von einem Trauma betroffen wurden, findet man öfter auch bei Menschen, für welche das Unfallsgesetz gar nicht in Betracht kommt, so dass also solche Angaben, wenn im Uebrigen keine Indicien für Simulation vorliegen, glaubhaft sind.

Der allgemeine Zustand des Z. ist ein sehr schlechter. Er ist stark abgemagert, sieht bleich und verfallen aus. Der Gesichtsausdruck ist mit kurzen Unterbrechungen traurig. Ohne ein Magenleiden zu haben, ist Z. seiner Angabe nach ganz appetitlos, isst sehr wenig. Die Kraft der Hände beim Druck ist abnorm gering. Er kommt sofort bei dieser leichten Anstrengung in ängstliche Aufregung. Grobe Bewegungsstörungen sind nicht vorhanden. Die Kniephänomene sind beiderseits gesteigert. Bei ihrer Auslösung, selbst wenn die Sehne ganz leicht beklopft wird, schreckt Z. ängstlich zusammen, wird öfter dabei ganz blass und aufgeregt. Er zeigt auch sonst eine abnorme Schreckhaftigkeit. Z. befindet sich fast dauernd in einem niedergeschlagenen Gemüthszustande, in dem er eigentlich fortwährend an den erlittenen Sturz denkt und sich öfter in die fürchterliche Angst im Moment des Absturzens hineindenkt. Am schlimmsten ist dieser Zustand in Situationen, welche äusserlich an die bei dem Unfall vorhandenen erinnern, z. B. wenn er eine Leiter oder Treppe besteigen soll. Die Schwindelgefühle, von denen in den früheren Gutachten öfter die Rede ist, befallen ihn meist beim Denken an den Fall. Er ist öfter vor meinen Augen bei der Erwähnung des Stürzens (nicht bei Besprechung der Folgen des Sturzes) in Thränen ausgebrochen.

Er ist innerlich so von diesem zwangsartigen Denken in Anspruch genommen, dass er dadurch zu anderer geistiger Arbeit oder einer körperlichen Arbeit, welche geistige Spannung und Aufmerksamkeit erfordert, wenig tauglich ist. Dieser abnorme Gemüthszustand ist nicht gleich auf den ersten Anblick erkennbar, weil Z. ihn eher verheimlicht, schon weil er erfahrungsmässig weiss, dass er heftige Angst bekommt, wenn er von dem Herunterfallen redet.

Die Sensibilität ist am ganzen Körper normal. Die Angabe des Z., dass er Schmerzen beim Gehen in den Fersen empfindet, ist schon erwähnt.

Auf Grund dieser Feststellungen lässt sich folgendes über Z. aussagen:

1. Z. hat eine durch das Trauma verursachte Depression des Schädeldaches.
2. Z. hat ein auf Erkrankung des Nervensystems deutendes motorisches Symptom (in Bezug auf die Pupillen).
3. Z. ist psychisch abnorm, wenn auch sein Zustand noch nicht unter den sonstigen Begriff von „Geisteskrankheit" zu bringen ist. Und zwar setzt sich diese Abnormität in einer von den gewöhnlichen Krankheitsformen etwas abweichenden Weise aus drei allerdings eng zusammenhängenden Bestandtheilen zu-

sammen: 1. Chronische Gemüthsverstimmung. 2. Zwangdenken.
3. Psychisch bedingte Schmerzhaftigkeit an einer objectiv normalen Körperstelle (Fersen).

Es frägt sich nun, in welchem Verhältnisse diese wesentlichen
Punkte: traumatisch entstandene Schädeldepression, Pupillenabnormität und abnormer psychischer Zustand untereinander stehen.

Es fehlen alle Symptome dafür, dass durch die Depression des
Schädeldaches eine organische Gehirnverletzung zu Stande gekommen ist. Erfahrungsmässig können solche Depressionen ohne jede
organische Schädigung der Gehirnsubstanz entstehen und bestehen.
Selbst wenn nun unter dieser Stelle des Schädeldaches eine anderweitig symptomlose Schädigung der Hirnsubstanz entstanden wäre,
z. B. Blutung, Erweichung etc., so liessen sich hiermit die Pupillensymptome nicht in Verbindung bringen.

Diese sind ein Zeichen einer anderweitigen, nicht mit der Depression als solcher, wohl aber mit der Erschütterung beim Auffallen zusammenhängenden Nervenerkrankung. Nun kommt dieses
Symptom (Pupillendifferenz mit Trägheit der Reaction) meist vor
bei organischen Erkrankungen des Rückenmarkes oder bei den mit
Rückenmarkserkrankung verbundenen Gehirnerkrankungen (progressive Paralyse). Es sind jedoch bei Z. keine anderweitigen Symptome
einer solchen vorhanden.

In seltenen Fällen ist nun auch nach schweren Erschütterungen des Nervensystems ohne eine fortschreitende organische
Erkrankung dieses Symptom der reflectorischen Pupillenstarre beobachtet worden, als Ausdruck einer dauernden, wenn auch nicht anatomisch nachweisbaren Erkrankung des Nervensystems in Folge der
Erschütterung. Eine entsprechende Annahme erscheint mir im vorliegenden Falle die wahrscheinlichste. Es handelt sich in Bezug auf
die Pupillenabnormitäten nicht um einen unaufhaltsam fortschreitenden Process (wie bei Tabes oder progressiver Paralyse), sondern
um einmalige dauernde Wirkung der Erschütterung. Dass das
Phänomen nicht unmittelbar nach der Erschütterung sichtbar gewesen ist, spricht nicht gegen diese Auffassung.

Die Erschütterung selbst ist nun keineswegs als directe Ursache der psychischen Abnormität aufzufassen, letztere ist vielmehr
aus dem psychisch bedingten Schrecken im Moment des Stürzens
bei Z. entstanden. Die drei wesentlichen Züge des Krankheitsbildes
sind also eigentlich von einander unabhängig, so dass jeder für sich
allein nach einem Trauma auftreten könnte; hängen jedoch in der
Wurzel, in dem erlittenen Unfall zusammen.

Dieser hat dreierlei Wirkung gehabt:

1. eine rein locale am Schädeldach beim Aufschlagen (Depression);
2. eine diffuse Erschütterung des Nervensystems, mit welcher
   vermuthlich die Pupillenabnormitäten zusammenhängen, sowie
   die diffusesten Kopfschmerzen, vielleicht auch die geringe motorische Kraft der Arme und die leichte Ermüdbarkeit;
3. eine psychische durch den Schreck beim Herabstürzen, beziehungsweise Aufschlagen (chronische Gemüthsverstimmung,
   Zwangsdenken, Schreckhaftigkeit, Schmerzen an den vom
   Trauma betroffenen Stellen).

Ich berechne daher die Erwerbsunfähigkeit des Z. auf — 70 Procent.*) — (Z. hatte vorher 30 Procent!)

Der Zustand des Z. erfordert in jeder Beziehung, wenn weitere Verschlimmerung vermieden werden soll, die grösste Schonung, besonders auch in Bezug auf ärztliche Untersuchungen, welche den Mann bei seinem psychischen Zustande sehr anstrengen. — Diese Erwerbsunfähigkeit muss zunächst auf die Dauer eines Jahres ausgesprochen werden."

Hier ist die Psychogenie im obigen Sinne nur als verschwindende Theilerscheinung in dem Krankheitsbilde enthalten.

Es muss nun hervorgehoben werden, dass solche psychogene Beschwerden oft auch auftreten, ohne dass eine bestimmte äussere Einwirkung nachweisbar ist. Die Diagnose solcher Zustände beruht wesentlich auf dem Ausschluss aller derjenigen das Nervensystem betreffenden Krankheiten, welche sonst Schmerzen hervorrufen können. Es muss zuerst immer gefragt werden, ob den geklagten Schmerzen die Erkrankung eines bestimmten peripherischen Nerven zu Grunde liegen kann, ferner, wenn es sich um die Extremitäten handelt, ob von einer bestimmten Stelle im weiteren centralen Verlauf der Nerven, z. B. im Plexus die Beschwerden ausgehen können, schliesslich ob die Annahme einer Rückenmarksläsion eine Erklärung bietet. Die Annahme der cerebral (im anatomischen Sinne) bedingten Schmerzen kann der Psychiater bei der grossen Seltenheit dieser Fälle füglich bei Seite lassen. — Im Uebrigen aber kann man in wissenschaftlicher Weise die Diagnose auf die psychogene Beschaffenheit von Schmerzen nur stellen, wenn man die Möglichkeit einer localisirten Nervenerkrankung erst sorgfältig erwogen hat. Hier zeigt sich wieder, wie reine Nervenpathologie und Psychiatrie in dem modernen Sinne, wie sie durch die Aufgaben des praktischen Arztes verlangt wird, zusammenhängen. — Dasselbe gilt für die psychogenen Innervationsstörungen, welche mit den psychogenen Schmerzen häufig combinirt vorkommen.

Die Krämpfe und Contractionen, welche hierbei auftreten können, zeigen das Charakteristicum des willkürlich Nachzuahmenden. Die Stellungen, in denen psychogene Contracturen vorkommen, sind gewissermassen fixirte Momente einer willkürlichen Bewegung. Jedenfalls thut man aber gut, dieses Charakteristicum nicht ohne weitere Prüfung der speciellen Symptome als Massstab an ein Krankheitsbild anzulegen, sondern muss in jedem einzelnen Fall, genau wie in Bezug auf die psychogenen Schmerzen, versuchen, die Phänomene aus der Verletzung einer bestimmten Stelle des Nervensystems abzuleiten. Man muss also auch hier, ganz pedantisch von der Peripherie ausgehend, successive die Annahmen einer peripherischen Nervenstörung, einer Rückenmarksaffection etc. erörtern. Nur bei consequenter Einhaltung dieses Weges wird sich der Praktiker vor Fehldiagnosen schützen können.

Ich gebe nun zunächst zwei Beispiele, in denen sich mit den psychogenen Schmerzzuständen Krämpfe und Contracturen von gleicher Beschaffenheit verbunden gezeigt haben.

---

*) Diese damals von mir empfohlene Rente erscheint mir jetzt als noch zu niedrig

1. Fall. 6¹ ₂jähriger Knabe, von chirurgischer Seite zur Begutachtung gesandt. Das Kind hat seit circa 3 Wochen Schmerzen am Kopf, schlief öfter unruhig. Seit circa 14 Tagen ist er Abends im Bett sehr unruhig, stöhnte dann, schlug mit den Armen um sich, schrie nach der Grossmutter, welche ihn jedesmal eine halbe Stunde beruhigen musste, worauf er ruhig einschlief. Seit circa 8 Tagen haben sich diese Aufregungen zu förmlichen „Anfällen" gesteigert. Er schreit jeden Abend ziemlich um die gleiche Zeit plötzlich laut auf, wälzt sich herum, strampft mit den Füssen. Urin hat er nie dabei unter sich gelassen. Am Tage oder Nachts im Schlafe sind „Anfälle" nie aufgetreten. Bei der Untersuchung zeigte sich ein für sein Alter fast abnorm kräftig entwickelter, sehr intelligenter Knabe. Am Hinterkopf links befindet sich eine circa 3 Cm. lange Schädeldepression, ziemlich sicher von einem Geburtstrauma herrührend. Keine Spur von Innervationsstörungen, Augenhintergrund normal. Ueber die Anfälle gibt das Kind wenig Auskunft, weiss aber zum mindesten, dass es viel dabei schreien muss und dass dann die Grossmutter kommt.

Es musste nun zunächst im vorliegenden Falle erwogen werden, ob die anatomisch nachweisbare Verletzung des Schädels in einem Causalzusammenhang mit den „Anfällen" des Kindes stehe, d. h. also ob diese als symptomatische Epilepsie bei einer bestehenden organischen Gehirnerkrankung aufgefasst werden konnten. Es fehlten jedoch alle cerebralen Herdsymptome und ausserdem wäre es sehr unwahrscheinlich, dass eine solche durch partielle Hirnzerstörung bedingte symptomatische Epilepsie erst 6 Jahre nach der erlittenen Verletzung aufgetreten wäre. Wir machen hierbei die nicht zutreffende Annahme, dass wenigstens symptomatisch die betreffenden Anfälle mit dem Bilde des Typisch-Epileptischen vereinbar gewesen wären.

Ferner konnte, nachdem die Annahme einer organisch bedingten Epilepsie ausgeschaltet war, die Möglichkeit der genuinen Epilepsie in Betracht gezogen werden. Das Alter würde zu dieser Annahme ganz gut stimmen. Man könnte annehmen, dass in diesem Falle die genuine Epilepsie nicht mit typischen Krampfanfällen einsetzte, sondern mit Zuständen von Halbbewusstsein. Die Thatsache, dass das Kind noch Einiges von dem Zustand während des Anfalles wusste, kann nach den oben beim Capitel Epilepsie gegebenen Ausführungen nicht als beweisend gegen die Annahme der genuinen Epilepsie in Betracht kommen.

Wenn man sich jedoch die sogenannten Anfälle genauer ansieht, so zeigt sich, dass sie durchaus einen psychogenen Charakter haben. Alle im speciellen Fall gemachten Bewegungen lassen sich nachahmen, können willkürlich hervorgebracht werden.

Ferner zeigen sie alle einen gemeinsamen Zug dadurch, dass sie sich immer in derselben bestimmten Situation ereignen (Abends im Bett, wodurch auch eine chronologische Uebereinstimmung bedingt ist. Wer hier ohne Beachtung der näheren Umstände die blosse Thatsache der zeitlichen Regelmässigkeit in Betracht zieht, würde in einer wenig haltbaren Weise von Periodicität reden. Aber auch wenn eine zeitliche Uebereinstimmung ohne Rücksicht auf die Situation vorläge, so würde diese nicht gut zur Annahme einer genuinen Epilepsie, deren einzelne Anfälle fast ganz ohne Rücksicht auf Tageszeit und Situation auftreten, stimmen.

Am meisten Beachtung verdient der Umstand, dass die Anfälle in einer Situation auftreten, wo sie die Aufmerksamkeit der Umgebung auf sich ziehen müssen, ferner dass jeder einzelne Anfall in einen gesunden Schlaf übergeht, nachdem die Grossmutter eine Weile tröstend am Bett gesessen hat. Sie sind also in ganz deutlicher Weise beeinflussbar.

Im Hinblick auf diese Züge der „Krämpfe" wurde ihre psychogene Natur angenommen. Der Knabe wurde einmal elektrisirt (Inductionsstrom), es wurde ihm eindringlich gesagt, dass die Krankheit nun vorbei sei. Er wurde in ein Krankenzimmer mit anderen Patienten ohne dauernde Nachtwache untergebracht. Im Laufe von 8 Tagen kein Anfall. Er wurde von seinen psychogenen Krämpfen geheilt nach Hause geschickt, wo er sich jetzt seit einem Jahr ohne Spur von Krampferscheinungen befindet.

Der zweite Fall, welcher die Combination von psychogenen Schmerzen mit Contracturen gleicher Natur erläutern soll, ist folgender:

II. Fall. 19jährige Frau, seit circa 4 Monaten verheiratet. Von einem praktischen Arzt mit der Diagnose Rückenmarkskrankheit zugewiesen. Seit circa 2 Monaten Schmerzen in beiden Schultern bis herab zum Unterarm. Seit circa 6 Wochen haben sich die Finger der rechten Hand eingezogen, stehen in allen Gelenken etwas gebeugt, können activ fast gar nicht, passiv wegen Muskelspannung nur mit grossen Schmerzen gestreckt werden. In geringerem Grade ist die Erscheinung auch links vorhanden. Die Hände und der Unterarm blauroth. Wenn die Frau zu arbeiten versucht, so bekommt sie sehr starke Schmerzen in den Händen.

Abends oft ganz plötzliche Anschwellung der Hand am Handrücken und des Unterarmes.

Sie ist unglücklich über ihren Zustand, der sie an der Versorgung ihres Hauswesens fast ganz hindert.

Es fragte sich nun zunächst, ob eine organische Erkrankung als Ursache der Störung angenommen werden konnte. Zunächst kam man hierbei auf das Rückenmark als Vereinigung der Nerven beider Seiten. Aber selbst wenn die Erscheinung nur einseitig gewesen wäre, hätte man die Annahme einer peripherischen Nervenerkrankung ausschliessen müssen. Die geschilderte Haltung der Finger kommt dadurch zu Stande, dass Interossei, Flexoren und Extensoren coordinirt wirken, kann also niemals durch isolirte Reizung oder Lähmung eines der zugehörigen Nerven (ulnaris, medianus, radialis) zu Stande kommen. Scheut man sich vor der zeitraubenden Analyse solcher Haltungen oder Stellungen, so ist das Characteristicum der Nachahmlichkeit im gegebenen Falle sehr gut benützbar, um die bestehende Contractur als eine psychogene zu erkennen.

Ferner konnten die gleichzeitigen Schmerzen in den Schultern durchaus nicht auf eine bestimmte, die motorischen Symptome zugleich erklärende anatomische Erkrankung des Nervensystems, speciell des Rückenmarkes, bezogen werden. Sodann fiel auf der grosse Wechsel in der Intensität der Erscheinungen, besonders der Hautschwellungen. Es wurde also trotz der Aehnlichkeit einzelner Theile

des Krankheitsbildes mit anderweitig bekannten Krankheiten (z. B.
Erythromelalgie) die Diagnose auf psychogene Beschaffenheit der
Symptome gestellt. Die spastischen Finger wurden unter warmem
Wasser — bei gewöhnlicher Dehnung schrie die Kranke laut auf —
vorsichtig gedehnt und es wurde die Kranke zum willkürlichen
Gebrauch der Finger angeregt. Nach fünfwöchentlicher consequenter
Behandlung vollkommene Heilung, auch von den Schmerzen. Seit
drei Vierteljahren ganz frei von nervösen Störungen.

Dieser Krankheitsverlauf ist besonders in der Beziehung bemerkenswerth, dass dabei zwei Symptome aufgetreten sind, welche
sich nicht willkürlich nachmachen lassen, nämlich abnorme venöse
Stauung in der Haut und schnell wechselnde Oedeme. Verallgemeinert
lautet der hieraus abgezogene Satz folgendermassen: Im Verlaufe
von psychogenen Störungen können Nervenapparate, welche
ohne Mitwirkung des Bewusstseins arbeiten, functionell
geschädigt werden. Nun hat sich gezeigt, dass diese functionelle
Schädigung keine dauernde und gleichbleibende war, sondern in
ihrem Grade wechselte und schliesslich ganz verschwand. Verallgemeinert lautet dieser Satz folgendermassen: Die im Verlaufe
von psychogenen Zuständen auftretenden Störungen an
Nervenapparaten, welche gewöhnlich ohne Mitwirkung des
Bewusstseins arbeiten, zeigen doch das Charakteristicum
der psychischen Beeinflussbarkeit. Nun kann es kein Zweifel
sein, dass durch starke seelische Erregungen, z. B. bei heftigem
Schrecken, Störungen in den vom Bewusstsein unabhängigen
Nervenapparaten entstehen können, welche nach ihrer Entstehung
durchaus nicht mehr den Charakter des psychisch Beeinflussbaren
zeigen, sondern eine dauernde gleichbleibende, wenn auch nicht
anatomisch nachweisbare Schädigung der Nervensubstanz bedeuten.
Diese Fälle werden meistens auch noch mit in das Gebiet der
„Hysterie" gerechnet, sind jedoch von den uns hier beschäftigenden
psychogenen Zuständen im engeren Sinne entschieden zu trennen.
Letztere gehören mehr in das Gebiet der reinen Psychopathologie,
erstere mehr in's Gebiet der reinen Neurologie. Jene sind eigentlich
dauernde gleichbleibende Folgezustände von psychischen Erregungen, diese mehr wechselnde körperliche Begleiterscheinungen von
psychischen Zuständen. Jedenfalls haben wir hier in dieser psychiatrischen Diagnostik hauptsächlich diejenigen Zustände hervorzuheben, in welchen der psychopathische Charakter klar hervortritt.

Zu den Störungen der vom Bewusstsein unabhängigen Mechanismen des Nervensystems bei weiterer Ausbildung der psychogenen Zustände gehört nun die grosse Menge von Einzelsymptomen,
mit welchen man öfter vergeblich eine Schilderung der sogenannten
„Hysterie" zu geben versucht: Monoplegien, Aphonie, Augenmuskellähmungen, Meteorismus, Oedeme, Gefässerweiterung, Blutungen aus
Haut und Schleimhäuten, Störungen der Schweissabsonderung, ferner
krampfartige Erscheinungen, wie Singultus, Erbrechen, Spasmus des
Sphincter vesicae etc. Besonders können nun auch im sensiblen und
sensorischen Gebiet functionelle Ausschaltungen auftreten, gewissermassen eine functionelle Dissolution des cerebralen Mechanismus.

Hierher gehören die Hemianästhesien, Ohnmachtsanfälle, Sehstörungen u. s. f.

Das gleichzeitige Bestehen von solchen Symptomen ist nun praktisch sehr wichtig, um bei stärkeren Aufregungszuständen, welche eine länger dauernde Geisteskrankheit vortäuschen können, die prognostisch sehr günstige Prognose auf Psychogenie im engeren Sinne stellen zu können.

Als Beispiel mag folgende Krankengeschichte dienen:

C. A. E. aus K., geboren 1875, im Jahre 1889, also im 14. Jahr, in die Klinik aufgenommen. Befindet sich dabei in schwerer Tobsucht, schlägt um sich, wälzt sich, brüllt sehr stark, schreit oft die Worte: „Rabe" und „Vetsera". Dabei ist die linke Hand fast zur Faust geballt, eine Stellung, die constant beibehalten wird.

Hier konnte nun aus dem Status praesens, selbst wenn gar keine anamnestischen Daten vorgelegen hätten, die Diagnose auf Psychogenie ziemlich sicher gestellt werden. Lassen wir zunächst den sonderbaren Inhalt ihres Geschreies „Rabe" und Vetsera" ganz ausser Betracht. Wir werden bald zeigen, dass derselbe zu dem sogenannten „hysterischen" Charakter sehr gut passt. Die Thatsache allein, dass die Kranke eine Contractur bot, welche den Stempel des Psychogenen so deutlich an sich trug, musste in diesem Fall den scheinbar maniakalischen Zustand in das richtige Licht setzen. Es wurde auch dementsprechend ein vorübergehender psychogener Anfall angenommen, was sich durch Anamnese und den weiteren Verlauf bestätigte.

Die Anamnese bietet eine Reihe charakteristischer Züge:

Patientin war früher normal, hatte aber manchmal „Gesichtskrämpfe". Näheres darüber nicht zu ermitteln. Menstruirt war sie noch nicht. Dreiviertel Jahr vor der Aufnahme „Magenkatarrh". Oft wurden leicht verdauliche Speisen unmittelbar nach der Mahlzeit ohne jede vorangehende Uebelkeit wieder erbrochen. Ein Vierteljahr später wurde der Gang träge und schleppend, Patientin brach Alles aus bis auf die Abendmahlzeiten. 4 Monate vor der Aufnahme klonische Krämpfe der linken Seite, die sich von dort auf die übrige Körpermusculatur verbreiteten, und bei denen der Körper manchmal fusshoch im Bett in die Höhe geschleudert wurde. Am 28. März trat plötzlich tiefe Bewusstseinsstörung auf, Patientin erkannte die Umgebung nicht mehr, wurde noch manchmal von den Krämpfen befallen, lag jedoch in den Zwischenpausen vollständig apathisch da, liess Stuhl und Urin in's Bett gehen, verweigerte constant die Nahrung, so dass sie wochenlang durch Klysma genährt wurde. Dann traten öfter ganz plötzliche kurze Schreie auf, sie klagte über Schmerzen im Kopf, sprach fortwährend von Zerbrochensein ihres Gehirns. Dann bekam sie ängstliche Delirien. Patientin bat Jeden, der an's Bett trat, sie nicht zu fressen, behauptete, immer schwarze Ratten zu sehen etc. Dieser Zustand dauerte bis gegen Ende April. Dann zeigte sie plötzlich wieder starken Appetit, sie consumirte nun unglaubliche Quantitäten von Esswaaren, z. B. an einem Tage 16 Eier, 25 Aepfel u. s. f. Dabei blieb sie aber immer noch halb apathisch, schien alle Personen, welche an ihr Bett traten, für Thiere zu halten, wenigstens belegte sie dieselben mit Thiernamen. Manchmal schrie sie tagelang, dann wieder klonische Krämpfe der linken Seite.

Diese ganze Summe von Symptomen mit ihrem häufigen Wechsel und ihrer Zusammenhangslosigkeit bei völliger Abwesenheit von Symptomen einer organischen Gehirnerkrankung ist charakteristisch für die reine Psychogenie.

Ueber den Verlauf der Erkrankung liegt eine bis in die neuere Zeit reichende Beobachtungsreihe vor.

Am 17. Juli, also 2 Tage nach der Aufnahme, hatte sich der Zustand in folgender Weise geändert: Patientin sitzt meist unbeweglich auf dem Stuhl, spricht nichts, isst, was ihr vorgesetzt wird. Linke Hand krampfhaft geballt, linker Fuss in Pes varus-Stellung. Sie zieht das linke Bein beim Gehen nach.

20. Juli: Beginnt deutlicher zu antworten, geht besser, Haltung der linken Hand unverändert.

15. August (also circa einen Monat nach der Aufnahme): Seit circa 14 Tagen allmähliche Besserung ihres psychischen Zustandes. Heute ödematöse Schwellung des Gesichtes, besonders der Oberlippe, was sie früher nach ihrer Angabe schon öfter gehabt hat.

25. August. Bis auf die Krallenstellung der linken Hand ganz normal.

Die Kranke hat dann in der Anstalt noch einen zweiten psychogenen Anfall bekommen, wurde darauf geheilt entlassen. Allerdings war die Contractur geblieben. Zweite Aufnahme nach zwei Jahren auf Wunsch des Vaters zum Zwecke der Hypnose, in welcher die immer noch bestehende Contractur der linken Hand gelöst werden sollte. Bei dem ersten vorsichtigen Versuch der Hypnose starke Erregung. Deshalb wurde der Versuch abgebrochen und einfaches Abwarten empfohlen. Im Juli 1893 hat sich die Contractur von selbst gelöst.

In dieser Krankengeschichte tritt als charakteristisch hervor, welchen grossen Einfluss bei solchen „hysterischen" Zuständen oft ein plötzlicher Wechsel des Aufenthaltsortes auf die Kranken ausübt. Ferner zeigt sich darin, wie diese Krankheitszustände gerade durch die Aufmerksamkeit, welche ihnen in der Familie geschenkt wird und durch die Sorgfalt, welche ärztlicherseits auf Grund der falschen Annahme einer organischen Krankheit darauf verwendet wird, geradezu grossgezüchtet werden. Die Ursache beider Erscheinungen ist die grosse Beeinflussbarkeit, welche den charakteristischen Grundzug aller dieser sogenannten hysterischen Charaktere bildet. Ich schliesse alle diejenigen psychopathischen Zustände, welche diesen Zug nicht zeigen, aus der uns jetzt beschäftigenden Betrachtung völlig aus, selbst wenn sie bisher mit zu den hysterischen Zuständen gerechnet worden sind.

Die pathologische Steigerung der bei jedem normalen Menschen vorhandenen Beeinflussbarkeit ist die Grundlage des psychogenen Charakters. Man wird nun einwenden, dass hier die Unbrauchbarkeit des Wortes psychogen sich documentire, weil man wohl von psychogenen Krämpfen, aber nicht von einem psychogenen Geisteszustande sprechen könne. Es muss aber hier der Begriff hervorgekehrt werden, welcher in dem zweiten Bestandtheile des Wortes liegt, der als Derivativum von γενάω etwas Actives, nämlich „schaffen, hervorbringen", bedeutet. „Psychogen" in diesem Sinne kann man diejenigen Geisteszustände nennen, welche sich κατ᾽ ἐξοχήν durch das "Hervorbringen" von äusseren Handlungen, in welchen sich die Geisteszustände ausdrücken, kennzeichnen. In diesem Sinne hat besonders *Kraepelin* eine Abgrenzung des Hysterischen versucht, wenn er (in seiner Psychiatrie, Leipzig 1889, pag. 428) sagt: „Als wirklich einigermassen charakteristisch für alle hysterischen Geistesstörungen dürfen wir vielleicht die ausserordentliche Leichtigkeit und Schnelligkeit ansehen, mit welcher sich psychische Zustände in mannigfaltigen körperlichen Reactionen wirksam zeigen, seien es Anästhesien oder Parästhesien, seien es Ausdrucksbewegungen, Lähmungen, Krämpfe oder Secretionsanomalien." Auch die complicirten Handlungen, mit welchen solche „hysterische" Naturen zu ihrer menschlichen Umgebung in Beziehung treten, zeigen denselben Grundzug, einen überaus leichten und schnellen Uebergang zu Handlungen, in welche sich Vorstellungen umsetzen, welche ihrerseits wegen der abnormen Beeinflussbarkeit dieser Individuen einen zu der Intensität der äusseren Eindrücke unproportionalen Wechsel zeigen.

Hieraus erklären sich alle die Charakteristica, welche man sonst zur Schilderung der „hysterischen" Naturen verwendet hat. Es werden alle von aussen erregten oder im Organismus selbst bedingten Zustände gewissermassen innerlich multiplicirt. Ein minimaler Anlass zur Heiterkeit erregt Lachkrämpfe, ein kleines Unglück bringt diese Menschen zur Verzweiflung, während sie kurz nachher wieder Alles im rosigsten Lichte sehen. Alle diese momentan aufleuchtenden Stimmungen werden nun in einer übertriebenen Weise geäussert; — und da wir für gewöhnlich die Intensität einer Stimmung bei einem Menschen nach der Stärke der Ausdrucksbewegungen und sonstigen Aeusserungen beurtheilen, so trauen wir unwillkürlich oft solchen psychogenen Naturen ein viel grösseres Innenleben zu, als sie in Wirklichkeit besitzen. Während sie durch ihre rührenden Klagen in ihrer Umgebung das grösste Mitleid erwecken, springen sie plötzlich bei minimalsten Anlässen in das Gegentheil der ausgedrückten Stimmung um. Vermöge der lebhaften Art der Aeusserung innerer Zustände ziehen nun solche Menschen unwillkürlich die Aufmerksamkeit ihrer Umgebung auf sich, besonders bei dem Auftreten von psychogenen Schmerzen und sonstigen Beschwerden.

Es entsteht nun meist eine wechselseitige Steigerung zwischen dem psychogenen Individuum und den Aeusserungen seiner Umgebung. Durch den lebhaften Ausdruck wird Sensation erregt, diese, wenn sie sich auf das Individuum zurückbezieht, steigert vermöge der erhöhten Beeinflussbarkeit desselben den inneren Zustand. Speciell bei psychogenen Schmerzen, wenn die Umgebung ihrem Mitleid die Zügel schiessen lässt, kommen sich dann diese Kranken sehr elend vor. Hieraus resultirt wiederum erhöhter Ausdruck, der seinerseits von Neuem die äussere Sensation verstärkt; und so drehen sich die Dinge unter fortwährendem Anschwellen im Kreise, wenn nicht dieser Circulus vitiosus von innerer und äusserer „Sensation" vom Zufall oder von einem sachverständigen Arzt, sehr oft auch von einem Quacksalber, durch Einfügung eines neuen bestimmenden Eindruckes unterbrochen wird, worauf wegen der grossen Beeinflussbarkeit dann eine förmliche „Wundercur" erfolgt.

Durch die Beachtung, welche der erhöhte Ausdruck innerer
Zustände in der Umgebung findet, wird nun secundär bei den
psychogenen Naturen oft eine Eigenschaft grossgezogen, welche
öfter fälschlich als wesentlicher, primär auftretender Charakterzug
der „Hysterischen" aufgefasst worden ist, nämlich die Einschränkung des Interesses auf die Zustände der eigenen Person. Sich beachtet zu sehen, ist bis auf wenige Ausnahmen ein allgemeiner
Grundzug jeder menschlichen Natur. Die psychogenen Menschen
werden nun aber notorisch von jeder nicht psychiatrisch gebildeten
Umgebung wegen der Sensation erweckenden Art ihrer Aeusserung
ausserordentlich beachtet, was naturnothwendiger Weise bei den
Meisten zu einer Steigerung der Tendenz, sich beachtet zu sehen,
führen muss. Es ist jedoch das durchaus kein integrirender und
durchaus nothwendiger Zug des hysterischen Charakters. Es gibt
hochgradig „hysterisch" beanlagte Menschen, welche durchaus den
Zug des Psychogenen in unserem Sinne zeigen, ohne zugleich in
dieser Weise eine ausschliessliche Concentration des Interesses auf
die eigene Person aufzuweisen.

Aus dieser in Folge der „Sensation" grossgezüchteten Tendenz,
sich in den Mittelpunkt der Umgebung zu bringen, resultiren nun alle
die sonderbaren Handlungen der „Hysterischen", die in der Crimina-
listik und in der Psychiatrie eine wiederum sensationelle Rolle spielen.

Für den praktischen Arzt kommen diese Zustände besonders
deshalb in Betracht, weil die Neigung, Gegenstand sorgfältiger
Beachtung und Behandlung von Seiten eines Arztes zu sein, eine
relativ sehr häufige Abart dieses allgemeinen Zieles der hysterischen
Naturen ist. Besonders kommt das bei weiblichen Patienten in Betracht. Dass die Hysterie oder Psychogenie bei Frauen häufiger
ist als bei Männern, ist ganz selbstverständlich, nicht weil die
Frauen einen Uterus haben und die Männer nicht, sondern weil die
Frauen im Allgemeinen psychisch leichter beeinflussbar sind als
die Männer. Jedenfalls muss der praktische Arzt bei allen Beschwerden der Frauen vor Allem das psychogene Moment mit im
Auge behalten, wenn er auch andererseits nie die gründliche physikalische Untersuchung im weitesten Sinne vernachlässigen darf.

Wir heben hier einige Fälle von solchen hysterischen Handlungen, welche das Interesse des Arztes auf die betreffende Person
lenken sollten, hervor: Selbstverletzung an der Haut durch Anätzung,
Verletzung der Scheide mit der Scheere, um Uterinblutungen vor-
zutäuschen, langdauernde Nahrungsverweigerung etc.

Dieser Trieb, der Gegenstand von sorgfältiger Fürsorge,
der Mittelpunkt eines grossen Interesses zu sein, bringt nun ferner
oft Versuche zur Simulation hervor, so dass absichtlich zu den
wirklich vorhandenen Beschwerden noch Krankheitssymptome hinzu-
simulirt werden. Es ist jedoch ganz falsch, aus der Thatsache,
dass Jemand Krankheitssymptome simulirt, zu schliessen,
dass ihm in Wirklichkeit gar nichts fehlt. Dieser Umstand
ist besonders bei der Beurtheilung von den Klagen, welche nach
Unfällen vorgebracht werden, sehr zu beachten.

Um dieses Verhältniss von Simulation zu wirklichen Beschwerden recht deutlich in's Licht zu setzen, gebe ich zunächst ein Bei-

spiel, in welchem das Bild einer wirklich vorhandenen Lähmung
durch Simulation förmlich unkenntlich gemacht worden war. Allerdings war diese Lähmung nicht psychogener Natur, so dass sie
eigentlich nicht in den Zusammenhang einer Darstellung der Psychogenie passt. Es kommt mir aber zunächst, um allen skeptischen
Einwänden gegen den obigen Satz vorzubeugen, darauf an, zu zeigen,
dass im Allgemeinen Simulation einen wirklich vorhandenen
pathologischen Zustand ganz verdecken kann.

F. Sp. aus W. erlitt vor 1 Jahre eine Quetschung des rechten Oberarmes, wobei sich eine Radialislähmung einstellte. Diese war durch klinische
Beobachtung nach dem Unfall ganz sichergestellt worden.

Nach Lage der Acten handelte es sich wesentlich darum, festzustellen,
welche Spuren von der früher festgestellten Lähmung des Nervus radialis
zurückgeblieben sind und wie weit dadurch die Gebrauchsfähigkeit des
rechten Armes eingeschränkt ist.

Die Prüfung der Sensibilität ergibt, dass eine dem Verbreitungs-
bezirk des Nervus radialis entsprechende Anästhesie nicht vorliegt. Die
Stellen der Unempfindlichkeit wechseln sehr, breiten sich manchmal ring-
förmig um den ganzen Unterarm aus, zeigen dann wieder isolirte Streifen
von Empfindlichkeit zwischen sich. Andererseits kann nach den vorliegenden
genauen Gutachten an der früheren isolirten Erkrankung des Nervus radialis
nicht gezweifelt werden. Sp. hat also entweder eine neue Nervenkrankheit hin-
zubekommen oder er sucht eine bestehende Sensibilitätsstörung zu übertreiben.

Ebensowenig ergibt die Prüfung der Motilität eine typische Parese
im Radialisgebiet.

Sp. kann z. B. den rechten Arm nicht seitwärts bis zur Horizontalen
heben, und wenn er die ganze rechte Schulter mit dem Arm heben soll,
beugt er sich ganz nach links. Diese Functionen werden aber von Muskeln
besorgt (M. deltoides und cucullaris), welche mit dem Radialis gar nichts
zu thun haben. Ferner setzt der Mann der passiven Streckung des willkürlich
gebeugten Oberarms einen minimalen Widerstand entgegen, was für eine
Parese des M. biceps spräche, welcher ebenfalls mit dem Radialis nichts
zu thun hat. Ferner kann Sp. die Streckung der beiden vorderen Phalangen
der Finger an der rechten Hand, selbst wenn man die proximale Phalanx
künstlich streckt, nicht ausführen.

Diese Function wird von den M. interossei besorgt, welche zum N. ulnaris
gehören, so dass also auch hier wieder eine nicht zur Parese des Nervus
radialis gehörende Motilitätsstörung vorliegt. Da im Uebrigen jede Spur eines
krankhaften Processes in den genannten vom Radialis unabhängigen Muskel-,
beziehungsweise Nervengebieten fehlt, so müssen diese scheinbaren Störungen
als Symptome einer anderweitigen Erkrankung oder als Simulation aufgefasst werden.

Andererseits sind die elektrischen Reactionen im rechten Radialisgebiet
deutlich abnorm und es zeigt sich, dass die paretischen Erscheinungen in
den vom Radialis versorgten Muskeln constant sind, während die übrigen
scheinbar abnormen Muskelgruppen gelegentlich ganz gut functioniren.

Sp. hat also in der That, was mit den früheren Gutachten sich völlig
deckt, eine Parese des rechten Nervus radialis, sucht dieselbe aber zu übertreiben, indem er erstens die Anästhesie und zweitens die Bewegungsstörungen vergrössert. Es fragt sich also, was von der Gebrauchsunfähig-
keit des Armes bleibt, wenn man dieses Moment der Simulation in

Abrechnung bringt. Wie man an Fällen, die mit Unfallsentschädigung
gar nichts zu thun haben, beobachten kann, bedingen oft scheinbar leichte
Paresen eines Nerven doch eine beträchtliche Herabsetzung der Gebrauchsfähigkeit des betreffenden Gliedes und auch im vorliegenden Falle bin ich
nach wiederholten Prüfungen zur Ueberzeugung gekommen, dass, abgesehen
von aller Uebertreibung, doch ein beträchtlicher Grad von Functionsun-
fähigkeit noch vorliegt. Nach Lage der Sache erscheint bei Sp. gerade
seine Meinung, dass sein Leiden zu niedrig geschätzt sei, als das Motiv
seiner Uebertreibungen. —

Ebenso wie hier eine traumatisch bedingte, objectiv nachweisbare Störung durch Simulation verhüllt wird, so können nun auch
psychogene Beschwerden durch hinzutretende Simulation zu einem
kaum entwirrbaren Geflecht von Wahrheit und Dichtung werden.
Es muss jedoch auf den wirklichen Inhalt subjectiver Beschwerden
in solchen Fällen nachdrücklich hingewiesen werden, damit diese
Krankheiten nicht, wie es so oft geschieht, vom Arzt ohne Weiteres
als „Einbildung" angesehen werden.

Es erscheint mir ferner auf Grund mehrfacher Beobachtungen
unzweifelhaft, dass constant festgehaltene simulirte Beschwerden schliesslich durch eine Art Selbstüberredung subjectiv
wirklich werden können.

Solche Fälle sind alsdann eine wahre Crux für die Begutachtung, weil man dieselben, wenn sich der ganze Process nach
einem Trauma abspielt, kaum noch zu der traumatischen Psychogenie rechnen kann. Hierher gehört folgendes Gutachten:

H. H. aus O., 28 Jahre alt, wurde am 16. Januar 1889 von
einem Holzklotz am rechten Fussrücken gequetscht. Er konnte nach
dem Unfall ½ Stunde nach Hause gehen, wurde dann im Spital
behandelt.

Im März 1893 äusserte er noch folgende Klagen: Wenn er geht, so
bekommt er bald Schmerzen am rechten Fuss an der Stelle, an der ihm
am 16. Januar 1889 ein Holzklotz darauf gefallen ist.

Am anderen Fuss hat er am Fussrücken ebenfalls Schmerzen beim
Gehen dicht hinter den Zehen am Fussrücken.

Wenn er sich ruhig verhält, schwinden die Schmerzen.

Er fühlt sich im Allgemeinen ganz entkräftigt, „lummerich und
welk". Kopfschmerzen nicht vorhanden. Auf den Zehen hat er keine
Schmerzen, nur wenn man sie hinunterdrückt. Zeitweise soll es an verschiedenen Stellen am Körper so sein, als ob es „klopft", als ob ein
Puls da wäre, z. B. am rechten Oberschenkel, in der linken Wade, an beiden
Seiten des Fussrückens, ferner am rechten Oberarm, an der rechten Brustseite. Es seien immer die gleichen Stellen, an denen es „klopft". Ferner
thut es ihm „so dumm weh" an beiden Seiten des Halses. Bei längerem
Gehen bekomme er ein Zittern am ganzen Körper, auch an den Händen.

Am 25. März bei der ersten Untersuchung zeigte sich folgender Befund:
H. hat beim Stehen die Zehen vom Boden abgehoben. Die gesammte
Musculatur der Unter- und Oberschenkel befindet sich beim Stehen in
starker Spannung.

Dabei zittern die Beine lebhaft. Wenn H. geht, so stampft er mit
den Haken auf den Boden und hält die Knie ganz steif, während die
Zehen anhaltend vom Boden abgehoben bleiben.

Trotz Aufforderung behält er diese Stellung bei. Drückt man ihm die Zehen abwärts, so klagt er über Schmerzen am Rücken der Zehen, an beiden Füssen, jedoch nicht an der von der Verletzung getroffenen Stelle des rechten Fussrückens.

Diese Zehenhaltung ist doppelseitig. Es fragte sich zunächst, ob wenigstens an dem rechten Fuss, welcher bei dem Unfall von dem Holzklotz getroffen worden ist, sich ein mechanischer Grund für die Haltung der Zehen finden liess. Die leichte Verdickung der Knochen am rechten Fussrücken ist jedoch bei Abwesenheit aller Störungen an den darüber liegenden Sehnenscheiden und Sehnen durchaus kein Grund für die abnorme Haltung der Zehen. Es ist also nicht blos die Haltung der Zehen am linken Fuss, sondern auch die Haltung an dem vom Unfall getroffenen rechten Fuss nicht mechanisch durch den Unfall bedingt.

Es fragt sich nun weiter, ob sich diese bei der ersten Untersuchung wahrnehmbaren Innervationszustände (Spannung der Beinmusculatur, abnorme Haltung der Zehen) beeinflussen liessen.

Als H. auf einen Tisch gesetzt wird, bleiben die Unterschenkel fast ganz zum Oberschenkel gestreckt und die Musculatur bleibt in gleicher Spannung. Sucht man in dieser Stellung das Kniephänomen auszulösen, so erfolgt fast kein Ausschlag, wie es bei willkürlicher starker Innervation der Beinmusculatur meist geschieht. Lässt man den H. nun die Augen schliessen und lässt ihn zählen oder rechnen, so verliert sich die Spannung völlig. Die Beine erscheinen dann im Kniegelenk völlig beweglich und die Kniephänomene sind von ganz normaler Stärke. Hieraus folgt, dass der scheinbare Spasmus der Beine von einer übermässigen willkürlichen Innervation der Musculatur abhängt, nicht aber als unwillkürlicher durch organische oder functionelle Rückenmarkserkrankung bedingter Spasmus anzusehen ist.

Auch sonst ist kein einziges motorisches Symptom einer organischen oder functionellen Nervenerkrankung bei H. zu finden. Nur werden auch jetzt die Zehen constant nach oben gehalten. Ebenso wenig lassen sich irgend welche Sensibilitätsstörungen bei H. nachweisen. Es bleiben also nur als möglicher Weise für die Diagnose einer Nervenkrankheit verwerthbar die subjectiven Angaben des H. über die Schmerzen nach Anstrengungen beim Gehen und die dauernd festgehaltene Stellung der Zehen.

Es wurde nun systematisch versucht, den H. zur Ausführung der richtigen Bewegung beim Gehen zu erziehen. Zunächst wurden bei sitzender Stellung die Beine häufig passiv gebeugt und er selbst dann zur raschen Ausführung dieser Bewegung veranlasst. Ferner wurden systematische Uebungen mit der Beugung des Fusses im Sprunggelenke vorgenommen. Als nun Gehübungen vorgenommen wurden, hielt der Mann nach wie vor den Fuss fast unbeweglich im gleichen Winkel zum Unterschenkel gestellt, beugte aber jetzt die Knie ganz richtig im Kniegelenk. Nach weiteren achttägigen Versuchen wurde auch das Sprunggelenk beim Gehen beweglicher, die Fersen wurden besser abgehoben, so dass der Gang des Mannes sich vielmehr dem Normalen annäherte.

Nur wurden immer noch die Zehen steif nach oben vom Boden abgehalten und H. klagte constant über Schmerzen, wenn man die Zehen nach unten drückte. Die scheinbar spastischen Zustände an den Beinen zeigten sich also durchaus als beeinflussbar, und zwar in einer Weise, die erfahrungsgemäss gegen die Annahme einer constant festgehaltenen Simulation spricht.

Die Hauptfrage lief also jetzt darauf hinaus, ob auch die Stellung der Zehen eine rein willkürliche, und zwar zum Zweck der Simulation gemachte sein könne oder ob es sich hier um unwillkürliche, unter den Begriff der hysterischen Contracturen fallende Erscheinungen handelte.

Um die Constanz oder Inconstanz dieser Zehenhaltung festzustellen, wurde der Mann unter den verschiedensten ihn ablenkenden Umständen untersucht mit dem Bestreben, seine Aufmerksamkeit von dieser vielleicht willkürlichen Stellung abzulenken. Es zeigte sich, dass diese Stellung zwar in Bezug auf den Grad wechselte, aber selbst bei circa 20 Minuten langer Untersuchungsdauer, während seine Aufmerksamkeit auf andere Dinge gelenkt wurde, nicht verschwand.

Allerdings kann man, wie ich mich selbst an mir überzeugt habe, eine solche Zehenstellung überraschend lange, nämlich circa 10 Minuten, länger als andere gleichbleibende Muskelhaltungen ertragen und es ist nicht unmöglich, dass bei H. entweder eine systematische Uebung stattgefunden hat, oder dass bei ihm eine ursprünglich willkürliche, zum Zwecke der Simulation producirte Stellung habituell geworden ist. Jedenfalls beschränkt sich der motorische Kern der eventuell anzunehmenden functionellen Nervenkrankheit auf dieses eine, constant bleibende Symptom, abnorme Haltung der Zehen, welche weder ein Hinderniss beim Gehen ist, noch in irgend einer Weise die Arbeitsfähigkeit des Mannes beeinträchtigt.

Für die letztere bleiben nur in Betracht zu ziehen die beim längeren Gehen auftretenden Schmerzen, für die sich ein objectiver Nachweis nicht führen lässt.

Die anderen Angaben des Mannes, dass es an verschiedenen Stellen des Körpers „klopft", als ob ein Puls da wäre, entbehren jeder objectiven Begründung, da dieses Phänomen an Körperstellen auftreten soll, wo unwillkürliche Muskelcontractionen, die dieser Angabe zu Grunde liegen könnten, ausgeschlossen sind. Auch hier lässt sich der sichere Nachweis, ob absichtliche Täuschung oder hysterische Einbildung vorliegt, nicht führen.

Es lassen sich nun bei H. eine Menge von Zügen finden, welche darauf deuten, dass er kein absichtlicher Simulant ist, sondern sich in der That einbildet, krank zu sein. Er setzt sich manchmal nach kurzem Gehen hin, und zieht sich die Stiefeln aus, um nachzusehen, ob die Füsse geschwollen sind.

Er fühlt sich manchmal nach der rechten Brustseite, um zu sehen, ob es klopft, kurz er macht öfter den Eindruck eines durchaus hypochondrischen Menschen.

Gegen absichtliche Simulation spricht auch der Umstand, dass H. sich unter kräftiger psychischer Behandlung bedeutend gebessert hat, so dass sein Gang in der letzten Zeit fast normal geworden ist, dass er ferner diese Besserung zugesteht und sich bereit erklärt hat, wieder in seinen Dienst einzutreten.

Ich fasse nun mein Urtheil über H.'s Zustand in folgenden Sätzen zusammen:

1. Eine organische Rückenmarkserkrankung liegt nicht vor.

2. H. hat keine functionelle Nervenerkrankung, in specie functionelle Spasmen, oder Lähmungen, welche ihn arbeitsunfähig machten.

3. Die scheinbar unwillkürlichen Spannungszustände der Musculatur sind psychisch durch willkürliche Innervation bedingt.

4. Ob diese willkürliche Innervation auf Grund der hysterischen Vorstellung, dass seine Füsse krank seien, oder durch absichtliche Simulation bedingt sind, lässt sich objectiv nicht sicher unterscheiden.

5. Im Hinblick auf die Züge, welche dafür sprechen, dass H. sich für krank hält, andererseits sehr beeinflussbar ist, halte ich H. für einen Hysterischen, nicht für einen absichtlichen Simulanten.

Es handelt sich nun um die Frage, ob dieser Zustand in ursächlichen Zusammenhang mit dem Unfall gebracht werden kann.

Hierzu ist die folgende Chronologie in Betracht zu ziehen. Am 16. Januar 1889 fiel dem H. ein Holzklotz auf den rechten Fussrücken. Er hatte keine Ohnmacht dabei, konnte nach Hause gehen. Während der Behandlung zu Hause will er bemerkt haben, dass die Zehen des rechten Fusses nach oben gerichtet waren.

Als er am 20. Februar in's Spital kam, soll der linke Fuss geschwollen gewesen sein, was mit dem Unfall in keiner Weise etwas zu thun haben kann.

Er will nun nach einigen Wochen bemerkt haben, dass auch die Zehen des linken Fusses nach oben standen. Ueber die Entstehung der Spannung weiss er nichts anzugeben.

Wenn man überhaupt eine nervöse Störung annimmt, so steht deren Doppelseitigkeit im Vordergrund der Betrachtung.

Diese Störung ist also nicht plötzlich nach dem Unfalle entstanden, sondern ist erst mehrere Wochen nach dem Unfalle aufgetreten, während jede mechanische Ursache, ferner jede schädigende directe Einwirkung auf das Nervensystem durch das Trauma, drittens ein plötzlich wirkendes sogenanntes „psychisches Trauma" ausgeschlossen ist.

Wenn sich also auch nach dem Trauma in diesem Falle allmälig eine Hysterie entwickelt hat, so kann doch, selbst wenn die hysterischen Beschwerden sich auf die eingebildeten Folgen des Traumas beziehen, diese ganz lockere psychologische Verbindung unmöglich mehr als Causalzusammenhang erklärt werden. Es würde dadurch der Begriff der traumatischen Nervenkrankheit in einer ganz unbegrenzten Weise erweitert.

Ich gebe also mein Gutachten dahin ab, dass ein Causalzusammenhang zwischen dem unterdessen fast ganz beseitigten hysterischen Zustande des H. und dem Unfalle nicht besteht. (H. ist darauf wieder in Dienst gestellt worden und ist gesund geblieben.)

Es ist oben ausgeführt worden, dass die psychogenen Schmerzen oft als Theilerscheinung complicirter Nervenerkrankungen nach Unfällen vorkommen. Ebenso summiren sich, wie schon angedeutet, sehr häufig die psychogenen Zustände mit den durch nichttraumatische organische Erkrankung direct veranlassten Nervensymptomen. Hier gilt derselbe Satz, den ich oben in Bezug auf die psychogenen Schmerzen gestellt habe, dass man nämlich aus dem Vorhandensein dieser nie ohne Weiteres auf das Nichtvorhandensein einer organischen Erkrankung schliessen soll. Die Nichtbeachtung dieses Satzes kann zu fatalen Kunstfehlern führen, indem man dadurch verleitet wird, Menschen mit organischen Erkrankungen als blosse Hysterische in incitirender Weise zu behandeln. Sehr lehrreich ist folgender mir bekannter Fall:

Mädchen von 20 Jahren. Früher notorisch wegen tuberculöser Knochenaffectionen chirurgisch behandelt. Seit einem Jahre „hysterische" Symptome.

Besonders klagte sie über heftige Schmerzen beim Gehen, welche von mehreren Aerzten für hysterisch erklärt wurden. Bei genauerer Untersuchung zeigt sich, abgesehen von den wechselnden Schmerzen, an den Beinen eine constant schmerzhafte Stelle am oberen Theil des rechten Schienbeines. Bei der Incision, welche daraufhin gemacht wurde, zeigte sich ein tuberculöser Herd an der betreffenden Stelle.

Hier hatten die hysterischen Symptome die durch organische Erkrankung bedingte Schmerzhaftigkeit so eingehüllt, dass eine schwere tuberculöse Knochenerkrankung von specialistischer Seite einfach übersehen worden war.

Aehnlich ist es bei organischen Erkrankungen der Nervensubstanz selbst, Tumor cerebri, multiple Sklerose, wo ebenfalls das Bild der reinen Hysterie vorgetäuscht wird, wenn man nicht auf's Sorgfältigste die vorhandenen Nervensymptome abwägt. Wir müssen hier verzichten, auf dieses praktisch wichtige Thema einzugehen, weil wir dabei zu sehr über die Grenzen einer reinen psychiatrischen Diagnostik hinausgehen würden, und wollen nur nochmals dem praktischen Arzt an's Herz legen, bei allen scheinbar hysterischen Kranken eine sehr sorgfältige physikalische Untersuchung speciell auf Nervensymptome, welche eine organische Erkrankung verrathen könnten, vorzunehmen.

Dagegen müssen wir noch auf diejenigen Fälle eingehen, wo zu einem bestehenden psychopathischen Zustand sich Züge von Psychogenie gesellen, welche der Grundzeichnung der Krankheit eine „hysterische" Färbung geben. Man muss dabei immer sorgfältig erwägen, was denn das Wesentliche der Krankheit ist, und darf durchaus nicht alle Zustände, welche einige Anklänge an die Psychogenie haben, „hysterisch" nennen. Vor Allem ist eine solche scharfe Trennung nothwendig in Bezug auf das Verhältniss der Epilepsie und Hysterie. Diese beiden Krankheiten sind toto genere von einander verschieden. Die Epilepsie, soweit sie sich nicht schon jetzt als symptomatisch erwiesen hat, d. h. also die genuine Epilepsie, ist eine sich „den Erkrankungen mit materieller Veränderung der Substanz" nähernde, wahrscheinlich auf einer chronischen Autointoxication beruhende Erkrankung — die „Hysterie" ist eine pathologische Steigerung der normaler Weise bei jedem Menschen vorhandenen Beeinflussbarkeit mit daraus resultirenden functionellen Störungen der nervösen Mechanismen. Eine Hystero-Epilepsie als gesonderte Krankheit gibt es nicht.

Es kommen einerseits Fälle von genuiner Epilepsie vor, bei denen einzelne Anfälle, welche ja ohne völligen Bewusstseinsverlust und mit partiellen Muskelkrämpfen einhergehen können, symptomatisch vollkommen den Charakter von psychogenen Krämpfen haben können. Zweitens kommen bei Hysterischen Zustände vor, welche mit ihrer Halbbenommenheit und den starken Hallucinationen ganz den Eindruck von epileptischen Aequivalenten machen, sowie solche, bei denen schwerere Bewusstseinsstörung mit Zuckungen den Eindruck eines typischen epileptischen Anfalles machen. Aber nach dieser symptomatischen Aehnlichkeit darf Epilepsie und Hysterie als Krankheitsbegriff ebensowenig vermischt werden, wie etwa Gehirnblutung und Tumor cerebri, obgleich sie in bestimmten

Stadien des Krankheitsverlaufes symptomatisch ein sehr ähnliches Bild zeigen können.

Nun kommt jedoch noch ein dritter Fall vor, aus dessen mehrfacher Beobachtung die ganz unhaltbare Krankheitseinheit „Hysteroepilepsie" entstanden ist, nämlich, dass ein notorisch Epileptischer nebenbei hysterisch wird.

Wer die vielen Fälle von organischen Erkrankungen kennt, deren Bild durch hinzutretende Hysterie fast verdeckt wird, wer andererseits das Wesen dieser in der pathologisch gesteigerten Beeinflussbarkeit sieht, wird sich gar nicht wundern, dass in verhältnissmässig seltenen Fällen zu der genuinen Epilepsie, welche die Aufmerksamkeit der sensationslustigen Mitmenschen im höchsten Grade auf sich zieht, durch psychische Vermittlung Hysterie hinzutritt. Der Einwand, dass die Epileptischen das Bewusstsein verlieren, während sie durch ihre Anfälle die Sensation ihrer Mitmenschen erregen, so dass ein psychischer Einfluss durch die letzteren nicht möglich sei, ist nicht stichhaltig.

Fast immer sind die Epileptischen, wenn sie aus tieferer Ohnmacht erwachen, Gegenstand der sorgfältigsten Aufmerksamkeit. Sie fühlen sich im höchsten Grade beachtet und bemitleidet, und wenn sie zur Psychogenie beanlagt sind, was bei enorm vielen Menschen der Fall ist, so kann sich unter dem öfteren Eindruck einer sensationell erregten Umgebung bei einem genuin Epileptischen hinterher eine schwere Hysterie entwickeln. Besonders häufig geschieht das, wenn solche Menschen in eine übertrieben sentimentale Aufsicht gebracht werden, ohne dass der Geist der Epileptischen durch Arbeit von der Beschäftigung mit dem eigenen Leiden abgelenkt wird. Ich kenne mehrere Fälle, in denen Menschen, die notorisch einfache genuine Epilepsie seit langer Zeit hatten, durch eine zudringlich sorgsame Behandlung schwere „hysterische" Zustände dazu bekommen haben, die vollkommen den Beschreibungen der sogenannten „Hysteroepilepsie" gleichen. Ja es gibt sogar Epileptische, welche durch solche ungeschickte Bemitleidung „Hysteroepileptische" geworden sind und später wieder das Bild der einfachen Epilepsie boten, wenn man sie durch Arbeit und verständige Behandlung von dem hysterischen Plus ihrer epileptischen Grundkrankheit befreit hatte.

Viertens ist a priori auch folgender Fall denkbar, dass ein frühzeitig hysterisch gewordenes Individuum eine echte schwere Epilepsie bekommt, die es auch bekommen hätte, wenn es nicht vorher hysterisch gewesen wäre. Fälle, welche sich in dieser Weise auffassen liessen, habe ich jedoch in praxi nicht erlebt, ich zweifle aber nicht, dass etwas Derartiges in glaubhafter Weise beschrieben werden könnte.

Nur muss man sich nicht vorstellen, wie es häufig geschieht (z. B. bei der Myoclonie), dass gewissermassen eine Stufenfolge von einer Krankheit zur anderen führt, so dass die folgende Epilepsie gewissermassen ein Entwickelungsstadium der anfänglichen Hysterie wäre. Vielmehr verhält sich die Sache so, als wenn ein Mensch, der längst die Tuberculose hat, plötzlich die genuine Pneumonie bekommt, die symptomatisch gewissermassen eine Steigerung von längst vorhandenen Lungenbeschwerden bedeutet. Ebensowenig als

Jemand behaupten kann, dass die lobäre Pneumonie eines längst Tuber-
culösen die Steigerung seiner Tuberculose ist, ebensowenig kann man
in jenem hypothetischen Fall die hereinbrechende Epilepsie als Stadium der längst bestandenen Hysterie ansehen.

Die Fälle von Hysteroepilepsie sind also in vier Kategorien
aufzulösen:

I. Epilepsie, welche symptomatisch der schweren Form
der Psychogenie ähnlich sieht.

II. Hysterie, welche symptomatisch der genuinen Epilepsie ähnlich sieht.

III. Epilepsie, zu welcher Hysterie hinzugetreten ist
(erklärliche Complication).

IV Hysterie, zu welcher Epilepsie hinzugekommen ist
(rein zufällige Coincidenz).

Wenn zu einer Epilepsie auf Grund übertriebener Beachtung
Hysterie hinzutritt, so ist ein viel engerer Zusammenhang gegeben,
als wenn zur Hysterie Epilepsie dazu kommt. Der erstere Fall ist
ähnlich, als wenn z. B. zu einer Affection des Kehldeckels Schluck-
pneumonie hinzutritt, wo ebenfalls ein nicht nothwendiger, aber
als möglich vorauszusagender Zusammenhang vorliegt. Der letztere
Fall jedoch ist gerade so, als wenn ein Mensch, der ein Magengeschwür hat, plötzlich eine Schädelverletzung bekommt, d. h. es
liegt rein zufällige Coincidenz vor.

Ich theile nun zunächst mit Bezug auf die erste Kategorie
einen Krankheitsfall mit, welcher ohne Zweifel als genuine Epilepsie
aufzufassen ist, bei dem aber die einzelnen Anfälle Formen angenommen haben, welche eine Verwechselung mit Hysterie möglich
erscheinen lassen. Es handelt sich um diejenige Form epileptischer
Anfälle, bei welcher nicht nur das Bewusstsein bis zu einem gewissen Grade erhalten bleibt, sondern auch die Krampferscheinungen
durchaus nicht allgemein, sondern partiell sind, so dass die psychogene Natur der Krämpfe symptomatisch wahrscheinlich werden
könnte.

C. D. aus S., Candidat der Theologie, aufgenommen am 27. Mai 1891
im Alter von 23 Jahren. Ein Onkel mütterlicherseits epileptisch, ein Kind
eines anderen Bruders der Mutter ebenfalls epileptisch. Eine Cousine der
Mutter epileptisch.

Im 13. Jahre öfters Zucken in der rechten Hand, besonders beim
Halten von Büchern. Dann kamen Nachts Anfälle von Krämpfen,
von denen das Kind am nächsten Morgen nichts wusste. Bei den
Krämpfen liess er meist das Wasser unter sich, schlug mit der rechten
Hand und dem rechten Bein. Die linke Seite soll ganz frei geblieben sein.
Nach einem halben Jahre traten auch tags Anfälle auf. Vorher hatte er
eigenthümliche Empfindungen in den Gliedern (Aura), hinterher wusste er
nichts vom Anfalle (Amnesie). Die linke Seite blieb im Anfalle ganz frei.
Im 14. Jahre hörte die Krankheit nach einem starken Blutverluste ganz
auf. Erst im Sommer 1889 traten Nachts wieder leichte Krampfanfälle,
und zwar in der rechten Hand, verbunden mit tiefen krampfhaften Inspi-
rationen auf. — Im Jahre 1891 begann Patient während seiner nächtlichen Anfälle laut zu rufen. Diese Anfälle wiederholten sich 4—5 Mal in
der Woche, je einmal in der Nacht. Danach bestand ein anderer Typus

der Anfälle. Durchschnittlich alle acht Tage einmal wurde Patient des Tags nach den krampfartigen Zuckungen im Arme unter krampfhaften Iuspirationen am ganzen Körper steif. Während des Eintritts der allgemeinen Steifheit wurde er bewusstlos. Dieser Zustand dauerte dann meist 1 bis $1^1/_4$ Stunden, während deren sehr angestrengtes Athmen bestand; er ging allmälig in ruhigen Schlaf über.

Während der nächsten Wochen vermehrten sich die nächtlichen Anfälle auf 11—12 in jeder Nacht. Mitte Mai trat zum ersten Male ein Anfall während des Wachens am Tage auf. Seitdem steigerten sich die Anfälle bis zu 10 am Tage und 20 in der Nacht. Den Krampfanfällen während des Tages gehen ziehende Schmerzen in den vier Fingern der rechten Hand, ausgenommen im Daumen, voraus. Dem folgen starke schleudernde Bewegungen des rechten Armes, während er gleichzeitig starke Schmerzen fühlt. Er giebt an, dass er während dieses Anfalles kein Bewusstsein von der Lage seines rechten Armes im Raume hat. Sinnesreize, z. B. Tasteindrücke, werden während des Anfalles geringer. Das Bewusstsein ist also nicht ganz entschwunden. Oefter hat er während dieser Anfälle eigenthümliche Vorstellungen, wie Zahlen, welche er an seiner rechten Seite in der Luft schwebend zu sehen meint. Sehr oft haben dieselben Beziehungen zu etwas vor dem Anfalle von ihm zufällig Gedachten.

Es ist ihm manchmal möglich, den Eintritt der Anfälle dadurch hinauszuschieben, dass er mit der rechten Hand willkürliche Bewegungen macht, sobald die oben erwähnten ziehenden Schmerzen eintreten.

Im Alkoholgenuss will er immer mässig gewesen sein und durchschnittlich nicht mehr als drei halbe Liter am Tage getrunken haben.

Es wurden in der Anstalt eine ganze Reihe solcher Anfälle von Halbbewusstlosigkeit mit partiellen Muskelkrämpfen beobachtet, welche mit photographischer Genauigkeit immer dasselbe Bild boten. Mitten während des Gespräches wurde D. plötzlich geistesabwesend, stiess einen Schrei aus, das Gesicht wurde krampfhaft nach rechts verzogen, der rechte Arm hob sich, der Kopf wurde nach rechts geneigt. Dabei konnte er oft noch im Stuhl sitzen, konnte aber nicht antworten. Nach mehreren Minuten wurde er wieder klarer, erinnerte sich oft dunkel an die Fragen, deren Sinn er jetzt erst begriff. D. zeigt die charakteristische Verblödung der frühzeitig an genuiner Epilepsie Erkrankten.

Die Anfälle zeigen eine völlige Stereotypie.

Hier kann nun nach der Entwickelung und dem Verlauf der Krankheit kein Zweifel sein, dass genuine Epilepsie vorliegt. Die nächtlichen Anfälle mit völliger Amnesie im Beginn der Erkrankung und die folgende Verblödung lassen keinen Irrthum aufkommen. Hier müssen in der That die symptomatisch fast psychogen aussehenden Krämpfe im Verlaufe der Erkrankung als „atypische" Formen wirklicher epileptischer Anfälle aufgefasst werden.

Die zweite Kategorie (Hysterische, welche einen symptomatisch der Epilepsie ähnlichen Anfall haben) ist meistentheils aus der Anamnese leicht zu erkennen, weil die zufällige Complication einer längst bestehenden Hysterie mit ausbrechender Epilepsie sehr selten ist. Ueber das Vorkommen von halluciuatorischen Erregungszuständen im Laufe der Psychogenie kann kein Zweifel sein.

Wir haben oben ausgeführt, dass die abnorm lebhafte Reaction auf einen minimalen Eindruck mit zu den charakteristischen Zügen

der psychogenen Naturen gehört. Es finden sozusagen auf diesem
vulcanischen Boden plötzliche gewaltige Ausbrüche statt, welche
aber nach kurzer Zeit wieder ganz verschwunden sein können. Hierher gehören die vorübergehenden Aufregungszustände, welche
zum Theil oben schon erwähnt sind. Ferner können plötzliche
hallucinatorische Anfälle auf dieser psychogenen Basis zu Stande
kommen, die, wie gesagt, den epileptischen Aequivalenten sehr ähnlich sehen.

Am wichtigsten für die scharfe Scheidung von Epilepsie und
Hysterie, welche wir durchführen, ist der Nachweis, dass notorisch
Epileptische allmälig „hysteroepileptisch" gemacht werden können
und später wieder rein epileptisch werden.

R. M. aus Hassenbach, geboren 1871, aufgenommen 1. August 1891.
Erster Anfall von Bewusstlosigkeit und Krämpfen im 11. Jahre in der
Schule. Sie hatte zuerst nur einen Anfall, keine Häufung solcher, zuerst
Pausen von mehreren Tagen zwischen den Anfällen, später manchmal ein
Viertel Jahr lang Pause. Besuchte die Schule bis zum 13. Jahre. In der
letzten Zeit öfter Anfälle, einmal war sie in der Kirche während des Anfalles,
einmal fiel sie vom Kirschbaum herunter. Die Anfälle sind immer rasch vor-
über, dauern circa 5 Minuten, worauf sie ihrer Beschäftigung nachgeht.

Fünf Tage nach der Aufnahme begann eine mehrtägige epileptische
Periode, welche jedoch zum Theil im Gegensatz zu der Anamnese, die
sicher auf genuine Epilepsie wies, einen psychogenen Charakter hatte. Sie
hatte keine schweren allgemeinen Zuckungen, sondern zeigte ein andauerndes
Zittern, besonders im linken Arm, und häufiges Zähneknirschen. Auf Anreden
antwortete sie nicht, fixirte aber den Beobachter öfter, wenn man ihr die
Augen öffnete. Dieser Zustand dauerte bis zum 11. August, also 6 Tage;
sie wurde dann geistig freier und heiterer, konnte dabei den linken Arm,
der heftig zitterte, nicht aufheben und klagte über Schmerzen in der Schulter.
Während des Schlafens zuckte der Arm nicht.

Am 18. August Magenblutung. Fortwährendes Zittern im linken Arm.
Bis zum 30. August öfter Erbrechen und Magenschmerzen.

Am 17. September erneute Magenblutung.

20. September epileptischer Anfall mit schwerer Bewusstlosigkeit.

Bis 26. September fast jeden Tag ein epileptischer Anfall.

9. October. Das bisher fast ununterbrochene Zittern im linken Arm
hat fast ganz aufgehört.

15. October. Schmerzen im ganzen Leib. Seit längerer Zeit keine
Magensymptome mehr.

20. October. Klagen über Schmerzen im Hals. Aphonie. Nach laryngo-
skopischer Untersuchung kehrt die Stimme sofort wieder.

21. October 1891. Heftige Schmerzen im Hals, besonders beim Schlucken,
ohne sichtbare Schwellung und Röthung.

26. October. Sehr missgelaunt. Klagen über allgemeine Schwäche und
Gliederreissen. Heftige Anfälle, bei denen sie fortwährend laut
schreit. Der ganze Körper wird geschüttelt. Bewusstlosigkeit ist nicht
vorhanden.

6. November. Bis vor zwei Tagen heftige Anfälle mit lautem Schreien.
Seitdem anfallsfrei und heiter.

14. November. Klagt über Zahnschmerzen an einem völlig intacten
Zahn und will ihn ausgerissen haben.

20. November 1891. Seit 4 Tagen heftige Magenblutungen, dabei seit vorgestern Menstruation. Behauptet, sie habe seit 4 Wochen zum dritten Male die Periode.

25. November 1891. Wegen der Annahme eines Magengeschwüres in die medicinische Klinik. Trotz der massenhaften Blutungen hat sie vom 1. August bis 13. November 9 Kilo (von 53 auf 62) zugenommen.

In der inneren Klinik wurde ein Magengeschwür als Ursache der Blutung ausgeschlossen.

Am 5. December 1891 in die Klinik zurückgekommen, bekam sie am 26. December 1891 wieder Anfälle. Sie begann früh im Bett furchtbar zu schreien. Das Schreien geschah in einer viel tieferen Tonlage als früher, wo sie ein schrilles Pfeifen von sich gegeben hatte.

1. Januar 1892. Neue Blutung, diesmal aus dem Munde, von vornherein hellrothes, nicht coagulirtes Blut. Es wird eine blutig aussehende Stelle am Zahnfleisch gefunden.

5. Januar. In die Wachabtheilung zu einigen aufgeregten Kranken gelegt. Nach zwei Tagen völliges Wohlbefinden.

12. Januar 1892. Die Menses haben erwiesenermassen 12 Tage gedauert.

18. Januar 1893. In den letzten Tagen sehr ungeberdig. Wirft sich wegen eines leichten Wortwechsels mit einer Kranken auf den Boden, stampft mit den Füssen. Sagt, es sei Niemand an ihr gelegen, sie wolle in den Main springen. Dann wieder übertrieben lustig.

20. Januar 1891, Früh 5 Uhr heftiger Krampfanfall mit Bewusstlosigkeit. Um ¼9 Uhr zweiter Anfall, indem sie heftig schreit. Sie ist einige Minuten nach Beginn des Anfalles sicher nicht mehr bewusstlos und kann durch energisches Zureden dahin gebracht werden, dass sie nicht weiter schreit.

6. Februar 1891, Nachts 4 Uhr, ein Anfall, bei dem sie aus dem Bett fiel. In der Haut der Oberschenkel und des Bauches blaurothe Streifen und Punkte (spontane Blutextravasate!). Ganz abnorme Fettleibigkeit trotz der Magenblutungen.

7. Februar. Gestern bei der klinischen Vorlesung entschieden „hysterischer". Beginnt zu zittern, bekommt Schwindel, nimmt mitleiderweckende Stellungen ein. Eine Stunde darauf ein von starkem Schreien begleiteter Anfall, bei dem sie aus dem Bett fällt, ohne sich irgendwie zu verletzen.

4. April 1892. Manchmal gekreuztes Zittern im linken Arm und rechten Bein.

3. Mai. Oedem der linken zitternden Hand am Dorsum.

10. Juni. Ekzem der linken Hand.

22. Juni 1892. In den letzten Tagen an der rechten Wange eine völlig wie Erysipel aussehende Schwellung und Röthung der Haut. Kein Fieber.

23. Juni 1892. Symmetrisch unter beiden Augen Hautschwellung mit lebhafter Röthung.

28. Juni 1892. Konnte gestern die Augen nicht ordentlich öffnen.

13. Juli 1892. In der letzten Zeit immer Anfälle, wenn die Aerzte zur Visite kommen.

Ich breche hier die Krankengeschichte, welche eine völlige Sammlung von hysterischen Symptomen darstellt, ab. Die Kranke wurde im Juni 1893 ganz aus der Krankenstation entfernt, wurde vollkommen frei als Hausmädchen verwendet, scheinbar ohne dass

sich Jemand ärztlich um sie kümmerte. Seitdem hat sie sehr seltene schwerere epileptische Anfälle, welche rasch vorübergehen. Nur einmal musste sie wegen eines „Anfalles", bei dem sie
sich im Abort eingeriegelt hatte, auf zwei Tage in die Kranken-
abtheilung zurückgenommen werden.

Bei dieser Kranken hat sich also nach mehreren Jahren
einfacher genuiner Epilepsie eine Periode von „Hysteroepilepsie" angeschlossen, nach welcher nun wieder das ursprüngliche Krankheitsbild hervorgetreten ist.

Ganz entsprechend ist folgender Fall, welcher das Hysterisch-
werden einer genuin Epileptischen sehr gut illustrirt:

J. Schw. aus L., zum erstenmal in einer psychiatrischen Anstalt aufgenommen im 18. Jahre am 19. Januar 1888. Der Vater hat Hang zum
Trinken, Mutter sehr nervös. Wirkliche Geisteskrankheiten in der Familie
nicht vorgekommen. Die 10 lebenden Geschwister sind geistig gesund. Von
Jugend auf nach Schilderung der Mutter faul und liederlich. Als Kind in
der Schule oft Ohnmachtsanfälle. Seit einem Vierteljahr vor der Aufnahme
schwerere Anfälle. Patientin stürzt, nachdem sie kurz vorher über „Schlecht-
werden" und Unwohlsein geklagt hat, unter Verdrehen der Augen bewusstlos
zusammen, schlägt um sich, zuckt mit allen Gliedern, hat Schaum vor dem
Mund. Diese Zustände dauern nach Aussage der Mutter immer nur einige
Minuten. Dann fängt sie an, die Mutter zu rufen, wirft sich hin und her
und verfällt dann in einen sehr festen, langen Schlaf. Solche Anfälle von
Bewusstlosigkeit mit Krämpfen wiederholten sich dann anfangs alle paar
Tage in der gleichen Weise, wodurch Patientin gezwungen wurde, ihren
Dienst aufzugeben. Seit circa 3 Wochen Häufung der Anfälle. Nachdem
sie auf der Strasse einen Anfall nach Art des eben beschriebenen gehabt
hatte, Aufnahme in die Klinik.

Bis hierher ist durchaus kein Grund, das Bestehen einer genuinen
Epilepsie zu bezweifeln, das längst bestandene Petit mal, der Ausbruch
der Krankheit ohne starken psychischen Anlass, die typische Form
der Anfälle rechtfertigen die Diagnose auf Epilepsie vollkommen.

Bei der Aufnahme zeigte sich körperlich nichts Abnormes. In der
ersten Nacht hat Patientin gut geschlafen, während sie selbst angibt, sie
sei die ganze Nacht im Zimmer herumgelaufen. Nachmittags des nächsten
Tages fängt Patientin an sehr unruhig herumzulaufen, zieht ihre Schuhe
und Strümpfe aus, trägt die Schuhe wie ein Wickelkind im Arm, spricht
ganz wirres Zeug vor sich hin, fragt fortwährend, warum die Frau weine,
stiert in die Luft, fällt dann plötzlich bewusstlos zusammen mit klonischen
Zuckungen am ganzen Körper. Conjunctivalreflex erloschen, vor dem Mund
etwas Schaum, Kyanose des Gesichtes, die Daumen in die Hohlhand fest
eingeschlagen.

Dieser Zustand dauerte 2—3 Minuten an, dann liegt Patientin
ruhig auf dem Rücken, der Conjunctivalreflex hat sich eingestellt, und alsdann fängt Patientin an, mit Händen und Füssen auf dem Fuss-
boden zu trommeln, sich ganz steif aufzurichten, indem sie sich
mit Kopf und Füssen anstemmt.

Das Bewusstsein ist jetzt wenig gestört, das Prüfen des Conjunctival-
reflexes ist jetzt der Patientin sehr unangenehm, sie zwinkert fortwährend
mit den Augen, ebenso sucht sie sich dem auf die Ovarialgegend aus-

geübten Druck energisch zu entziehen. Dieser Zustand hielt etwa eine halbe Stunde an; Patientin wird dann in's Bett gebracht, spricht fortwährend vor sich hin, bald ihre Mutter rufend, bald laut aufschreiend. Nach einer halben Stunde steht sie von selbst wieder auf. Nachts schläft sie gut und behauptet am nächsten Tage, nichts von dem Vorgefallenen zu wissen.

Dieser Anfall setzt sich nun deutlich aus zwei Abtheilungen zusammen, welche ganz offenbar vollkommen verschiedene Charaktere tragen. Nach einem Zustand von Aufregung und Verwirrtheit, wie er öfter einen typischen epileptischen Anfall einleitet, stürzt sie bewusstlos zusammen und hat klonische Zuckungen. Bis hierher passt das Bild vollkommen zu der Anamnese, es ist bisher immer noch kein Grund vorhanden, von der Diagnose auf genuine Epilepsie abzugehen. Nun aber stellen sich nach dem epileptischen Anfall Zustände ein, welche durchaus den Charakter des Psychogenen haben. Nun hat sie nicht mehr klonische Zuckungen bei erloschenem Conjunctivalreflex, sondern sie macht complicirte Willkürbewegungen (Trommeln mit den Füssen, Bogenstellung des Körpers etc.) bei wohlerhaltenem Conjunctivalreflex und zeigt auf alle Manipulationen bewusste Reactionen. Hier haben sich nach der Aufnahme in's Spital unter sorgfältiger ärztlicher Beobachtung zu dem vorher schon vorhandenen Bilde der epileptischen Krämpfe psychogene Zustände gesellt, welche nach einem unzweifelhaft epileptischen Anfall auf getreten sind. — Man kann nun in der sehr ausführlichen Krankengeschichte vorzüglich verfolgen, wie bei dieser von früher epileptischen Person das Hysterische immer mehr in den Vordergrund getreten ist, bis sie sich zu einem wahren Musterstück von Hysteroepilepsie ausgebildet hat.

30. November. Die Anfälle haben sich täglich wiederholt, nehmen in der letzten Zeit einen mehr rein hysterischen Charakter an. Dann treten in der letzten Zeit eigenthümliche Dämmerzustände auf, welche der Einleitung des neulich beschriebenen Anfalles sehr ähnlich sehen. Patientin lief hin und her, nahm ihre Schuhe gleich einem Kinde auf den Arm, küsste sie, schaute fortwährend in's Licht, sprach von einer weinenden Frau, machte lauter dummes Zeug, ohne dass es zu einem oben geschilderten Anfall gekommen wäre.

Es tritt nun in der Krankengeschichte der Unterschied zwischen diesen schweren Dämmerzuständen ohne Krampfanfall, welche als epileptisches Aequivalent aufzufassen sind und den typisch hysterischen Zuständen, welche sich neben ihrer Epilepsie bei ihr entwickelt hatten, sehr deutlich hervor.

Am 3. December wurde die Kranke ihrem Vater mit nach Hause gegeben, jedoch schon am selben Abend wieder in die Klinik gebracht. Sie war schon auf dem Wege nach Hause verwirrt, zu Hause hat sie angefangen, unter fürchterlichem Geschrei um sich zu schlagen, hat niemand von ihren Geschwistern erkannt. Bei der Wiederaufnahme sehr laut, schreit, rauft sich die Haare aus, wirft die Betten umher, will fort.

4. December. Patientin behauptet, von dem gestrigen Anfall nichts zu wissen, hat Nachmittags einen rein hysterischen Anfall mit Erhaltensein des Bewusstseins, daneben sehr erotisch erregt, lacht fortwährend, wenn sie ein männliches Wesen sieht.

15. December. Patientin erhält heute, als sie wieder während der Anwesenheit des Arztes einen hysterischen Anfall bekommt, unerwartet Wasser in's Gesicht geschüttet, worauf sie sich sofort mit Schimpfen auf eine solche Behandlung erhebt. Es war aufgefallen, dass Patientin ihre Anfälle immer während der Anwesenheit des Arztes bekam, während sie ihre eigenthümlichen, oben beschriebenen Zustände zu jeder Zeit, unabhängig von anderen Umständen, hatte.

In den letzten Wochen vor der Ueberführung in die Irrenabtheilung des Juliusspitales hatte sie gar keine hysterischen Anfälle mehr, während dieselben nach Eintritt in's Juliusspital sofort wieder auftraten, allerdings nach völliger Nichtbeachtung wieder verschwanden. Bei der späteren Beobachtung zeigten sich immer die zwei Arten von Anfällen, erstens eigenthümliche Dämmerzustände mit Hallucinationen und furibunder Aufregung, selten gefolgt von schweren epileptischen Anfällen, zweitens exquisit psychogene Zustände, welche leicht zu unterbrechen waren. In der Krankengeschichte über den dritten Aufenthalt in der Klinik vom 2.—29. October 1892 heisst es:

„Auf Grund der früheren Beobachtungen spitzt sich die diagnostische Frage dahin zu, ob blosse Hysterie oder moralisches Irresein oder wirkliche Epilepsie vorliege. Bei der Aufnahme ganz ruhig, will entlassen sein. Gibt an, früher Anfälle gehabt zu haben, will aber jetzt ganz frei davon sein. Nach wenigen Tagen in die ruhige Abtheilung verlegt, muss aber wegen Singen von lasciven Liedern und Widerspenstigkeit bald von den anderen Kranken getrennt werden. Zugleich traten Anzeichen von Hallucinationen hervor. Sie suchte manchmal in auffallender Weise hinter Gegenständen, als ob etwas dahinter stecken müsste. Wegen neuerlicher Aufregungen und Wuthausbrüche musste sie nach circa 6 Tagen wieder in die Wachabtheilung gelegt werden. Hier traten nun bald starke hallucinatorische Erregungen hervor. Sie suchte hinter den Betten, wollte nach dem Corridor, wo sie die „verdammten Luder" fortwährend reden hörte, reagirte mit Worten auf die gehörten Stimmen, wollte mit den Händen in den Ofen fahren. Macht dabei einen schwer gestörten Eindruck. Neben diesen kaum zu simulirenden Anfällen treten andere Erregungen auf, welche wieder mehr in das Gebiet des Hysterischen gehörten. Manchmal drohte sie, dass die Anfälle wieder kommen würden, wenn man ihr nicht den Willen liesse. Sie zeigte sich dauernd moralisch pervers und artete manchmal in völlige Zerstörungswuth aus. Abgesehen davon aber treten hallucinatorische Erregungen mit so schwerer Verwirrtheit auf, dass die Diagnose „Hysterie" oder „moralisches Irresein" als unzureichend erschien und epileptische Aequivalente angenommen wurden. Am 26. October Abends einen Tobsuchtsanfall, in dem sie zum Fenster hinausspringen wollte.

Am 27. October früh enormer Aufregungszustand. Patientin hallucinirte stark, schrie, verkannte die Personen vollständig. Sie hatte Hallucinationen in allen Sinnesgebieten. Um 11 Uhr plötzliche Verziehung der Gesichtsmusculatur und Zähneknirschen. Zugleich schlug sie die Daumen ein. Die Augäpfel stellten sich nach oben ein. Schnarchende Respiration. Schaum vor dem Munde. Zucken der Gesichtsmuskeln, dann des ganzen Körpers. Hinterher noch zwei derartige Anfälle.

Ich fasse diesen Fall auf als eine genuine Epilepsie mit epileptischen Dämmerzuständen, wozu später psychogene Zustände hinzugetreten sind. Der Fall gehört also in die dritte Gruppe, welche wir als Theil der sogenannten Hysteroepilepsie aufgestellt haben: Epilepsie, zu welcher sich Hysterie hinzugesellt hat.

Fälle, wo zu einer langbestehenden Hysterie eine typische Epilepsie mit folgender Verblödung hinzugetreten ist, sind mir nicht zur Beobachtung gekommen und auch in der Literatur finde ich keinen, welcher sich einwandsfrei so auffassen liesse. Er ist jedoch theoretisch ebenso leicht denkbar, als wenn ein Mensch mit einer chronischen Nierenkrankheit einen Beinbruch erleidet, d. h. es handelt sich dann um eine rein zufällige Coïncidenz.

⟨Ebenso wie mit dem Begriff Hysteroepilepsie verhält es sich mit dem der hysterischen Verrücktheit. Wenn man Verrücktheit hier nicht in dem ganz verwaschenen Sinn des Irreseins überhaupt versteht, sondern in dem der Paranoia, so ist der Ausdruck hysterische Verrücktheit geradezu eine Contradictio in adjecto, ein völliger Widerspruch der beiden darin enthaltenen Momente.⟩

Gerade hier zeigt sich die Nothwendigkeit, den Begriff der Hysterie aufzulösen, um eindeutige Diagnosen stellen zu können. Wenn man als Wesentliches der Hysterie die abnorm gesteigerte Beeinflussbarkeit und die psychogene Beschaffenheit der damit verknüpften Nervenstörungen auffasst, wenn man andererseits unter Paranoia einen mehr oder minder systematisirten Zusammenhang von constant festgehaltenen Wahnideen versteht, so ist klar, dass es eine hysterische Paranoia ebenso wenig geben kann, als man von hölzernem Eisen reden darf. Nun ist es aber eine alte Thatsache, dass bei vielen Paranoischen die Urtheilsfähigkeit, abgesehen von dem constant festgehaltenen Wahn sehr lange ganz erhalten bleibt, dass dieselben ferner für viele Eindrücke, welche keinen Zusammenhang mit dem Wahngebäude bieten, im höchsten Grade wie jeder normale empfänglich und beeinflussbar sind. Es ist also gar nicht ausgeschlossen, dass sich, abgesehen von dem fixirten Wahngebäude, eine Steigerung der Beeinflussbarkeit vorfindet, welche dem Krankheitsbilde einige „hysterische" Züge beimengt. Man muss aber solche Fälle nach der Grundkrankheit, nicht nach der indifferenten Beimengung bezeichnen.

Oefter ist sogar der Ausdruck hysterische Verrücktheit schon auf Fälle angewendet worden, in welchen die Paranoia sich zufällig auf sexuelle Dinge bezieht, wobei dann der Begriff Hysterie in seiner populären Bedeutung wieder erscheint.

Sehr lehrreich in dieser Beziehung ist eine Krankengeschichte der hiesigen psychiatrischen Klinik, in welcher die Diagnose auf „Hysterie" gestellt war, während ich diese Kategorie auf Grund der obigen Ausführungen durch „Paranoia" ersetzen möchte.

C. W. aus Kl., geboren 1847, aufgenommen 13. April 1890, also im 43. Jahre. Ueber Heredität nichts zu ermitteln. War immer übertrieben religiös, arbeitete nichts mehr, beschäftigte sich meist mit Beten. Sie war stets leicht erregbar, streitsüchtig und eigensinnig. Seit dem Tode ihrer Mutter (Ende Januar) war sie „tiefsinnig", verkehrte fast mit Niemand, schloss sich in ihr Zimmer ein. Seit acht Tagen erregt, hat religiöse Wahnideen, spricht viel von der Hölle, sah häufig den Teufel vor sich stehen in verschiedenen Gestalten, bald als schwarzen Mann, bald als

Pudel, behauptete, der Teufel stecke in ihr, verlangte, man soll ihr den
Bauch aufschneiden und den Teufel herausnehmen. In den letzten Tagen
steigerte sich die Aufgeregtheit hochgradig, Patientin schlief wenig, ging
ruhelos jammernd umher.

Bei der Aufnahme aufgeregt, zerschlug ein Fenster, wollte mit Gewalt
wieder fort. Sie beruhigte sich allmälig, blieb im Bett, erklärte, sie sei
nicht geisteskrank, dagegen fehle es ihr im Leibe, „es wimmele und heere
in ihr". Sie ist in geringem Grade deprimirt, spricht viel von ihren Sünden
und der Hölle.

15. April 1891. Aeussert viel weniger melancholische Ideen, als
vielmehr solche hypochondrischen Inhaltes. „Sie könne es vor Schmerz im
Magen nicht aushalten, es sei ihr, als ob ein Hase darin herum-
spränge."

17. April. Patientin ist viel ruhiger. Sie will beständig untersucht
sein, ist sexuell erregt.

20. April. Völlig ruhig, in gleichmässig heiterer Gemüthsverfassung,
hält an ihrem Wahn fest, es stecke etwas in ihrem Leibe und kein Mensch
könne ihr helfen.

25. April. Wieder aufgeregt, weint und jammert, sie behauptet, der
Teufel käme Nachts zu ihr, lege sich auf sie, „wolle sie d'ran kriegen".
Sie sieht ihn bald als Pudel, bald als schwarzen Mann, behauptet, er stecke
in ihrem Leibe, will einen Geistlichen haben, dass er ihn austreibe.

26. April. Wieder ruhig und heiter, will Nachts einen Stecken mit
in's Bett nehmen, um den Teufel damit fortzujagen. Behauptet fest, es
stecke etwas in ihrem Leibe, zapple und springe darin herum.

1. Mai. Häufiger Stimmungswechsel; eine Menge hypochondrischer
Beschwerden; nächtliche Besuche vom Teufel.

4. Mai. Wieder beruhigt, macht Spaziergänge.

5. Mai. Von der Gemeinde, welcher der dringende Rath gegeben
wird, sie in die Kreisanstalt zu bringen, nach Hause geholt.

Fragen wir nun, was in diesem Falle die Veranlassung gegeben
hat, die Diagnose auf Hysterie zu stellen, so sind es drei Momente:
1. der lebhafte Stimmungswechsel von ruhiger Heiterkeit zu schwerer
ängstlicher Erregung; 2. der vorwiegend sexuelle Charakter ihrer
Hallucinationen; 3. der übertriebene abenteuerliche Ausdruck ihrer
Empfindungen (es ist ihr z. B., als ob ein Hase im Magen herum-
spränge). Nichtsdestoweniger ist klar, dass in diesem Falle trotz
dieser hysterischen Züge ein constant festgehaltener hypochondrischer
Wahn vorgelegen hat, welcher sich toto genere von der Beeinflussbarkeit der Hysterie unterscheidet. Dieser Unterschied kann nun
praktisch von grosser Bedeutung werden, weil man bei der Diagnose
auf hypochondrische Paranoia einen weiteren Anstaltsaufenthalt
noch viel dringender empfehlen wird, als bei der Diagnose Hysterie.
Denn es liegt viel mehr im Wesen der wirklichen Paranoia als in
dem der Hysterie, dass sie zu Handlungen führt, welche für das
Individuum und seine Umgebung verderblich werden können. Leider
liegt es ja allerdings sehr oft nicht in der Macht des Irrenarztes,
eine consequente Anstaltsverpflegung eines derartigen Kranken bei
den betreffenden Gemeinden durchzusetzen. Jedenfalls war auch im
vorliegenden Falle trotz der Diagnose auf Hysterie wahrscheinlich
im Hinblick auf die fester sitzenden hypochondrischen Ideen, welche

wir jetzt als das Wesentliche des Falles auffassen, der Gemeinde
eine fernere Verpflegung der Kranken in der Kreisanstalt empfohlen
worden. W. ist jedoch, da sie nicht namhaft geisteskrank mehr
war, bald von der Gemeinde fortgelassen worden. Sie ist später in
Frankfurt am Main im zoologischen Garten nackt in den Zwinger eines
Bären gestiegen und hat sich von dem Thiere zerfleischen lassen. —
Es muss also stets zwischen den hysterischen Beimengungen
und der eigentlichen Grundkrankheit ebenso scharf geschieden werden,
als wenn man z. B. einen Symptomencomplex vor sich hat, in welchem
sich die Zeichen einer multiplen Sklerose mit hysterischen Neben-
zügen zu einer scheinbaren klinischen Einheit verbinden.

Die hypnotischen Zustände.

Die hypnotischen Zustände sind mit wenigen Ausnahmen
experimentell hervorgerufene Geistesstörungen. Die Lehre
vom Hypnotismus kann nur durch die Beziehung auf die gesammte
Psychopathologie und Einreihung in die psychiatrische Bildung der
Aerzte, besonders der mitten in der praktischen Medicin stehenden,
vor Ausartung in Charlatanerie und Geheimschwindel bewahrt
werden. Während wir mehrfach Gelegenheit ergriffen haben, auf
die Wichtigkeit physikalischer Untersuchung als Grundlage aller
wissenschaftlichen Medicin hinzuweisen, und sogar unsere ganze Eintheilung der Geistesstörungen darnach getroffen haben, ob sich eine
materielle Veränderung des Gehirns behaupten lässt oder nicht,
müssen wir nun ebenso energisch bei der Erörterung der hypnotischen
Zustände, welche nur eine Gruppe der psychogenen bilden, den
grossen Einfluss von Vorstellungen auf die Zustände des
Körpers betonen.
Nicht die einseitige Materialisirung des Psychischen, auch nicht
die einseitige Psychologisirung des Materiellen, speciell der Veränderungen des Körpers, wie sie von manchen extremen Vertretern
des Hypnotismus versucht wird, soll die Grundlage der Medicin bilden,
sondern die gleichmässige Beurtheilung der psychischen und mechanischen Componenten, welche in den verschiedenen Erkrankungen
des Menschen zusammen wirken.
Nur eine gleichmässige Ausbildung der Aerzte in Bezug auf die physikalischen Veränderungen des Körpers
einerseits und die psychischen Zustände andererseits mit
besonderer Berücksichtigung der Wechselwirkung des
Mechanischen und Psychischen — kann einen Grad der ärztlichen
Bildung hervorbringen, welcher den Anforderungen der praktischen
Heilkunde gewachsen ist.
Ich ergreife hier die Gelegenheit, auf die culturgeschichtlich
geradezu sonderbare Thatsache hinzuweisen, dass die Psychiatrie immer
noch nicht Gegenstand einer Prüfung durch Fachvertreter in der
Examensordnung für die praktischen Aerzte im Deutschen Reich ist,
während die früheren Prüfungsordnungen einzelner Bundesstaaten,
z. B. Bayerns das wichtige Fach in gebührender Weise berücksichtigt
haben. Wenn man immer noch Psychiatrie z. B. mit Otiatrie in Bezug

auf die Nothwendigkeit der Prüfung in Parallele setzt, so ist das
gerade so, als wenn man das geistige Leben eines Menschen für
gleichwerthig mit dem Zustand seiner Ohren erklären wollte.
〈Es zeigt sich bei dieser ganzen Angelegenheit, dass die aus-
schlaggebenden Männer noch vollkommen in der einseitig materialistischen Richtung befangen sind, welche lange genug die Medicin
beherrscht hat, und deren extremer Erscheinungsform im Hinblick
auf eine wirkliche Menschenheilkunde die Berechtigung abzu-
sprechen ist.〉
     Deshalb gehört auch eine kurze Darstellung des Hypnotismus in
den Rahmen einer psychiatrischen Diagnostik, wogegen nur diejenigen
etwas einzuwenden haben werden, welche meinen, dass die Psychiatrie
erst hinter den Thoren der Irrenanstalten beginnt.
     Nach unserer Meinung soll sie das nicht, sondern der praktische
Arzt soll in die Lage gesetzt werden, sich ein Urtheil über die Fragen
der Psychopathologie, welche zum Theil in ganz verwirrter Weise
von den Tageszeitungen, der öffentlichen Meinung und den einzelnen
Menschen behandelt werden, zu bilden und in weiteren Kreisen auf-
klärend zu wirken, ferner auch zu beurtheilen, in welchen Fällen
eine „psychische" Behandlung" am Platze ist, in welchen nicht.
     Der Begriff Hypnotismus hat allmählich einen viel weiteren
Inhalt bekommen, als in dem blossen, von ὑπνόω (einschläfern) ab-
geleiteten Wort liegt. Um sich zu verständigen, ist es jedoch gut,
von dem ursprünglichen Sinn des Wortes auszugehen. „Hypnose" bedeutet also die Einschläferung, im speciellen Sinne eine Form der
Einschläferung, bei welcher eine bestimmt charakterisirbare Veränderung der Bewusstseinszustände vor sich geht. Man hat nun später
bemerkt, dass derselbe Bewusstseinszustand auch ohne Einschläferung
hervorgebracht werden kann, so dass man bei dem Wort Hypnose
schliesslich gar nicht mehr an diese Technik des Hervorbringens,
sondern an den hervorgebrachten Geisteszustand denkt. Dieser charakterisirt sich durch folgende Züge:
     1. Die Ausschaltung der Vorstellungen, welche das normale Selbst-
bewusstsein ausmachen.
     2. Die enorme Leichtigkeit, mit welcher Vorstellungen durch Sinnes-
reize in diesem halbbewussten Zustande erregt werden.
     3. Durch die Tendenz der entstandenen Vorstellungen, sich in Be-
wegungen und complicirte Handlungen umzusetzen.
     Hieraus ist der Unterschied des durch Hypnose erzeugten Zu-
standes von dem nach „normalem" Einschlafen auftretenden Bewusstseinszustand ersichtlich.
     In Bezug auf den ersten Punkt stimmen Schlaf und Hypnose
vollkommen überein. Das Wesentliche beim gewöhnlichen Schlaf ist
die Auflösung der normalen Vorstellungscomplexe. Derjenige
Vorstellungscomplex, welcher einem Geisteszustande das Kriterium
des „wachen" verschafft, ist unser „Selbstbewusstsein", in welchem
sich um die Vorstellung des eigenen Körpers alle auf die eigene
Persönlichkeit bezüglichen Vorstellungen gruppiren. Dieser Complex
ist bei jedem Individuum völlig verschieden. Bei manchen Menschen
kommen auch schon im Wachen Ausschaltungen von Theilen dieses
für ein waches Leben unentbehrlichen Vorstellungscomplexes vor,

besonders z. B., wenn man sich mit aller Aufmerksamkeit in Etwas vertieft. In solchen Momenten kann man nur dann nicht zu den Schlafenden gerechnet werden, wenn der Vorstellungscomplex, auf welchen unsere Aufmerksamkeit geheftet ist, nicht ebenfalls das Charakteristicum der Dissociation zeigt. Dieses ist nun im Schlaf der Fall. Hier ist nicht blos das Selbstbewusstsein aufgelöst, sondern alle auftauchenden Vorstellungen, von denen normaler Weise jede den Mittelpunkt einer zusammenhängenden Gruppe bildet, zeigen das Charakteristicum der Unvollständigkeit.

Die Eigenthümlichkeit des Schlafzustandes kann nicht begriffen werden, wenn man nicht den synthetischen Charakter der normalen Vorstellungen kennt. Nehmen wir z. B. das Wort „Fisch", so wird im wachen Zustande sich damit sofort eine bestimmte Vorstellung verbinden, welche je nach der Individualität etwas verschieden ausfallen kann. Bei Manchen wird sich hauptsächlich eine optische Vorstellung anschliessen, welche aber keineswegs allein nun schon den normalen Inhalt des Wortes bildet, sondern sich erst mit gewissen Empfindungen des Glatten, mehr oder weniger Schweren, Farbigen etc. verbindet. Aus allen diesen durch Association herbeigeschafften Materialien entsteht normaler Weise ein Vorstellungscomplex, in welchem die einzelnen Theile enthalten sind. Das Charakteristische der Traumvorstellungen besteht nun darin, dass sie unvollständig sind, dass die begleitenden Momente, welche z. B. eine optische Vorstellung zu einem wohlgeordneten Complex vervollständigen, zum Theil oder ganz fehlen. Man hat die Thatsache, dass die Reste der normalen Vorstellungscomplexe im Traum oft ausserordentlich lebhaft wahrgenommen werden, mit der Vollständigkeit verwechselt. Wer aus der Betrachtung der optischen Vorstellungen weiss, dass etwas intensiv Gefärbtes dabei sehr undeutlich sein kann, wird den grossen Unterschied zwischen Lebhaftigkeit und Vollständigkeit von Vorstellungen anerkennen.

Es ist also ein völliger Irrthum, wenn man die Traumvorstellung z. B. eines Fisches mit der Vorstellung, die wir im Wachen von einem Fische haben, identificirt. Im letzteren Falle denken wir viel vollständiger: im Traum fehlen eine Menge von Elementen, welche im Wachen den Vorstellungscomplex „Fisch" ausmachen.

Es decken sich sozusagen die Vorstellungen von einem Dinge im Wachen und im Schlafen nur in einem geringen Bestandtheil. Wer nun trotzdem diese verschieden beschaffenen Vorstellungen wegen des gemeinsamen Namens für gleich hält, der thut dasselbe, als wenn ein Mediciner nicht im Stande wäre, eine Intercostalneuralgie von einer Pleuritis zu unterscheiden, weil diese beiden in dem einen Symptom „Schmerzen an der Brust" übereinstimmen.

Aus dieser Unvollständigkeit der Traumvorstellungen entspringt nun das Unlogische der Gedankenverbindungen im Traum. Je mehr Elemente der normalen Vorstellung fehlen, desto leichter können ohne inneren Widerspruch Vorstellungen angeknüpft werden, welche mit jener nur in verschwindenden Punkten übereinstimmen. Der innere Widerspruch gegen Vorstellungsverknüpfungen fehlt im Traum fast ganz, weil nur ausnahmsweise im Traum Vorstellungen so vollständig sind, dass ein Theil der Elemente zu einer neu auftauchenden Vorstellung nicht passte. Ein vorzügliches Beispiel hierfür berichtet z. B. *Forel* (cfr. Der Hypnotismus. Enke, 1891, pag. 45) in dem Bericht über einen sofort nach dem Erwachen aufgeschriebenen Traum: „Wir kamen auf eine Brücke, über einen breiten Fluss; an einem Ufer sahen wir viele gedeckte Armkörbe mit Balken halb im Wasser gehalten und ich sagte zu meiner Freundin, da seien wohl Fische darin zum Aufbewahren, worauf sie antwortete, ja da seien unbezähmbare Fische darin (über diesen Unsinn wunderte ich mich gar nicht) etc." — Wenn solche Worte wie unbezähmbar und Fische im Traum vollständig gedacht würden, mit allen ihren Begleitmomenten, welche sie für uns im wachen Zustand haben, so wäre eine derartige Vorstellungsverbindung unmöglich.

In dieser Mangelhaftigkeit der Vorstellungscomplexe liegt in der That der Anlass zu allen den Urtheilen, welche man über das Barocke, Unvermittelte, Wunderbare der Gedankenverbindungen im Traum gefällt hat.

Es lässt sich nun folgender Satz aufstellen: Das Selbstbewusstsein des Wachenden verhält sich zu der Gesammtsumme von Vorstellungen im Traum wie der einzelne normale Vorstellungscomplex zu den oft sehr lebhaft wahrgenommenen Vorstellungsresten im Traum. In Bezug auf die Unvollständigkeit der Vorstellungscomplexe stimmen nun Schlaf und Hypnose vollständig überein. Welche Rolle diese Unvollständigkeit in einer für den Unkundigen überraschenden Weise bei den hypnotischen Kunststückchen spielt, wenn man z. B. einen Hypnotisirten einen Schuh in die Hand gibt und ihn überredet, es sei ein Trinkbecher, werden wir bald erörtern.

Neben der Unvollständigkeit der Vorstellungen zeigt der Bewusstseinszustand in Schlaf und Hypnose noch in mehreren Beziehungen die grösste Verwandtschaft. Zunächst haben in beiden Zuständen die Vorstellungen den Charakter der Wirklichkeit. Die Meinung, dass Etwas blos gedacht sei, kommt überhaupt nur durch Aneinanderhalten von Vorstellungen mit den Elementen der Wirklichkeit zu Stande. Der natürliche Mensch hält alle seine Vorstellungen für Ausdruck der Wirklichkeit, wenn ihm nicht unmittelbar der Gegenbeweis ad oculos demonstrirt werden kann. Für den Ungebildeten vertritt die subjective Ueberzeugung immer den Nachweis objectiver Wahrheit. Die Unterscheidung von Wirklichkeit und blosser Vorstellung ist ein Product intellectueller Cultur. Im Traum und in der Hypnose haben wir wieder den natürlichen Zustand der Kinder und der intellectuell Ungebildeten, indem wir jede Vorstellung unmittelbar für wirklich halten.

Mit diesem Kriterium der Wirklichkeit hat die Lebhaftigkeit, welche die Vorstellungen in dem gewöhnlichen Traum und in der Hypnose ebenfalls gemeinsam zeigen, an sich nichts zu thun. Es gibt im wachen Zustande lebhafte Vorstellungen, welche für unwirklich gehalten werden und wenig lebhafte Vorstellungen, die für entschieden wirklich gehalten werden.

Neben der Unvollständigkeit, dem Charakter der Wirklichkeit und der Lebhaftigkeit zeigen die Vorstellungen in Schlaf und Hypnose noch eine gemeinsame Eigenthümlichkeit, dass sie nämlich häufig von sehr starken Gefühlsreactionen begleitet sind. Ebenso-wenig wie die Lebhaftigkeit ist jedoch diese Gefühlsreaction eine specifische Eigenschaft der Vorstellungen in Schlaf und Hypnose im Gegensatz zum Wachen. Der wesentliche Unterschied von letzterem Zustand liegt bei Hypnose und gewöhnlichem Schlaf in der Unvoll-ständigkeit der Vorstellungscomplexe. Der Unterschied zwischen ge-wöhnlichem und hypnotischem Schlaf liegt bei gleicher Beschaffenheit der Bewusstseinszustände in der Beziehung zur Aussenwelt. Im hyp-notischen Zustand sind die Individuen für die Eindrücke der Aussen-welt besonders von Seiten des Hypnotisirenden sehr empfänglich, im gewöhnlichen Schlaf dagegen nicht oder in viel geringerem Masse. Trotz aller Ausführungen darüber, dass Traumvorstellungen nur Weiterbildungen von im Schlaf erhaltenen Sinneseindrücken sind, muss ich aus Erfahrung behaupten, dass man vor den Ohren eines Schlafenden eine grosse Menge von Lauten, Worten, Sätzen u. s. f. produciren kann, ohne dass die Betreffenden, wenn man sie kurz hinterher weckt, sich an einen entsprechenden Traum erinnern. Der Einwand, dass hierbei nur Erinnerungslosigkeit für wirklich er-lebte Vorstellungen vorliegt, kann man dabei nicht gelten lassen. Jedenfalls ist die Aufnahmefähigkeit für äussere Reize bei dem ge-wöhnlichen Schlaf viel geringer als in der Hypnose.

Auch in Bezug auf die Anknüpfung von Bewegungen und Hand-lungen an Vorstellungen steht der gewöhnliche Schlaf in starkem Gegensatz zum hypnotischen Zustand, wenn auch im gewöhnlichen Schlaf manchmal Vorstellungen in motorische Reactionen umgesetzt werden. Es kommt manchmal bei Menschen, welche nie etwas Neuro-oder Psychopathisches in ihrem Leben gezeigt haben, vor, dass sie im Schlafe aufstehen und complicirte Handlungen vollbringen. Diese seltenen spontanen Somnambulen zeigen denselben Grundzug, welchen wir als einen wesentlichen Grundzug der Hypnose auffassen, die Tendenz der Vorstellungen auf motorische Apparate einzuwirken. Im Allgemeinen jedoch muss der gewöhnliche Schlaf mit der Schlaffheit der Glieder als Antithese zu dem hypnotischen Schlaf aufgefasst werden, in welchem eine Tendenz zu motorischen Reactionen auf Vorstellungen vorherrscht.

Wer aus der Thatsache, dass solche motorische Uebertragungen manchmal auch im normalen Schlaf vorkommen, auf einen nur graduellen Unterschied zwischen Schlaf und Hypnose schliesst, thut dasselbe, als wenn Jemand einen Fall von Tabes, in welchem aus-nahmsweise einmal gesteigerte Kniephänomene vorhanden sein können, mit multipler Sklerose verwechselt.

Schon *Braid* hat die Frage nach dem Unterschied des hypno-tischen und des gewöhnlichen Schlafes zu beantworten gesucht. Zunächst sagt er, dass in der verlangsamten Athmung und in der herabgesetzten vitalen Thätigkeit der Unterschied nicht liegen könne, denn bis zu einem gewissen Grade gingen diese auch dem gewöhnlichen Schlaf vorher. *Braid's* Antwort lautet: „Er (der hypnotische Schlaf) unterscheidet sich von diesem (dem gewöhnlichen) durch den Zustand oder die Beschaffenheit des Geistes.[1]

---

[1] Cfr. *Preyer*, Der Hypnotismus, pag. 186.

„Während des Ueberganges in den gewöhnlichen gesunden Schlaf ver-
hält sich der Geist passiv oder er flattert von einem Gegenstand oder einer
Vorstellung in indifferenter Weise zur anderen, ohne im Stande oder geneigt zu sein, bei irgend einer im Besonderen zu verweilen.
Durch diese Passivität oder Zertheilung der Aufmerksamkeit wird
die Willensthätigkeit vernichtet, was innerlich hervorgeht aus unserem
Unvermögen, die Gedanken behufs erfolgreicher Fortsetzung eines besonderen
Studiums zu fixiren, sobald der Schlaf herannaht" . . . . . .
„Beim Uebergang in den nervösen Schlaf erlangt dagegen der Geist,
der auf eine Vorstellung gerichtet blieb, oder mit einem Gegenstand beschäftigt war, durch die herbeigeführte **Tendenz zur Concentration** der
Aufmerksamkeit einen activen Charakter und befähigt ein solches Individuum,
seine Aufmerksamkeit zu concentriren und seinen Willen zu bethätigen,
nachdem es in den Schlafzustand verfallen ist. Beim Uebergang in den gewöhnlichen Schlaf lassen wir einen in der
Hand gehaltenen Gegenstand fallen, beim Uebergang in den nervösen Schlaf
wird das in der Hand gehaltene Ding immer fester umspannt, bis die Hand
kataleptisch oder unwillkürlich geballt wird. Das ist eine sehr auffallende und charakteristische Differenz zwischen nervösem und gewöhnlichem Schlaf."

Hier sind nun drei Begriffe enthalten, welche einer sorgfältigen
Auseinanderhaltung bedürfen:
1. Willensthätigkeit, 2. Aufmerksamkeit, 3. die Identi-
fication von kataleptisch und unwillkürlich. Ferner spricht
Braid immer in ätiologischer Weise vom „Geist", er fasst wenigstens
in seinem Ausdruck immer Geist als ein Ens, als etwas Ontologisches
auf. Trotz dieser Mängel der *Braid*'schen Definitionen wollen wir
versuchen, diese Gedanken in die Sprache der modernen Gehirn-
physiologie umzusetzen. In dieser lautet *Braid's* Idee folgendermassen:
Der hypnotische Schlaf zeichnet sich im Grunde von dem gewöhnlichen
dadurch aus, dass in ihm Leitungen zu den Bewegungscentren
leichter von statten gehen als im gewöhnlichen Schlaf.
In letzterem ist die Verbindung zwischen den Vorstellungs-
und Bewegungscentren gehemmt oder ausgeschaltet. *Braid* legt also
auf die Neigung zu motorischem Ausdruck innerer Zustände im
hypnotischen Zustand das meiste Gewicht. —
Man kann nun, um in der Localisationslehre zu reden, den Zustand der Leitungen vom „Begriffscentrum" zu den Bewegungscentren,
ferner von der Peripherie zum „Begriffscentrum" und vom „Begriffscentrum" selbst bei den hypnotischen Zuständen schematisch in der
Fig. 16 angedeuteten Weise ausdrücken.
Bevor wir aus dieser Charakteristik die Erscheinungen der
Hypnose ableiten, wollen wir noch im Hinblick auf die Erwähnung
Braid's einen weiteren Rückblick auf die Entwicklung der Lehre
vom Hypnotismus thun. [1]
Wir wollen dabei jedoch nicht in den Fehler der „Remini-
scenzenjägerei" verfallen. Man kann in einer Reihe von sehr alten
Religionsbüchern Andeutungen davon finden, dass durch Handauf-
legen, durch Streichen, oder auch durch Anwendung von Amuletten

---

[1] Cfr. *Preyer*, Der Hypnotismus, pag. 5—28.

sonderbare Geisteszustände hervorgebracht, auch dass Krankheiten
geheilt worden sind. Wir lassen aber diese unsicheren Ueberliefe-
rungen und auch die Sympathiecuren des *Theophrastus Paracelsus,
Bombastus v. Hohenheim* und *van Helmont's* bei Seite und wenden
uns gleich zu dem sogenannten Mesmerismus. 1766 legte *Mesmer*
der Facultät in Wien zur Promotion eine Schrift vor: „De influxu
planetarum in hominem." Seine Idee war folgende: „Wie die
Weltkörper auf die Flüssigkeiten auf der Erde wirken, so müssen
sie auch auf den menschlichen Körper wirken." Und nun kommt
die vermittelnde Hypothese: „Es muss ein Etwas vorhanden sein,
welches diese Einwirkung ermöglicht." Dieses nannte *Mesmer* ein
magnetisches Fluidum und die Eigenschaft, darauf zu reagiren,
thierischen Magnetismus. Diese sonderbare Theorie war weiter nichts
als ein Versuch, die räthselhaften Einwirkungen, die ein Mensch
auf den andern durch blosses Anstarren oder Streichen mit der

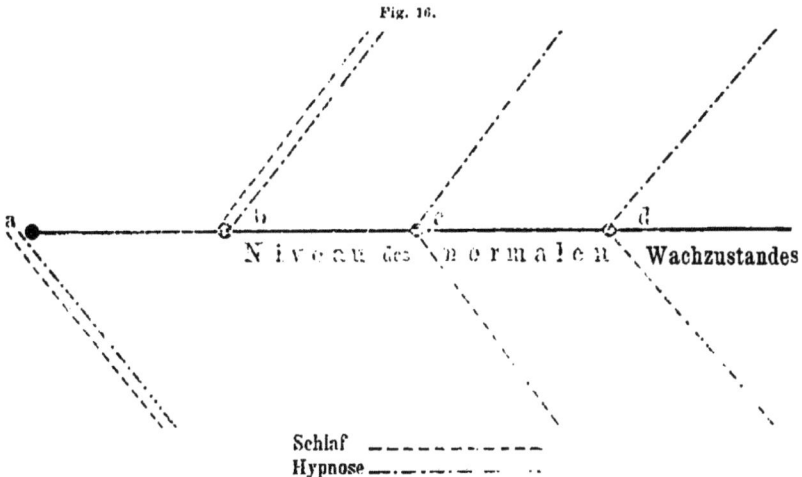

Fig. 16.

a Vollständigkeit der Complexe: Geringer in Schlaf und Hypnose. — *b* Lebhaftigkeit der
Vorstellungen: Grösser in Schlaf und Hypnose. — *c* Aufnahmefähigkeit: Steigt in Hypnose,
sinkt im gewöhnlichen Schlaf. — *d* Motorische Tendenz: Steigt in Hypnose, sinkt im gewöhnlichen Schlaf.

Hand haben kann, eben diese hypnotisirende Wirkung gewisser
Menschen durch eine physikalische Hypothese zu erklären. Nun
schlug aber diese Theorie bald eine grob mechanische Richtung ein,
indem man durch Auflegen von wirklichen Magneten Heilung zu er-
zielen suchte, was ja auch heute noch bei Hysterischen von sehr
gutem Erfolge sein kann. So entstanden die magnetischen Ba-
quets in Paris, wohin *Mesmer* übergesiedelt war. Ein Zuber von
Holz, in welchem Glas'-Scherben und Eisenstückchen lagen, war
gewissermassen die „Quelle der Kraft". Aus diesem magnetischen Bad
ragten eiserne Stäbe hervor, an denen die Patienten anfassten und
dieses angebliche magnetische Fluidum auf sich überströmen liessen.
Dazu kam gedämpftes Licht, halblaute Musik, farbige Ampeln; und
dabei wurden manche Leute wirklich gesund.

Schliesslich artete die Sache aus, bis der König von Frankreich ein Gutachten über die Sache verlangte. *Lavoisier*, *Benjamin Franklin* und Andere erklärten alles als Wirkung der Einbildungskraft. Anstatt dass nun aber diese wunderbaren Wirkungen der Einbildungskraft ernstlich als wissenschaftliches Problem hingestellt worden wären, hielt man damit die Sache für abgethan.

Trotz dieser Unterdrückung von der officiellen Wissenschaft wucherte diese Magnetisirungsmanie weiter, es bildeten sich Gesellschaften, wie es jetzt noch in angesehenen Kreisen hypnotische Abende gibt. Natürlich artete dieser mit geheimnissvollen Theorien verflochtene Hypnotismus bald in völligen Mysticismus aus, besonders durch die Clairvoyance. Es passirte nämlich einem Magnetiseur *Chastenet de Puységur*, dass einer seiner Magnetisirten nicht nur einschlief, sondern auch auf das, um was der Magnetiseur fragte, im Sinne der Frage antwortete. Damit war das entdeckt, was man jetzt den Rapport, die Beziehung zwischen Hypnotiseur und Hypnotisirtem, nennen würde.[1]

Natürlich war diese Entdeckung ein Spielball des in den tiefsten Tiefen aufgewühlten und der grossen Revolution zusteuernden französischen Volksgeistes. Jeder suchte die Frage an das Schicksal zu richten, wie sich das Geschick Frankreichs wenden werde. Das ganz enorm rasche Anwachsen der Clairvoyance ist wohl diesem politischen Umstand wesentlich zu verdanken und man kann sagen, dass die Hellscherei und Wahrsagerei in Verbindung mit den hypnotischen Zuständen besonders in denjenigen Zeiten cultivirt worden ist, wo ungewisse politische Zustände, besonders drohende Revolutionen, die Sehnsucht der Menschen nach Kenntniss der Zukunft wachriefen.

Nun fand *Pétetin* 1787, ebenfalls noch in der Zeit der aufblühenden Clairvoyance, dass man durch Mesmerismus eine Starre der Glieder herbeiführen kann, die hypnotische Katalepsie. Es wurde nun auch gefunden, dass diese Katalepsie ganz plötzlich ohne vorhergegangenes langsames Einschläfern auftreten könne. Zur Erklärung aller dieser Erscheinungen wurde unter der Nachwirkung von *Mesmer* meist angenommen, dass ein magnetisches Fluidum aus den magnetisirenden Personen auf die Umgebung ausstrahle. So bewegte sich der Magnetismus auf der Grenzscheide zwischen Charlatanerie und Mysticismus, bis er endlich in England eine wissenschaftliche Wendung nahm. 1841 wurden von einem Franzosen in London magnetische Sitzungen gehalten, die auch der Arzt *James Braid* besuchte. *Braid*, der hingegangen war in der festen Ansicht, dass Alles abgekartetes Spiel war, sah, als ein Fremder magnetisirt wurde, wie, bevor die Augen sich schlossen, die Augenlider in eine eigenthümliche zitternde Bewegung geriethen. *Braid* fasste den Gedanken, den wir gegenwärtig z. B. bei sogenannten Unfallsnervenkranken so oft als Leitmotiv der Untersuchung haben müssen: Lässt sich dieses Symptom simuliren? Er musste sich sagen, dass ein derartiges feines Vibriren nicht künstlich gemacht werden könnte, sondern dass es sich um eine unwillkürliche Erscheinung handeln müsse. Dieser eine Vorfall hat wirklich erst dem Hypnotismus eine wissenschaftliche Wendung gegeben. Die Wahrnehmung einer sicher unwillkürlichen Bewe-

---

[1] Cfr. *Preyer*, Der Hypnotismus, pag. 18.

gung bei der Einleitung der Hypnose wurde für *Braid* zum Anlass
für die wissenschaftliche Bearbeitung dieses Gebietes.

Braid liess nun. um alle magnetischen Theorien auszuschalten.
mehrere Versuchspersonen, die nichts von dem Vorzunehmenden
wussten, der Reihenfolge nach glänzende Gegenstände anstarren.
welche sie selbst in der Hand hielten, und alle waren nach wenigen
Minuten fest eingeschlafen. Dadurch war erwiesen. dass eine solche
Einwirkung von Mensch zu Mensch, eine magnetische Ueberstrahlung
nicht nöthig ist. *Braid* hatte die Autohypnose entdeckt.

Das Wesentliche in dieser Entdeckung war die Thatsache, dass
ein Mensch durch bestimmte Vorstellungen, im speciellen Fall durch
das längere Anschauen eines Gegenstandes, in den veränderten Bewusstseinszustand der Hypnose verfallen kann. Auf diesem psychologischen Wege sind *Liébault, Bernheim, Beaunis, Liégois, Forel* u. A..
mehr im Zusammenhang mit der gesammten Psychopathologie *Rieger*
weiter gegangen. während *Charcot* den Kern der physikalischen
Phantastereien *Mesmer's* in exacter Weise darzustellen suchte. Die
Differenzen zwischen den verschiedenen Vertretern der psychologischen Auffassung von der Entstehung dieser Zustände beziehen
sich wesentlich auf die Abgrenzung der hypnotischen Zustände gegenüber der Geisteskrankheit im engeren Sinne. ferner auf die Frage
der allgemeinen praktischen Anwendung der Hypnose. Das Wesentliche scheint mir zu sein. dass die Entstehung dieser Zustände durch
Vorstellungen. seien sie nun von aussen künstlich erregt (durch
Suggestion) oder im eigenen Gedankenablauf entstanden (durch Autosuggestion), nicht mehr bezweifelt werden kann.

Die psychologische Auffassung bietet drei Wege zur Hervor-
rufung der Phänomene. Diese entstehen:

a) nach Concentration der Aufmerksamkeit auf eintönige Sinneseindrücke;

b) durch Suggestion. d. h. durch psychische Einwirkung eines
Menschen auf den anderen;

c) durch Autosuggestion. d. h. durch die selbstgemachte Vorstellung.
speciell dass man einschlafen werde.

Die physikalische Auffassung führt die Phänomene auf die
Einwirkung lebendiger oder lebloser Gegenstände oder auch eines
mystischen Agens auf's Nervensystem zurück. Solche hypnogene Aus-
strahlungen können nach dieser Auffassung geschehen von Magneten.
ferner von der menschlichen Hand. von Medicamenten. die in ver-
schlossenen Flaschen auf den Körper aufgelegt werden. ferner durch
Elektricität.

Bei allen physikalischen Methoden spielen aber Vorstellungen
mit. so dass also dieser Theil auch auf Suggestion zurückgeführt
werden kann.

Zu der psychologischen Methode. welche auf Concentration der
Aufmerksamkeit auf einen gleichbleibenden Sinneseindruck hinausläuft und die schon von *Braid* besonders hervorgehoben wurde. lassen
sich nun die verschiedensten Varianten finden. Allbekannt ist das
Anstarren eines beliebigen Gegenstandes. besonders einer leuchtenden
Flamme oder eines Ringes. d. h. dauernde Spannung der Augen-
muskeln und beider Levator. palpebr. super. mit gleichzeitiger Netz-

hauterregung, ohne Augenbewegungen. Besonders verstärkt eine
übermässige Convergenz der Augen (Innervation der Recti interni)
noch die motorische Gebundenheit in diesem Falle. Es ist dabei
gleichgiltig, ob das Individuum den Gegenstand selbst hält oder vorgehalten bekommt, ob es weiss, dass es einschlafen soll oder nicht.
Diese Methode besteht also im Wesentlichen in einer einseitigen Anspannung der Aufmerksamkeit (Expectant attention, *Braid*) und wird
oft ohne Absicht angewendet. So ist es z. B. vorgekommen, dass beim
Photographiren oder beim Perimetriren, auch sogar beim Rasiren
Menschen in hypnotische Starre verfallen sind.

Ferner erleben wir öfter einförmige Sinneseindrücke, die ganz
hypnotisirend wirken, z. B. das Rauschen des Wassers an einem
Mühlrad, oder gleichmässig tropfender Regen.

Schliessen der Augen, Niederdrücken der Augenlider, Streichen
der Stirne mit der Hand, weicher Bürste oder Feder, Streichen mit
Fesselung des Blickes, ferner Combination von rhythmischen Schall-
reizen. Glockenschläge, die in gleichbleibenden Intervallen erklingen,
Uhrticken, gedämpfte Musik, Anstarren des Inductionsfunkens bei
gleichzeitigem Hören des Knisterns und der Schläge des Unterbrechers,
Zurückbeugen des Kopfes und anhaltender Druck auf die Halswirbel,
alle diese Methoden können zum Ziel führen. Es kommt also weniger
auf die specielle Technik als auf die Gleichmässigkeit der Eindrücke an.

Der wichtigste Gegenstand, durch dessen Anblick man hypnotisirt werden kann, ist der Hypnotiseur. Hier kommt es aber nicht blos
auf die Spannung der Aufmerksamkeit an, sondern auf die Summe von
Vorstellungen, welche durch den Hypnotiseur erregt worden sind.

Am wirksamsten ist es, wenn man die Person in einen Zustand
bringt, welcher dem vor dem gewöhnlichen Schlaf vorhandenen am
meisten entspricht. Eine bequeme Lage, dann Ausstrecken der Arme,
leichtes Herunterdrücken der Augenlider mit der ruhigen Versicherung,
dass bald Schlaf eintreten werde, ist die natürlichste Art der Hypnose,
wenn man die ursprüngliche Bedeutung als Einschläferung im Sinne
hat. Hier mischt sich schon sehr die Verbalsuggestion und Autosuggestion hinein. Es ist wahrscheinlich, dass die Vorstellung, man
werde einschlafen, den grössten Einfluss auf das Zustandekommen
der Hypnose durch Verbalsuggestion hat.

Jedenfalls aber ist die Fähigkeit, die Aufmerksamkeit auf Etwas
ganz intensiv zu lenken, eine der Voraussetzungen zur Hypnose.
Menschen, die dazu nicht im Stande sind: Kinder, Geisteskranke,
speciell Blödsinnige, Fiebernde, können schwer oder fast gar nicht
hypnotisirt werden.

Schon hieraus ist zu sehen, wie sehr es beim Hypnotismus auf
das Subjective ankommt, und dass die äusseren Umstände nur insoferne in Betracht kommen, als im Subject die Beeinflussbarkeit gesteigert wird. Dementsprechend zeigt sich also eine grosse Ungleichheit der Hypnotisirbarkeit.

Jedenfalls kommt es also auf den durch äussere Umstände bedingten geistigen Zustand des zu Hypnotisirenden sehr an. Deshalb
ist es erfahrungsmässig für den Eintritt der Hypnose viel günstiger,
wenn vorher eine gespannte Erwartung vorausgegangen ist. Es kann
kein Zweifel sein, dass die blosse Ansammlung von Menschen zum

Zweck von hypnotischen Experimenten mit der gespannten Erwartung auf diese eines der besten Vorbereitungsmittel zur Hypnose ist. Gerade wer dem subjectiv-psychologischen Moment bei dem Verfallen in den hypnotischen Zustand Rechnung trägt, muss zugeben, dass der enorm hohe Procentsatz von Hypnotisirbaren an einzelnen von bestimmten Menschen geleiteten Kliniken und Instituten nur beweist, dass unter bestimmten Umständen die meisten Menschen hypnotisirbar sind, keineswegs aber, dass sie in ihrem gewöhnlichen Zustand bei dem plötzlichen Versuch hypnotisirbar sein würden.

Diese Betrachtung bietet uns den Massstab zur Beurtheilung der verschiedenen Statistiken über die Hypnotisirbarkeit. Wenn von 20 Menschen, die bei einer Gelegenheit zusammen sind, sich z. B. 12 hypnotisirbar erweisen, so ist diese Hypnotisirbarkeit nicht etwa als dauernde Eigenschaft dieser 12 Personen zu betrachten, während die 8 anderen überhaupt nicht hypnotisirbar sind, sondern es ist denkbar, dass bei einer anderen Gelegenheit ein Theil dieser 8 Personen hypnotisirt würde, während von den 12 früher hypnotisirten ein Theil nicht hypnotisirbar wäre. Es ist höchst wahrscheinlich, dass unter besonders günstigen Umständen jeder normale Mensch hypnotisirt werden kann, was natürlich durchaus nicht ausschliesst, den resultirenden Zustand unter die Geistesstörungen zu rechnen. Entsprechend diesen subjectiven Bedingungen der Hypnose weisen die von verschiedenen Vertretern des Hypnotismus angenommenen Procentzahlen über die Hypnotisirbarkeit grosse Verschiedenheiten auf. *Wetterstrand* fand von 3148 Personen 97 unbeeinflusst. Es waren also 96·92% hypnotisirbar. *v. Renterghem* und *v. Eeden* fanden von 414 Personen 395 hypnotisirbar, also 95·4%. (Nach: „Der Hypnotismus" von *A. Forel.* 1891, pag. 25.)

Fontan und *Ségard* fanden von 100 Personen fast alle hypnotisirbar. *Forel* selbst fand von 205 Personen, worunter eine Anzahl Geisteskranker waren, 34 nicht hypnotisirbar, es waren also 83⁰⁄₀ hypnotisirbar. *Ringier* konnte von 210 Personen 198 beeinflussen. also 94·3%. Gegen diese hohen Zahlen steht nun in einem scheinbaren Widerspruch die Aeusserung *Rieger's*: Man schickt den erfolgreichsten Hypnotiseur nach 100 verschiedenen Dörfern und lässt immer nur einen Menschen hypnotisiren. In der That würde alsdann die Zahl der Hypnotisirbaren wegen Mangel der Umstände, welche bei anderen Versuchsbedingungen die Hypnotisirbarkeit steigern (grössere Zusammenkunft von Menschen zum Anschauen hypnotischer Experimente, Spannung, Respect vor dem Arzte etc.), beträchtlich geringer ausfallen. Es wäre aber durchaus verfehlt, aus dem minimalen Procentsatz, welcher bei solcher Versuchsanordnung, oder von einem ungeübten Hypnotiseur erzielt wird, zu schliessen, dass damit der eigentliche Procentsatz von Hypnotisirbarkeit festgestellt wäre. Es liegt in den scheinbar so abweichenden Aeusserungen über die Hypnotisirbarkeit nur eine Anerkennung der äusseren Umstände, durch welche die subjective Beeinflussbarkeit gesteigert oder vermindert werden kann.

Die Eintheilung der hypnotischen Zustände in verschiedene Grade trägt wenig zum Verständniss ihrer Genese bei. *Forel* unterscheidet drei Grade (cfr. Der Hypnotismus. pag. 49):

1. Somnolenz, bei welcher der nur leicht Beeinflusste noch mit Anwendung seiner Energie der Suggestion widerstehen kann.
2. Hypotaxie oder Charme (leichter Schlaf), wobei der Beeinflusste die Augen nicht mehr aufmachen kann und dabei einem Theil der Suggestionen gehorchen muss, ohne jedoch Amnesie zu zeigen.
3. Tiefer Schlaf, Somnambulismus, welcher durch Amnesie und posthypnotische Erscheinungen charakterisirt ist.

In Wirklichkeit lässt sich eine derartige scharfe, terrassenförmige Abstufung nicht festhalten. Z. B. können auch nach dem leichten Schlaf posthypnotische Erscheinungen (Nachwirkungen von suggerirten Vorstellungen) auftreten. Ja sogar es können bei Wachbewusstsein unter günstigen Umständen Vorstellungen erweckt werden, welche durchaus den Charakter der unbewussten Nachwirkung zeigen.

Für das Verständniss des einzelnen Falles mit seinen complicirten Symptomen ist viel wichtiger eine Klarstellung des Wortes Suggestibilität.

Diese hat drei Bedingungen, welche in unserer obigen Abgrenzung des normalen vom hypnotischen Schlafzustande gegeben sind. Diese Bedingungen liegen:

1. In der Beschaffenheit der psychischen Vorgänge, welche unter dem Wort „Begriffscentrum" angedeutet werden. Die Ausschaltung eines Theiles unseres Wachbewusstseins und die Auflösung der Vorstellungscomplexe bieten die Möglichkeit einer Umdeutung von Sinneswahrnehmungen.
2. Durch die erleichterte Zuleitung sensibler Reize zu diesem rudimentären Bewusstsein wird die äussere Möglichkeit zur Perception von Sinneseindrücken geboten, an welchen die Umdeutung vollzogen werden kann.
3. Aus der Tendenz zur motorischen Aeusserung, welche den hypnotischen Zustand charakterisirt, folgt im Speciellen die Umsetzung der suggerirten Vorstellungen in Bewegungen und Handlungen.

Zu diesen drei Bedingungen kommt nun als actives Moment die von dem Hypnotiseur in dem Hypnotisirten erregte Vorstellung. Im Sinne dieser wird das von aussen herangebrachte und unvollkommen appercipirte Empfindungsmaterial umgedeutet. Wäre die auf Veranlassung der äusseren Reize sich vollziehende Synthese eine vollständige, so würde der völlige Widerspruch der erregten Vorstellung mit der von dem Hypnotiseur vorher eingegebenen sofort erkannt werden. Die Unvollständigkeit der durch die Sinnesreize angeregten Vorstellungen gibt die Möglichkeit dazu, dass dieselben im Sinne der suggerirten Vorstellung umgedeutet werden können. Nehmen wir z. B. den Fall an, dass man einen Hypnotisirten die Suggestivvorstellung „Wein" gibt und ihm gleichzeitig ein Glas Wasser in die Hand bringt. Käme die Vorstellung „Wasser" in ihm auf Veranlassung der Sinnesreize wie im Wachbewusstsein zu Stande, so würde das Incongruente der Vorstellungen „Wein" und „Wasser" sofort unmittelbar erkannt werden.

Nur aus der Unvollständigkeit der Synthese, welche sich bei den Sinnesreizen vollzieht, erklärt es sich, dass das Empfindungsmaterial im Sinne der Vorstellung Wein umgedeutet werden kann.

Indem nun die Suggestivvorstellung gleichzeitig alle ihr entsprechenden motorischen Impulse (Gesichtsausdruck, Greifbewegungen etc.) auslöst, so kommt für den Zuschauer das komische Schaustück einer **Handlung unter greifbar falschen Voraussetzungen** zu **Stande.**

Von den Einzelerscheinungen des hypnotischen Zustandes hat nun vor Allem, wie das auch in der geschichtlichen Darstellung ersichtlich ist, ein Symptom grosses Interesse erregt, nämlich der **starre Muskelzustand,** welcher darin beobachtet wird. Die Beobachtung von anderweitig Geisteskranken zeigt nun eine Reihe von Krankheitszuständen, welche alle darin übereinstimmen, dass sich im Verlauf einer psychischen Entwicklungsreihe gewisse abnorme Muskelzustände entwickeln.

Aus der Analyse dieser Muskelzustände im Verlauf von Geisteskrankheiten, auf welche wir hier nicht eingehen können, lässt sich erkennen, dass diese kataleptischen Zustände stets als Ausdruck einer Concentration des Willens auf Muskelapparate, niemals als unwillkürliche Krampfzustände aufzufassen sind.

Wenden wir nun diesen Gedankengang auf die kataleptischen Zustände in der Hypnose an. Dass in der Hypnose eine Einschränkung des Bewusstseins vorhanden ist, haben wir schon gesagt. Ferner haben wir den motorischen Charakter der Hypnose, die Tendenz zur Innervation hervorgehoben. Im Anschluss hieran stellen wir den Satz auf: Die kataleptischen Phänomene sind bedingt durch Einschränkung des Bewusstseins auf die Vorstellung von Gliederhaltungen. In der Neigung zur intensiven Vorstellung von Gliederhaltungen potenzirt sich der motorische Charakter der Hypnose.

Wir brauchen also zur Erklärung der Katalepsie bei der Hypnose, wenn wir den Analogieschluss von den sonstigen Muskelzuständen bei Geisteskranken machen, nichts als die uns schon bekannten Momente des hypnotischen Zustandes: Einschränkung des Bewusstseins und motorischer Charakter der Vorstellungen oder besser Einschränkung des Bewusstseins auf Innervationsimpulse.

Was ist nun der Unterschied zwischen **Katalepsie** und **Starrkrampf?** Bei der Katalepsie (wächsernen Biegsamkeit) ist es noch möglich, die Glieder passiv nach Belieben zu biegen, worauf diese neue Stellung wiederum beibehalten wird. Es wird also hier der passiven Bewegung kein schwerer Widerstand entgegengesetzt, obgleich auch hier stets eine der passiven Bewegung entgegenwirkende Spannung bemerklich ist; es wird nur der Endzustand der künstlichen Bewegung wieder beibehalten, und zwar, wenn unsere Auffassung richtig ist, wieder durch einen Willensimpuls bei **eingeschränktem Bewusstsein.**

Es ist somit hier bei der Neigung zum Festhalten der künstlich gegebenen Stellungen noch eine gewisse Beeinflussbarkeit, eine Veränderlichkeit vorhanden. Es ist also hier noch möglich, die künstlich gegebene Veränderung als solche dem Hypnotisirten in's Bewusstsein treten zu lassen, wo sie allerdings nun vermöge der allgemeinen Tendenz zur Beibehaltung der Stellung von Neuem kataleptisch festgehalten wird. Es liegt da eine Art von physio-

logischem Kreislauf vor, in welchem fortwährend entsprechend der
durch die Lageveränderung bedingten Veränderung der Empfindung
ein entsprechend starker Impuls vom Sensorium ausgesandt wird.

Wie steht es nun mit der völligen kataleptischen Starre? Hier
ist klinisch keine Beeinflussung, keine passive Bewegung mit
folgender Katalepsie in der neuen Stellung mehr möglich. Wenn
es durch Kraftanstrengung gelingt, ein solches starres Glied aus der
Lage zu bringen, so bleibt es nicht darin, sondern schnappt in die
Lage zurück.

Die vollständige Starre zeichnet sich also von der wächsernen
Biegsamkeit 1. dadurch aus, dass alle Streckinnervationen tendirt
werden. Bei Epileptischen kommt das auch vor. Ob alle für die
Streckung bestimmten Innervationsbahnen cerebral noch einen speciellen Zusammenhang haben, so dass sie manchmal zusammenhängend in Reizzustand kommen können, ist ungewiss, lässt sich aber
vielleicht gerade aus den Erscheinungen der Hypnose schliessen:
2. zeichnet sich die Starre vor der wächsernen Biegsamkeit aus
durch die Intensität der Impulse.

Es erhebt sich nun die Frage, ob sich aus diesen beiden
Momenten allein die Starre im Gegensatz zur Katalepsie erklärt.
Dass es mit Aufbietung aller Kraft möglich ist, ein solches starres
Glied etwas zu beugen, ist klar. Trotzdem wird hier die neue
Stellung nicht ohne weiters beibehalten. Das dritte Charakteristicum
bei der Starre ist also das Aufhören der Suggestibilität
für passiv ausgelöste Bewegungsempfindungen. Es ist
gewissermassen eine Abtrennung vom Perceptionsapparat eingetreten. Der tiefere Grad von Einschränkung des Bewusstseins
allein erklärt dieses Phänomen nicht, man muss annehmen, dass
dabei eine Scheidung vom Perceptionsapparat und dadurch ein
Mangel von Suggestibilität eingetreten.

Der Tetanus der hypnotischen Starre ist also psychisch durch
willkürliche Innervation der Streckmusculatur und Mangel an
Suggestibilität für neue Muskelempfindungen bedingt.

Es wird hierbei nur ein Punkt zweifelhaft erscheinen, dass
nämlich eine willkürlich bedingte Starre so lange aufrecht erhalten
werden kann, ohne dass Ermüdung eintritt. Hierzu lassen sich in
der Psychopathologie eine grosse Menge von Beispielen finden.

Z. B. findet sich anscheinend bei den enorm andauernden
Kraftleistungen der Maniakalischen keine Spur von Ermüdungsgefühl. Man muss also einen grossen Unterschied zwischen
Erschöpfbarkeit und Ermüdbarkeit machen. Unser Nervensystem würde viel mehr Kräfte produciren können, wenn uns das
Ermüdungsgefühl nicht fortwährend vorzeitig zur Ruhe mahnte.
Jedenfalls können wir im Affect oder in der Noth Leistungen ohne
Ermüdungsgefühl vollbringen, von denen wir uns sonst nichts
träumen lassen. Unsere motorischen Apparate haben viel mehr
potentielle Energie, als wir wegen der unangenehmen Empfindungen
bei dem Ueberschreiten einer mittleren Grenze motorischer Leistung
zur Anwendung bringen.

Die Ausschaltung des Ermüdungsgefühles, welche ebenfalls zur
Dissolution der normalen Vorstellungscomplexe gehört, in welcher

wir das gemeinsam Charakteristische des Bewusstseinszustandes im Traum und in der Hypnose sehen, ist die Voraussetzung zu der intensiven und lang dauernden, willkürlichen Innervation, als welche wir die hypnotische Starre ansehen.

Neben der Suggestibilität und den Muskelzuständen der Hypnotisirten muss besonders die Amnesie im Zusammenhang mit den entsprechenden, in der übrigen Psychopathologie vorkommenden Zuständen betrachtet werden. Um die mannigfaltigen Erscheinungen der Amnesie richtig zu verstehen, ist es nothwendig, von einer allgemeinen Betrachtung über die cerebralen Functionen und die Erinnerungsfähigkeit auszugehen. Wir brauchen zunächst einen ganz allgemeinen Begriff, welcher die Thatsache ausdrückt, dass von einer psychischen Thätigkeit überhaupt irgend eine Spur im cerebralen Mechanismus zurückbleibt, durch deren Vorhandensein die Erinnerung erst ermöglicht wird. Es gibt nun anscheinend abnorme Zustände, in denen psychische Vorgänge sich abspielen, die überhaupt keine Spuren im cerebralen Mechanismus hinterlassen. Z. B. manche Intoxicationsdelirien, manche Fälle von hallucinatorischer Verwirrtheit, manche epileptischen Aequivalente. Der sichere Beweis für das völlig spurlose Vorübergehen mancher psychischer Processe kann allerdings nicht mit Sicherheit erbracht werden. Trotzdem müssen die psycho-cerebralen Functionen principiell eingetheilt werden:

I. in solche, welche Spuren hinterlassen, und
II. in solche, welche keine Spuren hinterlassen.

Im ersten Falle ist jede Erinnerung von vornherein ausgeschlossen. Die Möglichkeit der Erinnerung ist nur in Bezug auf solche psychischen Vorgänge vorhanden, welche überhaupt Spuren im cerebralen Mechanismus hinterlassen haben.

Auf die gehirnphysiologische Frage, wie man sich diese Spuren zu denken hat, gehe ich hier nicht ein. Vielleicht handelt es sich um eine bleibende Tendenz zur Wiederholung derjenigen Bewegungsimpulse, welche mit dem ursprünglichen psychischen Vorgang gleichzeitig vorhanden, beziehungsweise von diesem bedingt gewesen ist. Jedenfalls kommt man ohne einen solchen allgemeinen Begriff, welcher nichts über das Bewusstwerden dieser Spuren präjudicirt, nicht aus.

Diese Spuren können nun latent vorhanden sein, ohne in's Bewusstsein zu treten, oder sie treten gelegentlich in's Bewusstsein. Wir haben Alle eine Menge Eindrücke in uns aufgenommen, welche uns nur selten wieder einmal in's Bewusstsein kommen, ohne dass an der Schärfe des Eindruckes, wenn dieser wirklich zur Erinnerung kommt, irgend eine Einbusse sich zeigte.

Es muss nun hauptsächlich betont werden, dass zwischen der Stärke der Function und der Erinnerungsmöglichkeit kein proportionales Verhältniss besteht. Sehr wenig intensive psychische Vorgänge können mit grösster Genauigkeit später wieder zur Erinnerung kommen, für sehr intensive psychische Vorgänge kann das Erinnerungsvermögen zunächst total erloschen sein, während später die unter bestimmten Umständen wieder auftauchende Erinnerung doch beweist, dass latente Spuren der Vorgänge vorhanden gewesen sein müssen.

Hiermit hängt die Nothwendigkeit zusammen, Amnesie und
Bewusstlosigkeit streng zu scheiden. Es kann für Handlungen,
welche mit vollem Bewusstsein geschehen sind und für welche z. B.
auch strafrechtliche Verantwortlichkeit vorhanden ist, hinterher
völlige Erinnerungslosigkeit bestehen, beziehungsweise hervorgerufen werden. Andererseits kann nach Zuständen von getrübtem
Bewusstsein die genaueste Erinnerungsfähigkeit vorhanden sein.

Als Beispiel für den ersten Fall kann man einen geistig gesunden Menschen annehmen, der eine verbrecherische Handlung begeht und sich hinterher eine Gehirnerschütterung zuzieht, durch
welche erfahrungsgemäss das Erinnerungsvermögen für eine Zeit
vor dem Trauma ganz aufgehoben werden kann. Es kann somit Erinnerungslosigkeit für eine Handlung bestehen, welche, mit vollem
Bewusstsein begangen, theoretisch die Verantwortlichkeit des Betreffenden involvirt. Andererseits kommen z. B. bei Epileptischen,
hallucinatorisch Verwirrten u. a. Zustände getrübten Bewusstseins
vor, ohne dass hinterher Amnesie vorhanden wäre. Es kann also
die Erinnerungsfähigkeit für latent vorhandene Spuren
verloren gehen. Dieser Verlust wird in der Hypnose auf künst-
lichem Wege bewirkt.

Ebenso können latente Spuren im hypnotischen Zustande wachgerufen werden. Am auffallendsten und scheinbar unglaublich erscheinen
die Fälle, wo Spuren von Eindrücken, die nicht in's Bewusstsein
gelangt sind, nachträglich in der Hypnose zum Bewusstsein gebracht
werden. Hierher gehören die von *Forel* (cfr. Der Hypnotismus. pag. 68)
mitgetheilten Fälle, welche auf das Wachrufen von unbewussten Eindrücken durch Suggestion hinauslaufen: der vollständig wachen
Person wird Anästhesie suggerirt. Dann werden Stiche an der an-
ästhetischen Stelle beigebracht. Dann erfolgte Einschläferung und
Suggestion eines Stromes, „der das Gefühl derart wiederbringt,
dass sie nach dem Erwachen genau die Stellen wissen wird“.
In der That gelang das. Entsprechende Resultate erhielt *Forel* von
einer Person, die er durch Suggestion für bestimmte Geräusche taub
gemacht hatte.

Hier werden also Reize, welche nach Suggestion von Anästhesie
nicht in's Bewusstsein getreten sind, nachträglich im hypnotischen
Zustande in's Bewusstsein erhoben.

Im engsten Zusammenhang mit diesen Erscheinungen steht die
Thatsache der posthypnotischen Wirkung suggerirter Vorstellungen.

Wir haben gesagt, dass die Erinnerungsfähigkeit eine von der
blossen Existenz solcher Spuren von psychischen Vorgängen ganz
getrennte Fähigkeit ist.

Es ist also möglich, dass solche Spuren später wieder in's Bewusstsein treten. Das Auffallende bei der Nachwirkung suggerirter
Vorstellungen ist nur die Art und Weise, wie dieselben in's Bewusstsein treten. Entsprechend dem allgemeinen motorischen Charakter
des hypnotischen Bewusstseinszustandes treten diese Vorstellungen
meist als Tendenzen zu bestimmten Bewegungen oder Bewegungs-
arten auf. Nach dem Gesammtzustande des Bewusstseins im Momente
der Wirksamkeit der suggerirten Vorstellung kann man folgende
Arten des Auftretens unterscheiden:

1. als Zwangstrieb, d. h. Bewegungsantrieb oder Antrieb zu einer Handlung, welcher als etwas dem Gesammtbewusstsein Fremdes empfunden wird;
2. Auftreten als scheinbar motivirter bewusster Wille. In diesem Falle wird der eigentlich zwingend auftretende Antrieb derartig durch das Gesammtbewusstsein nachträglich mit Motiven ausgestattet, dass er als Product von richtiger Ueberlegung erscheint;
3. Auftreten mit der Erinnerung an die Thatsache der Eingebung und freiwillige Unterordnung unter diese;
4. Auftreten bei verändertem Bewusstseinszustand, d. h. in erneutem hypnotischen Zustande.

Das eigentlich Sonderbare bei diesen posthypnotischen Wirkungen ist die Thatsache, dass dieselben zu einem vorausbestimmten Termin auftreten können. Wenn die Spur eines psychischen Vorganges eine Zeit lang latent vorhanden ist und dann gelegentlich durch Association wachgerufen wird, so erscheint das nicht sonderbar. Die Thatsache, dass bestimmte Handlungen zu einem Termin suggerirt werden können, scheint dagegen eine bestimmte Beschaffenheit dieser Spuren der psychischen Function anzudeuten, dass es sich nämlich dabei nicht blos um reine Hirnmechanik, sondern um ein unter der Schwelle unseres Bewusstseins vor sich gehendes Denken handelt.

Es wird hierbei nicht nur materialiter die Spur eines Gedankens festgehalten, sondern diese wird auch zu einer bestimmten Zeit in's Bewusstsein erhoben. Nun muss man sich überlegen, in welcher Weise gewöhnlich Zeiten eingehalten werden. Wir brauchen dazu nothwendiger Weise Messinstrumente und eine dauernde Aufmerksamkeit zum Vergleichen. Zeit im Allgemeinen ist ja nur eine Abstraction aus der Aufeinanderfolge von Zuständen oder, wenn man sich der Kant'schen Psychologie anschliesst, eine Anschauungsform. Es ist damit über das Zustandekommen bestimmter Zeitbegriffe gar nichts ausgesagt, und die Zeitbestimmung im Einzelnen ist immer Empirie und Erkenntniss a posteriori, zu welcher neue Denkthätigkeit, Verwendung von bestimmten Erfahrungen nothwendig ist. Wir müssen fortwährend den Termin an Erinnerung halten und die Zeit vergleichen.

Wenn wir also nach einer Suggestion à échéance („Termineingebung") keine Erinnerung daran haben und doch zu einer bestimmten Zeit einen suggerirten Gedanken auftauchen fühlen, so scheint das zu beweisen, dass nicht blos der suggerirte Gedanke festgehalten worden ist, sondern dass wir unbewusst einen complicirten Denkact, nämlich das Vergleichen der wirklichen Zeit mit dem eingegebenen Zeittermin, vollzogen haben. Dies spricht also an erster Stelle dafür, dass, abgesehen von dem klaren Bewusstsein, welches wir haben, noch unbewusste, aber ihrer Natur nach mit den bewussten Vorstellungen ganz übereinstimmende psychische Processe in uns vorgehen.

Verwandt mit dieser Thatsache des Hypnotismus ist die Beobachtung, dass bestimmte Menschen zu ganz bestimmter Zeit aufwachen können. Hier scheint auch, während wir in Wirklichkeit

schlafen, doch ein complicirter Denkvorgang vollzogen zu werden,
der schliesslich zum bestimmten Termin das Aufwachen herbeiführt.

Hierzu kommt als Argument für das Vorhandensein von psychischen Vorgängen in uns ohne Verbindung mit unserem Haupt-
bewusstsein die Thatsache, dass wir complicirte Verrichtungen, zu
denen entschieden psychische Vorgänge gehören, ausführen können,
ohne dass unser Bewusstsein sich darum kümmert. Hier sind nun
allerdings eine Reihe von Fällen auszuschalten, in welchen einfach
Amnesie für einen mit Bewusstsein ausgeführten Act vorliegt.
Z. B.: Man verlässt ein Zimmer und weiss bald darauf nicht, ob
man die vorher brennende Lampe gelöscht hat oder nicht. Man
geht zurück und findet nicht nur die Lampe gelöscht, sondern sie
auch an eine andere Stelle gebracht. Dass psychische Vorgänge bei
dem Ausführen dieser Thätigkeit vorhanden gewesen sind, ist aus
ihrer Complicirtheit klar. Ob diese Handlung aber unbewusst vor
sich gegangen ist oder mit Bewusstsein und folgender Amnesie lässt sich kaum entscheiden.

Immerhin kann man sich selbst manchmal dabei überraschen,
wie man eine complicirte Handlung vollzieht, mit der man sich im
Moment vorher nicht bewusst beschäftigt hat. Dass es solche unbewusste psychische Vorgänge in uns gibt, erscheint zweifellos.

Ebenso wie aus der allgemeinen Thatsache des Denkens durch
Hypostasirung ein „Ich" entsteht, so ist die Thatsache dieser Ver-
doppelung der psychischen Reihen in einem Individuum zur Construction eines „Doppel-Ich" verwendet worden, und man könnte
einem Individuum ebenso viel „Ich" zuschreiben als es psychische
Reihen hat. Die Werthlosigkeit solcher Constructionen liegt auf
der Hand.

Die Anerkennung dieser unbewussten psychischen Vorgänge,
welche wesentlich aus den Thatsachen des Hypnotismus gefolgt ist,
ist nun von fundamentaler Bedeutung für die Umwandlung der rein
materialistischen Weltanschauung, welche sich in unserer Zeit vollzieht. Während im Sinne des kartesianischen Dualismus von Geist
und Materie, welcher seit dem 17. Jahrhundert im Wesentlichen
die Wissenschaft beherrscht hat, neben den bewussten psychischen
Vorgängen in einem Individuum nur physikalische Vorgänge sich
abspielen, deuten die Thatsachen des Hypnotismus darauf hin, dass
mit dem Bewussten in uns nicht die Gesammtsumme der in uns
sich vollziehenden geistigen Vorgänge erschöpft ist. Der Haupt-
vertreter dieser veränderten Weltanschauung unter den Vertretern
der Wissenschaft ist *Forel*, welcher in seiner Einleitung zu „Der
Hypnotismus" ausdrücklich den „Monismus" als Philosophie der
Hypnose entwickelt hat. —

Das für den praktischen Arzt Wesentliche des Hypnotismus
besteht darin, dass er lernt, mit geringen Mitteln tief in den psychischen Mechanismus eines Menschen einzugreifen. Die **therapeutische Verwerthung** der Hypnose ist in den richtigen Fällen
ebenso nothwendig und heilsam als sie in den falschen Fällen lächer-
lich und schädlich sein kann. Es handelt sich nicht um radicale Ein-
führung oder Verwerfung der Methode, sondern um richtige Auswahl
der Fälle.

Die erste Regel jedes praktischen Arztes, welcher sich nicht mit dem Quacksalber auf die gleiche Stufe bringen will, muss dahin gehen, niemals den Hypnotismus anzuwenden, bevor nicht durch genaueste Untersuchung die **diagnostische** Frage entschieden ist. Wer einen Menschen, der nervöse oder psychische Symptome bei Urämie oder Tumor cerebri hat, ohne Einsicht in die Sachlage mit Hypnose behandelt, wird, wenn er auch bei der schematischen Anwendung des Hypnotismus auf eine grosse Zahl ihm vorkommender Fälle eine Menge Heilungen haben sollte, ein Quacksalber sein und bleiben.

Deshalb sollte kein Arzt den Hypnotismus praktisch anwenden, welcher sich nicht einige neurologische und psychiatrische Bildung über dem Niveau des zur Zeit z. B. in Deutschland obligatorischen Wissens zum Examen erworben hat.

Die praktische Anwendung hat es mit der psychischen Therapie im Allgemeinen und dem Hypnotismus im Besonderen zu thun. In jeder therapeutischen Manipulation, welche der Arzt vornimmt, liegt neben der mechanischen Wirkung ein psychisches Moment, am meisten in denjenigen mechanischen Manipulationen, welche die Aufmerksamkeit am meisten fesseln (z. B. durch das Summen des Inductionsstromes).

Ausser dieser suggestiven Wirkung, welche in jeder therapeutischen Manipulation an sich liegt, wird meistens auch die Persönlichkeit des Arztes selbst einen suggestiven Einfluss üben, der in guter und schlimmer Beziehung von grosser Bedeutung ist. Wie sehr die Auffassung einer Krankheit von Seiten des Arztes auf den Patienten einwirkt, kann man z. B. in manchen Fällen von Hysterie bemerken, welche aus leichten Anfängen, z. B. Schmerzen ohne äussere Ursache, durch eine falsche Diagnose und dementsprechende Behandlung geradezu grossgezogen werden.

Es kommt vor, dass die Zustände einer Hysterischen allmählich ziemlich genau die Symptome der Krankheit darstellen, welche fälschlicherweise als Grund ihres Leidens angenommen worden ist. Die Auffassung des Arztes von der Krankheit, die sich in allen seinen Handlungen, vielleicht auch Worten ausdrückt, wirkt hier suggerirend auf die Patienten. Dasselbe gilt mehr oder minder für jede Krankenbehandlung. Der ernstliche Wille, zu helfen, bei dem Arzt ist die beste Art der Suggestion von Gesundheit bei den Kranken.

Die Selbstbeurtheilung und Kenntniss der Wirkungen, welche seine Mienen, Handlungen und Worte auf den Patienten ausüben, ist eine wünschenswerthe Eigenschaft für den Arzt, welcher durch diese Kenntniss der praktischen Psychologie durchaus nicht in Charlatanerie zu verfallen braucht.

Vor Allem muss der Arzt in sehr vielen Fällen seinen Patienten den Willen zum Gesundwerden wiedergeben; ein Satz, durch den die rein mechanische Wirkungsweise vieler Heilmittel durchaus nicht bestritten wird.

Ausser dieser allgemeinen suggestiven Wirkung der therapeutischen Manipulation und der Persönlichkeit des Arztes, stehen diesem, abgesehen vom Hypnotismus im engeren Sinne, verschiedene Methoden der psychischen Beeinflussung zu Gebote. Das Erste und praktisch

Wichtige ist der Umstand, dass der Arzt oft ohne künstliche Schlaf-
mittel Schlaf bringen kann. Besonders bei Kindern kann man ganz
normalen — nicht kataleptischen — Schlafzustand bewirken, indem
man den Körper und die Glieder ausstreckt, langsame, vertiefte
Athmung fordert, sodann Stirn und Augenlider leicht von oben nach
unten streicht, kurz alle Zustände des normalen Schlafes nachmacht.

Ferner können die oben genannten suggestiven Momente, therapeutische Manipulation und Persönlichkeit in systematischer Weise
zur Wachsuggestion bei functionellen Nervenstörungen angewendet werden.

Die Anwendung des Hypnotismus im engeren Sinne soll erst
erfolgen, wenn mechanische Therapie und Wachsuggestion
vergeblich gewesen ist. Die unterschiedslose Anwendung dieser
Heilmethode ohne klare Indication muss entschieden verworfen werden.

Im Wesentlichen kann die Hypnose etwas leisten bei den psychogenen Nervenstörungen. Die vorliegenden Statistiken haben zum
Theil wenig Werth, weil die Fälle zu kurz mitgetheilt sind, um
eine Controle der Diagnose zu erlauben. Alle Mittheilungen über
Heilerfolge bei organischen Rückenmarkserkrankungen, sowie bei
den chronischen progressiven Neurosen (wie Epilepsie) sind mit grosser
Vorsicht aufzunehmen.

Neben der directen Therapie durch Suggestion in der Hypnose
muss die Verwendung des hypnotischen Zustandes zur Ausführung
anderweitiger therapeutischer Manipulationen, welche im wachen Zustand nur mit grossen Schwierigkeiten oder gar nicht hätten ausgeführt werden können, als indirecte Therapie hervorgehoben werden.
Hierher gehört die Benützung einer durch Hypnose erzeugten Anästhesie zu Operationen, in Fällen, wo Narkotisirung dringend contra-
indicirt ist. Auch für geburtshilfliche Fälle kann die Methode in
Frage kommen, wenn eingreifende Manipulationen nothwendig und
eine Narkose nicht erlaubt erscheint.

Es ist jedoch sehr zu wünschen, dass die Hypnose bei dem gewöhnlichen normalen Geburtsact zur blossen Beseitigung der Schmerzen
sich nicht einbürgert. Die Consequenzen dieses Hypnotisirens ohne
die obengestellte Indication gehen dahin, dass die Menschen alle
Schmerzen und Unannehmlichkeiten, welchen sie physiologischer Weise
ausgesetzt sind, durch Suggestion und Anästhesie bei Seite schaffen.

Man kann diese Anwendungsweise, bei welcher nicht direct
geheilt wird, sondern nur die Ausführung eines therapeutischen
Actes ermöglicht wird, als indirecte Therapie durch Hypnose
bezeichnen.

Das Agens der directen Therapie sind die Suggestionen. Die
Wirksamkeit dieser beruht darauf, dass eine Reihe von Vorgängen
im menschlichen Körper, die für gewöhnlich als unwillkürliche betrachtet werden, von der Hirnrinde beeinflusst werden können.

Allerdings ist diese Erklärung eigentlich eine identische
Gleichung, denn die Abhängigkeit dieser Functionen (periodische
Blutung der Frauen, Blutgefässinnervation im Allgemeinen, Secretio-
nen, Darminnervation, Krampfzustände etc.,) von der Hirnrinde ist
eben gerade durch das Studium der hypnotischen Phänomene auf-
gedeckt worden.

Jedenfalls erweisen sich diejenigen functionellen Nervenkrankheiten als speciell der Hypnose zugänglich, welche als Störungen dieser Functionen aufgefasst werden können (Amenorrhoe, Hypermenorrhoe, Kopfschmerzen ohne organische Ursachen, speciell Hemicranie, Tic convulsif etc.). Von den psychischen Zuständen erweisen sich entsprechend im Grunde nur die hysterischen durch Hypnose heilbar, d. h. nur diejenigen, welche von vornherein den Charakter der Beeinflussbarkeit zeigen.

Bei allen anderen Arten von Geisteskranken ist eine Heilung durch Hypnose ausgeschlossen, wenn sie auch manchmal, wie z. B. viele paralytische Kranke momentan beeinflussbar und besonders der blossen Einschläferung in einer oft überraschenden Weise zugänglich sind. — Vor Allem muss erst die Diagnose auf eine hysterische Erkrankung richtig gestellt sein.

Es sind nun auch bei organischen Erkrankungen eine Reihe von kaum glaublichen Besserungen mitgetheilt worden. Die Richtigkeit der Diagnosen vorausgesetzt, hätte man sich in solchen Fällen die Sache so zu denken, dass, abgesehen von denjenigen Nervensymptomen, welche von der Zerstörung der Nervensubstanz selbst abhängig sind, eine Reihe von Fernwirkungen rein functioneller Natur auf andere Nervenapparate ausgeübt werden, welche ihrerseits einer Beeinflussung durch Suggestion zugänglich sind. Ferner scheinen die klinischen Symptome einer organischen Nervenkrankheit manchmal suggestiv auf die Psyche des gleichen Menschen zu wirken, so dass ein Circulus vitiosus entsteht.

Diese indirecten psychogenen Wirkungen einer organischen Nervenkrankheit können dann durch Suggestion beseitigt werden, ebenso wie die anderweitigen functionellen und hysterischen Störungen der Hypnose zugänglich sind.

Am complicirtesten wird der Sachverhalt, wenn das suggestiv wirkende Heilmittel bei einer organischen Erkrankung selbst mechanisch ist und scheinbar einen directen Einfluss auf die organische Erkrankung ansübt.

Hierher gehören wahrscheinlich die unzweifelhaften Besserungserfolge der Suspensionsmethode bei Tabes dorsalis, ferner die behaupteten Erfolge bei multipler Sklerose.

Von einer Heilung kann hier nicht die Rede sein. Es handelt sich um suggestive Beseitigung der indirecten functionellen und psychogenen Wirkungen der organischen Erkrankung, deren Grundsymptome bestehen bleiben. Diese Ansicht trifft wahrscheinlich besonders in Bezug auf die angeblichen Besserungen und Heilungen von Epileptischen zu.

Genuin Epileptische werden manchmal hysterisch, indem die Sensation, welche ihre Krampfanfälle bewirken, und die von der Umgebung vermittelte Vorstellung von denselben suggestiv wirkt und das Hinzutreten von psychogenen Krampfzuständen bedingt, woraus klinisch das Bild der Hysteroepilepsie entspringt.

Hier kann das hinzugetretene Plus von Hysterie durch Suggestion vielleicht entfernt werden, wonach die durchaus jeder Suggestion unzugängliche Grundkrankheit, nämlich die genuine Epilepsie, unverhüllt zu Tage tritt.

In neuester Zeit hat die hypnotische Therapie eine Wendung genommen, welche sich den in der physikalischen Medicin geltend gewordenen Anforderungen der Hygiene und Diätetik sehr gut anpasst: nämlich die Heilung durch einen suggestiv entstandenen und suggestiv verlängerten Schlaf. Hier wirkt die Hypnose ebenfalls wieder nicht direct, sondern die Regulirung der vegetativen Functionen, welche in der Hypnose bewirkt wird, heilt ihrerseits das kranke Nervensystem. Wahrscheinlich ist dies die entscheidende Wendung in der therapeutischen Verwendung der Hypnose.

Die Verwerthung des Hypnotismus in der Erziehung erscheint dem Referenten als eine Utopie.

Eine strafrechtliche Bedeutung des Hypnotismus liegt entschieden vor. Selbst wenn noch kein Fall von Missbrauch der Hypnose zu verbrecherischen Zwecken vorgekommen wäre, liesse sich dieser mit Sicherheit voraussagen. Das Gaunerthum verwendet in einer als geschichtliches Gesetz nachzuweisenden Art alle Fortschritte des menschlichen Wissens.

Die criminalistischen Fälle aus dem Gebiet des Hypnotismus lassen sich in zwei Gruppen theilen:

I. Das Verbrechen wird an der hypnotisirten Person vorgenommen.

II. Das Verbrechen wird durch die hypnotisirte Person vorgenommen.

Die Fälle sub I decken sich mit den Verbrechen an Geisteskranken überhaupt und kommen für uns hier wenig in Betracht. Bei den Verbrechen sub II handelt es sich entweder um Handlungen auf Suggestion in der Hypnose selbst oder um posthypnotische Wirkungen von Vorstellungen, beziehungsweise Antrieben, welche in der Hypnose einem Menschen beigebracht (suggerirt) worden sind. Für die ärztliche Praxis sind diese immerhin sehr seltenen Fälle nicht von Belang.

Das, was der praktische Arzt aus der Betrachtung des Hypnotismus lernen soll, besteht darin, dass er die Bedeutung der psychischen Beeinflussung neben den physikalischen Methoden, auf welche fast unser ganzer medicinischer Unterricht hinausläuft, erkennt und nicht blos die körperliche Maschine, sondern auch den psychischen Zustand seiner Kranken im Auge behält.

Melancholie.

Um für die einheitliche Auffassung der als Melancholie zusammengefassten Krankheitsfälle, welche symptomatisch eine grosse Verschiedenheit zeigen, einen Massstab zu gewinnen, müssen wir einige Bemerkungen über das Verhältniss von Gemüthsverstimmung und Wahnbildung vorausschicken.

Schon bei den Verstimmungen, welche noch in der physiologischen Breite liegen, kann man bemerken, wie sich die Gedankengänge durch die bestehende Stimmungsanomalie beeinflusst zeigen. Es werden solche Vorstellungen gebildet oder aus den entstehenden ausgewählt, welche der vorhandenen Stimmung am meisten

entsprechen, und diese wird dann nicht als Ursache, sondern als
Folge der angeblich durchaus wahren (d. h. mit der Wirklichkeit
übereinstimmenden) Vorstellungen aufgefasst. Ich kenne eine Reihe
von geistig durchaus gesunden Menschen, bei welchen sich das primäre, von innen kommende Auftreten von Stimmungen mit entsprechender Bildung von Vorstellungen, die dann subjectiv manchmal
als zureichender Grund der Gemüthsaffection aufgefasst werden,
deutlich erkennen lässt. Nun zeigt sich, dass dieses Auftreten
von entsprechend gefärbten Vorstellungen bei einer Stimmung,
von „Stimmungsdelirien", wie man diese Art von Vorstellungsbildung nennen könnte, individuell sehr verschieden ist. Es
gibt Menschen, die schon bei minimaler Intensität der Stimmung
solche „Stimmungsdelirien" zeigen, während andere ganz ausserordentliche Gemüthsbewegungen durchmachen, ohne in ihrer Vorstellungsbildung sehr davon beeinflusst zu sein. Daraus folgt, dass
Stimmungsanomalie und „Stimmungsdelirien" zwar empirisch
sehr häufig verbunden sind, aber durchaus kein gesetzmässiges Verhältniss zu einander zeigen, so dass das eine Phänomen das andere
in sehr ungleicher Weise weit übertreffen kann.)— Ganz entsprechend
verhält es sich mit der intercurrenten „Wahnbildung", welche aus
den „Stimmungsdelirien" schon bei Menschen hervorgehen kann,
welche noch durchaus kein Object der Psychiatrie im engeren Sinne
sind. Dieses je nach dem Individuum unproportionale Verhältniss
zwischen Stimmungsanomalie und Wahnbildung ist nun der wesentliche
Punkt bei Beurtheilung der als Melancholie bezeichneten Psychosen.

Es wäre ein klinisch durchaus verfehltes Verfahren, wenn man
von allen Fällen, die unter den Begriff Melancholie mit Recht
fallen, sämmtliche Symptome zusammennehmen und daraus nach
dem Muster der Combinationsphotographien ein einheitliches Symptomenbild zeichnen wollte.

Es handelt sich vielmehr bei der Analyse des einzelnen Falles
stets um Abwägung der beiden Componenten: Stimmungsanomalie und Wahnbildung. Dabei handelt es sich immer um
eine Wahnbildung, welche aus der Stimmungsanomalie als Ursache
entspringt.

Wir werden bei Erörterung des hallucinatorischen Wahnsinns und der Paranoia, welche klinisch völlig von der Melancholie
zu trennen sind, zeigen, dass zwar die Symptomenbilder in einzelnen
Zügen übereinstimmen, dass aber die pathogenetische Verbindung der Symptome eine ganz verschiedene ist, indem bei dem
hallucinatorischen Wahnsinn und der Paranoia die Gemüthsverstimmung gerade umgekehrt aus der Wahnbildung entspringt.

Wir werden noch öfter als einen der wesentlichsten Sätze der
Psychopathologie den Satz aussprechen: Es kommt bei der Auf-
fassung der Psychosen viel weniger auf den blossen
Bestand von Symptomen, als auf die pathogenetische
Abhängigkeit an.

Bei der Melancholie stehen Gemüthsverstimmung und
Wahnbildung im Verhältniss von Ursache zur Wirkung derart, dass
die Grösse der Wirkung viel weniger von der Intensität des Affectes
als von der besonderen Beschaffenheit des Individuums abhängt.

Jedenfalls gilt bei den als Melancholie zu bezeichnenden Psychosen in Bezug auf die Wahnbildung der Satz: sublata causa cessat effectus. Mit verschwindender Gemüthsaffection verschwindet die Wahnbildung „Es fällt wie Schuppen von den Augen."

Am einfachsten zu verstehen sind diejenigen Fälle, in denen die Gemüthsverstimmung die Wahnbildung bei weitem überwiegt. Man kann dabei folgende Formen unterscheiden:

I. Die apathische Melancholie.
II. Die Angstmelancholie.
III. Die agitirte Melancholie.
IV. Die stuporöse Melancholie.

Diese verschiedenen Formen kommen dadurch zu Stande, dass die verschiedenen Individuen ihrer ganzen Natur nach auf die gleiche Grundkrankheit verschieden reagiren.

Es wird einer exacten Individualpsychologie, deren Schaffung eine der Aufgaben der nächsten Jahrzehnte ist, sicher gelingen, gewissermassen die Form zu bestimmen, welche eine eventuell bei dem betreffenden Individuum ausbrechende Melancholie nothwendiger Weise bei der ganzen psychophysischen Beschaffenheit der betreffenden Person annehmen müsste.

Die apathische Melancholie umfasst nur einen Theil der Fälle, welche man sonst als Melancholia simplex bezeichnet hat. Der andere Theil betrifft Fälle, in denen die Wahnbildung schon im Vordergrund steht. Ich verstehe unter apathischer Melancholie diejenigen Fälle, in welchen eine dauernde Gemüthsstimmung das Krankheitsbild beherrscht und gleichzeitig alles Interesse an den gewohnten Beschäftigungen und an der Umgebung verloren gegangen ist, während Wahnbildung völlig fehlt. Zugleich finden sich dabei eine Reihe von Symptomen, welche vielen körperlichen Kranken gemeinsam sind: Schlaflosigkeit, Mattigkeit, Kopfschmerzen, Appetitlosigkeit. Manchmal werden diese Symptome als Prodromalerscheinungen der ausbrechenden Psychose aufgefasst. In vielen Fällen scheint es jedoch, dass sie körperliche Folgeerscheinungen der beginnenden Gemüthserkrankung sind.

Viele von diesen Kranken kommen gar nicht in Irrenanstalten, weil sie bei einiger Sorgfalt von Seiten der Angehörigen ruhig zu Hause verpflegt werden können. Diese Patienten fühlen sich krank und bleiben apathisch im Bett liegen, was ihre Behandlung in Familienpflege sehr erleichtert. Die Kranken sind dabei völlig besonnen, „sie wissen Alles", wie die Verwandten sagen, und werden oft von diesen gar nicht als geisteskrank declarirt.

An zweiter Stelle müssen wir die Fälle von Angstmelancholie behandeln, bei welchen die Wahnbildung vor dem blossen gesteigerten Affect in den Hintergrund tritt. Diese Angstmelancholien sind nun häufig mit starker motorischer Erregung verbunden, so dass sie durch die begleitende Agitation imponiren.

Es besteht jedoch zwischen Angst und motorischer Erregung ein ähnliches Verhältniss wie zwischen Gemüthsverstimmung im Allgemeinen und Wahnbildung: beide Symptome sind häufig miteinander verbunden, aber nicht in einer untrennbaren und proportionalen Weise.

Es gibt Angstmelancholien, bei denen die Kranken durchaus keine lebhafte Agitation (Laufen, Händeringen etc.) zeigen sondern ihren gequälten Zustand nur durch andauerndes unarticulirtes Stöhnen und Jammern verrathen.

Bei anderen Individuen bewirken Gemüthsverstimmungen, welche an Intensität weit hinter der richtigen Angstmelancholie zurückstehen, schon lebhafte Agitation.

Ebenso wie die Wahnbildung, so ist auch die motorische Erregung eine bei verschiedenen Individuen verschieden starke Reaction auf die primäre und wesentliche Affection: die Gemüthsverstimmung.

Eine der wichtigsten Folgen aus der melancholischen Gemüthsverfassung ist die Tendenz, sich selbst zu vernichten. Der Ausdruck „Selbstmord" umfasst beiweitem nicht die Summe aller der Handlungen, welche von Melancholischen begangen werden, um sich selbst zu schaden und sich zum Tode zu bringen. Der „Selbstmord" ist nur die acute Steigerung, die eclatanteste Form, unter welcher die Selbstschädigung zu Stande kommt.

Viele Melancholische verweigern die Nahrungsaufnahme, weil sie meinen, sich dadurch aushungern zu können. Potentiell ist das in der That ein Selbstmordversuch, wenn er auch äusserlich sich von den Schrecken erregenden Selbstmorden, welche bei Melancholischen oft vorkommen, unterscheidet.

❬Das erste Object der Wahnbildung bei den Melancholischen ist die eigene Persönlichkeit. Der Kranke fühlt sich selbst als völlig elend und werthlos.❭ Es werden nun solche Vorstellungen gebildet oder ausgewählt, welche im Stande sind, diesen ganz erbärmlichen Zustand des eigenen Ichs zu erklären. Sehr oft wendet sich diese Wahnbildung auf das religiöse Gebiet. Die Kranken glauben sich versündigt zu haben, suchen aus ihrem Vorleben manchmal wirkliche Vergehen, viel öfter aber Kleinigkeiten hervor, welche sie nun in der Färbung ihres traurigen Affectes erblicken. Dieser Versündigungswahn wird nun in der mannigfaltigsten Weise variirt: Gott kann allen anderen Menschen verzeihen, nur ihnen nicht, sie werden ewig in der Hölle bleiben, sie haben die grösste Sünde gethan, welche es überhaupt gibt. Manche suchen sich durch Selbstverstümmelung für ihre Sünden zu bestrafen.

Manchmal wird das krankhaft veränderte Selbstgefühl in hypochondrische Vorstellungsreihen umgesetzt. Es werden schreckliche Krankheiten angenommen, die den gegenwärtigen erbärmlichen Zustand verschuldet haben, besonders Syphilis. Das Blut ist ausgetrocknet, das Herz schlägt falsch, der ganze Körper ist ausgebrannt. Diese Wahnbildungen beziehen sich wesentlich auf die eigene Persönlichkeit an sich.

Oft wird nun von den Kranken das elende Ich als Gegensatz zu der Umgebung empfunden. Sie verdienen nicht, dass man sich um sie kümmert, sie dürfen nicht so viel essen, sie machen der Umgebung zu viel Mühe, sie müssen fort, weil sie nicht werth sind, hier verpflegt zu werden, sie verlangen schlecht behandelt zu werden, man soll sie schlagen, fortjagen, am liebsten tödten.

Oft wird diese Beziehung des eigenen als ganz unwürdig empfundenen Ich zu der Aussenwelt noch weiter fortgebildet, indem der

Zustand des Ich als Ursache von dem Unglück in der Umgebung aufgefasst wird. Sie haben eine Krankheit in ihre Umgebung gebracht, von ihnen geht das Verderben aus, wer sie anrührt ist mit verloren. Solche Kranke drängen dann oft ganz wild aus der Anstalt, nach Meinung der Verwandten, weil sie „Heimweh" haben, in Wahrheit weil sie meinen, ihre Umgebung zu verpesten, zu vergiften, das Unglück in's Haus zu bringen.

Manchmal nimmt die Vorstellungsbildung der Melancholischen scheinbar den Charakter eines Verfolgungswahns an. Dieser hat jedoch mit dem Verfolgungswahn der Paranoia nur scheinbare Aehnlichkeit. Die Kranken meinen, dass sie vor Gericht gestellt werden, dass sie in's Gefängniss gesetzt und hingerichtet werden sollen. Das Charakteristische dieses melancholischen Verfolgungswahns ist jedoch, dass die Kranken in diesen drohenden Ereignissen nur die gerechte Vergeltung für ihre vermeintlichen Sünden sehen. Sie construiren sich gewissermassen das Acquivalent für die ungeheuere Grösse ihrer vermeintlichen Schuld. Hier sehen wir wieder, dass symptomatisch zwei ganz verschiedene Krankheiten, wie Melancholie und Paranoia, einzelne ganz identische Symptome haben können (nämlich „Verfolgungswahn"), dass diese aber dabei pathogenetisch vollkommen verschieden sein können.

Für den praktischen Arzt wirkt meistentheils das Moment der Wahnbildung verwirrend bei der diagnostischen Auffassung der melancholischen Zustände.

In der That tritt manchmal die Wahnbildung so in den Vordergrund, dass die Differentialdiagnose schwer zu stellen ist. Es ist deshalb gut, eine besondere V. Gruppe als Melancholia paranoïdes herauszuheben. Es sind dies die Fälle, in welchen der Affect weniger in den Vordergrund tritt, oft auch die Nebensymptome der Melancholie: Nahrungsverweigerung und Selbstmordneigung, wenig ausgeprägt sind, während die Wahnbildung relativ stark hervortritt. Trotz der symptomatischen Aehnlichkeit kann ich mich nicht entschliessen, diese Fälle als graduelle Abstufung, als „allmählichen Uebergang" zur Gruppe der Paranoia aufzufassen, sondern meine, dass diese Zustände pathogenetisch ganz verschieden sind. Trotz des thatsächlichen Ueberwiegens der Wahnbildung über die veranlassende Gemüthsverstimmung gilt auch hier der Satz: sublata causa cessat effectus, — während bei der Paranoia die Symptome: Gemüthsverstimmung und Wahnbildung in ganz anderem Verhältniss stehen. Ein Paranoischer bleibt paranoisch, selbst wenn man seine Gemüthsreactionen sich wegdenkt oder sie ihm thatsächlich nehmen könnte. Ein an Melancholia paranoïdes Leidender wird gesund, wenn seine Gemüthsverstimmung wegfällt.

Bevor wir zur Exemplificirung für diese 5 Gruppen übergehen, wollen wir durch einige Beispiele darauf hinweisen, dass Gemüthsverstimmung auch symptomatisch bei einer Reihe anderer Nerven- und Geisteskrankheiten vorkommt: Progressive Paralyse, Tumor cerebri, multiple Sklerose, ferner Myxödem: von functionellen Geisteskrankheiten: Wahnsinn, primärer Schwachsinn in statu nascendi, Katatonie, Paranoia — können Gemüthsverstimmung als Symptom zeigen.

1. Symptomatische Gemüthsverstimmung bei progressiver Paralyse.

43jähriger Mann. Seit einem $1/2$ Jahr gedrücktes Wesen, Abgeschlagenheit, Kopfschmerzen, Willenlosigkeit. Kommt selbst in's Spital.

Bei der Aufnahme: Psychisch im Zustande apathischer Melancholie, dabei Intelligenzdefecte, Gedächtnissschwäche. Kniephänomene fehlen. Rechte Pupille weiter als linke. Beide reagiren träg.

Diagnose: Paralysis progressiva.

Verlauf: Nach $1\frac{1}{2}$ Jahren Exitus letalis im paralytischen Anfall.

2. Symptomatische Gemüthsverstimmung bei Tumor cerebri.

36jähriger Mann. Seit 10 Wochen unruhiger Schlaf, Mattigkeit, Kopfschmerzen, Verstimmung. Einmal war für einen Tag der rechte Arm und das rechte Bein halb gelähmt. Bei diesem Anfall trat zuerst Schwindel, aber keine Ohnmacht auf.

Status praesens: Psychisch das Bild der apathischen Melancholie. Keine Intelligenzdefecte. Manchmal Verlangsamung im Vorstellungsablauf und langsame, aber correcte Sprache. Beginnende Stauungspapille. Leichte Parese der rechten Seite. Links Anosmie.

Diagnose: Tumor cerebri, wahrscheinlich im linken Frontallappen.

Verlauf: Exitus letalis nach $1/2$ Jahr.

3. Symptomatische Gemüthsverstimmung bei multipler Sklerose.

23jähriges Mädchen. Seit $1/2$ Jahr in einem deprimirten Gemüthszustande. Hat Selbstmordgedanken geäussert. Sie sagte, sie könne nicht mehr richtig denken, sie sei verloren.

Status: Psychisch das Bild einer einfachen Gemüthsverstimmung. Enorm gesteigerte Kniephänomene, beiderseits Fussklonus. Zittern der Hände. Sklerose des rechten Sehnerven. Bei längeren Prüfungen der Sprache manchmal Haften am Wort (scandirende Sprache).

Diagnose: Multiple Sklerose des Rückenmarks und Gehirns.

Verlauf: Allmähliche Verschlimmerung der Rückenmarkssymptome bei gleichbleibendem geistigen Zustande. Exitus letalis durch Suicidium.

4. Symptomatische Gemüthsverstimmung bei Myxödem.

36jährige Frau. Vor $1/2$ Jahr totale Schilddrüsenexstirpation. Seitdem allmählich ein gedrückter Zustand mit Verlangsamung des Denkens. Eigenthümliche Schwellung der Haut.

Diagnose: Postoperatives Myxödem mit psychischen Symptomen.

Zweite Gruppe von differentialdiagnostisch wichtigen Erkrankungen.

5. Gemüthsaffect bei hallucinatorischer Verwirrtheit.

28jährige Frau. Massenhafte Sinnestäuschungen mit schwerer Verwirrtheit. Manchmal heitere Gesichts- und Gehörstäuschungen, meistentheils Furcht und Schrecken erregende. In Folge der Hallucinationen reactiver Bewegungsdrang. Paralytische Symptome fehlen.

Symptomatisch könnte man hier, wenn man nur die Gleichzeitigkeit von Gemüthsaffection und Bewegungsdrang in Betracht zieht, von agitirter Melancholie reden. Diese Diagnose wäre aber ungenügend, weil damit das wichtige Moment der Verwirrtheit und das reactive Verhältniss von Gemüthsaffect und Bewegungsdrang zu den Sinnestäuschungen ganz ausser Acht gelassen würde. Die Diagnose muss auf hallucinatorische Verwirrtheit gestellt werden.

Verlauf: Der Affect verliert sich parallel mit dem Verschwinden der Sinnestäuschungen. Die Verwirrtheit bleibt dann weiter bestehen und verschwindet allmählich, bis nach 4 Monaten völlige Restitutio ad integrum erfolgt.

6. Gemüthsverstimmung bei chronischer hypochondrischer Verrücktheit.

37jähriger Mann. Seit circa ³/₄ Jahren hypochondrische Ideen mit Wahnbildung. Der Leib sei leer, die Därme seien ausgebrannt, der Magen habe ein Loch, die Speiseröhre sei verstopft.

Bei der Aufnahme heftig erregt, jammert laut, schreit, sein Magen sei voll Luft, die Glieder seien verdorrt, die Haut sei durchlöchert. Heftige Nahrungsverweigerung auf Grund der Idee, dass seine Speiseröhre verstopft sei. Keine paralytischen Symptome.

Diagnose: Hypochondrische Verrücktheit mit intercurrenten Aufregungszuständen.

7. Gemüthsverstimmung bei primärem Schwachsinn in statu nascendi.

18jähriges Mädchen. In letzter Zeit öfter geweint, dann wieder ausgelassen lustig und kindisch, zu keiner Arbeit zu bewegen. Manchmal Sinnestäuschungen ohne lebhafte Reaction.

Status: In einem melancholisch-apathischen Zustande, gibt für ihre Traurigkeit ganz schwachsinnige Motive an. In ihrem Affect ist kein Nachdruck. Manchmal hat sie intercurrente Momente, in denen sie lacht und ganz normal erscheint. Confuse Sinnestäuschungen ohne Wahnbildung.

In diesem Krankheitsbilde sind in einer ganz unzusammenhängenden Weise eine Reihe von ganz verschiedenen psychopathischen Symptomen vereinigt.

Diagnose: Primärer Schwachsinn.

Prognose: Dauernde psychische Invalidität leichten Grades.

Bisheriger Verlauf: Nach 3 Jahren immer noch ziemlich im gleichen Zustande zu Hause in der Familie. Manchmal Steigerungen des Zustandes, welche kurze Aufenthalte in der Anstalt nothwendig machen. – –

Wir haben absichtlich diese differentialdiagnostischen Möglichkeiten, welche allerdings beiweitem nicht Alles erschöpfen, vorangestellt, weil es bei der wirklichen Diagnose der Melancholie immer darauf ankommt, erst die Annahme auszuschliessen, dass es sich um eine symptomatische Gemüthsverstimmung bei einer anderen Krankheit handelt.

Wir kommen nun zur Exemplification der von uns unterschiedenen fünf Formen von Melancholie.

1. Die apathische Melancholie.

E. St., Kaufmann, aufgenommen 7. Mai 1892, im Alter von 48 Jahren. Mutter in späterem Lebensalter geisteskrank, nach mehreren Jahren wieder ganz gesund. Vater nahm sich im Alter von 78 Jahren, weil die Frau (in ihrem 65. Jahr!) in die Irrenanstalt kam, das Leben. Die Eltern waren früher geistig immer gesund. 4 Geschwister geistig ganz gesund. E. St. hatte eine ruhige gesicherte Lebensstellung. Nie bedeutend krank gewesen. Frühjahr 1892 Influenza. Schon beim ersten Anfall heftige Gemüthsverstimmung. zweimal Influenzarecidive.

Zunehmende Verstimmung, in die er zum Theil richtige Einsicht hatte. Er bildete sich ein, unheilbar krank zu sein, und dass er die Familie unglücklich machen werde.

Sonst keine Spur von Wahnbildung zu ermitteln.

Status bei der Aufnahme:

In weinerlicher Erregung. Lebhaftes Krankheitsgefühl. Keine paralytischen Symptome (Intelligenzstörungen, tabische Symptome etc.). Fühlt sich unfähig zum Denken, schläft wenig, hat wenig Appetit. Liegt apathisch im Bett ohne zu jammern. Mag nicht aufstehen. Keine Sinnestäuschungen, keine Hallucinationen.

Spricht spontan nie etwas.

25. Juni 1892. Hat andauernd apathisch im Bett gelegen. Nie schwere Angstzustände. Nie Hallucinationen, keine Wahnideen. Besserer Schlaf. Gewichtszunahme. Weniger apathisch.

1. Juli. Klagt noch über Schwere im Kopf und Langsamkeit der Gedanken. Redet öfter spontan. Keine Wahnideen.

17. Juli. Geheilt entlassen nach Gewichtszunahme von 20 Pfund.

Das Charakteristische des Falles liegt in der reinen Gemüthsverstimmung ohne Wahnbildung und in der apathischen Form, welche dieselbe angenommen hat. Wenn nicht die Sorge der Verwandten, im Hinblick auf die Geistesstörung der Mutter, vorgelegen hätte, würde St. sicher in der Familie verpflegt worden sein. Derartige Fälle kommen meist gar nicht in die Anstalten, wenn die Aufnahmebedingungen erschwert sind.

Die Apathie dieser Gruppe ist als eine Vorstufe des Stupors zu betrachten, welche wir als Kennzeichen unserer vierten Gruppe von Melancholiefällen aufgestellt haben.

2. Die Angstmelancholie.

Nächst den apathischen Melancholien sind am leichtesten die Fälle aufzufassen, in welchen das unmittelbar verständliche Symptom der Angst ganz im Vordergrund steht. Diese kann sich entweder im Laufe einer Gemüthserkrankung allmählich steigern oder ganz plötzlich ausbrechen.

K. D., Taglöhnerstochter. aufgenommen am 10. April 1893, im Alter von 16 Jahren. Vater paranoisch. Ausserdem noch andere Fälle von Geistesstörung in der Familie. Früher immer normal. Sehr gewissenhaft im Dienst. 2 Tage vor der Aufnahme plötzlicher Ausbruch der Geistesstörung. Sie kam plötzlich zu der Mutter gelaufen, zeigte grosse Angst, sagte: „Ich will Dich nur noch einmal sehen. Die Pest bricht aus." — Am nächsten Tage wieder starke Angstanfälle, in denen sie fortwährend rief: „Ich werde todt gemacht."

Bei der Aufnahme: Stark ängstlich erregt, spricht in jammerndem Ton, dass sie todt gemacht werden solle. Kein Fieber. Körperlich normal.

Verlauf: 12. April. Beständige Angst. Schwer im Bett zu halten. Jammert, der Bauch werde ihr aufgeschlitzt. Antwortet auf keine Frage.

18. April. Heftige Angstanfälle mit ganz stereotypen Satzproductionen :
„sie werde umgebracht, sie sei verloren".

30. Mai. Seit Wochen andauernd leises Jammern mit kurzen Unterbrechungen. Muss mit dem Löffel gefüttert werden. Andauernd von Angst
beherrscht. Sagt manchmal, es brenne, man möge sie hinauswerfen.

15. Juni. Wimmert fortwährend. Lippen werden stumm wie zum
Sprechen bewegt. Liegt constant auf dem Rücken, Decubitusgefahr, leistet
gegen alle passiven Bewegungen Widerstand, hält den Kopf im Bette steif
nach oben.

9. October. (!) Bringt einige Worte zur Antwort heraus. Immer noch
mit kurzen Unterbrechungen ängstlich. Reagirt manchmal auf Aufforderungen.

24. October. Sagt, es gehe ihr besser. Nimmt spontan Nahrung.
Lächelt manchmal.

4. November. Hat angefangen sich zu beschäftigen. Spricht noch
wenig, hat körperlich sehr zugenommen.

24. December. Vollständig geheilt entlassen.

Das Charakteristische des Falles liegt in dem Ueberwiegen der
Angst. Nur wenige Male konnten Sinnestäuschungen vermuthet
werden. Wahnbildung fehlte bis auf die ganz elementare Idee, dass
sie verloren sei, vollständig.

Das Körpergewicht zeigt folgenden Verlauf: Vom 14. April
bis 25. September, also in 5½ Monaten, eine Abnahme von 45 auf
31·50 Kilo, also um 27 Pfund, vom 25. September bis 22. December,
also in 3 Monaten, eine Zunahme von 31·50 auf 48·50, also um
34 Pfund. Der Anstieg ist also viel rascher als der Abfall, welcher
terrassenförmig gegangen ist.

3. Die agitirte Form.

30jähriges Fräulein. Seit Sommer 1891 nach mehrfachen Gemüthsbewegungen Verstimmung und Selbstanschuldigungen. Ruheloses Umher-
wandern. Bei der Aufnahme in die Anstalt heftige Agitation. Händeringen,
unruhiges Beissen an den Fingerkuppen, Jactation im Bett, Herumschleudern
des Kopfes. Dabei starke Wahnbildung: sie sei eingesperrt, der Scharfrichter werde kommen, sie habe das verdient, man solle ihr Gift geben.
Sie komme in die Hölle, sei die grösste Sünderin, Allen könne verziehen
werden, nur ihr nicht. Sie habe schon als Kind schwere Sünden gehabt,
die schwersten von allen Menschen.

Verlauf: Nach 6monatlicher Melancholie, welche sich wesentlich
durch die starke Wahnbildung ohne alle Hallucinationen und durch heftige
Agitation auszeichnete, völlige Genesung.

4. Die stuporöse Form.

Bei der Mittheilung des Falles von apathischer Melancholie ist
darauf hingewiesen worden, dass die Apathie gewissermassen eine
Vorstufe des Stupors ist. Der echte Stupor, wenn er nicht durch
katatonische Symptome complicirt oder durch Hallucinationen
bedingt ist, muss als prognostisch sehr günstig aufgefasst werden.
Es handelt sich um den Zustand von völliger Reactionslosigkeit,
oft mit Katalepsie verbunden, wie er sich manchmal im Verlauf
der echten Melancholie entwickelt. In den meisten Fällen kann das
Bild als ein Erstarren in den Ausdrucksbewegungen des
Affectes angesehen werden.

E. M., aus Gelchsheim, Dienstmagd, aufgenommen am 9. Juni 1890, im Alter von 26 Jahren. Mutter hatte zwei Anfälle von Geistesstörung, wahrscheinlich Melancholie. Bei einem derselben wurde sie in der Familie von ihrer Tochter verpflegt, wobei diese 10 Tage lang „neben drauss" gewesen sein soll (inducirte Melancholie?). Sie konnte jedoch ihre Arbeit dabei verrichten. Die jetzige Krankheit begann am 26. Mai, also 14 Tage vor Aufnahme, ganz plötzlich mit heftiger Angst und Aufregung, sowie Verständigungsideen. Kurz vorher war sie noch auf einem Hochzeitsfest. Bald nach dem Ausbruch der Krankheit viele Selbstanklagen. Sie schrie und betete laut, hielt sich für verdammt, sie sei nicht mehr zu retten.

Bei der Aufnahme: Keine Missbildungen, keine Innervationsstörungen. Aengstlicher Gesichtsausdruck, ganz stumm auf Fragen. Manchmal jammert sie leise nur für sich hin: „Ich hab's nicht gethan." „Ich soll Alles gethan haben."

Verlauf: 10. Juni. Ganz ruhig im Bett, spricht freiwillig kein Wort. Auf Fragen entweder gar keine Antwort, oder ein constant wiederholter, aus ihrem Affect entspringender Satz: „Was habe ich denn eigentlich gethan?"

13. Juni. Wieder leise Klagen und Selbstbeschuldigungen ängstlich ohne bestimmte Wahnideen.

15. Juli. Es treten Gehörstäuschungen auf. Es werden ihr eine Menge Namen zugerufen, ferner: sie müsse fort, dürfe nicht hierbleiben, weshalb sie ängstlich fortdrängt. Steht immer weinend an der Thür. Hört sich von draussen rufen. Bestimmte Wahnideen werden nicht an die Sinnestäuschungen angeknüpft.

28. Juni. Heftige Nahrungsverweigerung. Nachdem ihr mit Mühe eine Tasse Milch beigebracht ist, sagt sie: „Ich hätte nichts essen sollen." „Jetzt ist es noch ärger."

7. August. Ist in letzter Zeit immer mehr in Stupor verfallen. Die Gesichtszüge sind wie im Moment heftiger Angst erstarrt. Auf Wortcommando folgt sie. Gegen passive Bewegung Widerstand. Sie jammert selten. Nahrung bringt man ihr nur bei, indem man die einzelnen Theile des Trinkactes zerlegt und jeden durch ein Commando auslöst („Mund auf", dann Eingiessen von Milch, „Mund zu", „schlucken".)

17. August. Allgemeine Muskelspannung, besonders der Sternocleidomastoidei. Gesichtsausdruck vollkommen starr. Reaction gegen schmerzhaftes Kneifen sehr schwach und langsam. Wächserne Biegsamkeit (Katalepsie) der Glieder.

24. August. Dauernd kataleptisch. Jammert nicht. Ist trotz der Muskelspannung viel besser zu ernähren als während der vom Affect beherrschten Zeit.

25. August. Spannung der Musculatur geringer. Nahrungsaufnahme gut. Keine Wahnideen.

23. September. Vollkommen geheilt entlassen.

Dieser Fall ist charakteristisch für die Ausbildung von Stupor, im Verlauf einer Erkrankung, welche nach ihrem ganzen Beginn als Melancholie aufgefasst werden muss.

Es ist versucht worden, diese Fälle ganz von der Melancholie loszutrennen und zu der Katatonie herüberzuziehen. Damit werden jedoch zwei prognostisch ganz verschiedene Zustände vermischt. Der im Verlauf der Melancholie auftretende Stupor, welcher die kata-

tonischen Symptome im engeren Sinne nicht aufweist, ist prognostisch
durchaus günstig. Die Katatonie dagegen ist eine häufig zum
Schwachsinn führende Erkrankung.

Die Trennung der Zustände ist nur dadurch erschwert worden,
weil auch die Katatonie manchmal melancholieähnliche Intervalle
zeigt, andererseits manchmal im ersten Anfang einen Stupor aufweist. Nichtsdestoweniger müssen diese Krankheiten ganz getrennt,
andererseits von dem allgemein-pathologischen Begriff des „Stupors"
als gesonderte wirkliche Krankheitseinheiten hervorgehoben werden.

Um die Fälle von Melancholie, in welchen die Wahnbildung
sehr im Vordergrund steht, von der Paranoia abzugrenzen, mit der
sie sich symptomatisch manchmal ganz zu verwirren scheinen, wollen
wir zunächst einen Fall analysiren, in welchem das pathogenetische
Verhältniss, nämlich das Hervorgehen der Wahnideen aus der Gemüthsverstimmung, klar zu Tage tritt.

B. B., Händlersfrau, aufgenommen 11. Juni 1890, im Alter von 36 Jahren.
Hereditär belastet: Mutter wurde im 60. Lebensjahr geisteskrank, ist zur
Zeit der Erkrankung der Tochter 65 Jahre alt, hat melancholische Ideen,
war aber nie in einer Anstalt. — B. war geistig immer normal, hat keine
erschöpfenden körperlichen Krankheiten durchgemacht. Heirat im 25. Jahr,
5 Kinder, 1 gestorben, 4 leben. Seit December 1889, also seit circa 6 Monaten,
klagte sie über verschiedene Krankheiten, fürchtete sich beständig, glaubte
sie müsse sterben, war immer ängstlich, wollte stets Menschen um sich haben,
hielt sich meist im Bett auf. 2 Monate darauf begannen Selbstanklagen.
Sie machte sich Vorwürfe über vermeintliche Vergehen, jammerte beständig,
Schlaf und Nahrungsaufnahme minimal. Seit 14 Tagen vor der Aufnahme
in hochgradiger Erregung, sie jammerte laut, behauptete, es seien Thiere,
Löwen und Tiger, in ihrem Zimmer, sie sagte, sie selbst sei in ein Thier
verwandelt.

Sie fragte einmal: „Bin ich denn eine Stallkuh oder ein Hund?" Sie
fürchtete, ihre Familie werde fortgeschleppt und geschlachtet. Wenn ein
Hahn krähte, so behauptete sie, sie könne es verstehen, es bedeute Unglück.
Dann steigerte sich ihr Versündigungswahn, sie glaubte, sie sei ewig verloren, sie müsse in die Hölle. Oft äusserte sie Selbstmordideen.

Hier ist die Aufeinanderfolge der Symptome sehr gut zu erkennen. Zuerst ein allgemeines Krankheitsgefühl, vage Befürchtungen,
die nicht über das hinausgehen, was sich geistig gesunde Menschen
manchmal oft einbilden, wenn sie sich krank fühlen, deutliche Angst-
gefühle mit entsprechenden Reactionen. „Sie wollte stets Menschen
um sich haben." Nach zwei Monaten Beginn der Wahnbildung zuerst
in Bezug auf die eigene als etwas Werthloses und Erbärmliches em-
pfundene Persönlichkeit: Selbstanklagen, eingebildete Verbrechen etc.
Diese Wahnbildung steigt dann bis zu den Verwandlungsideen,
in welche sich die Selbstverkleinerung umsetzt. Zugleich treten vereinzelte Sinnestäuschungen auf. Dann wendet sich die Wahnbildung
auf die Umgebung, besonders die Angehörigen. Auch sie erscheinen
in das Verderben hineingezogen. Schliesslich werden indifferente Ereignisse (Krähen des Hahnes) aus der Umgebung in Beziehung zu
dem eigenen Schicksal gesetzt. Das Symptom der Eigenbeziehung,
welches in der Paranoia eine grosse Rolle spielt, tritt im Ablauf
einer Gemüthserkrankung auf. Wer einseitig dieses Symptom betonen

wollte, würde den Fall in die ganz falsche Kategorie der Paranoia bringen. In Wahrheit handelt es sich hier um eine Theilerscheinung einer Melancholie.

Status bei der Aufnahme: Morphologisch normal. Kein Zeichen einer organischen Hirn- und Rückenmarkskrankheit. Keine Organerkrankungen. Sehr schwächlich. Aengstlich, verlässt oft das Bett und setzt sich auf den Boden. Die Worte beim Antworten werden in ängstlicher Erregung hervorgestossen. Sie habe sich schwer versündigt, durch sie sei ein grosses Unglück entstanden, sie wolle Alles gestehen.

Verlauf: 15. Juni. Abwechselnd in stummer Verzweiflung oder in lautem Jammer. Im ersten Falle zu keiner Antwort zu bringen. Oefter heftige ängstliche Erregung. Stets in Erwartung eines grossen Unglückes. Stösst ängstlich abgerissene Worte hervor, wie z. B.: „Ich bin verloren, es ist Alles aus." Läuft manchmal jammernd im Zimmer herum. Nahrungsverweigerung.

18. Juni. In letzter Nacht heftiger Angstanfall, schrie laut, wollte mit Gewalt fort. Von beständiger Angt beherrscht. Zittert am ganzen Körper, stösst keuchend heraus: „Es ist ja schrecklich." „Ach Gott im Himmel." „Ich kann es gar nicht sagen." „Es wird immer schrecklicher."

27. Juni. Nach den stärkeren Erregungen der letzteren Zeit ist sie in einen apathischen Zustand verfallen, liegt stumm zu Bett, muss gefüttert werden, physiognomisch noch von traurigen Gefühlen beherrscht, aber äusserlich viel ruhiger.

13. Juli. Seit einigen Tagen weniger apathisch. Isst besser. Spricht sehr wenig, gibt nur manchmal zögernd Antwort. Lächelt manchmal.

27. Juli. Wechselndes Verhalten durch Schwankungen im Grad ihrer Apathie. Manchmal liegt sie noch stundenlang interesselos da, manchmal spricht sie eine Absicht aus, z. B. in den Garten zu gehen, thut's aber doch nicht, obwohl ihr kein Hinderniss in den Weg gelegt wird. Schlaf und Appetit besser. Wahnideen nicht vorhanden.

4. August. Fortschreitende Besserung. Kann in der Familie weiter verpflegt werden. Gewicht von 36 auf 38·5 Kilo gestiegen.

Verlauf: Vollständige Heilung nach weiteren 6 Wochen.

Die ganze Krankheit hat also circa 10 Monate gedauert. Auf die Periode der stärkeren Wahnbildung ist eine bedeutende ängstliche Erregung gefolgt, welche zu einem apathischen Zustand überleitete, aus welchem die Kranke allmählich vollkommen zur Norm zurückkehrte.

Das theoretisch Interessante des Falles liegt in der Aufeinanderfolge von Symptomen, in dem Auftreten von Wahnideen auf Grund der schon vorhandenen Gemüthserkrankung und ihrem spurlosen Verschwinden nach Ablassen des Angstaffectes. Der Zustand von Apathie bildet, wie auch so oft der völlige Stupor, der nur die extreme Steigerung der Apathie ist, die Brücke vom Höhestadium der Krankheit zur Genesung.

Um die Thatsache hervortreten zu lassen, dass im Verlauf der Melancholie Wahnbildungen zu Stande kommen können, welche symptomatisch der Paranoia sehr ähnlich sehen, aber pathogenetisch und prognostisch ganz verschieden sind, gebe ich einen Ausschnitt aus einer Krankengeschichte, welche als Ganzes unzweifelhaft der Melancholie zugehört.

Fr. M., aufgenommen am 22. October 1892, im Alter von 49 Jahren.

Die Notizen vom 23. Juni 1893 (8 Monate nach der ersten Aufnahme)
lauten: Führt seine Krankheit, die er für unheilbar hält (sein heftiges,
unruhiges Wesen), auf eine Infection vor circa 30 Jahren zurück, die „in
seinen Knochen und überhaupt in seiner Familie" stecke. Er zeigt ein förm-
liches System in der Beschuldigung der Syphilis als Ursache seines traurigen
Zustandes.

Er führt den Ausspruch seines Hausarztes an: „Ihre Kinder sind
nicht gesund." Professor G. habe gesagt: „Die Syphilis ist das Verderben der Menschheit." Seine Frau und Tochter seien durch Syphilis
ruinirt. Es sitze in den Gliedern, in den Knochen. Woher seien denn
die Gesässknochen immer so siedend heiss?! Der Herr Professor X.
sage, es gebe keinen Rheumatismus, er und seine Familie hätten
ihn bald da, bald dort, das sei eben die Syphilis! . . . Hier scheint
eine ganz besonnene hypochondrische Wahnbildung vorzuliegen und
doch handelt es sich dem ganzen Beginn und Verlauf nach um einen
Fall von Melancholie mit symptomatischer Wahnbildung.

Anamnese: 28. September nach Geschäftsverlusten Tentamen suicidii.
Kugel in die rechte Schläfe, chirurgische Entfernung aus dem Knochen.
Darauf wurde seine Gemüthsstimmung eine Weile besser. Jedoch bald wieder
Verkleinerungsideen: er wollte sich in ein Armenhaus aufnehmen lassen.
Mehrfach Tentamina suicidii mit Mühe verhindert.

19. März (in der Anstalt). Sehr melancholisch erregt. Weint und
jammert viel.

30. März. Seine Gemüthsverstimmung nimmt hypochondrische Formen
an. Er spricht von „Wadenschwund". Ganz unstet, läuft jammernd herum.

In der gleichen Weise gehen die Berichte weiter. Im Vordergrunde steht zeitweise die Wahnbildung. Trotzdem muss hier nach
dem ganzen Verlauf die Diagnose auf Melancholie und nicht auf
Paranoia gestellt werden.

Diese Auffassung ist durch den Verlauf gerechtfertigt worden,
da sich bei M. mit dem Abblassen der Gemüthserregung auch die
relativ so überwiegende Wahnbildung allmählich verloren hat.
⟨Paranoia und Melancholie sind zwei durchaus verschiedene
Krankheiten. Die „Bindeglieder" zwischen diesen Krankheitseinheiten
kommen nur dadurch scheinbar zu Stande, dass einerseits die Paranoia
mit Gemüthsaffecten einhergehen, andererseits die Gemüthserkrankung
Wahnbildung bedingen kann.⟩

Manie.

Unter Manie ist symptomatisch ein Symptomencomplex von
ungeregelter Ideenflucht und motorischer Erregung zu verstehen, mit welchem meist, aber durchaus nicht gesetzmässig ein
rascher Wechsel lebhafter Stimmungen verbunden ist. Die Stimmungen,
welche zwar meist heiter sind, aber auch vorübergehend einen weinerlichen oder zornigen Charakter zeigen können, sind durchaus als
Begleiterscheinung, nicht als causa movens der Hauptsymptome zu
betrachten.
⟨Die Manie ist, wenn man alle durch bestimmte andere Krankheiten bedingten Aufregungszustände abzieht, eine sehr seltene

Krankheit. Die erste diagnostische Aufgabe des Arztes, welcher zu einem Tobsüchtigen gerufen wird, muss darin bestehen, sorgfältig zu erwägen, ob der betreffende Patient an einer bestimmten Krankheit leidet, welche symptomatisch Manie vortäuschen kann. Bei Männern ist vor Allem an progressive Paralyse zu denken und dem entsprechend genau auf tabische Symptome zu untersuchen.

An zweiter Stelle kommen Intoxicationen, vor Allem Alkohol, in Frage, wenn es gilt, einen Fall von plötzlicher „Tobsucht" aus dem rein symptomatischen Gebiet in das Gebiet der fassbaren Krankheitseinheiten zu bringen.

An dritter Stelle kommt Epilepsie in Betracht. Die anamnestischen Erhebungen müssen sich vor Allem auf diese drei Punkte: Progressive Paralyse, Alkoholintoxication und Epilepsie richten. Zugleich muss das Symptomenbild mit den bei diesen Krankheiten vorkommenden verglichen werden. Abgesehen von den oft begleitenden Taboserscheinungen pflegen sich die paralytischen Erregungen entweder durch ihre Inhaltslosigkeit oder durch Sinnlosigkeit der Grössenideen auszuzeichnen. Lässt sich der Kranke für kurze Zeit fixiren, so lassen sich vielleicht Intelligenzdefecte nachweisen, welche dann den Schluss auf die paralytische Beschaffenheit der scheinbaren „Manie" gestatten. Von den durch Alkohol bedingten Geistesstörungen kommen wesentlich die Tobsuchten nach übermässigem Alkoholgenuss und das Delirium tremens in Betracht. Die durch Alkohol bedingte Tobsucht hat meist einen rein motorischen, ganz elementaren Charakter und zeigt nie die eigentliche lebhafte, ungeregelte Ideenflucht der wirklichen Manie. Die Diagnose wird sich manchmal, wenn ein Arzt zu einem solchen acut tobsüchtig Gewordenen gerufen wird, durch den Geruch stellen lassen. Ferner kann die starke Congestionirung und der enorm rasche Puls auf den Alkohol als Ursache der Erregung deuten.

Auch das Delirium tremens kann manchmal für Manie gehalten werden, wenn man nur die motorische Erregung in Betracht zieht. Hier wird meist der Tremor und das Vorhandensein von Thiervisionen den Ausschlag geben. Ferner kann das bei Delirium tremens häufige Auftreten von Eiweiss im Urin in Betracht kommen. Die epileptischen Tobsuchten haben durchaus denselben Charakter wie die durch Alkohol bedingten schweren Aufregungszustände. Diese Aehnlichkeit, welche auf dem sinnlosen elementaren Bewegungsdrang bei Fehlen des associativen Ideenreichthums der Maniakalischen beruht, ist so überraschend, dass man die Tobsuchten nach Alkoholvergiftung vielleicht als das Sichtbarwerden einer latenten epileptischen Anlage auffassen kann. Für den Praktiker wird oft die grosse Anzahl von Narben und anderen Verletzungen (Nasenbeinbruch, Zungenbiss etc.) am Schädel und Gesicht eines acut tobsüchtig Gewordenen der Diagnose die Richtung auf Epilepsie geben.

Psychisch spricht das starke Vorhandensein von Hallucinationen und Verwirrtheit bei einer mit elementarer Gewalt auftretenden Tobsucht ohne Ideenflucht sehr für die epileptische Natur derselben. Ob eine Differenzirung zwischen den epileptischen Zuständen von Tobsucht mit Hallucinationen und Verwirrtheit einerseits und der echten hallucinatorischen Verwirrtheit, welche ebenfalls lebhafte motorische Reactionen bewirken kann, andererseits, möglich ist, werden wir später erörtern. Jedenfalls lassen sich beide trotz der Aehnlichkeit in Bezug auf den ganz allgemeinen Begriff der „Tobsucht" psychologisch ganz gut von der Manie trennen und dementsprechend diagnosticiren.

Es frägt sich nun, mit welchen sonstigen, functionellen Geisteskrankheiten die Manie verwechselt werden kann, d. h. also, bei welchen Krankheiten manieähnliche Erregungen vorkommen. Dass eine heitere Stimmung nicht nothwendiger Weise zur Manie gehört, ist schon gesagt worden. Es könnten zunächst Verwechslungen vorkommen mit denjenigen Krankheitsfällen, welche gleichzeitig Stimmungsanomalie und motorische Erregung zeigen.

In der That kann momentan eine agitirte Melancholie, welche ja eine solche Verbindung von Stimmungsanomalie und motorischer Erregung zeigt, einer Manie sehr ähnlich sehen, allerdings nur so lange, als man folgende Punkte ausser Acht lässt:

1. das Fehlen von associativer Ideenflucht bei der Melancholie,

2. der positive, von der Gemüthsverstimmung bedingte Inhalt der Reden bei den melancholisch Erregten.

Ferner können im Verlauf des Wahnsinns und des Verfolgungswahns heftige Erregungen auftreten, welche sich dem Ungeübten als Manie präsentiren, weil sie nicht nur eine motorische Erregung, sondern auch einen schnellen Ablauf von Vorstellungen zeigen. Jedoch ist der Bewegungsdrang dieser auf Grund von Wahnbildung Aufgeregten viel weniger elementar als bei der Manie, erscheint vielmehr immer motivirt durch im Sinne des Wahns zweckmässige Vorstellungen. Ferner zeigen die Vorstellungen dieser paranoisch Erregten bei ihrer Geschwindigkeit, welche durch den Affect bedingt sein kann, einen ganz geschlossenen, im Sinne des Wahns correcten Inhalt, nie das ungeregelte, rein associative Wesen der echt maniakalischen Ideenflucht.

Ferner kommt in Betracht die hallucinatorische Verwirrtheit, welche starke motorische Erregung bewirken kann. In diesem Punkt muss die Grenze der Manie entschieden enger gesteckt werden, als es noch vor einiger Zeit geschehen ist. Eine tiefere Verwirrtheit kommt bei der eigentlichen Manie nie vor. Es handelt sich in solchen Fällen fast immer um Paralyse, Alkoholismus oder Epilepsie; in den wenigen Fällen, wo das nicht zutrifft, um eine von der Manie durchaus verschiedene functionelle Geistesstörung, welche eben sensu strictiori hallucinatorische Verwirrtheit genannt werden muss.

Beispiele: 1. Symptomatische Tobsucht bei progressiver Paralyse.

42jähriger Mann. Seit zwei Tagen plötzlich sehr erregt, wirft Alles durcheinander, schimpft und flucht, misshandelt seine Familie, redet viel durcheinander.

Bei der Aufnahme sehr erregt, schwer zu fixiren. Pupillen und Kniephänomene können erst nach circa 20fachen Versuchen beurtheilt werden. Rechte Pupille weiter als linke. Linke reagirt fast gar nicht. Patient spannt seine Beinmusculatur sehr an. Trotzdem gelingt es dreimal, einen

Moment zu erhaschen, in welchem er die Beine hängen lässt. Beide Kniephänomene fehlen.

Diagnose: Progressive Paralyse bei Tabes dorsalis.

Nachträgliche Anamnese: Vor 10 Jahren Lues. Seit 3 Jahren ziehende
Schmerzen in den Gliedern (tabische Schmerzen). Vor einem Jahr ohne
äusseren Anlass 2 Tage lang viel Erbrechen (gastrische Krise).

Seit circa einem halben Jahr allmähliche Charakterveränderung, manchmal etwas Gedächtnissschwäche, er konnte jedoch seinen Beruf bis zum Ausbruch der Tobsucht versehen.

Verlauf: Nach 14tägiger Tobsucht beruhigt, zeigte dann deutliche
Intelligenzdefecte. Nach ³/₄ Jahren Exitus letalis im paralytischen Anfall.

Befund: Hydrocephalis externus, Degeneration der *Goll*'schen Stränge,
leichte Degeneration der Pyramidenseitenstränge.

2. Symptomatische Tobsucht bei Alkoholintoxication.

a) 17jähriger Schüler. Seit 3 Stunden schwer tobsüchtig, zerstört Alles
in seiner Umgebung, wälzt sich im Bett, schreit stark. Die Mutter behauptet,
dass er bis zum Ausbruch der Krankheit, welche 2 Stunden nach der
Heimkehr von einem Ausflug begann, ganz gesund gewesen sei, bezeichnet
ihn als sehr solid und stellt die Möglichkeit von Alkoholmissbrauch durchaus in Abrede.

Status: Sinnloser Bewegungs- und Zerstörungsdrang, unarticulirtes
Schreien. Keine Spur von rein maniakalischer Ideenflucht. Völlige Inhaltslosigkeit der wenigen Worte, welche er hervorbringt. — Es kann sich
hier nur um einen epileptischen oder alkoholistischen Zustand handeln. Der
Patient hat den eigenthümlichen Alkoholgeruch. Keine Narben, welche auf
frühere epileptische Insulte deuten könnten.

Diagnose: Schwerer Rauschzustand.

Anamnese: Sehr fleissiger und solider Schüler. Nie viel getrunken.
Oefter Schwindelanfälle. Manchmal hat er das Bewusstsein halb verloren,
aber noch automatisch weitergesprochen. An dem Nachmittage vor Ausbruch
der Erkrankung ein im Ganzen genommen verhältnissmässig kleiner Excess
in Alkohol (5 Glas Bier).

Verlauf: Nach 4stündiger Erregung tiefer Schlaf. Hinterher völlige
Amnesie.

Epikrise: Es handelt sich um einen Menschen, der früher Anzeichen
von larvirter Epilepsie gehabt hat (Petit mal, absence). Die genossene
Menge Alkohol steht in keinem Verhältniss zu der starken Wirkung.

Modificirte Diagnose: Durch Alkohol ausgelöster Status epilepticus
bei einem mit larvirter Epilepsie behafteten Menschen.

b) 24jähriger Hausbursche. Heftig erregt, schlägt Alles zusammen.
Jammert, betet, weint durcheinander. Wälzt sich auf dem Boden. Die eigentliche maniakalische Ideenflucht fehlt. Seine Affecte erscheinen nicht durch
Sinnestäuschungen bedingt. Sein Bewegungsdrang ist nicht durch zusammenhängende Vorstellungen veranlasst. Fuselgeruch aus dem Munde.

Diagnose: Schwerer Rauschzustand.

Anamnese: Keine epileptischen Züge. Oefter Alkoholexcesse. Am
Tage vor dem Ausbruch der Tobsucht stark getrunken, Bier und Schnaps
durcheinander.

3. Symptomatische Tobsucht bei Epilepsie.

30jähriges Mädchen. Schwer erregt, wälzt sich herum, schlägt mit
den Beinen auf den Boden, dabei sehr verwirrt, hat anscheinend kein

Motiv bei ihren Bewegungen, sondern einen elementaren Bewegungsdrang.
Manchmal stösst sie ein Wort mehrmals hintereinander mit schreiender
Stimme und scharfer Accentuation heraus.

An der Stirn und auf dem Kopf eine Menge kleiner Narben. Alter
Nasenbeinbruch. Zunge nicht zu untersuchen, weil sie nicht zum Heraus-
strecken zu bewegen ist.

Die psychischen Symptome sprechen gegen eine Manie: die Verwirrt-
heit ist zu gross, der Bewegungsdrang hat einen rein elementaren sinnlosen
Charakter wie bei den epileptischen und alkoholistischen Erregungen. Kein
Fuselgeruch. Die Erregung dauert bei der Aufnahme schon 12 Stunden an.
Die vielen kleinen Verletzungen sprechen für einen Zustand, welcher häufig
Traumata herbeiführt (Epilepsie). Aus diesen Ueberlegungen wird die Wahr-
scheinlichkeitsdiagnose auf Epilepsie gestellt.

Prognose: Beruhigung nach einigen Tagen. Weiterbestehen der
Epilepsie.

Anamnese: Im 16. Jahr erster epileptischer Anfall (Bewusstlosigkeit
mit Krämpfen) ohne äussere Ursache. Seitdem circa 4 Jahre lang alle halben
Jahre circa 1 Anfall. Bis dahin wurde das Leiden von den Angehörigen
kaum beachtet.

Im 20. Jahr öfter, circa alle 8 Wochen, ein Anfall. Im 25. Jahre eine
Periode gehäufter Anfälle, dann wieder frei von grösseren Anfällen, nur
öfter Schwindelanfälle und vorübergehende Unbesinnlichkeit. Im 28. Jahr
Anfall von Tobsucht, eingeleitet von zwei epileptischen Anfällen, Dauer
circa 8 Tage. Seitdem noch zweimal Tobsucht, jedesmal von Anfällen eingeleitet. Die letzte Tobsucht brach ohne vorhergehenden Anfall aus.

Verlauf: Beruhigung nach 5 Tagen. Es kommt ein mässiger Grad
von Schwachsinn mit seltenen epileptischen Anfällen zu Tage.

(Nb. Diese mehrfachen Anfälle auf epileptischer Basis dürfen nicht
als periodische Geistesstörung bezeichnet werden.)

4. Symptomatische Tobsucht bei Delirium tremens.

30jähriger Kaufmann. Kommt mit der Diagnose „Tobsucht" in die
Anstalt. Er ist lebhaft erregt, rutscht am Boden entlang, scheint nach etwas
zu greifen, wischt sich an den Fingern, als ob er da etwas wegziehen
wollte. Redet lebhaft, erzählt viel, schimpft, lacht. Lebhafter Tremor der
Hände, er sieht lauter bewegte Thiere, nach denen er hascht und schlägt,
Ratten, Affen, Colibris, ferner sieht er Fäden an seinen Fingern, die er
wegziehen will; im Harn Eiweiss. Kniephänomene und Pupillen normal.

Diagnose: Delirium tremens.

Verlauf: 3 Tage lang lebhafte Thiervisionen, dann Schlafsucht. Am
dritten Tage verschwindet das Eiweiss. Tremor verschwindet erst nach
acht Tagen. Restitutio ad integrum.

5. Symptomatische Tobsucht bei hallucinatorischer
Verwirrtheit.

30jährige Frau. Heftige Agitation. Wirft sich rücksichtslos auf den
Boden, stampft mit den Beinen, schreit, weint, lacht durcheinander. Sieht
viele Gestalten, grässliche und freundliche, Teufel, helle Wolken, goldene
Vögel, schwarze Fratzen, Engel. Springt aus dem Bett, wirft Alles durcheinander. Hört Stimmen, denen sie folgen will.

Pupillen können nicht geprüft werden, Kniephänomene erhalten. Keine
auf Epilepsie deutenden Narben. Kein Tremor.

Hier ist die diagnostische Sachlage folgendermassen:

Eine paralytische Erkrankung ist bei einer 30jährigen Frau von vornherein unwahrscheinlich. Auch bieten die Kniephänomene kein auf Tabes deutendes Zeichen. Für Alkoholismus, beziehungsweise Delirium tremens könnte höchstens in Betracht kommen, dass sie manchmal Thiere (Vögel) sieht. Diese „Thiervisionen" treten aber hier relativ ganz in den Hintergrund vor der grossen Menge anderer Sinnestäuschungen.

Psychologisch ist das Wesentliche die grosse Verwirrtheit und die massenhaften Sinnestäuschungen. Es könnte nun Epilepsie in Frage kommen, wobei oft Sinnestäuschungen vorhanden sind. Aber bei dieser Krankheit sind die Sinnestäuschungen fast nie von solcher Reichhaltigkeit und phantastischen Buntheit. Ferner erscheint der Bewegungsdrang viel weniger elementar, als es bei der Epilepsie der Fall zu sein pflegt. Die Kranke zeigt meist Bewegungen, für welche ihre Sinnestäuschungen ein allerdings verworrenes Motiv abgeben. Es wird deshalb angenommen, dass es sich nicht um eine epileptische Verwirrtheit, sondern um eine hallucinatorische Verwirrtheit sensu strictiori handelt.

Anamnese: Keine Epilepsie. Kein Alkoholismus. Bisher immer gesund. Nach kurzem Prodromalstadium von Unruhe, Aengstlichkeit, Schlaflosigkeit Ausbruch der Krankheit.

Verlauf: Allmähliches Abblassen der Erregung, wechselnder Grad von Verwirrtheit. Restitutio ad integrum nach 4 Monaten.

6. Symptomatische Tobsucht bei hypochondrischer Verrücktheit.

36jähriger Mann. Sträubt sich heftig. Drängt wild nach der Thür. Schreit und tobt, trommelt gegen die Thür. Ruft, es gehe nichts mehr durch den Hals, der Leib sei voll Luft, es sei Alles ausgetrocknet, das Haus werde verbrannt, die Luft sei verpestet. Manchmal plötzliche Steigerung der Erregung, in der er wild herumfährt, schreit, johlt, mit den Füssen stampft.

Hier liegt eine Bewegungsart vor, welche sich von dem elementaren Bewegungsdrang der Epilepsie und von den associativ lebhaften, wechselnden Bewegungen der reinen Manie durchaus unterscheidet. Es handelt sich immer um Bewegungen, welche im Sinne eines Wahnes motivirt oder durch einen aus dem Wahn entspringenden Affect bedingt sind.

Diagnose: Erregungszustand eines Paranoischen.

Anamnese: Seit circa ³/₄ Jahren Entwickelung von hypochondrischen Wahnideen. Seit 5 Tagen heftiger erregt. Prognosis pessima quoad vitam psychicam.

7. Symptomatische Tobsucht (intercurrente Erregung) bei bestehendem Schwachsinn.

35jähriger Mann. Seit dem 22. Jahre nach kurzer Geistesstörung schwachsinnig. Wird zu Hause verpflegt. Von Zeit zu Zeit Aufregungen. Seit 3 Tagen macht er „dumme Sachen", lacht viel, läuft mit dem Licht im Hause herum, ist widerspenstig, hat einige Gegenstände zerschlagen.

Status: Lacht blöd, ist gefügig, nur treibt er manchmal Kindereien. Inhaltsloses Gerede, keine Ideenflucht, kein richtiger Bewegungsdrang.

Diagnose: Schwachsinn mit intercurrenten Aufregungen. Kann nach wenigen Tagen wieder beruhigt entlassen werden.

8. Symptomatische Tobsucht bei primärem Schwachsinn in statu nascendi.

Der Ausbruch des primären Schwachsinns ist manchmal von stürmischen Erregungen begleitet, die sich durch ihren raschen Wechsel, die Incohärenz der Erscheinungen und den schwachsinnigen Inhalt der Vorstellungen, welche in den scheinbar melancholischen oder maniakalischen Stadien auftauchen, von vornherein als Initialsymptome des beginnenden Schwachsinns erkennen lassen.

Die differentialdiagnostische Auffassung dieser Aufregungen im Gegensatz zur Melancholie und Manie, welche beide eine sehr gute Prognose haben, ist gerade für den praktischen Arzt, welcher diese Zustände in statu nascendi zu sehen bekommt, von grösster Bedeutung.

Das Genauere kann erst bei der Behandlung des zu den degenerativen Psychosen gehörenden primären Schwachsinns gegeben werden.

Wir brechen hier die Beispiele für die symptomatischen Fälle von Tobsucht ab und stellen den leitenden Satz auf, dass eine Diagnose auf Manie niemals gestellt werden soll, wenn nicht vorher die Möglichkeit, dass es sich nur um ein Symptom einer anderen Krankheit handelt, sorgfältig erwogen ist.

Wir kommen nun zur Exemplificirung für die wirkliche, nicht nur symptomatische Manie und wollen auch hier nicht nur eine einfache referirende Darstellung geben, sondern die diagnostischen Gedankengänge, durch welche man in der Praxis zu der richtigen Auffassung der mit plötzlicher Aufregung ausbrechenden Psychosen gelangt, hervortreten lassen.

A. W., Bahnwärtersfrau, aus Wülfershausen, aufgenommen am 18. September 1890, im Alter von 40 Jahren. Heredität nicht zu ermitteln. Im 25. Jahre Heirat mit einem Manne, mit welchem sie vorher ein uneheliches Kind gehabt hatte. Während der Schwangerschaft, gegen das Ende derselben war sie circa 5 Wochen geistig gestört. Damals hat sie viel gesungen und gebetet, ist fortgelaufen, hat fortwährend geredet, hat dabei die Leute gekannt und wusste Alles, was um sie vorging. A. W. hat also nach diesen Angaben circa im 24. Jahre während der Schwangerschaft einen maniakalischen Anfall gehabt. Seitdem war sie andauernd normal. Vor 1¼ Jahren zweites Kind. Ohne dass irgend welche besondere Ereignisse vorausgegangen wären, begann ganz plötzlich wenige Tage vor der Aufnahme eine zweite Geistesstörung. Sie war seit Wochen in N. zum Obstmarkte. 3 Tage vor der Aufnahme kam sie zu Besuch nach Hause, war etwas aufgeregt, sehr eifrig in Bezug auf ihren Obsthandel, unwirsch gegen die Kinder. Als ein Kind sich unhöflich gegen sie benahm, sagte sie, sie wolle fort, sie wolle in den Main gehen. Ferner erzählte sie, dass sie viel Geld verdienen werde, sie werde am nächsten Tag 50 Mark von N. schicken. Sie wurde jedoch an diesem Tage von dem Ehemann noch durchaus nicht für geisteskrank gehalten, sondern nur für „etwas erregt". Am nächsten Tage, als sie schon wieder nach N. zu dem Markt gefahren war, erfuhr er, dass sie am gleichen Tage Betten und Wäsche in's Pfandhaus getragen hatte. In N. wieder angekommen, wurde sie stärker erregt. Erhob Streit auf dem Markte, trieb Unfug, machte grosse Ausgaben, lief einem Eisenbahnzuge nach. Von N. abgeholt und sofort in die Klinik in W. gebracht.

Status bei der Aufnahme. Körperlich gesund und blühend. Pupillen und Kniephänomene normal. Redet fortwährend von Nürnberg, von der Polizei, von ihren fünf Kindern, vom Obsthandel. Springt aus dem Bett, redet die sie umgebenden Personen an, agitirt lebhaft, wirft Alles durcheinander, küsst und beisst abwechselnd, wen sie erwischen kann. Ist bald heiter, bald zornig. Erkennt ihre Umgebung. Kann nur für kurze Zeit zur Aufmerksamkeit gezwungen werden.

In diesem Krankheitsbild sind die typischen Züge der echten Manie enthalten: die Ideenflucht mit lebhaftem associativen Wechsel, der Bewegungsdrang, der rasche Stimmungswechsel. Trotz dieser symptomatischen Klarheit des Bildes muss auch in solchen Fällen stets die Möglichkeit einer progressiven Paralyse in Betracht gezogen werden.

Hiergegen sprach nun einigermassen der Umstand, dass Cl. W. schon vor 16 Jahren einmal einen Anfall von Manie gehabt hatte. Das Alter von 40 Jahren würde zur Annahme einer Paralyse gut stimmen.

Bei der völligen Abwesenheit von tabischen Symptomen hat man jedoch keinen Grund, die symptomatisch sich als reine Manie charakterisirende Krankheit einer 40jährigen Frau als durch Hirnparalyse bedingt aufzufassen.

Um eine epileptische Aufregung anzunehmen, lag kein Grund vor, weil bei dieser die typische Ideenflucht, welche in diesem Falle vorlag, fast immer völlig fehlt und die Kranke durchaus nicht verwirrt war, was bei den epileptischen Aufregungen die Regel bildet. Ebenso wenig konnte das Bild mit der rein functionellen Verwirrtheit, bei welcher ebenfalls oft heftige motorische Erregungen vorkommen, verwechselt werden. Gegen Verwechslung mit den Erregungen bei den mit Wahnbildung einhergehenden Formen von Geistesstörung (Melancholie, Wahnsinn, Paranoia) schützte der Inhalt der rasch ablaufenden Vorstellungen.

Es handelt sich nicht um eine schnell ablaufende Reihe von zusammenhängenden Wahnideen, sondern um eine bunte Fülle von associativ locker verknüpften Vorstellungen.

Es musste also hier die Diagnose: Manie mit völliger Sicherheit gestellt werden. Dementsprechend war der Verlauf.

Nach achtmonatlicher Erregung, in welcher sie viel sprach, sang, lachte, tobte, riss, schlug u. s. f., völlige Genesung. Das Gewicht sank vom September bis October von 51 auf 45, stieg dann bis 54 Kilo.

Ein Muster von Ideenflucht mag folgende bei ihr am 21. November 1891 aufgenommene stenographische Nachschrift bieten:

„Lasset uns hintreten zu Tische des Herrn ich bin über Kreuz ich weiss nicht was ich thun soll Doctor Müller lebt noch, der Matrose Wirth auch noch der Metz will seine Rosel und der Tuhend seinen Hans, der Kobschreiner seine Schuh und ich Meine Mira der Bruka-Hans will seine Hund und ich mein Schreiner von Afrika. Ich katt nicht mit und blei für 5 Pfennige die Sorge zurück, ich heisse Sichel und habe keine Rock auch kein Danaholz und kein Steinerdrucken und W. Hirt kein Weck und kein Graf kein Grafreinfeld Feld keine Soldaten kein Brot. Mehling habe ich aber keine Buben Milch habe aber keine Zwetschken Zwetschkenbrei etc.“

In dieser Nachschrift einer mit grosser Hast, lebhaften Gesticulationen und fortwährendem Stimmungswechsel vorgetragenen Wortreihe ist nur selten noch ein klarer associativer Zusammenhang zu erkennen. Nur am Anfang befindet sich ein geschlossener Satz. Trotzdem kann kein Zweifel sein, dass diese Wortreihe aus einer ungezügelten inneren Association entspringt. Jedenfalls findet man bei Maniakalischen, wenn man ihre Wortreihen stenographirt, sehr oft hintereinander bald eine Periode, in welcher die associative Verknüpfung noch deutlich zu erkennen, bald eine Periode, in welcher er nur schwer oder gar nicht mehr zu errathen ist. Insbesondere kommt es vor, dass das Wortgebilde als solches associativ weitergebildet und zu anderen, theils etwas bezeichnenden, theils ganz bedeutungslosen Gestalten verzerrt wird.

An diesem Fall von wirklicher Manie ist noch bemerkenswerth, dass die Kranke schon vor 16 Jahren einen ähnlichen kurzen Anfall gehabt hat. Man könnte auf Grund dieser Thatsache im vorliegenden Fall von periodischer Manie reden. In der That kann eine Grenze zwischen recidivirenden Geistesstörungen, wenn sie nicht durch Causae externae (Alkohol, Cocaïn etc.) bedingt sind, und periodischer Geistesstörung nicht gezogen werden. Es wäre das im Grunde ein Wortstreit. Das Wesentliche dabei ist, dass in solchen Fällen die endogene Natur der Geistesstörung deutlich zu Tage tritt.

Diese typischen Fälle von Manie sind viel seltener, als man bei dem Lesen der psychiatrischen Lehrbücher, welche diese Krankheit meist sehr ausführlich behandeln, denken sollte. Das Wesentliche für den praktischen Arzt ist, bei allen mit plötzlicher Tobsucht auftretenden Geistesstörungen sorgfältig alle die anderen Krankheiten auszuschliessen (Paralyse, Epilepsie, Alkoholismus, hallucinatorischer Wahnsinn, Paranoia etc.), bei welchen Tobsucht als Symptom auftreten kann.

Die hallucinatorische Verwirrtheit.

Bevor wir zu der Beschreibung dieses Krankheitsbildes schreiten, müssen wir das Verhältniss der beiden Componenten, welche darin stecken, „Hallucinationen" und „Verwirrtheit", zu einander abwägen. Alle Hallucinationen haben potentiell die Fähigkeit, Wahnbildung zu bewirken. Diese Wahnbildung wird desto kräftiger auftreten, je besonnener ein Mensch bei dem Auftreten uncorrigirter Sinnestäuschungen ist. Denn es handelt sich ja bei der durch Hallucinationen bedingten Wahnbildung nur um Verarbeitung von scheinbaren Wahrnehmungsthatsachen. Je verwirrter ein Mensch dagegen bei gleichzeitigem Auftreten von Sinnestäuschungen ist, desto weniger ist die Gefahr von Wahnbildung bei ihm gegeben. Hierauf ist die relativ gute Prognose der hallucinatorischen Verwirrtheit gegründet.

Es gilt für dieses Syndrom dieselbe diagnostische Regel, welche wir z. B. auf epileptische Anfälle, Tobsucht etc. angewendet haben, dass nämlich in der Psychopathologie immer zuerst nach der Grundkrankheit gesucht werden muss, aus welcher das psychische Krankheitsbild als symptomatische Aeusserung entspringt.

Z. B. ist das Delirium tremens psychologisch entschieden als eine hallucinatorische Verwirrtheit zu bezeichnen. Trotzdem wäre es unwissenschaftlich, sich mit dieser rein symptomatischen Diagnose zu begnügen. Es muss vielmehr hier, wenn die specielle Beschaffenheit der Hallucinationen nebst Tremor und Albuminurie es erlauben, die klare Diagnose auf Intoxication des Gehirns mit einem bestimmten Stoff (Alkohol) gestellt werden.

Auch bei anderen Vergiftungen kann ein Symptomenbild zu Stande kommen, welches diesem Namen „hallucinatorische Verwirrtheit" mit Recht führen würde, wenn es nicht nothwendig wäre, diese Gehirnzustände materiell mit Bezug auf das einverleibte Gift zu benennen.

Ferner kann bei progressiver Paralyse und bei Epilepsie hallucinatorische Verwirrtheit auftreten. Schliesslich sind die Infectionskrankheiten als Ursache von hallucinatorischer Verwirrtheit zu nennen. Eine viel weniger greifbare Grundkrankheit als diese Vergiftungen nebst Paralyse und Epilepsie ist die „Erschöpfung". Immerhin kann man wohl in den Fällen, wo nach einer wirklichen schweren Erschöpfung (Blutverlust, schweres Wochenbett etc.) dieser Symptomencomplex auftritt, von einer Erschöpfungspsychose reden und kann die Erschöpfung als Hauptkrankheit, die hallucinatorische Verwirrtheit als Symptom betrachten. Nun gibt es aber eine ganze Menge von Erkrankungen an hallucinatorischer Verwirrtheit, bei denen sich durchaus kein exogenes Moment, besonders keine Erschöpfung nachweisen lässt.

Diese Fälle müssen als gesonderte Gruppe aus dem Gebiet der functionellen Geistesstörungen ausgeschieden werden, mit deren einzelnen klinischen Formen diese Krankheit zeitweise manchmal grosse Aehnlichkeit hat.

M. Z. aus Westheim, Spänglersfrau, aufgenommen am 19. August 1893, im Alter von 27 Jahren. Heredität nicht zu ermitteln. Als Mädchen von 16 Jahren kurze Zeit geisteskrank. Ueber die Art dieser Geistesstörung nichts Näheres zu ermitteln. Epilepsie und Zustände, welche für latente Epilepsie sprechen könnten, sind bei genauester Exploration des Mannes nicht zu ermitteln. Vor circa 5 Monaten hat sie entbunden. Vor zwei Wochen das Kind entwöhnt. Die Krankheit begann nach einem Prodromalstadium von 8 Tagen, in welchem die Kranke über Kopfschmerzen klagte, acut am 13. August Abends. Sie fiel bei ihrem Nachhausekommen dem Manne um den Hals und sagte: man habe ihr das Haar verbrannt, sie stinke, das sei der Teufel und die Hexen gewesen, die ihre Kinder umbringen wollten. Sie hatte ausgesprochene Sinnestäuschungen, jagte den Teufel durch das Zimmer, sah die Hexen im Zimmer durch die Luft fliegen, sah sie über dem Herd durch den Kamin fahren, unterhielt sich mit dem Pfarrer, den sie im Zimmer sah. Dabei machte sie sich Selbstvorwürfe, betete viel. Sie bringt kleinliche Dinge, über welche sie sich im gesunden Zustand den Kopf zerbrochen hätte, in selbstquälerischer Weise vor. Schrie, sie werde verfolgt. — Das ärztliche Zeugniss spricht von „Verfolgungswahnsinn" und „tobsüchtigen Erregungen".

Diese anamnestischen Daten geben nun ein Bild, welches einzelne mit Melancholie verwandte symptomatische Züge aufweist: Sie machte sich Selbstvorwürfe und brachte Kleinigkeiten in selbstquälerischer Weise vor.

Es wäre aber durchaus gegen die von uns bisher durchgeführte pathogenetische Auffassung der psychopathischen Symptome, wenn Jemand auf Grund dieser Züge die Z. für melancholisch erklären wollte.

Zugleich zeigt sie deutliche Wahnbildung. Auch hier müssen wir wieder davor warnen, jede Wahnbildung ohne Weiteres mit dem Wort „paranoisch" zu belegen. Im vorliegenden Falle stehen zunächst die massenhaften Sinnestäuschungen im Vordergrund, und zwar zeigt sich bei diesen eine grosse Reichhaltigkeit, während im Verhältniss zu dieser die Wahnbildung („die Kinder werden umgebracht, sie sei verfolgt") sehr gering erscheint. Aus dem ärztlichen Zeugniss erfahren wir noch, dass sie tobsüchtige Erregungen hatte In der That sind derartige Fälle oft unter die Kategorie der Manie untergebracht worden, mit welcher sie nur in dem sehr vieldeutigen Symptom der Tobsucht zusammenstimmen.

Bei der blossen Beurtheilung der Anamnese würde man sagen, dass es sich um eine acut ausbrechende Psychose handelt, in welcher massenhafte grösstentheils schreckhafte Sinnestäuschungen im Vordergrund stehen. Dadurch erfahren wir jedoch nichts von dem Symptom, welches gleich bei der Aufnahme in den Vordergrund des diagnostischen Interesses trat, nämlich von der schweren Verwirrtheit. In der That ist diese anamnestisch manchmal schwer festzustellen, weil die Umgebung der Kranken von den lebhaften Sinnestäuschungen derselben, beziehungsweise von ihren dramatischen Reactionen darauf ganz in Anspruch genommen wird.

Status bei der Aufnahme: Ist vollständig verwirrt und von Sinnestäuschungen beherrscht. Weiss nicht, wo sie sich befindet, weiss anscheinend nichts von den letzten Tagen und wie sie hergekommen ist. Trotz der massenhaften Sinnestäuschungen fehlt eine zusammenhängende Wahnbildung fast ganz. Sie reagirt nur in verworrener Weise auf ihre Sinnestäuschungen, schaut z. B. um die Bettschirme und in den Ecken, als ob sie da etwas suche. — Körperlich normal. Nur ist eine leichte Albuminurie ohne sonstige Symptome von Nierenkrankheit zu constatiren.

Es musste nun zunächst entschieden werden, dass es sich bei Z. nicht um eine hallucinatorische Verwirrtheit als Symptom einer anderen Krankheit handle. — Gegen progressive Paralyse, welche ausnahmsweise auch einmal mit derartigen psychischen Symptomen einsetzen kann, sprach die völlige Abwesenheit von tabischen Symptomen und das relativ jugendliche Alter.

Ebensowenig liessen sich alkoholistische Symptome nachweisen, welche es hätten glaubhaft machen können, dass eine atypische Form von Delirium tremens vorlag (Thiervisionen, Tremor). Nur ein Symptom liess sich ermitteln, welches öfter bei Delirium tremens vorkommt, nämlich Albuminurie. Die „Atypie" des Delirium tremens geht jedoch erfahrungsgemäss nicht so weit, dass aus der Coincidenz von Verwirrtheit und Albuminurie ein Delirium tremens diagnosticirt werden könnte. Man muss vielmehr sagen, dass Albuminurie in manchen Fällen von hallucinatorischer Verwirrtheit sensu strictiori vorkommt.

An dritter Stelle war zu erörtern, ob nicht ein epileptischer Zustand vorliegen konnte. In der That dürfte die Differentialdiagnose zwischen einer epileptischen Verwirrtheit und einer echten hallucinatorischen Verwirrtheit aus dem blossen Befund selbst dem erfahrensten Diagnostiker kaum gelingen. In Bezug hierauf konnte zunächst nur gesagt werden, dass es bei sorgfältigster Anamnese nicht gelungen war, epileptische Züge zu ermitteln. Bemerkenswerth ist auch, dass sich am Kopf der Kranken keine Spur von alten Verletzungen, wie sie bei Epileptischen häufig sind, finden liessen.

Immerhin musste bei Ausschluss von progressiver Paralyse und Alkoholismus die Möglichkeit der Epilepsie offen gelassen werden. Es liess sich also bei dem gegenwärtigen Stand der psychiatrischen Symptomatologie eine bestimmte Differentialdiagnose zwischen reiner hallucinatorischer Verwirrtheit und einem epileptischen Zustand nicht stellen.

Schliesslich kann noch eine Differentialdiagnose in Betracht, welche hier nur kurz angedeutet werden kann. Es kommen nämlich eine Anzahl von Fällen vor, welche symptomatisch als hallucinatorische Verwirrtheit zu bezeichnen sind und die nach ganz acutem Ausbruch im Laufe von wenigen Tagen zum Exitus letalis führen, ohne dass die genaueste körperliche Untersuchung im Leben und am Sectionstisch eine Organerkrankung als Ursache des rapiden Todes ermitteln könnte. Diese Fälle, welche ihrem Verlauf nach an die acute progressive (Tabes-) Paralyse erinnern, zeichnen sich durch die völlige Abwesenheit von tabischen Symptomen aus. Wahrscheinlich handelt es sich um eine eigene Krankheit, welche früher schon beobachtet und zum Theil unter der Rubrik „Delirium acutum" untergebracht worden ist. Eine stringente Symptomatologie dieser Krankheit, welche die letale Prognose mit Sicherheit ermöglichen würde, kann zur Zeit nicht gegeben werden. Einem Vorschlag von Prof. *Rieger*-Würzburg folgend, bezeichne ich dieselbe kurz als „acute Paralyse", welche von der Tabesparalyse ganz zu trennen ist. Ich begnüge mich deshalb mit folgendem Merksatz für das Bedürfniss der Praxis:

Wenn bei einer hallucinatorischen Verwirrtheit, deren Erklärung als paralytisches, alkoholistisches, epileptisches, Infectionsdelirium etc. sich als unmöglich erweist, zu den blossen psychischen Symptomen auffallende körperliche Symptome treten (Fieber, Innervationsstörungen, Prostration etc.), so ist die Prognose quoad vitam eine zweifelhafte. Am wenigsten bedenklich und noch in den Rahmen der echten hallucinatorischen Verwirrtheit gehörig ist eine leichte Albuminurie, wie sie auch im vorliegenden Falle vorhanden war.

Es waren also drei diagnostische Möglichkeiten vorhanden.

1. Epileptisches Aequivalent. Prognose: Rückkehr des klaren Bewusstseins nach einigen Tagen. Weiterbestehen der Grundkrankheit.

2. Acute Paralyse. Prognose: Exitus letalis in wenigen Tagen.

3. Reine hallucinatorische Verwirrtheit. Prognose: Wahrscheinlich Restitutio ad integrum, eventuell mit bleibender geistiger Gesundheit.

Ich gebe nun den weiteren Verlauf des Falles:

· 19. August. 1893. Ganz verwirrt, antwortet entweder gar nicht oder Bruchstücke von Sätzen, starke Salivation, knirscht manchmal mit den

Zähnen. Springt oft in einer sinnlosen Weise aus dem Bett, ohne daran
weitere Handlungen (Entweichen etc.) anzuknüpfen.

20. August. Tiefe Verwirrtheit. Spricht oder lallt vielmehr nur
vereinzelte Worte. Ganz sinnlose Bewegungen. Temperatur gestern abend
38·5º. Alle Anzeichen einer Infectionskrankheit fehlen, speciell
ist für Typhus abdominalis kein Symptom zu finden.

Wir müssen hier auf die oben übergangene Möglichkeit zurückkommen, dass solche psychische Bilder als Symptome einer schweren
Infectionskrankheit auftreten können. Da bei der Aufnahme sonst
nicht das geringste Symptom einer solchen vorlag, so konnten wir
diesen Punkt bisher übergehen.

Nun aber nach der Steigerung der Verwirrtheit und Auftreten
von Fieber musste die Frage nochmals sorgfältig geprüft werden.
Es fand sich jedoch kein einziges greifbares Symptom einer bestimmten Infectionskrankheit.

Gerade dadurch wurde in einer Beziehung die Prognose nun
schlimmer, weil eben bei Abwesenheit von paralytischen, alkoholistischen und epileptischen Delirien und bei Ausschluss einer Infectionskrankheit im Hinblick auf eine schwere hallucinatorische
Verwirrtheit durch das Auftreten von körperlichen Krankheits-
symptomen, speciell Fieber, der Verdacht auf acute Paralyse in dem
oben angedeuteten Sinne (nicht auf acute progressive [Tabes-]Para-
lyse) wächst. Jedenfalls war durch das Hinzutreten dieses Symptoms
die Prognose sehr dubiös geworden.

20. August. Abends. Heute früh Temperatur 36·7º. Zähneknirschen.
Schaumiger Speichel am Munde. Vollständig verwirrt. Gegen Morgen einige
Stunden geschlafen.

22. August. Motorische Unruhe hat zugenommen. Sie reisst Alles von
sich. Bringt ganz abgerissene Worte vor, springt aus dem Bett und rennt
sinnlos gegen die Gegenstände. Muss wegen Gefahr der Selbstverletzung
andauernd gehalten werden. Temperatur Früh 37·2º, Mittags 37·0º.

23. August. Die ganze Nacht sehr erregt, ganz sinnlos. Hat noch keinen
zusammenhängenden Satz gesprochen. Keine Sitophobie. Keine Krämpfe.

24. August. Eiweissmenge im Urin geringer. Schwer verwirrt, sinnlose Unruhe. Motivlose Bewegungen.

Das Wesentliche im Verlauf während dieser Tage ist das Zurücktreten der beiden körperlichen Symptome, welche bei Ausschluss
von progressiver Paralyse, Alkoholismus, Epilepsie und Infectionskrankheiten, die Diagnose im Sinne der acuten Paralyse etwas verschoben hatten. Trotz der schweren Verwirrtheit lag nun die Annahme einer reinen hallucinatorischen Verwirrtheit viel näher und
damit besserte sich die Prognose. Auch für die Differentialdiagnose
zwischen dieser rein functionellen Geistesstörung und den epileptischen
Zuständen ist die Beobachtung über das relative Verhalten von Verwirrtheit, Albuminurie und Fieber wahrscheinlich von Wichtigkeit.
Vielleicht wird man folgende Regel bestätigt finden: Wenn einerseits die Verwirrtheit, andererseits Fieber und Albuminurie, welche
ebenfalls in epileptischen Zuständen auftreten können, pari passu
verschwinden, so wird die epileptische Natur der Erkrankung
wahrscheinlicher. Allerdings darf aus der Abwesenheit dieses Paral-

lelismus kein Schluss gegen epileptische Verwirrtheit gemacht werden. Im vorliegenden Fall finden wir ein unverändertes Weiterbestehen der Verwirrtheit bei Verschwinden der Bedenken erregenden körperlichen Symptome: Albuminurie und Fieber. Es war also in dieser Beziehung kein Symptom für die epileptische Natur der Krankheit vorhanden, wenn diese auch nicht ausgeschlossen werden konnte.

30. August 1893. Immer noch verwirrt. Ihre Bewegungen zeigen immer noch einen sinn- und motivlosen Charakter. Bringt meist nur Bruchstücke heraus. Sagt: „Ich heisse doch nicht Z.", drängt aus dem Bett, steht dann im Wachsaal und weiss nicht, wohin sie soll. Dabei scheint sie ein dunkles verworrenes Krankheitsgefühl zu haben, sagt einmal: „Ich bin krank."

5. September. Hat offenbar viel Sinnestäuschungen, fürchtet sich vor den schreckhaften Gestalten, die sie sieht, hat manchmal ängstliche Wahnideen. Als aus Zufall ein Bettschirm umgeworfen wird, läuft sie durch den ganzen Saal und ruft: „Jetzt bringen sie mich um, ich habe doch nichts gethan."

Diese Notizen sind sehr bemerkenswerth. Nach einer Periode schwerer Verwirrtheit, die ungefähr von der Aufnahme (19. August) bis zum 31. August, also circa 12 Tage, dauerte, treten die Hallucinationen, welche in der Anamnese die Hauptrolle spielen, und mit den Hallucinationen die Wahnbildung wieder in den Vordergrund. Zugleich hiermit änderte sich der Charakter ihrer Handlungen, beziehungsweise Bewegungen, welcher bis dahin etwas elementar Sinnloses gehabt hatte. Mit dem Hervortreten der Hallucinationen und der Verringerung der Verwirrtheit bekommen ihre Bewegungen wieder mehr innere Motive.

8. September. Nachts sehr aufgeregt und gewaltthätig. Verwirrt, unter der Einwirkung von Sinnestäuschungen.

10. September. Hallucinirt stark. Täglich öfter schwere Angstzustände.

Diese Angabe ist im Hinblick auf das Verhältniss der psychiatrischen Symptome: Hallucinationen, Wahnbildung, Verwirrtheit und Affect von Interesse. Mit dem Auftreten von Hallucinationen tritt neben der Wahnbildung das affective Moment viel mehr in den Vordergrund, als es während der Zeit der schweren Verwirrtheit der Fall gewesen war. In diesem Zustande hätte man, wenn dieses Stadium aus dem Gesammtverlauf herausgelöst und isolirt betrachtet worden wäre, meinen können, dass die Angstzustände das Wesentliche und die Hallucinationen nur Begleiterscheinungen wären; hätte aber damit durchaus die empirische Basis des Krankheitsverlaufes, in welchem die Verwirrtheit das Wesentliche war, umgekehrt. Eine ähnliche Betrachtung muss man in Bezug auf die scheinbar paranoischen Züge anstellen, welche bei dieser Kranken im weiteren Verlaufe noch intercurrent beobachtet worden sind.

16. September 1893. Weniger verwirrt, aber immer noch unklar über sich und ihre Umgebung. Viel Sinnestäuschungen. Findet in allen Handlungen der sie umgebenden Menschen eine Beziehung auf sich.

17. September. Zeigt anscheinend das Bild einer sich entwickelnden Paranoia. Sie glaubt sich von anderen Leuten beschimpft und verfolgt.

18. September. Sagt heute, sie werde mit Schande in die Welt gestossen werden, alle Menschen thuen ihr Schmach an, dabei sei sie doch immer so brav gewesen und habe das nicht verdient.

19. September. Bezicht häufiger das Benehmen anderer Kranker auf sich.

Hier wird an einem eclatanten Beispiele ersichtlich, wie falsch es ist, jede Wahnbildung als Paranoia zu bezeichnen. Wer die Kranke in diesem Stadium gesehen und sie auf Grund ihrer Wahnbildung für „paranoisch" erklärt hätte, ohne ihre noch bestehende Verwirrtheit zu beachten, hätte in diagnostischer und deshalb auch in prognostischer Beziehung einen groben Fehler begangen. In der That waren bei ihr diese durch Hallucinationen bedingten Wahnbildungen nur Episoden, nicht das Wesentliche wie bei der Entwicklung der Paranoia. Bald darauf nahm ihre Wahnbildung einen mehr der Melancholie entsprechenden und deshalb wieder prognostisch günstigen Charakter an.

6. October 1893. Hat Krankheitsgefühl. Erinnert sich fast gar nicht an die Zeit seit ihrer Aufnahme. Hat Verkleinerungsideen. Sagt, das Mark sei ihr ausgesaugt. Klagt über ihren Kopf, zweifelt ob sie wieder gesund werden könne. Sagt, sie müsse sich das Leben nehmen.

Alle diese Reden gehören symptomatisch durchaus in's Gebiet der Melancholie, während die wesentliche Krankheit der Z. mit dieser gar nichts zu thun hat.

Das Wesentliche bei ihr war auch in diesem Zustande immer noch die Verwirrtheit, nicht aber die proteusartig wechselnden Nebenzüge, welche bald mehr in den Rahmen der Paranoia, bald in den der Melancholie zu passen schienen.

Charakteristisch für diesen Zustand ist der folgende am 13. October 1893 geschriebene Brief:

„Ich bin halt immer von einem Eck in's andere gekommen. Es ist gerade so, wie heisst man doch die Beleuchtung? Ich war wie ausgebrannt — durch die Nase und durch alles habe ich Luft gehabt. Wie wenn ich ganz hohl gewesen wäre. Und jetzt schmeckt mir das Essen wieder. Aber ich habe gemeint es sei Gift. Ich bin kein richtiger Mensch mehr. Ich weiss noch Alles, wie meine Verhältnisse sich zugetragen haben. Aber ich bin unglücklich, ich habe keinen richtigen Schlaf mehr. Ich habe immer so einen Verfolgungswahn."

In der folgenden Zeit, welche bis zur völligen Genesung der Kranken Ende November 1893 führte, trat vor Allem als merkwürdig hervor der starke Wechsel im Grad ihrer Verwirrtheit und die Gleichzeitigkeit der stärkeren Wahnbildung mit der geringeren Verwirrtheit.

Wir haben in der Einleitung zu diesem Capitel bemerkt, dass die relativ gute Prognose der hallucinatorischen Verwirrtheit wohl damit zusammenhängt, dass eben durch die Verwirrtheit die Wahnbildung bis zu einem gewissen Grade ausgeschlossen ist.

Für diese Betrachtungen sind die weiteren Aufzeichnungen über die Z. von Interesse.

16. October. Bittet häufig um Brech- oder Abführmittel, damit der Schleim herausgehe. Von dem frühmorgens ihr zur Benützung gegebenen Mundwasser meint sie, das thue ihr nicht gut, sie komme sich dann immer ganz vergiftet vor.

20. October. Sagt heute wieder, der ganze Leib sei ihr vergiftet, sie wolle sich gern operiren lassen, wenn es besser würde. Zu dieser Mittheilung ging sie mit dem Arzt geheimnissvoll in's Nebenzimmer.

22. October. Ist heute wieder ganz verwirrt und gleichzeitig frei von paranoischen Reden.

23. October. Heute wieder klarer. Zugleich wieder Hervortreten von hypochondrischen Ideen. Bittet, sofort in eine andere Klinik gebracht zu werden, fühlt ihren Leib vergiftet.

1. November. Zeigt manchmal an einem Tage wechselnde Grade von Verwirrtheit. Besonders Früh macht sie noch einen verwirrten Eindruck.

20. November. Allmählich sich steigernde Klarheit und Besonnenheit.

29. November. Geheilt entlassen. Krankheitseinsicht und Amnesie für den ganzen ersten Theil der Erkrankung.

In dieser Krankengeschichte ist deutlich ersichtlich, dass diese Krankheit in ihrem Verlauf eine Reihe von symptomatischen Zügen aufweisen kann, welche eine zeitweilige Verwechslung mit anderen functionellen Geisteskrankheiten verursachen können. Principiell müssen wir aus dieser Betrachtung lernen. dass es bei der Diagnose der Geisteskrankheiten nie auf den blossen Bestand, auf das Rohmaterial der Symptome ankommt, sondern wesentlich auf die Art ihrer Verknüpfung.

Bei der Diagnose der hallucinatorischen Verwirrtheit steht der Ausschluss derjenigen Erkrankungen. welche diesen psychischen Zustand als Symptom mit sich führen können. im Vordergrund des Interesses. Wir wollen deshalb diese Differentialdiagnosen wenigstens in einigen Beispielen erörtern.

1. Hallucinatorische Verwirrtheit als Symptom acuter progressiver Paralyse.

M. Th. aus D., Maurer, aufgenommen am 20. November 1893, im Alter von 48 Jahren. Bei der Aufnahme starke hallucinatorische Angst- und Aufregungszustände. Sehr verwirrt. Sieht Flammen, zusammenstürzende Häuser. entgleisende Eisenbahnen. Zeitweise ruhig, dann wieder in furchtbarer Erregung. Kniephänomen rechts fehlend. Pupillen: rechte weiter als die linke, die Reaction der letzteren ist sehr träge.

Obgleich das Vorkommen einer hallucinatorischen Verwirrtheit als Symptom einer progressiven Paralyse enorm selten ist. wird auf Grund der gleichzeitigen tabischen Symptome mit Sicherheit die Diagnose auf progressive Paralyse gestellt.

23. November. Stark verwirrt, sehr unruhig. Schreckhafte Sinnestäuschungen. Bemerkenswerth besonders Geruchstäuschungen. „Die Beine riechen so.“ Starke Nahrungsverweigerung.

3. December. Leistet gegen alles, was man mit ihm vornehmen will. Baden, Essengeben etc. einen heftigen Widerstand. Ist kaum im Bett zu halten. Rennt sinnlos gegen Wand und Thüren. Seine Reden sind meist ein unverständliches Gemurmel, manchmal schreit er laut auf und bringt Bruchstücke hervor, aus welchen seine schreckhaften Hallucinationen ersichtlich sind. Er sicht Eisenbahnunglücke, Ueberschwemmungen etc., klappert vor Angst, schreit z. B.: „Mainstrom und Rheinstrom sind leer.“ „Die Festung brennt.“ „Die Eisenbahn brennt.“ „Kein Wasser mehr da.“ Abends noch heftiger erregt. Oefter Zucken an allen Gliedern, sinnlose Verwirrtheit.

4. December. Nach einem schwer verwirrten Zustand in der Nacht, heute früh Pulsverlangsamung auf 48, Zuckungen, Bewusstlosigkeit, Tod. Die Krankheit, welche sich durch das gleichzeitige Vorhandensein tabischer Symptome deutlich als progressive Paralyse kennzeichnet, hat vom acuten Ausbruch bis zum Exitus letalis gerade 14 Tage gebraucht. Hier wäre die Diagnose auf reine hallucinatorische Verwirrtheit ein grober Irrthum gewesen.

2. Hallucinatorische Verwirrtheit als Symptom von Alkoholismus (atypisches Delirium tremens).

36jähriger Mann. Sehr verwirrt. Von schreckhaften Sinnestäuschungen beherrscht. Er hört schiessen, hört schimpfende Stimmen, will fliehen, schlägt blind auf seine Umgebung los. Keine Thiervisionen. Tremor. Albuminurie. Diagnose: Atypisches Delirium alcoholicum.

Verlauf: Verschwinden der Albuminurie nach 3 Tagen, der Verwirrtheit nach 5 Tagen, des Tremors nach 14 Tagen. Völlige Genesung von dem „Anfall". Später Rückfall in Alkoholismus und zweites Delirium tremens mit Verwirrtheit und Thiervisionen.

3. Hallucinatorische Verwirrtheit als Symptom von Epilepsie (epileptisches „Aequivalent")?

A. R. aus St., Häckersfrau, aufgenommen am 22. Januar 1894 im Alter von 41 Jahren. 9 Tage vor Aufnahme in die Anstalt bemerkte der Ehemann bei der nicht hereditär belasteten und niemals geisteskrank gewesenen Frau Zeichen von Geistesstörung. Bei der Rückkehr vom Besuch bei einer kranken Schwester, welche eine „hitzige Krankheit" haben soll, war sie auffallend lebhaft und redete viel in verwirrter Weise. Es werde eine Aenderung vor sich gehen, man müsse die Sachen verkaufen, sie werde zu ihren Eltern kommen. Es gehe viel vor. Zusammenhang in diesen Reden konnte der Ehemann nicht aus ihr herausfragen. Dabei sah sie körperlich erschöpft aus. Nachts weckte sie den Mann, erzählte von der kranken Schwester. Es seien Verwandte bei ihr, welche die Schwester umbringen wollten.

Bei der Aufnahme: Schwer verwirrt, mit Sinnestäuschungen und verworrener Wahnbildung. Sie bringt Bruchstücke von religiösen Gedanken vor. Redet von Heiligkeit, Dreieinigkeit und Wahrheit. Verkennt Personen. Oft motorisch stark erregt. Puls und Temperatur normal. Keine sonstigen Spuren von Infectionskrankheiten (speciell Typhussymptome). Kein Tremor. Keine paralytischen, beziehungsweise tabischen Symptome.

23. Januar. Noch mehr verwirrt. Temperatur normal. Puls 110! bei geringerer motorischer Erregung. Keine Typhussymptome. Abends Temperatursteigerung 38⁰.

25. Januar 1894. Temperatur seit gestern wieder normal. Psychisch ist auf Stunden zu der Verwirrtheit eine starke Ideenflucht getreten. Sie greift alle Wahrnehmungen rasch auf, verarbeitet sie rasch, wenn auch in sehr verwirrter Weise. Gestern Abends schwere Tobsucht. Muss circa 1¹/₄ Stunden im Bad mit Mühe gehalten werden. Rennt, wenn man sie ausser Bett loslässt, sinnlos gegen Thüren und Wände. Puls 110, heute durch die Agitation erklärt.

27. Januar. Heute Urinuntersuchung möglich. Der filtrirte Urin enthält Eiweiss. Puls und Temperatur normal. Abwechselnd schwer verwirrt und tobsüchtig.

Es handelte sich hier wieder darum, zu entscheiden, ob eine symptomatische Verwirrtheit auf Basis einer anderen Krankheit vorläge. Progressive Paralyse war wegen des Mangels an tabischen Symptomen weniger wahrscheinlich. Alkoholistische Züge fehlten ebenfalls bis auf die Albuminurie. Für eine Infectionskrankheit, speciell Typhus abdominalis, war kein Beweis zu erbringen. Es blieben als Möglichkeiten:

1. reine hallucinatorische Verwirrtheit,
2. Epilepsie,
3. acute Paralyse, welche jedoch nach Verschwinden des einen bedenklichen Symptomes (Fieber bis 38°) weniger wahrscheinlich war.

Eine Differentialdiagnose zwischen der reinen hallucinatorischen Verwirrtheit und epileptischen Verwirrtheit zu stellen, erscheint vorläufig noch unmöglich. Ueber das relative Verhalten von Verwirrtheit, Albuminurie und Fieber im Verlauf lag an diesem Tage noch kein genügendes Material vor.

Nachdem überhaupt durch diesen Gedankengang die Epilepsie in den Vordergrund der diagnostischen Möglichkeiten gerückt war, wurde nochmals die Anamnese aufgenommen und erst jetzt gelang es, aus dem Ehemanne die für Epilepsie beweisenden Daten herauszufragen. R. hatte in ihren früheren Schwangerschaften mehrfach Anfälle von Bewusstlosigkeit mit Krämpfen. Ausserhalb der Schwangerschaften hat sie angeblich keine Krämpfe gehabt. Nur in der zweiten Nacht nach Beginn der Geistesstörung hat sie einen Anfall bekommen. Sie lag lang ausgestreckt im Bett, krampfte die Glieder zusammen, hatte die Finger eingeschlagen, war bewusstlos. Der Geistliche mit den Sterbesacramenten war deshalb gerufen worden.

Auf Grund dieser nunmehr herausgezogenen Thatsache wurde die mit Fieber und Albuminurie auftretende Verwirrtheit nun mit Bestimmtheit als epileptische Geistesstörung aufgefasst und dementsprechend prognosticirt.

Verlauf: Bestehenbleiben der Verwirrtheit nach Verschwinden des Albumen. Zur Zeit noch in der Anstalt.

Prognose: R. wird sicher wieder auf den status quo ante zurückkehren.

In Bezug auf die Differentialdiagnose zwischen der reinen hallucinatorischen Verwirrtheit und der durch Infectionskrankheiten bedingten weisen wir hier nur auf das schon früher Gesagte zurück.

Bemerkenswerth ist, dass diese Krankheit öfter im Puerperium ausbricht. Es wäre jedoch ganz falsch, dieses Symptomenbild ausschliesslich als „Puerperalpsychose" zu bezeichnen. Das Puerperium ist ein Moment, welches in die allgemeine Aetiologie der Psychosen gehört, da erfahrungsgemäss die verschiedensten Formen von Geistesstörung in dem Puerperium ausbrechen können. Eine klinisch abgrenzbare Puerperalpsychose gibt es nicht, wohl aber kommt die hallucinatorische Verwirrtheit öfter im Puerperium vor.

Der hallucinatorische Wahnsinn.

Der hallucinatorische Wahnsinn muss von der Melancholie
und der Paranoia, zu denen er manche symptomatische Beziehungen
hat, klinisch getrennt werden. Die Anwendung des entwicklungs-
geschichtlichen Gedankens, dass die Natur keinen Sprung macht,
wonach bei den psychopathologischen Zuständen immer eine Form
aus der andern sich durch unmerkliche Uebergänge ableiten liesse,
kann hier nur zur Vermischung von pathogenetisch verschiedenen
Dingen führen. Es handelt sich um eine durch Hallucinationen bedingte
Wahnbildung, welche bei Wegfall der Hallucinationen spurlos
verschwindet. Da durch den Inhalt der Hallucinationen und die
daran angeknüpften Wahnideen starke, besonders auch traurige
Affecte ausgelöst werden können, so folgt daraus in manchen Fällen
die symptomatische Aehnlichkeit mit der Melancholie. Da ferner
Wahnbildung und Hallucinationen auch bei der Paranoia vorkommen,
so kann die Krankheit mit dieser verwechselt werden. Ein Paranoischer bleibt jedoch paranoisch, auch wenn er nicht hallucinirt,
ein Kranker mit hallucinatorischem Wahnsinn wird wieder vernünftig, wenn die Hallucinationen wegfallen. Bei der Paranoia sind
die Hallucinationen Theilerscheinung der Krankheit neben der Wahnbildung, bei dem hallucinatorischen Wahnsinn Ursache zur Wahnbildung.

Es verhält sich hier nun ebenso wie mit dem Begriff der
Epilepsie. Ebenso wie hier eine Menge von Krankheiten in Betracht
gezogen werden müssen, welche Epilepsie bewirken können und
wie man erst nach Ausschluss aller dieser Fälle einen einzelnen
epileptischen Anfall als Ausdruck von genuiner Epilepsie auffassen
darf, so müssen bei dem Symptomenbild des hallucinatorischen
Wahnsinns zuerst alle anderen materiell greifbaren Erkrankungen
des Nervensystems (Intoxicationen etc.) und functionellen Geistesstörungen, welche symptomatisch hallucinatorischen Wahnsinn bedingen können, ausgeschlossen werden, bevor dieser Krankheitsbegriff im Sinne einer functionellen Geisteskrankheit sui generis
angewandt wird. Immerhin gibt es nach Abzug aller durch anderweitige Erkrankung bedingten hallucinatorischen Zustände eine
Reihe von Geistesstörungen, welche sich in charakteristischer Weise
als eine durch Hallucinationen bedingte Wahnbildung auffassen lassen und eine Krankheitseinheit bilden.

Es gibt also mehrere Krankheiten, bei welchen hallucinatorischer Wahnsinn als psychisches Symptom auftreten kann. In
diesem Falle muss nach den Principien, welche wir bisher festgehalten haben, die Diagnose nicht auf das Symptom. sondern auf
die Grundkrankheit gestellt werden. Die wichtigste von diesen
Krankheiten ist der Alkoholismus, welcher öfter an Stelle eines
typischen Delirium tremens ein Krankheitsbild bedingt, in welchem
neben Tremor und Albuminurie psychisch heftige Gehörstäuschungen und dadurch genährter Verfolgungswahn (also
symptomatisch gesprochen hallucinatorischer Wahnsinn) vor-

handen sind. Wir haben derartige Fälle bei der Darstellung des
Alkoholismus behandelt und haben besonders darauf hingewiesen,
dass manche Fälle von „Gefängnisspsychose" nichts sind als ein
atypisches Delirium tremens.

Zweitens ist der Cocainismus als Grundkrankheit mancher
Fälle von hallucinatorischem Wahnsinn zu nennen. Ebenso sind Fälle
von Vergiftung mit Cannabis indica bekannt, welche symptomatisch
durchaus als hallucinatorischer Wahnsinn erscheinen.

Neben den Intoxicationen ist von den organischen Hirnerkrankungen, besonders noch die progressive Paralyse als allerdings sehr seltene Grundlage eines Symptomencomplexes, der symptomatisch dem hallucinatorischen Wahnsinn nahesteht, zu nennen.

Wir haben schon ausgeführt, dass auch im Verlauf der progressiven Paralyse Hallucinationen auftreten können, an welche naturgemäss auch Wahnideen angeknüpft werden können. Es ist jedoch
in solchen Fällen aus der sinnlosen Art der Hallucinationen, oft
aus der völligen Affectlosigkeit, aus der zusammenhangslosen Art
der Wahnbildung und aus anderweitigen Intelligenzdefecten meist
schon psychologisch sehr leicht, die Diagnose auf eine paralytische
Erkrankung mit grosser Wahrscheinlichkeit zu stellen, die dann
durch das sehr häufige Vorhandensein von tabischen Symptomen
unzweifelhaft gemacht wird.

Wir stellen also als erstes Moment bei der Diagnose des
hallucinatorischen Wahnsinns die Nothwendigkeit hin, eine
organische oder intoxicatorische Erkrankung, welche sich symptomatisch darin äussern könnte, auszuschliessen.

Viel schwieriger ist die Abgrenzung des hallucinatorischen
Wahnsinns von der Paranoia. Es können nämlich im Verlauf der
Paranoia Steigerungen der Hallucinationen mit verstärkter Wahnbildung eintreten, so dass hier ein hallucinatorischer Wahnsinn als
intercurrente Episode auftritt. Die Entscheidung, ob es sich um eine
solche Exacerbation bei einer chronischen Paranoia handelt, welche
letztere auch nach Abblassen der hallucinatorischen Erregung unverändert bleibt, oder ob es sich um einen hallucinatorischen Wahnsinn bei vorher intactem Geisteszustande handelt, ist nach Ausschluss
der organischen und intoxicatorischen Erkrankungen, welche den Symptomencomplex bedingen können, der wichtigste diagnostische Punkt.

Eine differentialdiagnostische Entscheidung darüber aus dem
blossen Status praesens ist zur Zeit wohl nur in sehr seltenen Fällen
möglich, meistens wird hier noch das Hilfsmittel der Anamnese verwendet werden müssen.

Wir wollen zunächst diese differentialdiagnostischen Schwierigkeiten an einem Fall hervortreten lassen:

M. G., aufgenommen am 22. Juli 1893, im Alter von 33 Jahren,
Pferdewärtersfrau. Geisteskrankheit in der Familie nicht zu ermitteln.
M. G. war nach Aussage des Mannes immer etwas „oben hinaus". Während
der Ehe erbte der Mann einmal eine grössere Summe; seit dieser Zeit hat
sie einen grossen Dünkel und Ueberspanntheit gezeigt. Sie war immer sehr
eingebildet auf sich; sagte manchmal zum Manne: „Du kannst froh sein,
dass du eine so kluge und schöne Frau bekommen hast." (Allerdings ist
sie das in der That.) Sie war stets sehr eifersüchtig. Sie behauptete im

vorigen Winter, er halte es mit anderen Mädchen, er habe ein uneheliches
Kind, für das er 4 Mark täglich bezahlen müsse. Mehrere Male sind in
diese Angelegenheiten Fremde hineingezogen worden, die dann durch Briefe
die Unschuld des Mannes bezeugen mussten.

Sie ging jedoch in ihrem Verhalten nicht über das Maass hinaus,
was in so manchen nicht ganz glücklichen Ehen erreicht wird, konnte
jedenfalls von Niemandem für geisteskrank erklärt werden.

3 Tage vor der Aufnahme bezichtigte sie plötzlich ihren Mann des
Mordes. Derselbe musste sie wegen des vermeintlichen Verbrechens auf
den Knien um Verzeihung bitten. In der Nacht schrie sie dann laut
nach ihrem Manne und behauptete, dass Männer im Zimmer seien. Als
Licht gemacht wurde, behauptete sie, die Gestalten seien gerade zur Thür
hinaus. Sie sprang dann aus dem Bett und jagte eine imaginäre schwarze
Katze aus dem Fenster.

Es handelte sich also um eine 3 Tage vor der Aufnahme ganz
acut ausgebrochene schwere Geistesstörung bei einer Frau im
mittleren Lebensalter, die früher ein etwas sonderbares Wesen
gezeigt hatte, ohne dass wirkliche Spuren von Geistesstörung schon
dagewesen wären. Die Anamnese passt nun sehr gut zu der Annahme eines atypischen alkoholistischen Deliriums mit schreckhaften
Gesichts- und Gehörstäuschungen und Wahnbildung.

Dabei war besonders die Möglichkeit von weiteren „Thiervisionen", abgesehen von der Hallucination einer schwarzen Katze
in Betracht zu ziehen. Ferner ist in solchen Fällen sehr sorgfältig
auf Epilepsie zu forschen, welche solche plötzliche hallucinatorische
Erregungen bedingen kann.

Es zeigte sich folgender Status: Keine Missbildungen. Kniephänomene normal, Pupillenreaction normal, d. h. also keine tabischen,
beziehungsweise auf die paralytische Natur der Geistesstörung deutenden
Symptome.

Ebensowenig ist Tremor der Hände und Albuminurie vorhanden, was
die alkoholistische Natur der Geistesstörung hätte verrathen können. Spuren
von Verletzungen, welche die epileptisch Aufgeregten so oft an sich tragen,
fehlen am Schädel. Dagegen hat sie am Arme drei kürzlich entstandene
blaue Flecke, welche sie für „Zeichen" hält, die ihr von den „Geistern"
gegeben worden sind. Thiervisionen nicht zu ermitteln. Sie hat in der Nacht
viele Gestalten gesehen: Die Kaiserin von Oesterreich, die Mutter Gottes,
den Prinzen von Hohenlohe. Sie hat Nachts viel Stimmen von diesen Gestalten und auch, ohne dass solche Gestalten da waren, gehört. Hieran
knüpft sie wechselnde Wahnideen. Sie ist die Tochter der Kaiserin von
Oesterreich, was sie aus den drei Zeichen am rechten Arm erkennt. Ferner
hat sie gefühlt, wie ihr die Gebärmutter herausgerissen wurde, sie will
stundenlang in's Zimmer geblutet haben. (Sie soll das letzte Mal eine etwas
profuse Menorrhoe gehabt haben.) Das Essen habe fürchterlich gerochen.
Sie behauptet, schon lange verfolgt worden zu sein.

Im Vordergrunde des psychischen Bildes standen also Hallucinationen, zum Theil heiteren, zum Theil schreckhaften Charakters,
auf welche die Kranke mit lebhaften Affecten, Handlungen und Wahnbildung reagirte.

Die Behauptung, dass sie früher schon verfolgt worden sei, ist
möglicherweise als retroactive Wahnbildung aufzufassen. Es lässt

sich bei der sorgfältigsten Anamnese nicht ermitteln, dass sie vor
Ausbruch der acuten Geistesstörung, abgesehen von der Eifersucht
und dem hochfahrenden Wesen, einen positiven Verfolgungswahn
gehabt hat.

Verlauf: Die Wahnbildung in Folge von Hallucinationen tritt allmählich immer mehr in den Vordergrund. Sie behauptet, der Mann habe
draussen auf dem Corridor gesprochen, dann sagt sie, sie sei gar nicht
verheiratet. Der Mann sei ihr Bruder, sie seien zum Schein getraut worden.
Auf andere Fragen gibt sie gut Antwort.

Sie kann nicht eigentlich als „verwirrt" bezeichnet werden. Allerdings
hat sie in Bezug auf die letzten Tage keine ganz klaren Erinnerungen,
erinnert sich nicht auf ihre Transferirung in die Klinik, ist aber in Bezug
auf ihre Umgebung orientirt, wenn sie auch vieles nach Art der Paranoia
umdeutet.

Es trat nun bei der Kranken, welche anderwärts beheimatet
war, nach kaum zwei Tagen die Nothwendigkeit an mich heran,
wegen eventueller Transferirung in die betreffende Kreisanstalt ein
Urtheil über die Natur und die vermuthliche Dauer der Krankheit
abzugeben.

Hauptsächlich musste entschieden werden, ob es sich nur um
eine intercurrente Erregung bei einer längst Paranoischen handelte,
bei welcher eine Anstaltsbehandlung auch nach Abblassen der Erregung indicirt gewesen wäre, oder ob es sich um eine rasch vorübergehende, zur völligen Genesung führende Erkrankung handelte.
Bei sorgfältigster Anamnese wurde das Bestehen einer früheren
Paranoia trotz der paranoiaähnlichen Charakterzüge ausgeschlossen.
Für das Auftreten der Hallucinationen mit Wahnbildung fehlte jede
organische oder intoxicatorische Grundlage. Auch Epilepsie war auszuschliessen. Es wurde deshalb der Zustand als acuter hallucinatorischer Wahnsinn bezeichnet und eine günstige Prognose
gestellt. Ich gebe nun den weiteren Verlauf:

28. Juli 1893 (6 Tage nach der Aufnahme, 9 Tage nach Ausbruch
der Krankheit). Bisher andauernd unter dem Einfluss massenhafter Sinnestäuschungen, an die sie Wahnideen knüpft.

1. August 1893. Seit zwei Tagen sind die Hallucinationen völlig verschwunden, die Kranke ist ganz orientirt.

Sie macht jetzt mehr den Eindruck einer rein Paranoischen.
Sie glaubt, sie habe eine herrliche Stimme, singt viel, „um den Wärterinnen
eine Freude zu machen", bald rührend sentimental, bald kraftvoll pathetisch.
Der Text ist meistens unverständlich, Prosa, und, soweit man es verstehen
kann, eigenes Product. Singt sie ein bekanntes Lied, so geht sie schon
nach wenigen Worten von der gewöhnlichen Melodie ab und in einen hoch-
trabenden Opernstil über.

2. August. Hat sich bei dem gestern erfolgten Besuch des Mannes
ganz verständig und freundlich benommen, an ihrer Familie Antheil genommen.

12. August. Da sie sich dauernd ganz normal benommen hat,
da Wahnideen durchaus nicht mehr zu ermitteln sind und völlige
Krankheitseinsicht besteht, heute nach Haus entlassen.

Die Krankheit ist in der That entsprechend der Diagnose „hallucinatorischer Wahnsinn" wenigstens scheinbar rasch zur Heilung ge-

kommen und kann bis dahin unmöglich mit einer Paranoia trotz
mancher symptomatischer Aehnlichkeiten verwechselt werden.

Diese Kranke wurde nun am 19. December 1893 zum zweiten
Male wegen heftigen hallucinatorischen Erregungen aufgenommen.
Bei genauer Anamnese zeigte sich nun, dass sie während der ganzen
Zwischenzeit Züge von Verfolgungswahn gezeigt hat, dabei jedoch
ganz gut ihrer Beschäftigung nachgehen konnte, dass also der Ausbruch der zweiten Erkrankung nicht plötzlich, sondern mit allmählicher Steigerung der Wahnideen aufgetreten ist. Ferner gibt der
Mann nachträglich noch eine Reihe von Zügen an, welche das Bestehen von Verfolgungsideen auch schon vor dem ersten „Anfall"
wahrscheinlich machen. Damit ändert sich die Auffassung des Falles
entschieden in dem prognostisch ungünstigen Sinne der Paranoia und
die stärkeren hallucinatorischen Erregungen müssen als intercurrente
Exacerbationen eines chronischen Processes aufgefasst werden.

Entschieden anders liegt die Sache in dem folgenden Fall, der
als Typus des hallucinatorischen Wahnsinns bei einem vorher geistig
gesunden Individuum betrachtet werden muss.

II. K., Förster, aufgenommen am 6. August 1893, im Alter von
53 Jahren. Vater hat sich in einem Anfall von Melancholie erschossen. Zwei
Söhne der Schwester des Vaters sind abnorm, der eine sehr „nervös",
der andere hat mehrfach vorübergehende schwerere Störungen gehabt. Im
individuellen Leben K.'s lässt sich nichts finden, was als Ursache einer
Geistesstörung in Anspruch genommen werden könnte (weder Intoxicationen,
noch Ueberanstrengung, noch starke Gemüthsbewegungen etc.). Die Erkrankung begann vor circa 14 Tagen mit Selbstbeschuldigungen.
Dann zeigte sich intensiver Verfolgungswahn. Er schloss sich aus Angst
vor der Polizei ein. Vor einigen Tagen schrieb er unter ein Formular,
in welchem er zu der üblichen Zusammenkunft bei seinem Oberförster eingeladen wurde: „Jesus! Maria! Joseph!" Er glaubte, die Zusammenkunft
bezöge sich auf ihn. Er ging zu der Versammlung, redete aber dort in
sehr auffallender Weise im Sinne seines Verfolgungswahns. Zum Oberförster,
dessen Zimmerdecke schadhaft war, sagte er: Das Loch sei blos deshalb
in die Decke geschlagen, damit man seine Worte oben hören und aufschreiben könne. Zu seinen Collegen sagte er, er wisse ganz gut, dass die
ganze Zusammenkunft nur seinetwegen statt habe.

Status praesens: Es fehlen alle tabischen Symptome, welche bei
dem an der oberen Grenze des mittleren Lebensalters stehenden Manne
die paralytische Natur seiner Geistesstörung wahrscheinlich machen
könnten.

Hat einen melancholischen Gesichtsausdruck: Ist niedergeschlagen,
sagt aber selbst, er hoffe auf Genesung. Die Ruhe in der Anstalt thue ihm
gut. Keine Intelligenzdefecte. Benimmt sich anscheinend verständig. Am
nächsten Tage bekommt er plötzlich einen schweren Erregungszustand.
Betet dabei laut und viel.

9. August. Schwere, durch Hallucinationen bedingte Erregungen. Er
wehrt sich gegen imaginäre schreckliche Gestalten, sieht den Teufel.

10. August. In letzter Nacht vereinzelte Thiervisionen; Spinnen und
Schmeissfliegen.

11. August Nachts wieder von Teufelserscheinungen geplagt. Er war
stark erregt, betete, beschwor, sang Kirchenlieder, tanzte im Zimmer herum,

sang und jodelte Jägerlieder, sperrte den Teufel in's Closet, nagelte ihn an's Fensterbrett.

Ueberblicken wir bis dahin den circa 20tägigen Krankheits-verlauf. Nach einem ganz kurzen Vorstadium von Selbstanklagen zeigt sich ein ausgeprägter Verfolgungswahn, welcher in starke hallucinatorische Aufregungen übergeht. Diese zeichnen sich durch die grosse Lebhaftigkeit der Reaction darauf und durch die eigen-thümliche Selbstständigkeit der Erscheinungen aus. Der imaginäre Teufel macht sehr complicirte Dinge, K. sucht ihn in's Closet ein-zusperren und nagelt ihn an's Fensterbrett. Dabei zeigten sich Thiervisionen, welche die Frage nahe legen mussten, ob es sich um einen Alkoholisten handle. Hierfür hätte noch der Tremor in Betracht kommen können, welchen K. auch in ruhigen Stunden zeigte. Es sprach jedoch die Anamnese, welche in diesem Falle mit aussergewöhnlicher Genauigkeit aufgenommen werden konnte, ent-schieden dagegen. Immerhin muss gesagt werden, dass bei einem Kranken mit Tremor, Thiervisionen und hallucinatorischem Wahn-sinn die Möglichkeit der alkoholistischen Natur der Störung immer offen gelassen werden muss. (In diesem Falle hat sich freilich heraus-gestellt, dass auch nach Aufhören der Geistesstörung der Tremor dauernd geblieben und entschieden als angeborener, nicht durch Alkohol bedingter aufzufassen ist, so dass also dieses Symptom ganz aus dem Complex der Störungen herausfällt.) Entsprechend verlieren die Thiervisionen sehr an diagnostischer Bedeutung, wenn man ihr spärliches Auftreten mit der grossen Summe anderer Hallucinationen vergleicht. Es bleibt also wesentlich von dem Symptomencomplex nur die Thatsache schwerer hallucinatorischer Erregungen mit Wahnbildung, ein Symptomenbild, das allerdings mit oder ohne Tremor und Thiervisionen alkoholistischer Natur sein kann. Eigentlich kommt also hier als Argument gegen Alkoholismus nur die sehr genau zu erhebende Anamnese in Betracht. Ob sich die durch Alkohol bedingten Formen des hallucinatorischen Wahnsinns von den nicht dadurch bedingten rein psychologisch differenciren lassen, ist noch eine offene Frage.

Von grossem Interesse ist in diesem Falle nun das Verhältniss von Stimmungsanomalie und hallucinatorischer Erregung, welches in den folgenden Notizen hervortritt:

12. August 1893. Liegt schwer deprimirt im Bett und weist die Nahrung zurück. Die hallucinatorischen Stürme sind in den letzten Tagen zurückgetreten. In den Pausen zeigt er ein paranoia-ähnliches, halb verwirrtes Wesen. Er ist unklar darüber, was die Vorgänge in seiner Um-gebung bedeuten. Er sagt: „Es geht nicht mit rechten Dingen zu." „Ich weiss nicht, was das Alles werden soll."

14. August. Ist ruhig, bezeichnet sich als gesund. Hat aber dabei den Glauben, dass es aus mit ihm ist, dass er nicht mehr essen kann. Seine Reden machen manchmal einen affect- und zusammenhangslosen Eindruck.

Es ist ganz zweifellos, dass rein symptomatisch manche Aehn-lichkeiten mit dem Bilde der Melancholie vorhanden sind: öfter deprimirte Stimmung, Nahrungsverweigerung, im Anfang der Krank-heit die Selbstanklagen. Es ist auch zweifellos, dass solche Bilder

vielfach zur Melancholie gerechnet worden sind. Nichtsdestoweniger
würde die Auffassung der Erkrankung als Melancholie die wesentlichen Züge ganz bei Seite lassen: diese bestehen in den hallucinatorischen Erregungen und der sich anschliessenden scheinbar paranoischen Wahnbildung und mässiger Verwirrtheit. Gegen Melancholie
spricht ferner die oft intercurrent beobachtete Affectlosigkeit
und Verwirrtheit.

Es fragte sich schliesslich, welche Beziehungen das Krankheitsbild zur Paranoia hat. Wer sich an das einzelne Symptom der
Wahnbildung hält, wird allerdings den Fall zur Paranoia rechnen
und die Art des Ausbrechens vielleicht noch durch das Wort acut
kennzeichnen. Aber in diesem allgemeinen Sinn sollte man das
Wort Paranoia nicht gebrauchen, ebensowenig als man alle Fälle
von Epilepsie (bei progressiver Paralyse, Tumor cerebri, Porenkephalie, Alkoholismus, genuiner Epilepsie) zusammenfassen kann.
Nicht jede Wahnbildung ist Paranoia, nur ist bei jeder Paranoia
Wahnbildung vorhanden. Das Wort Paranoia muss ebenso wie das
Wort Epilepsie auf eine bestimmte Krankheit von charakteri-
stischem Verlauf eingeschränkt und von der blos symptomatischen
Wahnbildung ganz getrennt werden.

⟨Die Verfälschung des Bewusstseinsinhaltes durch eine von
Hallucinationen bedingte Wahnbildung ist das charakteristische der
uns vorliegenden Erkrankung.⟩ Trotz der Gleichheit der isolirten
Symptome (Hallucinationen und Wahnbildung) mit den Symptomen
der Paranoia handelt es sich um pathogenetisch ganz verschiedene
Zustände.

Es gibt in der physikalischen Medicin eine Anzahl von Beispielen, welche dieses verschiedene Verhältniss von zwei gleichen
Symptomen bei zwei ganz verschiedenen Krankheiten erläutern,
z. B. das Verhältniss von Nierenerkrankung und Gefässerkrankung.
Entweder können diese Symptome von einander abhängig sein,
indem die Gefässerkrankung von der Nierenerkrankung bedingt
(gespannter Puls bei Schrumpfniere) sein kann, oder sie sind coordinirte Theile oder Folgezustände der gleichen Grundkrankheit
(Bleivergiftung). Aehnlich ist in der Psychopathologie das Verhältniss von Hallucinationen und Wahnbildung. In dem einen Falle
beim hallucinatorischen Wahnsinn ist die Wahnbildung durch die
Hallucinationen bedingt, im anderen Fall (bei der Paranoia) sind
sie Symptome oder coordinirte Erscheinungen einer Grundkrankheit. Der Satz: sublata causa cessat effectus, welcher für den hallucinatorischen Wahnsinn, aber nicht für die Paranoia gilt, hat sich im
vorliegenden Falle wieder evident erwiesen, wie folgender Krankheitsverlauf beweist:

19. August 1893. Wird entschieden klarer. Hofft gesund zu werden.
Hat theilweise Krankheitseinsicht, wenn er sich auch von den krankhaften
Vorstellungen der letzten Zeit noch nicht ganz losmachen kann.

22. August. Hat Krankheitseinsicht, er gibt selbst seinem früheren
Zustand den Namen Verfolgungswahn. Er habe den Zustand schon
einige Tage zu Hause gehabt. Er habe gemeint, die Frau vergifte ihn. Er
fängt nun zu weinen an, weil er doch immer gut mit ihr gelebt
habe und nun doch so etwas habe von ihr glauben können.

Hier tritt das Verhältniss der drei psychologischen Momente: Wahnbildung, beginnende Selbstkritik und Gemüthsbewegung sehr klar hervor. K. weint, weil er sich nun Vorwürfe macht über die Thatsache, dass er über eine ihm theure Person Schlechtes denken konnte. Hier wird ersichtlich, dass ängstliche Verstimmung ein Symptom ist, welches alle möglichen psychopathischen Processe begleiten kann. Deshalb darf man durchaus nicht jeden Geisteskranken, welcher häufig weint, melancholisch nennen, ebensowenig als man einen Kranken mit Hirntumor als „Epileptiker" bezeichnen darf, wenn er auch symptomatisch öfter epileptische Anfälle hat. —

Vor Allem interessant bei Abblassen der Erkrankung waren nun besonders bei schon völliger Besonnenheit die Reste von Wahnbildung. Er gibt selbst an, dass seine Nahrungsverweigerung auf dem Gedanken beruhte, er dürfe nichts essen. Später bekam bei ihm der Gedanke, dass das Einbildung sei, die Oberhand. Am 22. August gibt er an, dass er immer Vieles auf sich beziehe. Er glaubt manchmal, dass der Staub auf ihn zugekehrt werde, dass ein Flecken am Fenster wegen ihm angeschmiert sei, Gedanken, welche er durch vernünftige Ueberlegung wieder entfernt.

29. August. Hat völlige Krankheitseinsicht und Besonnenheit. Bezieht manchmal noch fälschlich etwas auf sich und zweifelt daran, dass man es ehrlich meine. Corrigirt sich aber wieder.

30. August. In seinem Benehmen zwangsloser und lebhafter. Benimmt sich ganz besonnen. Wahnideen durchaus nicht zu ermitteln. Manchmal noch Ansätze zu Wahnbildungen, welche sofort corrigirt werden.

31. August. Er erzählt zu seiner Anamnese Folgendes: „Schon während des Sommers wurde ich von merkwürdigen Vorstellungen geplagt. Ich zweifelte an der Richtigkeit von Gesehenem und Gehörtem. Ich zeigte deshalb Leute, welche ich beim Forstfrevel ertappte, nicht an. [1] Ich machte mir Vorwürfe, dass ich nicht gebeichtet habe. In der Erinnerung erschienen mir wichtige Vorgänge gefälscht. Um diese Zeit verwickelte ich mich durch Weitercolportiren eines Gerüchtes betreffend einen anderen Beamten in Unannehmlichkeiten und musste eine Abbitte leisten, was mich sehr aufregte. Ich ging einige Tage später an jene Stelle im Walde, wo mein Vater sich erschossen haben soll, und betete. Am nächsten Tage war ich zu ängstlich, um in den Wald zu gehen, und blieb im Bett liegen. Nun hörte ich in allen Nebenräumen Stimmen, welche gegen mich sprachen, bekannte und fremde. Ich hörte, wie meine Familie sich besprach, mich zu vergiften; — sah, wie sie das Gift im Glase mischten und mir zu trinken gaben; — (offenbar wahnhafte Umdeutung eines wirklichen Ereignisses). Auf der Fahrt habe ich die ganze Umgebung für verhext angesehen, hier in der Klinik sah ich durch's Fenster hindurch lauter runde Cisternen, in welchen Raben sich aufhielten und nach meiner Einbildung Menschenaas frassen. Ferner sah ich durchs Fenster den Hinrichtungsplatz (Umdeutung in Bezug auf das Gerüst einer im Bau begriffenen Kirche?) für meine Frau, deren Kopf habe ich fallen hören. Mein Sohn wurde auf dem Felde erschossen, ich sah, wie er niederstürzte. Im Wachsaal erschien mir Alles wirr und schrecklich durcheinander. Die Wärter habe ich für Hexenmeister gehalten. Zwei bestimmte Kranke

---

[1] Für das Verhältniss von Zwangsvorstellungen zu Wahnbildung ist diese Angabe sehr interessant. Dieser Zug steht jedoch in der Anamnese zu isolirt da, um weitere Schlüsse zu erlauben.

im Saal (A. und H.) wussten nach meiner Meinung Alles, was mich in
meinem Leben betroffen hat. Dann schwand mir die Umgebung völlig. Ich .
hörte nur noch eine Stimme, welche mit mir mein ganzes Leben durch-
ging und mit mir abrechnete. — Von da ab nehmen meine Sinnestäuschungen ab." K. konnte am 8. September 1893, also 6 Wochen nach
Ausbruch der Krankheit, als ganz normal bezeichnet werden und ist bisher
gesund geblieben.

Wir fassen also den hallucinatorischen Wahnsinn, soweit er
nicht Symptom einer anderweitig bestimmbaren Krankheit ist, als
selbstständige Krankheitsform mit günstiger Prognose auf und trennen
ihn von der zu den Degenerationsprocessen zu rechnenden Paranoia,
mit welcher er öfter grosse symptomatische Aehnlichkeit hat.

Die Katatonie.

Symptomatisch muss man bei dem Wort „Katatonie" an einen
Complex denken, in welchem Stereotypie von Haltungen und
Bewegungen sich mit wechselnden Zuständen von Melancholie, Manie, Wahnsinn und Verwirrtheit verbunden zeigt.
Diese Symptome kommen nun in ihrer Gesammtheit oder theilweise
verknüpft auch bei einer Anzahl von anderen wohlcharakterisirbaren
Krankheiten (progressive Paralyse, Herderkrankungen, Epilepsie etc.)
vor. In allen diesen Fällen ist die Diagnose nicht auf „Katatonie",
sondern auf die betreffende Grundkrankheit zu stellen. Immerhin
bleiben nach Abzug aller dieser Fälle mit rein symptomatischer
Katatonie eine kleine Anzahl von Fällen übrig, welche als gesonderte Krankheitsform herausgehoben werden müssen.

Das Wesentliche für die Diagnose ist zunächst die Kenntniss der
dabei zu beobachtenden sonderbaren Muskelzustände. Diese Kranken
zeigen meist ein ganz stereotypes Festhalten von auffallenden Stellungen. Ein derartiger Kranker, dessen Photographie mir vorliegt,
stand stundenlang auf dem rechten Fuss, während der linke im
Kniegelenk gebeugt war; die Arme waren im Ellbogen gebeugt,
das Gesicht nach rechts und oben gedreht, die Augen nach oben
gerichtet, der Mund halb geöffnet. — Aus dieser Tendenz zur Beibehaltung einer einmal gemachten Innervation lassen sich zwei
scheinbar einander widersprechende Symptome ableiten, welche sich
bei dieser Krankheit finden: 1. Katalepsie, 2. der Negativismus.
Bei der Katalepsie wird die künstlich ertheilte Gliederhaltung vermöge der Neigung zur Beibehaltung der Muskelzustände festgehalten.
Steigt diese Tendenz noch mehr, so wird sogar jedem Versuch, ein
Glied passiv aus der Lage zu bringen, Widerstand entgegengesetzt
(Negativismus). Es liegt hier ein ganz ähnlicher Unterschied vor,
wie im Gebiet des Hypnotismus zwischen Katalepsie und Starre.
Alle diese Zustände sind durch willkürliche Innervation bedingt, der
stereotype Grundzug aller ist das Festhalten einer einmal gemachten
Innervation.

Aus der Tendenz zur Wiederholung von Bewegungsreihen,
welche einmal gemacht sind, entspringen die sonderbaren manieähnlichen Bewegungsautomatismen, welche diesen katatonischen Zustand besonders noch vor dem rein kataleptischen auszeichnen.

Z. B. laufen solche Kranke mit sonderbaren Körperhaltungen
stundenlang in einem bestimmten Raum hin und her, oder löffeln
andauernd aus der Schüssel, welche schon von der Speise entleert ist,
weiter oder schlagen stundenlang in ganz stereotyper Weise mit der
Faust auf das Bett. Die klinischen Erscheinungen dieses Zustandes
sind ausserordentlich reichhaltig, je nach den Situationen, in welchen
die Kranken sich befinden: das charakteristische in Haltung und
Bewegungsreihen ist immer die Stereotypie der Bewegungsimpulse. Diese zeigt sich in ganz besonderer Weise im Gebiet des
seelischen Ausdruckes, besonders der Laute und der articulirten
Sprache. Manche Kranke verziehen das Gesicht stundenlang zu
einem grinsenden Lachen, oder stossen andauernd denselben grölenden
Laut aus, oder bringen ein bekanntes oder neugebildetes Wort
(z. B. Mamaku, Tinnamu etc.) immer im gleichen Tonfall wieder vor.
Die innere Entstehung dieser oft sehr seltsamen Wortbildungen gehört in das Gebiet der sonstigen Bewusstseinsvorgänge,
welche diesen willkürlichen Muskelzustand begleiten. Die Entstehung der Wortbildungen hat an sich mit dem stereotypen Festhalten derselben nichts zu thun.

Mit der Beibehaltung der Bewegungsimpulse hängt offenbar
der carikirte Nachahmungstrieb zusammen, welchen diese Kranken
manchmal zeigen. Die vorgesprochenen Sätze werden einfach wiederholt, gesehene Bewegungen werden nachgeahmt und dann lange festgehalten. Die Stereotypie, d. h. die Tendenz zur stereotypen Wiederholung von Bewegungen ist das Grundmoment, welches sich bei dieser
Krankheit in allen ihren Phänomenen (Katalepsie, „kataleptische
Manie", Echolalie, Echopraxie, Verbigeration, Negativismus) zeigt.

Deshalb ist diese Krankheit sonderbarer Weise gerade der
Manie, mit welcher sie manchmal von einem Ungeübten verwechselt
werden kann, toto genere entgegengesetzt, weil bei dieser eine lebhafte von einem Impuls zum anderen führende Association stattfindet,
während bei der Katatonie gerade diese Weiterbildung einmal ein-
geschlagener Bewegungsimpulse fehlt.

Aus diesen Bemerkungen lassen sich eine Menge von kleinen
Zügen, welche diese Kranken in einer für die Verpflegung wichtigen
Weise zeigen, verstehen. Die Kranken sammeln eine enorme Menge
Urin und Koth in sich auf, geben auf dem Closet nichts von sich
und werden unreinlich, nachdem sie vom Closet wieder in's Bett
gebracht sind. Durch die stereotypen Reib- und Kratzbewegungen
können sie sich Wunden, besonders schweren Decubitus, zuziehen.
Durch das Festhalten der Innervation des Gaumens wird das Schlucken
des Speichels verhindert, der nun entweder herausläuft oder im Munde
in automatischer Weise herumgespült wird. Durch das stereotype
Geschlossenhalten des Mundes wird das Beibringen der Nahrung
sehr gestört. Auch hier kann jeder neue Fall neue Einzelzüge
bringen, welche nur richtig gedeutet werden, wenn der allgemeine
Begriff der Stereotypie richtig angewendet wird.

Aus diesem erklärt sich nun auch die scheinbare Melancholie,
welche solche Kranke intercurrent oft zeigen. Es handelt sich dabei
meist um das abnorm lange Festhalten eines sprachlichen oder
mimischen Ausdruckes für Schmerz und Unbehagen.

Pathogenetisch sind diese intercurrenten melancholischen Phasen der Katatonie völlig von der echten Melancholie zu trennen.

Das Charakteristische ist nun der functionelle Charakter in Bezug auf die Intensität dieser Stereotypie. Zunächst werden die starren Zustände oft plötzlich durch impulsive Acte unterbrochen. Nachdem der Kranke stundenlang in sonderbarer Haltung zusammen- gekrümmt im Bett gelegen hat, springt er plötzlich heraus, reisst einem Nachbar das Brot fort, oder wirft einen Tisch um, oder schlägt auf einen Wärter los, um dann sofort wieder zurückzu- springen und in die alte starre Haltung zurückzusinken. Durch der- artige Excitationen kann momentan eine Verwechslung mit Manie möglich werden.

Neben dieser an Intensität wechselnden Tendenz zur Beibehal- tung von Innervationszuständen zeigt die Katatonie, welche häufig in einem Zustand dauernder Geistesschwäche endigt, bei dem Ueber- gang zum Schwachsinn, ähnlich wie die Dementia paranoides, eine Reihe von Zügen, welche symptomatisch Beziehung zur Paranoia, zum Wahnsinn und hallucinatorischer Verwirrtheit haben.

Auch hier ist ein auffallender functioneller Wechsel dieser Symptome zu constatiren und eine rudimentäre Beschaffenheit der- selben. Confuser Verfolgungswahn, Hallucinationen, hypochondrische Wahnvorstellungen, unklare Grössenideen können auftreten, manchmal von lebhaften Gefühlsreactionen begleitet. Manchmal gehen diese Sym- ptome den eigentlich katatonischen voraus, manchmal kommen diese jedoch auch ganz plötzlich. Ein bestimmter Ablauf von Sym- ptomen, derartig, dass etwa nach einer Periode von Depression ein paranoisches Stadium oder Manie, dann Stupor, dann Katatonie auf- träten, ist nicht vorhanden. Möglicherweise kann die echte Katatonie nach Ausscheidung der Fälle, wo derartige Erscheinungen symptomatisch bei anderen Krankheiten auftreten, als ein Degenerationsprocess, als ein Aus- bruch des primären Schwachsinns aufgefasst werden, welcher in Statu nascendi, abgesehen von den motorischen Symptomen, gewisse para- noiaähnliche Züge zeigt.

In manchen Fällen scheint sich dieser Degenerationsprocess in einigen Abstufungen zu vollziehen, derart, dass ein leichterer An- fall, nach welchem keine merkbaren Spuren von Schwachsinn vor- handen sind, vorausgeht und erst später der Abfall auf das Niveau der Demenz erfolgt. Einen derartigen Fall[1]) wollen wir zunächst analysiren.

Feth, Balth. aus Untersambach, geb 29. Juni 1864, Tünchner, war schon früher vom 20. August 1881 bis 3. October 1881 unter der Diagnose Stupor in der Irrenabtheilung des Juliusspitals. F. ist also in seinem 17. Jahre zum ersten Male geistig erkrankt.

Aus der damaligen Krankengeschichte sind folgende Daten hervor- zuheben: „Vater scheint ein sehr beschränkter Mensch. Mutter lebt und ist gesund. Eine Schwester der Mutter war vorübergehend geisteskrank, drei gesunde Geschwister des F. leben. Als Kind war F. immer gesund, tüchtig, kräftig, lernte gut. —

---

[1]) Cfr. Allgemeine Zeitschr. für Psychiatrie. Bd. L.

Vor sechs Wochen wurde ein Mann im Dorf erschossen. Pat. glaubte, man verfolge ihn deswegen, schloss sich immer in's Zimmer ein, hatte Angst vor Gensdarmen. Betete nun den ganzen Tag — wollte nichts als beten. Bot bei der Aufnahme das Bild eines völligen Stupors. Weite Pupillen; starrt in's Leere; völlig reactionslos auf Anrufen. Absolut keine Schmerzäusserung bei heftigem Kneipen der Haut. Kopf und Extremitäten verharren vollständig in der ihnen passiv ertheilten, auch unnatürlichsten Haltung. Nur die Augenlider schliessen sich auf Berührung des Bulbus — sonst zeigt der ganze Körper absolut keine Bewegung, weder spontan noch reflectorisch. — Im Verlauf der Beobachtung trat der Pat. etwas aus der anfänglichen absoluten Starre aller Bewegungen heraus, jammerte viel vor sich hin, ging auf und ab; die Reactionen auf Schmerzreize kehrten wieder; die Hauptschwierigkeit bestand noch darin, dass er hartnäckig die Nahrung verweigerte, die ihm immer mit vieler Mühe eingegeben werden musste. Trotzdem wurde er von den besuchenden Eltern gegen ärztlichen Rath noch in diesem Zustand nach Hause genommen."

Die II. Aufnahme in die psychiatrische Klinik zu Würzburg erfolgte am 29. September 1892.

Der ihn begleitende Stiefbruder gibt Folgendes an: Schon 14 Tage nach seiner Entlassung aus dem Spital im Jahre 1881 soll er soweit gebessert gewesen sein, dass er wieder bei seinem früheren Meister als Tünchner habe arbeiten können. Die ganze Zeit sei er normal gewesen und erst seit anderthalb Jahren wieder nachlässig in der Arbeit geworden. Seit zwei Monaten fing er an, viel in die Kirche zu gehen; kniete vor jedes Bild, schlug immerwährend das Kreuz. Er lachte viel und machte sonderbare Bewegungen.

Nur selten war er ärgerlich und schimpfte. Das kurze ärztliche Zeugniss spricht von Hallucinationen und religiösem Wahnsinn, während der Referent, Stiefbruder des F., davon nichts weiss.

Status am 29. September 1892. Starke Asymmetrie des Gesichts zu Ungunsten der linken Seite. Nase steht nach links. Am Hinterkopf einige oberflächliche, nicht mit dem Knochen verwachsene Narben. Sonst körperlich normal. Während des Aufnehmens der Anamnese macht er fortwährend stereotype Bewegungen; er kniet öfter auf den Boden, reckt seinen Hals weit nach hinten, zieht die Stirn in Falten, verzieht das Gesicht zu einem grinsenden Lachen, nimmt sonderbare Stellungen mit Armen und Beinen ein. Beim Hinüberführen in die Station legt er sich immerfort etwas nach rückwärts, ohne dass er eigentlichen Widerstand leistet (Negativismus). Seine ganze Musculatur ist in Spannung. Als er in ein Bett gelegt wird, welches von der Thür entfernt sich in der Tiefe des Wachsaales befindet, drängt er fortwährend in einer höchst seltsamen Weise heraus (Stereotypie der Bewegungen). Er zieht die Knie ganz hoch, streckt dann die Beine zum Bett heraus, stemmt sich mit den Armen auf das Lager. Diese Bewegungen gehen nicht rasch und energisch wie bei einem Maniakalischen vor sich, sondern zeigen eine eigenthümliche „Zähigkeit". Von der so gewonnenen Stellung drängt er nun in einer langsamen, aber sehr nachdrücklichen Weise mit dem ganzen Körper nach vorn. Er muss fortwährend in's Bett zurückgehoben werden, wodurch er keineswegs aufgeregter und heftiger in seinen Bewegungen wird; sondern er drängt immerfort in ganz stereotyper Weise mit einer Art von zäher Spannung und mit den ganz gleichen Bewegungen heraus. Dabei redet er gar nichts, hat keinen Ausdruck eines Affectes im Gesicht, sondern verzieht dieses krampfhaft, besonders im Frontalisgebiet.

Manchmal stösst er einen sonderbaren Laut ähnlich wie „Hm, Hm" oder „ach Gottle" heraus. Der Versuch, ihn durch consequentes Zurückheben an das Bett zu gewöhnen, wird nach circa zwei Stunden, in denen er fast mit photographischer Treue stets die gleichen Bewegungen beim Herausdrängen gemacht hat, aufgegeben, und es wird probirt, was der Kranke thut, wenn man ihm den Willen lässt.

Er kniet einige Schritte von dem Bett mit nach der Thür gewandtem Gesicht auf den Boden und rutscht in einer sonderbar spinnenhaften Weise bis zur Thür. Dort drückte er den Kopf gegen die Thür, faltete die Hände und betet ununterbrochen das gleiche Gebet. Sobald man ihn in's Bett zurückträgt, wiederholte sich das gleiche Spiel. (Man kann sagen, dass bei Feth, sobald man ihn nicht in seinen Stellungen ruhig liess, seine Muskelspannung im gewissen Sinne einen maniakalischen Charakter annahm.)

Um ihn trotzdem an's Bett zu gewöhnen, wurde er, während er an der Thür kniete, in die Höhe gehoben und das Bett quer vor die Thür unter ihn gestellt. Er blieb nun ruhig im Bett mit dem Gesicht gegen die Thür gewendet knien, steckte nur sein rechtes Bein in den engen Raum zwischen Bett und Thür, welcher durch den Thürrahmen bedingt ist. Nachdem auch dieser Raum verstopft war, blieb er ganz ruhig in der gleichen Haltung im Bett knieen (Stereotypie der Haltung), wiederholte fortwährend das gleiche Gebet.

So blieb er die ganze nächste Nacht und den Vormittag des nächsten Tages, während welcher Zeit die Thür ganz dem Verkehr entzogen wurde. Einen Versuch, die Thür zu erbrechen oder das Schloss zu öffnen, hat er während dieser ganzen Zeit nie gemacht. Mit dem Knieen an diesem bestimmten Ort schien sein Drang befriedigt. Er benahm sich durchaus anders als ein Maniakalischer, Paranoischer oder hallucinatorisch Verwirrter.

1. October 1892. F. kniet jetzt nicht mehr mit dem Kopf gegen die Thür, sondern liegt im Bett ausgestreckt; hat immer das Gesicht krampfhaft verzogen, springt oft aus dem Bett und kniet hin. Dabei betet er Tag und Nacht, schlägt oft in einer ganz stereotypen Weise das Kreuz. Reagirt auf keine Anrede.

7. October. Schläft sehr viel. Viel ruhiger. Sitzt oft in ganz sonderbaren Haltungen im Bett. Nachdem ihm zuerst am dritten Tag Nahrung beigebracht wurde, hat er sich mit dem Löffel füttern lassen.

10. October. Der „manische" Charakter tritt bei seiner Muskelspannung wieder mehr zu Tage. Er springt oft aus dem Bett, kauert nieder, wischt mit den Händen an den Füssen der Bettstelle. Reagirt manchmal auf einfache Fragen, stets richtig, aber nach auffallend langer Zeit.

26. October 1892. Bezeichnet die einzelnen Gegenstände seiner Umgebung treffend, kann sich aber in dem Zusammenhang der räumlichen und zeitlichen Verhältnisse nicht zurechtfinden. Er starrt die Gegenstände mit weit aufgerissenen Augen und gefalteter Stirn an, so dass sein Gesichtsausdruck als der des grössten Erstaunens erscheint. Er wird sich nicht einmal klar darüber, dass er in einem Krankenhaus ist, obgleich er in einem Wachsaal im Bett liegt. Die Bettstelle als solche kann er richtig bezeichnen. Drückt sich auffallend häufig bei seinen Antworten in Conditionalform aus, z. B. Was ist das für eine Stadt? „Es könnte wohl Würzburg sein." —

Seine Aufmerksamkeit für Rechenaufgaben ist ausserordentlich gut und nachhaltig zu erregen, während er äusserlich ganz ohne Reaction auf akustische Eindrücke (Geräusche, Fragen, Aufforderungen) zu sein scheint. Er macht oft nach mehreren Tagen die gleichen Fehler. (Wahrscheinlich auch aus dem Verharren von Bewegungsimpulsen zu erklären.) Während er bei einer Frage, z. B. nach dem Namen eines Gegenstandes, sich nicht bewegt, erfolgt oft nach fünf Minuten noch eine richtige Bezeichnung des Gegenstandes.

Er stösst von Zeit zu Zeit, oft auch bevor er auf eine gestellte Frage richtige Antwort gibt, den Ruf aus: „Hm, Hm" oder „ach Gott".

18. October 1892. Auf die Frage, wie es ihm geht, antwortet er meistens: „Ich dächt' es ging mir gut" oder „krank kann ich grad nicht sagen". Betreffend das seinem hiesigen Aufenthalt Vorausgegangene weiss er nur, dass er mit einem Verwandten auf der Bahn gefahren und dass er in Würzburg ist.

20. October 1892. Liest gut. Schreibt gut. Nur zögert er oft lange mit dem Anfang. Rechnet alle Multiplications-Aufgaben im Gebiete des grossen Einmaleins. Das Addiren dauert oft sehr lange.

30. October 1892. Drückt sich stets nur in der Conditionalform aus, z. B. auf die Frage: Wo sind Sie? sagt er: „Es könnt' eine Schule sein oder ein Wirthshaus", Wer bin ich: „Es könnt der Herr König sein." Abgesehen von solchen hypothetischen Aussprüchen sind Wahnideen nicht zu ermitteln. Oft sagt er spontan: „Es könnt' doch gehen."

2. November 1892. Rutscht beständig auf der Bettunterlage herum und hat in Folge dessen Decubitusneigung. Springt immer noch manchmal ausser Bett; lässt man ihn gewähren, so putzt er Alles, Tische, Stuhl, Betten, sorgfältig mit seinem Rock oder Taschentuch ab, was er oft eine halbe Stunde lang fortsetzt, und nimmt während dieser Beschäftigung die wunderlichsten gezwungensten Stellungen ein.

15. November 1892. Pat. scheint beständig und andauernd in dem Zustand, in welchem sich jeder Mensch manchmal unmittelbar nach dem Aufwachen aus dem Schlafe für wenige Augenblicke befindet. Gähnen, Schlürfen, Dehnen und Strecken der Glieder, Stirnrunzeln, Sprechen während des lang hingezogenen Exspiriums, unbestimmte Ausdrucksweise, Nichtvollendung von Sätzen. Verwundertes Lächeln. Langsamkeit; stereotype Bewegungen. Dabei zwangsmässiges Innehalten von sonderbaren Stellungen des Körpers und der Glieder.

4. December 1892. Starrt oft 10 Minuten mit vorgestrecktem Kopfe zum Fenster hinaus auf denselben Gegenstand.

15. December 1892. Manchmal Erbrechen ohne erkennbare Ursache. Stets normale Temperatur dabei. Seine sprachlichen Reactionen erfolgen jetzt rascher als früher. Multiplicationen werden jetzt sehr rasch und richtig gelöst. Dagegen braucht er zu Subtractionen immer noch abnorm lange Zeit, z. B. zu 27 weniger 16 braucht er $^3/_4$ Minuten; 53 weniger 17 wird nach $^6/_4$ Minuten angegeben auf 43. Bei Wiederholung der Frage ob 53 weniger 17 gleich 43 ist, sagt er nach 15 Secunden Ja.

30. December 1892. Ist oft optisch an einen bestimmten Gegenstand längere Zeit gefesselt. Akustisch ist er zu keiner motorischen Reaction zu bringen.

15. Januar 1893. Lacht in der letzten Zeit viel, nicht über äussere Wahrnehmungen, sondern in einer unwillkürlichen krampfhaften Weise. Ist

weniger gut zu fixiren und verlangt, sobald er ausser Bett ist, öfter und ungeduldiger nach Haus; drängt, in das Untersuchungszimmer geführt, nach Thüren und Fenstern.

13. Februar 1893. Erkennt das Untersuchungszimmer und Herrn Professor R. wieder. Es ist jedoch immer noch deutlich, dass er kein klares Bewusstsein über seine Situation hat. Auf die Frage, was das für eine Anstalt sei, sagt er wieder in der hypothetischen Ausdrucksweise wie früher: „Es könnt' ein Wirthshaus sein.“ — Lacht häufig laut hinaus in einer eigenthümlich meckernden Weise, ohne äusseren Anlass. Springt dabei oft aus dem Bett. Hallucinationen und Wahnideen sind nie zu ermitteln gewesen.

23. Februar 1893. Ungeheilt entlassen nach der Kreis-Irrenanstalt, wo er sich zur Zeit noch befindet.

Abgesehen von der allgemeinen Stereotypie der Bewegungen bei dem Kranken, steht seine optische Gebundenheit im Vordergrund des klinischen Interesses.

Um den Zustand aus der normalen Psychologie zu begreifen, müssen wir uns an jene Art von „Zerstreutheit“ erinnern, welche daraus entspringt, dass man sich gerade zu intensiv in eine einzige Vorstellung vertieft, während alle associativen Verbindungen, welche die sogenannte „Orientirtheit“ ausmachen, verschwunden sind. Die Verengerung des Bewusstseins beim Hypnotisiren gehört nicht hierher, weil diese suggerirten Vorstellungen ja gerade nur durch ihre specifischen Associationen im höchsten Grade wirksam sind. Im vorliegenden Falle scheint es sich um eine Einschränkung des Bewusstseins durch völlige Fesselung von Seiten eines sinnlichen Eindruckes ohne Mitwirkung von specifischen Associationen zu handeln.

Das Festhalten des einmal erregten Zustandes ohne associative Weiterbildung scheint der Grundzug des vorliegenden Falles zu sein. Was wir bisher in Bezug auf das Haftenbleiben am Optischen ausgeführt haben, trifft nun auch für die Prüfung des Rechnens zu. Selbst dann, wenn die richtige Lösung ganz zu versagen schien, hielt F. die durch Worte gestellte Frage sehr gut in der Erinnerung. Auch hier ist anscheinend die Verzögerung der Reaction eine Folge von dem völligen Gebundensein durch den Wortlaut der Aufgabe oder Frage und ist nicht durch „Widerstände in der Nervenleitung“ zu erklären.

Die Rechenfähigkeit ist potentiell erhalten, aber die Fesselung, welche F.'s Bewusstsein durch den blossen sinnlichen Wortlaut der Frage erleidet, lässt ihn nur schwer zu der Rechenthätigkeit kommen. Dieses Gebundensein ist oft so stark, dass an einigen Tagen in Bezug auf das Dividiren völliger Intelligenzdefect vorgetäuscht wurde, während F. an anderen Tagen wieder leidlich dividiren konnte. Die Thatsache, dass F. die stärksten Verlangsamungen der Reaction und zum Theil völlige Unfähigkeit beim Dividiren, viel geringere dagegen beim Multipliciren zeigte, will ich hier nur scharf hervorheben, nicht zu erklären suchen. Vorläufig stelle ich nur die Thatsache fest, dass es sich bei F. nicht um einen gleichbleibenden Intelligenzdefect, sondern um wechselnde functionelle Störungen handelt, wahrscheinlich bedingt durch den wechselnden Grad von „Gebundenheit“. Es ist nun bei F. ein Phänomen beobachtet worden, welches dieses Festhaften des einmal Vorgestellten in einer ganz überraschenden Weise illustrirt, nämlich das mehrfache Auftreten von gleichen Fehlern, das unmöglich als Zufall aufgefasst werden kann. Die einmal gemachte Innervation scheint bei F. eine abnorm lang dauernde Neigung zur Wiederholung zurückzulassen, so dass auch bei späterer Wiederholung einer Rechenaufgabe in der Antwort dieselbe, wenn auch falsche Reihe von Innervationen noch nach mehreren Tagen bei F. vor sich geht. Hier sind wir aus dem rein Psychologischen in das Gebiet des Motorischen übergegangen und sehen, dass sich hier der gleiche Grundcharakter kundgibt.

F. zeigt kataleptische Züge, verbunden mit einer Anzahl von plötzlichen Bewegungsantrieben, welche dem Fall manchmal einen maniakalischen Anstrich geben, sich aber durch ihre Monotonie und Stereotypie durchaus von dem associativ lebhaften Bewegungsdrang der Maniakalischen unterscheidet. Was ist nun der gemeinsame Grundzug der Katalepsie und dieser Art von stereotypem Bewegungsdrang? Derselbe liegt in der Constanz, in dem constanten Trieb zur Wiederholung von Innervationen, bei der Katalepsie zur Wiederholung einer Haltung, bei diesem die Katalepsie complicirenden Bewegungsdrang zur Wiederholung einer Bewegungsreihe. Ich halte die Katalepsie nach einer Reihe von Beobachtungen an anderen Kranken in allen Fällen, wo sie auftritt besonders auch bei der Hypnose, für ein durchaus psychisch bedingtes Phänomen in Folge der Concentration des Bewusstseins auf die Innervation der Musculatur bei Ausschaltung des Ermüdungsgefühls und aller das Selbstbewusstsein ausmachenden Associationen. — Ist diese Auffassung richtig, so erlauben beide sich scheinbar widersprechenden motorischen Phänomene, nämlich Katalepsie und „kataleptische Manie", wenn dieser Ausdruck erlaubt ist, die oben gegebene gemeinsame Deutung, dass es sich nämlich in beiden Fällen um zu lange festgehaltene Innervationen oder Bewegungsantriebe handelt. Die psychischen und motorischen Erscheinungen lassen sich bei F. also sämmtlich unter einen Begriff bringen: Einschränkung des Bewusstseins auf einmal erregte äussere Eindrücke oder Innervationen.

Wir wollen zunächst noch versuchen, einige Beobachtungen der Krankengeschichte mit dem Gesagten in Verbindung zu bringen. Man könnte F entschieden als „unorientirt" über Raum und Zeit bezeichnen. Trotzdem scheint mir der Begriff „Verwirrtheit" auf seinen Zustand nicht zu passen.

F. nahm seine unmittelbare greifbare und sichtbare Umgebung entschieden richtig wahr Niemals hat er Handlungen gemacht, welche aus einer falschen, verworrenen Auffassung seiner Umgebung entsprungen wären. Trotzdem kamen bei der Frage, wo er sei, öfter Antworten, die auf eine Verkennung der Umgebung zu deuten schienen, allerdings fast immer in der merkwürdigen hypothetischen Form: z. B. „Es könnt' vielleicht ein Wirthshaus sein", oder auf die Frage: Wer bin ich? „Es könnte der Herr König sein". Im Uebrigen war von illusionärer Verkennung der Umgebung oder Wahnideen nie etwas wahrzunehmen.

Schon die complicirte grammatikalische Form der Anwort
scheint mir gegen eine gewöhnliche „Verwirrtheit" zu sprechen.
Vielleicht lässt sich auch dieser sonderbare Zustand aus der völligen
Gebundenheit durch den unmittelbar sinnlichen Eindruck erklären.
Die wenigen Associationen, die überhaupt wach werden, entstehen
ganz langsam und werden in einer unsicheren und hypothetischen
Weise zur Antwort verwendet. Jedenfalls scheint dieser Zug des
Krankheitsbildes weder mit Verwirrtheit, noch mit Wahnbildung
etwas zu thun zu haben.

Wir wollen nun diese Zustände kurz in den Zusammenhang
der ganzen Krankheitsgeschichte einreihen. F., der erblich belastet
ist, erkrankte in seinem 17. Jahre zum ersten Mal. Der Ausbruch
der Krankheit erfolgte nach einem schreckhaften Ereigniss anscheinend sehr plötzlich in Form von ängstlicher Erregung und Verfolgungswahn, wobei das Vorhandensein von Hallucinationen nicht
sicher berichtet ist. 6 Wochen später bot er völlig das Bild des
Stupors. 14 Tage nach der Entlassung aus dem Spital. also circa
3½ Monat nach Beginn der Erkrankung, war er angeblich wieder
ganz gesund.

Die zweite Erkrankung brach 11 Jahre später. also in seinem
28. Jahre aus, nachdem er anscheinend schon längere Zeit nicht
mehr so regelmässig wie vorher gearbeitet hatte. Ueber ängstliche
Erregung ist diesmal nichts bekannt. Von einem bestimmten Affect
kann bei F. nicht die Rede sein. Der jetzige Zustand kann unmöglich als Stupor bezeichnet werden. Die beiden Anfälle stimmen
also in ihrer Form durchaus nicht überein. Nur könnte man gewisse bei der zweiten Erkrankung aufgetretene stereotype Bewegungen. z. B. das Niederknien, Kreuzschlagen, als Wiederholungen
gewisser bei der ersten Erkrankung aus Affect oft gemachten Bewegungen auffassen. Es wird schon in der ersten Erkrankung der
religiöse Charakter seiner Erregung hervorgehoben, „er wollte nichts
als beten", und F. hat jedenfalls damals schon viel gekniet, was
jetzt als Zwangstrieb bei ihm auftritt. Ferner bietet das kataleptische Moment des jetzigen Zustandes eine Aehnlichkeit mit dem
früheren Zustand von Stupor. Trotzdem kann von einer wesentlichen Uebereinstimmung der Krankheitsbilder nicht die Rede sein.
Der jetzige Krankheitszustand ist als Katatonie zu bezeichnen.
Die Prognose ist ungünstig.

Ganz entsprechend ist folgender Fall:
J. A., aus Obersinn, aufgenommen am 22. Februar 1893, im Alter von
22 Jahren, Schuhmacher. Vater trank viel. Geisteskrankheit in Ascendenz
nicht zu ermitteln. Ganz normale Entwicklung, keine Epilepsie. Seit einem
Vierteljahr zerstreut und unstet. Klagte über Rücken und Brust, hatte manchmal Angstanfälle. Bei der Aufnahme ängstlich widerstrebend gegen das Ver-
bringen in die Wachabtheilung. Sagt stereotyp auf alle Anreden: „Ich
weiss doch nicht."

23. Februar 1893. Völliger Stupor mit Katalepsie. Liegt regungslos
in gezwungener Haltung im Bett. nur wenn das Essen kommt, fährt er
heftig darauf zu.

5. März 1893. Die kataleptischen Zustände verlaufen periodisch und
dauern jedesmal circa 6—8 Stunden. Ganz starrer Gesichtsausdruck. starke

Muskelspannung am ganzen Körper. Wimmert viel vor sich hin. Zeigt einen Wechsel von Nahrungsverweigerung und Nahrungsgier. Flüssigkeiten trinkt er ganz rasch hinunter, zu kauende Speisen weist er heftig unter Wimmern zurück.

9. März. Isst wieder selbstständig, auch feste Speisen. Die Katalepsie löst sich. Redet nur, was sich auf das Essen bezieht. Im Uebrigen sprachlich noch völlig gehemmt.

1. April. Spricht nichts. Nicht mehr kataleptisch.

6. April. Von der Mutter nach Hause mitgenommen.

Bis dahin muss der Zustand, welcher sich nach einer mehrmonatlichen Einleitung von Zerstreutheit und Unstetheit und einer kurzen Periode von Aengstlichkeit entwickelt hatte, als kataleptischer Stupor bezeichnet werden. Dieser Stupor zeigte jedoch schon einige in die Katatonie gehörige Züge: das Wiederholen der gleichen Phrase, das plötzliche Unterbrechen der Starre durch heftige Handlungen (gierige Art der Nahrungsaufnahme). Immerhin überwog das Krankheitsbild des reinen kataleptischen Stupors, welcher erfahrungsgemäss, z. B. wenn er im Verlauf einer echten Melancholie auftritt, prognostisch sehr günstig ist. Dementsprechend wurde angenommen, dass der Kranke einige Zeit nach der Entlassung ad integrum zurückkehren werde.

A. hat darauf mehrere Monate, vom 6. April 1893 bis 18. August 1893, zu Hause verbracht.

Ueber die Zeit bis zu seinem Wiedereintritt wird Folgendes angegeben: Er erschien zunächst ganz verständig. Sprach freiwillig und erzählte von der Klinik; es sei ihm wie toll im Kopfe gewesen, er habe Alles gehört und verstanden, habe aber nicht reden können. Beim Eintritt habe er ein Bad bekommen, er sei von dem Arzt in den Garten geführt worden. Er beschrieb Herrn Professor R. richtig. 3 Wochen nach seiner Rückkunft musste er sich wieder legen. Er klagte wieder über Kopf- und Gliederschmerzen. Einmal hat es ihn geschüttelt, er verdrehte die Augen, lag 3 Tage lang, ohne sich zu bewegen, im Bett.

Diese Angabe ist differentialdiagnostisch wichtig. Dieselbe könnte ebenso gut bei einem Epileptiker gemacht werden. Es sind jedoch bei A. nie epileptische Züge sonst beobachtet worden. Hingegen können die katatonischen „Krämpfe", d. h. stereotypen willkürlichen Bewegungsreihen mit nachfolgender Katalepsie einem epileptischen Zustand auf das Haar ähnlich sehen, besonders wenn dann ein tagelanger Stupor folgt, welcher einem epileptischen Dämmerzustande sehr gleichen kann. Wir halten also diesen Zustand für den Beginn der eigentlichen katatonischen Erscheinungen, welche später deutlich wurden.

Kurz vor der Wiederaufnahme stiess er mit den Füssen die Bettstelle entzwei, war dann wieder ganz ruhig. Bei der zweiten Aufnahme am 18. August 1893 zeigte sich das Krankheitsbild im Sinne der Katatonie verändert. Er macht in stereotyper Weise die sonderbarsten Bewegungen, nimmt dann wieder ganz auffallende Haltungen längere Zeit ein: vor Allem ist ein sonderbares Grimassiren bemerkenswerth. Dabei ist er ganz wortlos, zeigt jedoch jetzt im Gegensatz zu früher verbale Suggestibilität, indem er jeden erhaltenen Befehl sogleich befolgt.

25. August. Macht die sonderbarsten Bewegungen mit den Gliedern und der mimischen Musculatur. Auch die zweckmässigen Bewegungen. z. B. beim Essen, haben etwas Uebertriebenes. Abends fängt er an zu brüllen wie ein wildes Thier, zerstört alle Objecte, welche ihm im Wege stehen, greift aber keinen Wärter oder Kranken im Wachsaal an, sondern macht vor ihnen in den verzerrtesten Posen Halt. Für kurze Zeit in einer gepolsterten Zelle, in welcher er in einer stereotypen Weise Wühlbewegungen in einer Ecke macht.

29. August. Nahrungsverweigerung kann dadurch überwunden werden, dass man seine verbale Suggestibilität benutzt. Auf die Anrede „essen" reagirt er nicht. Wenn man diesen Act zerlegt und der Reihenfolge nach commandirt: „Mund auf", dann ihm Milch eingiesst, dann sagt „Mund zu" und schliesslich „schlucken", so geschehen diese Theilacte des Trinkens der Reihenfolge nach.

31. August. Für gewöhnlich stumm, manchmal vollendet er eine angefangene Wortreihe, z. B. auf „guten Morgen" sagt er „Gelobt sei Jesus Christus", auf „Gelobt sei Jesus Christus" sagt er „in Ewigkeit. Amen". Manchmal löst sich sein Schweigen plötzlich, z. B. auf die Frage „wie geht's?" brüllt er plötzlich wie ein wildes Thier. Einmal sagt er auf „guten Morgen": „hebe Dich weg Satanas". Solche an Paranoia erinnernde Züge sind selten und zusammenhangslos, stehen offenbar nicht als Motive im Zusammenhang mit seinem sonderbaren Verhalten. Dabei zeigt er einen Wechsel von kataleptischen Zuständen mit explosiv erfolgenden Handlungen. Als er zum Zweck des Wiegens aus dem Bett genommen wird, rennt er rasch in's Nebenzimmer und wirft einem Patienten ein Stück Schnur zu, das er aus dem Bett gerissen hat. Manchmal wird er plötzlich mitten aus seiner Katalepsie heraus gewaltthätig gegen Wärter und Aerzte.

16. September. Starker Wechsel im Grade seiner verbalen Suggestibilität. Befolgt Befehle manchmal sogleich, manchmal nach öfterer Wiederholung, manchmal gar nicht. Behält Stellungen, die er spontan einnimmt oder die man ihm gibt, oft lange Zeit bei, manchmal wiederholt er die gleichen Bewegungen in rhythmischer Weise halbe Stunden lang. Einige Male ist er zum Schreiben zu bringen.

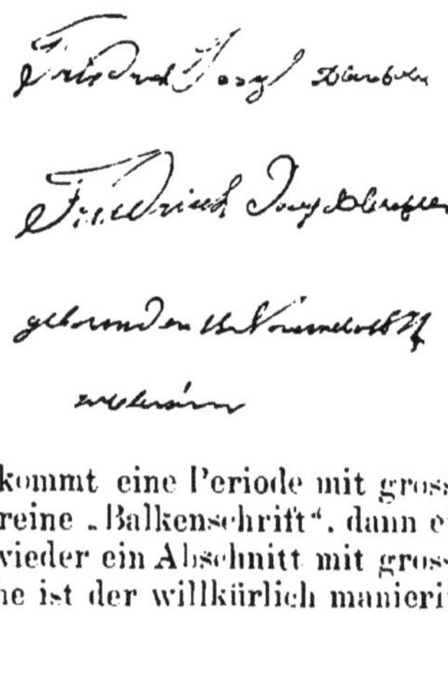

Die Schriftproben zeigen einen den anderen Muskelzuständen entsprechenden Charakter, nämlich eine sonderbare Manierirtheit, willkürliche Verzerrungen, welche eine Zeit lang constant festgehalten werden, um dann einer ganz anderen ebenfalls wieder manierartig festgehaltenen Schreibart zu weichen. In der Schriftprobe (Fig. 17 u. 18) ist vor Allem der grosse Unterschied in der Buchstabengrösse der einzelnen Proben bemerkenswerth. In Bezug auf das Autogramm kann man

Fig. 17.

von einer Mikrographie reden. Dann kommt eine Periode mit grossen deutlichen Buchstaben, dann eine Zeile reine „Balkenschrift", dann eine frauenhafte Handschrift, schliesslich wieder ein Abschnitt mit grossen deutlichen Buchstaben. Das Wesentliche ist der willkürlich manierirte

Fig. 16.

Charakter dieser periodenweise mit Geschick festgehaltenen Schrift-
formen. Auch in Bezug auf Orthographie ist, wenn man andere
Schriftproben von ihm in Betracht zieht, Aehnliches zu bemerken.
dessen Analyse jedoch hier zu weit führen würde.

1. October 1893. Zeigt oft enorme Koth- und Urinretention, welche
mit der Waage nachgewiesen werden kann. Dieses Symptom ist offenbar
durch das kataleptische Festhalten von Muskelzuständen, durch willkürliche
Unterdrückung des Bedürfnisses bedingt.

Fig. 19.

Abersfeller im kataleptischen Zustande.

A. befindet sich zur Zeit noch in der Klinik, völlig unverändert mit
einem Wechsel von kataleptischen und speciell katatonischen Symptomen.

Ueberblicken wir die Krankheit. so finden wir zuerst eine
Periode des Stupors. welche sich durch eine Reihe von psychischen
Abnormitäten eingeleitet hatte, die sich nicht unter den Begriff einer
bestimmten functionellen Geistesstörung bringen lassen. Man kann

unmöglich das manchmal ängstliche Wesen des Kranken als Melancholie bezeichnen.

Auf den Stupor, welcher schon einige katatonieähnliche Züge aufwies, erfolgte eine 3 Wochen lange Remission, dann wiederum eine stuporöse Periode, nach welcher die speciell katatonischen Züge ganz in den Vordergrund treten. Da hier je le andere Grund-

Fig. 26.

Abersfeller mit katatonischer Gesichtsverzerrung.

krankheit (auch progressive Paralyse, besonders Epilepsie) völlig fehlt, da ferner diese Muskelzustände nicht in der Entwicklung einer anderweitig charakterisirbaren functionellen Geistesstörung aufgetreten sind, so fassen wir diese Erkrankung als eine echte Katatonie auf und nehmen an, dass mit grosser Wahrscheinlichkeit ein dauernder psychischer Schwächezustand daraus hervorgehen wird.

Die degenerativen Formen des Irreseins.

Der Ausdruck „degeneratives Irresein" enthält, wenn das Adjectivum „degenerativ" darin blos nicht in dem ganz verwaschenen Sinne gebraucht sein soll, dass dieses Irresein irgendwelche Beziehungen zur Degeneration hat, die Behauptung, dass es bestimmte charakteristische Züge gibt, welche eine Psychose als Ausdruck von Degeneration erkennen lassen. Es muss also zunächst festgestellt werden, was unter Degeneration zu verstehen ist. Es muss hierunter eine durch die Componenten der Generation implicite bedingte, bis in's Pathologische gehende Abweichung vom normalen Zustand des Genus verstanden werden. Es fallen dadurch zunächst alle diejenigen Psychosen aus dem Begriff des degenerativen Irreseins heraus, welche durch von aussen an eine gesunde Organisation herangebrachte Schädlichkeiten entstehen, also alle exogenen Geisteskrankheiten. Hierher gehören also zunächst alle durch grobe Gehirnzerstörungen bedingten Geistesstörungen (bei Paralysis progressiva, multipler Sklerose des Gehirns, Hirntumoren, Porenkephalie etc.), ferner diejenigen Fälle von Idiotie, welche durch cerebrale Erkrankung im fötalen oder kindlichen Leben bedingt sind. Ferner fallen a priori aus dem Begriff heraus alle durch Intoxication im weitesten Sinne bedingten Psychosen.

Wir verstehen also unter dem degenerativen Irresein alle diejenigen klinisch ganz verschiedenen Formen von Geistesstörung, welche ihren endogenen Charakter deutlich erkennen lassen.

Hierbei sind folgende Krankheitsformen namhaft zu machen und der Reihenfolge nach abzuhandeln.

    I. Der angeborene, nicht durch organische Hirnerkrankung (Porenkephalie oder Cretinismus etc. bedingte Schwachsinn.

    II. Der später ausbrechende „primäre" Schwachsinn.

    III. Das periodische Irresein.

    IV. Die originäre Paranoia.

    V. Die Paranoia tarda.

    VI. Die Zwangszustände.

Bevor wir zur Darstellung dieser deutlich endogenen Formen des Irreseins übergehen, wollen wir die Frage noch erörtern, ob der degenerative Charakter dieser psychopathischen Zustände sich durch körperliche Degenerationszeichen verräth, so dass wenigstens dadurch ein einheitlicher klinischer Charakter des „degenerativen" Irreseins bestimmt würde.

Wer den Streit über die Degenerationslehre im Allgemeinen und über die Criminalanthropologie im Besonderen vorartheilslos verfolgt hat, muss zu der Ueberzeugung gekommen sein, dass diese ganze wissenschaftliche Bestrebung in eine Krisis gerathen ist. Der Begriff des Degenerationszeichens ist so erweitert worden, es sind so verschiedene Zustände darunter zusammengefasst worden, dass es zur Zeit wohl keinen lebenden Menschen gibt, der nicht auf Grund dieser Begriffserweiterung für degenerirt erklärt werden könnte.

Ebenso wie unsere ganze Literatur von der Décadencelehre vollständig beherrscht ist, so wird auch die Wissenschaft von ihr

immer mehr verwässert, indem speciell in der Psychiatrie eine Reihe
ganz heterogener psychopathischer Zustände unter diesem Sammelnamen zusammengefasst werden, deren Pathogenese und klinische
Form genauer zu erforschen eine sehr lohnende Aufgabe der klinischen Psychiatrie sein könnte.

Es muss in dieser Beziehung entschieden auf eine Einschränk-
kung gedrungen werden. Bevor das Wort Degenerationszeichen
definirt werden kann, muss erst definirt werden, was Degeneration
ist. Wir verstanden darunter (cfr. oben) eine durch die Componenten der Generation implicite bedingte, bis in's Pathologische gehende Abweichung vom normalen Zustand des
Genus.

Der „normale Zustand" ist nun aber kein morphologischer
Begriff, sondern ein physiologischer (functioneller). Morphologische
Abweichungen kommen nur insofern in Betracht, als dadurch Störungen
der normalen Function bedingt oder angedeutet sind. Es ist also völlig
verfehlt, morphologische Abweichungen und Degenerationserscheinungen zu identificiren, was sehr häufig geschieht. Wenden wir
unsere Definition z. B. auf die verschiedenen Ohrformen an, welche
in der Degenerationslehre eine Rolle spielen. Als degenerirt sind
diejenigen Ohrformen zu bezeichnen, welche vermöge ihrer Form dem
physiologischen Zweck des äusseren Ohres nicht mehr entsprechen.
Morphologische Abweichungen sind nur dann als Degenerationszu-
stände zu bezeichnen, wenn die Function des Organs dadurch geschädigt wird. Die morphologische Betrachtung und Messung der
Organe hat nur insofern einen Werth, als sie der Functions-
prüfung parallel läuft.

Damit fallen nun sofort eine Menge von morphologischen
Kleinigkeiten, mit denen jetzt ein grosses Wesen gemacht wird,
aus dem Rahmen der Degenerationslehre heraus. Ob z. B. ein Ohrläppchen „sessil" ist oder nicht, wird jedenfalls für die Function der
Ohrmuschel als Ganzes gleichgiltig sein. Die subtilen Untersuchungen, welche über das Ohrläppchen vorgeschlagen werden, hätten
nur dann für die Degenerationslehre einen Werth, wenn das Ohrläppchen entweder für die Ohrmuschel als Ganzes oder als selbst-
ständiges Gebilde eine functionelle Bedeutung hätte. Ebenso verhält
es sich mit vielen morphologischen Abweichungen des Knochenbaues,
z. B. dem Torus palatinus, welche gar keine Degenerationserscheinungen in unserem Sinne sind, sondern einfach Curiositäten,
welche allerdings in die descriptive Naturwissenschaft gehören, aber
nicht in die Degenerationslehre, die es mit endogenen Abweichungen
von der normalen Function zu thun hat.

Wenn die Degenerationslehre auf dem bisher eingeschlagenen
rein morphologischen Wege weitergeht, wird sie in eine Kleinmalerei
verfallen, welcher jeder Zusammenhang mit einer physiologischen
Naturbetrachtung fehlt. Dieser progressus ad infinitum in der Forderung von „Exactheit", welche darauf hinausläuft, Alles blos zu
messen und zu beschreiben, was nur durch die Beziehung auf seine
Function Bedeutung bekommt, tritt in neuerer Zeit immer deutlicher
hervor und wird mit Nothwendigkeit zu einer Ausartung der rein
morphologischen Richtung in der Degenerationslehre führen.

Für jeden einzelnen Theil der Ohrmuschel würde ein Special-
forscher nothwendig sein, welcher sein ganzes Leben hindurch unbe-
kümmert um die übrige Beschaffenheit der Ohrmuschel, z. B. die
Winkelstellung des Tragus zum Antitragus bei den verschiedenen
Kategorien von Geisteskranken und Verbrechern, bei verschiedenen
Ständen, in verschiedenen Lebensaltern etc. zu messen hätte. Ich
halte diese Ausschreitung der rein morphologischen Richtung für
durchaus verfehlt und sehe nur in der Rückkehr zur physiologischen
Betrachtung einen Ausweg aus diesem diffusen Nebel von Maassen,
Zahlen, Tabellen, Formen und Typen.

Wir fassen also Degeneration auf als Abweichung von der
normalen Function, nicht als Abweichung von der morphologischen Form, von der es einen Typus in dem engen Sinne, wie
man das Wort in der Degenerationslehre verstanden hat, gar
nicht gibt.

Was ist nun in diesem Sinne ein Degenerationszeichen? Diese
Wortbildung muss so verstanden werden, dass Zeichen für bestehende Degeneration gemeint sind. Das Wort Zeichen ist
nun hier allein im morphologischen Sinne zu verstehen. Es handelt
sich um diejenigen morphologischen Kennzeichen, welche die Degeneration andeuten. Es fragt sich nun, ob neben denjenigen morphologischen Abweichungen (Abnormitäten des Baues), welche die
Functionsstörung bedingen, noch andere vorhanden sein können,
welche sie andeuten, ohne sie zu bedingen. Und zwar bezieht sich
diese ganze Betrachtung zunächst immer nur auf ein Organ, z. B.
Ohr, Nase, Gehirn etc. Es sind also die Degenerationszeichen daraufhin zu untersuchen, ob die abweichenden Formen des Baues eine
Functionsstörung bedingen und gleichzeitig andeuten, oder ob sie
nur eine Functionsstörung andeuten, ohne sie zu bedingen. Dieser
Unterschied muss scharf durchgeführt werden. Als Beispiel kann
man z. B. die Verhältnisse der myopischen Augen anführen, welche
ja von sehr vielen Ophthalmologen als endogene Zustände aufgefasst
werden. Die abnorme Länge des Auges bedingt die Myopie, die
oft vorhandenen abnorm weiten Pupillen und das Staphyloma posticum
deuten sie an, ohne sie zu bedingen.

Die stillschweigende Voraussetzung der Degenerationslehre in der
bisherigen Form war der Gedanke, dass der degenerirte Zustand eines
Organs (z. B. Ohrmuschel), beziehungsweise mehrerer Organe (Ohr, Unterkiefer, Auge) ein Zeichen für die gleichzeitige degenerirte Beschaffenheit eines anderen (nämlich des Gehirns) sei. Hier handelt es sich also
nicht um die Beziehung der morphologischen Abweichung eines Organes zur Degeneration (endogen bedingter Functionsstörung) des
gleichen Organes, sondern eines völlig verschiedenen, nämlich des
Gehirns. Hier kann nun von einer Bedingung der Gehirndegeneration durch die morphologische Abnormität gar keine Rede sein,
sondern es handelt sich hier ausschliesslich um Zeichen im Sinne
der blossen Andeutung. Es ist nun aber ganz klar, dass hier ein
nothwendiger Zusammenhang zwischen Degeneration von Organen
(wie Ohrmuschel, Auge, Unterkiefer etc.) und Gehirndegeneration
durchaus nicht vorliegt. Es gibt eine Menge von Menschen, bei denen
einzelne Organe im höchsten Grade Degeneration zeigen, während ihr

cerebrales Leben durchaus normal ist. Andererseits gibt es morphologisch ganz normale Menschen, welche endogene psychopathische Zustände (angeborener, nicht durch organische Hirnerkrankung bedingter Schwachsinn, originäre Verrücktheit, periodisches und circuläres Irresein etc.) zeigen.)

Es sind daher durchaus die Degenerationserscheinungen an einzelnen Organen nicht als eindeutige Zeichen für eine bestehende cerebrale Degeneration aufzufassen, so dass also die ausgedehnte Anwendung des Wortes Degenerationszeichen in psychopathischer Beziehung ganz unzulässig ist. Es handelt sich höchstens um Wahrscheinlichkeit. Wenn wir an circa 5 Organen eines Menschen Degenerationserscheinungen finden, so kann man nur schliessen, dass mit einiger Wahrscheinlichkeit auch das Gehirn Degenerationserscheinungen bieten werde. Für gewöhnlich — besonders in vielen Fällen von Begutachtung — wird fälschlicher Weise der Zusammenhang von Degenerationszuständen einzelner Organe und Degeneration des Gehirns viel enger und stringenter aufgefasst.

Es frägt sich nun, ob der Zusammenhang zwischen morphologischer Abweichung des Schädels und Gehirndegeneration ein engerer und sicherer ist, so dass wenigstens die Schädelbeschaffenheit mit einiger Sicherheit für die Frage der Degeneration des Gehirns bei dem gleichen Individuum in Betracht kommt. Auf diesen Punkt bezieht sich der erste in Folgendem mitgetheilte Fall.

Neben dem Begriff des Degenerationszeichens scheint mir an zweiter Stelle die statistische Methode, welche bisher in der Degenerationslehre das Feld beherrscht hat, einer gründlichen Revision zu bedürfen. Es hat sich bei der Discussion hierüber [1] herausgestellt, dass fast alle bisherigen Statistiken über das vorliegende Problem aus der organischen Welt für nicht einwandsfrei erklärt werden können.

Man kommt consequenterweise zu einer Auflösung des enormen Materials, welches man ohne wesentliche Differenzirung bisher verwendet hat, in immer kleinere Gruppen, um übereinstimmende Bedingungen zu bekommen. Und auch diese werden sich leicht als Conglomerat von individuell ganz verschiedenen Dingen, beziehungsweise Menschen verwerthen lassen. Es ist daher viel besser, mit der statistischen Methode in diesem verwickelten Gebiet der organischen Erscheinungen zunächst ganz zu brechen und an Stelle der statistischen Zusammenfassung incongruenter Fülle die sorgfältige Analyse des einzelnen Falles treten zu lassen.

Hier wollen wir, da diese Erörterung eigentlich in eine allgemeine Psychopathologie gehört, nur folgende Sätze feststellen.

1. Es gibt endogene pathologische Geisteszustände, bei denen jedes somatische Degenerationszeichen fehlt.
2. Es gibt somatisch beträchtliche „Degenerationsformen" (Prognathismus, auffallende Schädelformen, abnorme Ohrformen etc.) ohne jede psychische Abnormität.
3. Die Geisteskranken zeigen (wenn man die Fälle, in denen durch bestimmte Erkrankungen gleichzeitig morphologische und

---

[1] Cfr. Centralbl. f. Nervenhk. u. Psych. Sept. 1893 bis Febr. 1894. Aufsätze von Kurella, Naecke, Sommer.

psychische Abnormitäten bedingt sind [Cretinismus, Porenkephalie. Hydrokephalie. Mikrokephalie]. abrechnet) nicht mehr körperliche Degenerationszeichen als geistig gesunde.

Hieraus folgt, dass das Bestehen von somatischen Degenerationszeichen nicht als Beweis für die endogen-pathologische Beschaffenheit eines psychischen Zustandes angesehen werden kann. Im Hinblick auf die Verwirrung, welche durch die Lehren der Degenerationsanthropologie in der psychiatrischen Begutachtung eingerissen ist, muss dieser Satz sehr betont werden.

Es sind in neuerer Zeit bei der Entwicklung der Degenerationslehre zwei Probleme mit einander vermischt worden, welche durchaus unabhängig von einander sind. nämlich:

1. ob es geborene Verbrecher gibt:
2. ob diese angeborene moralische Abnormität sich in significanten. morphologischen Merkzeichen ausdrückt.

Man kann die zweite Frage verneinen. während die erste rein auf Grund von Beobachtung psychischer Functionen unbedingt zu bejahen ist. Es gibt unstreitig Menschen. welche in einem so jugendlichen Alter zwingende Neigungen zu verbrecherischen Handlungen zeigen. dass man von einem angeborenen moralischen Schwachsinn reden kann. Die Behauptung. dass ein solcher Zustand vorliegt. kann niemals auf Grund der Thatsache. dass morphologische Abnormitäten vorhanden sind. aufgestellt. sondern muss aus der psychologischen Beurtheilung des Falles abgeleitet werden.

Die genaue Abgrenzung dieser Zustände von angeborenem. moralischem Schwachsinn. welcher zu den endogenen Geisteskrankheiten zu rechnen ist. von den dem Strafgesetz anheimfallenden verbrecherischen Neigungen ist dringend nothwendig.

Hier heben wir nur den allgemeinen Gesichtspunkt heraus. dass es sich dabei ausschliesslich um psychologische Beurtheilung handelt. es sei denn. dass ein durch bestimmte. anderweitige Hirnerkrankung (Porenkephalie. Hydrokephalie. Cretinismus etc. bedingter Zustand vorliegt.

Die Bedeutung der Heredität für die endogenen Geisteskrankheiten.

Für die Beurtheilung der endogenen Geistesstörungen ist von grosser Wichtigkeit die Kenntniss dessen. was man kurz als Heredität bezeichnet. Wir sind genöthigt, hier einen kurzen Blick in dieses Capitel der allgemeinen Pathologie zu werfen. weil bei allen den im Folgenden behandelten speciellen Formen von endogener Geistesstörung die Heredität eine grosse Rolle spielt.

Unter Heredität im psychiatrischen Sinne ist weiter nichts zu verstehen als die Thatsache, dass in der Blutsverwandtschaft eines bestimmten Menschen mehrere Fälle von psychischer Abnormität vorgekommen sind. Heredität ist also ein weiterer Begriff als „Vererbung" Bei „Vererbung" denkt man immer an die Fortpflanzung von Eigenschaften der Eltern in den Kindern. oder im weiteren

Sinn an das nothwendige Product aus den Zeugungselementen der Eltern. Es können wahrscheinlich die Zeugungselemente. z. B. unter dem Einfluss von Intoxicationen, in einen Zustand versetzt werden. aus welchem in dem Gehirn des producirten Kindes endogene Geistesstörungen zu Stande kommen. ohne dass die Erzeuger selbst jemals psychopathisch gewesen wären. In diesem Fall kann eigentlich von „Vererbung" nicht gesprochen werden. weil ja der psychopathische Zustand des Kindes gar nicht seine Quelle in einem psychopathischen Zustand der Eltern. sondern in einer exogenen Schädigung der Keimelemente hat. Immerhin ist hier doch wenigstens von der Hervorbringung eines Zustandes im Kinde durch einen Zustand der Eltern die Rede. also von einem Causalitätsverhältniss.

In dem psychiatrischen Begriff der Heredität ist jedoch von diesem Causalitätsverhältniss gar nicht mehr die Rede. Es kann z. B. Jemand durch seine eigenen Kinder hereditär belastet erscheinen. wenn die Geistesstörung dieser nicht durch exogene Ursachen (Syphilis — Paralyse. Alkohol — Delirium tremens etc.) bedingt ist. Es verbirgt sich also eigentlich hinter dem Wort Heredität nur der allgemeine Schluss. dass. wenn in einer Familie mehrere Fälle von nicht durch äussere Ursachen erklärbaren Geistesstörungen vorkommen. wahrscheinlich auch noch andere Mitglieder derselben zu Geistesstörungen disponirt oder determinirt sein werden. Es handelt sich hier nicht um Causalität. in Bezug auf das Hervorbringen von Kindern mit Anlage zu Geistesstörung. sondern um den Wahrscheinlichkeitsschluss von einzelnen vorhandenen Fällen auf andere noch nicht vorhandene in einer Blutsverwandtschaft.

Diesem Schluss liegt die Thatsache zu Grunde. dass in manchen Familien eine auffallende Häufung von Geisteskrankheiten zu bemerken ist. Diese Thatsache der Häufung von Geisteskrankheiten in bestimmten Familien ist nun im Sinne einer pessimistischen Weltanffassung zur Rechtfertigung der Décadence-Lehre verwendet werden. Man hat die Häufung von psychopathischen Zuständen in einer Familie als Ursache der völligen physischen und psychischen Entartung aufgefasst. Die schematische Darstellung dieser Auffassung der Heredätsverhältnisse ist eine allmählich constant absinkende Curve. In der That gibt es Stammbäume. welche diesen fortschreitenden physischen und psychischen Zerfall klar kennzeichnen.

Es ist aber durchaus falsch. dieses Schema als vollgiltigen Ausdruck der Heredätsverhältnisse aufzufassen. Es ist Zeit, die Thatsache hervorzukehren. dass aus einer Blutsverwandtschaft in der weiteren Nachkommenschaft allmählich die Geistesstörungen wieder verschwinden können. wenn ein Zufluss von normalen Beanlagungen aus anderer Blutsverwandtschaft erfolgt. Der Thatsache der Degeneration. welche für die Literatur jahrzehntelang den wissenschaftlichen Hintergrund des Pessimismus bildete. muss die ebenso sichere Thatsache der Regeneration im Laufe von Geschlechtern entgegengestellt werden.

Der erste Punkt. welcher in dieser Beziehung hervorgehoben werden muss. ist der Umstand. dass sich die erbliche Anlage bei Kindern von Eltern. von denen der eine Theil dauernde. unheilbare Geistesstörung hat. durchaus nicht in dauernder, unheilbarer Geistesstörung zu äussern braucht. sondern vielmehr sehr häufig in kurzen Anfällen mit sehr guter Prognose und völliger Wiederherstellung zu Tage treten kann.

Nach der Anticipation der pessimistischen Décadence-Lehre, welche zum Theil auch in wissenschaftliche Publicationen eingedrungen ist, müsste die Geistesstörung eines erblich belasteten Kindes graduell mindestens ebenso schwer oder noch schwerer sein, als die Geistesstörung der oder eines der Ascendenten.

Es wird sehr häufig der Begriff der erblichen Belastung als ein prognostisches Moment aufgefasst, derart, dass das Wort „hereditär" den Nebenbegriff des „Unheilbaren" bekommt. Diese Verwechslung ist durchaus zu verwerfen. Eine Menge von unzweifelhaft hereditär bedingten Geistesstörungen hat durchaus eine gute Prognose. Die Prognose ist immer nur aus der Beschaffenheit der Krankheitsform, nie aus der blossen Thatsache der Heredität zu stellen.

In Bezug auf die Décadence-Lehre ist dieser Umstand der erste Gegenbeweis.

Es kommen ferner Familien vor, in denen Geistesstörungen bei den Grosseltern und Urgrosseltern gewesen sind, ohne dass die Enkel noch besondere psychische Abnormitäten zeigen. Das „Abklingen" von psychopathischen Familienanlagen zeigt sich z. B. darin, dass Kinder aus Familien mit einer Ascendenz, in welcher schwere Geistesstörungen gewesen sind, nur mit ganz leichten Abnormitäten (Zwangsgedanken, leichte hysterische Zustände etc.) davon kommen.

Sehr interessant in dieser Beziehung ist das Studium der alten Aufnahmebücher der Irrenabtheilung des Julius-Spitales in Würzburg[1] und der Vergleich derselben mit dem seit circa 1840 in geordneter Weise vorhandenen Actenmaterial der jetzigen psychiatrischen Klinik daselbst.

Bei der grossen Sesshaftigkeit der ländlichen Bevölkerung und der grossen Kinderzahl, welche die Regel bildet, sollte man auf der Basis der Décadence-Lehre erwarten, dass man die alten Namen (Hellmuth aus Dittelbach, Goepfert aus Nüdlingen, Bringler von Aufstetten, Trotzer von Hersbruck, Englert von Essfeld, Eisenhut von Estenfeld etc.) in der Neuzeit in gehäufter Weise in den psychiatrischen Acten wiederfinden würde: Das ist jedoch durchaus nicht der Fall, während sich die Hypothese, dass alle diese Familien ausgestorben sein sollen, leicht widerlegen lässt. Nimmt man also so grosse Zeiträume, so erscheinen die Hereditätsthatsachen nicht mehr als eine sich constant senkende Curve, sondern als ein Abschwellen und Wiederanschwellen der normalen Beanlagungen. Nimmt man dagegen kleinere Zeiträume, wie z. B. die letzten 30 Jahre, so könnte man in der That auf Grund auch des in hiesiger Klinik vorliegenden Actenmaterials auf die Lehre von der fortschreitenden Décadence geführt werden.

---

[1] Cfr. *Rieger*, Die Psychiatrie in Würzburg von 1583—1893. Verlag von Stahel, Würzburg 1893. Es werden darin die Aufnahmebücher der Jahre 1583—1628 mitgetheilt.

Ich gebe nun zunächst einen Stammbaum [1]), welcher an einer bestimmten Familie dieses Verhalten illustrirt.

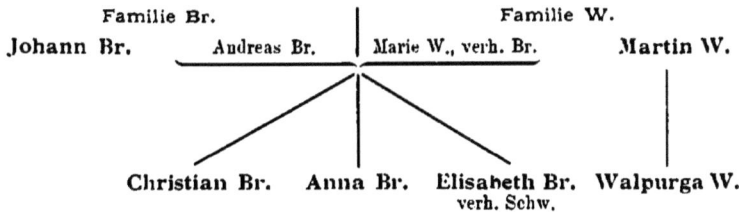

Familie Br. | Familie W.

Johann Br.   Andreas Br.   Marie W., verh. Br.   Martin W.

Christian Br.   Anna Br.   Elisabeth Br.   Walpurga W.
verh. Schw.

Hier haben sich also zwei Personen (Andreas Br. und Marie W.) verheiratet, welche beide je einen geisteskranken Bruder hatten, jedoch ihrerseits dauernd gesund geblieben sind. Diese geistig normalen Personen haben nun drei geisteskranke Kinder, und auch die Tochter des Bruders der Mutter (Walpurga W.) ist geisteskrank. Dieser Stammbaum erweckt in der That den Eindruck der fortschreitenden Décadence.

Aehnlich ist es mit folgendem Stammbaum:

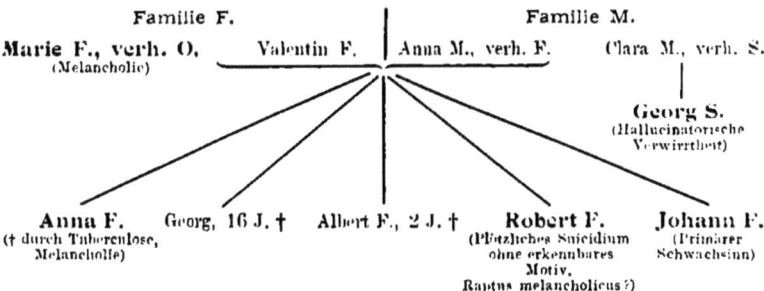

Familie F. | Familie M.

Marie F., verh. O,   Valentin F.   Anna M., verh. F.   Clara M., verh. S.
(Melancholie)

Georg S.
(Hallucinatorische
Verwirrtheit)

Anna F.   Georg, 16 J. †   Albert F., 2 J. †   Robert F.   Johann F.
(† durch Tuberculose,   (Plötzliches Suicidium   (Primärer
Melancholie)   ohne erkennbares   Schwachsinn)
                                                      Motiv.
                                                      Raptus melancholicus?)

Hier sind also auch beide Eltern (Valentin F. und Anna M.) geistig normal, haben aber geisteskranke Blutsverwandte. Die Schwester des Vaters war melancholisch, ein Geschwisterkind der Mutter hatte an hallucinatorischer Verwirrtheit gelitten. Von den fünf Kindern sind zwei geistig gesund gestorben, das dritte starb geisteskrank an Tuberculose, das vierte durch einen im höchsten Grade auf ausbrechende Geistesstörung verdächtigen Selbstmord, das fünfte (Knabe von 16 Jahren) ist in leichten Schwachsinn verfallen. Auch hier scheint die von beiden Seiten vorhandene Belastung zu der Décadence mitzuwirken. Allerdings machen wir dabei die Voraussetzung, dass das Geschwisterkind der Mutter (der geisteskranke Georg S.) aus der Familie der Mutter M., nicht aus der Familie seines Vaters S. belastet ist.

Diese progressive Häufung ist jedoch durchaus nicht die Regel. An manchen Stammbäumen scheinen die pathologischen Fälle ganz sporadisch vertheilt.

[1]) Nach einem hektographischen Schema der hiesigen Klinik. Die Namen der psychopathischen Familienglieder sind fett gedruckt.

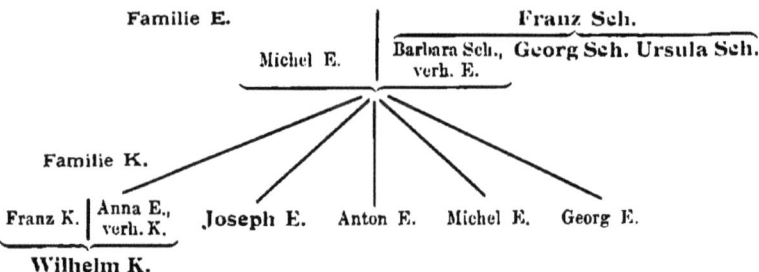

Hier erscheint also die Grossmutter des Wilhelm K., nämlich
Barbara Sch., verheiratete E., sehr stark erblich belastet durch den
geisteskranken Vater und zwei geisteskranke Geschwister. Im Hinblick auf die Décadence-Lehre ist es nun sehr zu bemerken, dass
von den fünf Kindern dieser schwer belasteten Frau nur eines geisteskrank ist (Joseph E.). Die Tochter Anna E., verheirathete K., ist
selbst geistig ganz gesund, hat aber den geisteskranken Sohn Wilhelm.
Hier ist das eigenthümlich sprunghafte Auftreten der psychopathischen
Beanlagung bemerkenswerth. Jedenfalls kann hier nicht von einer
progressiven Décadence wie in den vorigen Fällen geredet werden.

Diese Art der Vertheilung bildet den Uebergang zu der in dem
folgenden Stammbaum ersichtlichen:

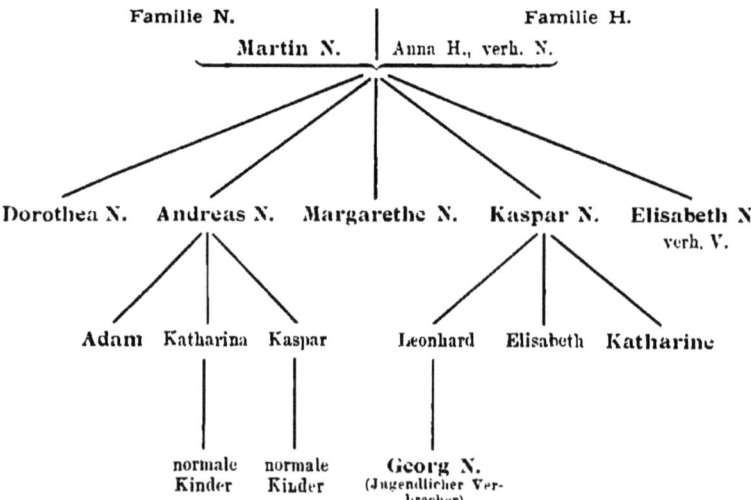

Hier werden also in der Ehe des später geisteskrank gewordenen
Martin N. mit der geistig gesunden Anna H. fünf Kinder geboren,
welche sämmtlich zum Theil nach Verheirathung in Geisteskrankheit
verfallen. Aber nun sind keineswegs sämmtliche Nachkommen degenerirt, wie es doch eigentlich im Sinne der Décadence-Lehre sein müsste,
sondern von den je drei Kindern der beiden geisteskranken Geschwister
Andreas und Kaspar N. wird nur je eines geisteskrank, während

vier ganz normal bleiben und von diesen wiederum zwei sogar auch
wieder normale Nachkommenschaft haben. Trotz der drei sporadischen
Fälle: Adam. Katharine und Georg kann man hier entschieden von
einer Besserung der psychischen Beanlagung in der Familie reden.
Läge blos die erste Descendenten-Reihe, nämlich die der fünf geisteskranken Kinder einer geisteskranken Mutter vor, so würde der Stammbaum von den Vertretern der Décadence-Lehre als eclatantes Beispiel
für ihre Ansicht angezogen werden. In Wirklichkeit aber ist es
denkbar, dass in der Nachkommenschaft von Katharina X. und
Kaspar X., den Kindern des Andreas X., die Geisteskrankheit allmählich erlischt.

In Bezug auf die wechselnden Krankheitsformen, in welchen
die hereditäre Anlage zum Ausbruch kommen kann, ist für unsere
diagnostischen Zwecke eigentlich nur die Thatsache wichtig, dass
nach schweren unheilbaren Geistesstörungen des Vorfahren — sehr
leichte und prognostisch günstige „Anfälle" bei den Nachkommen
vorkommen können. In dieser Beziehung ist folgender Stammbaum
von Interesse:

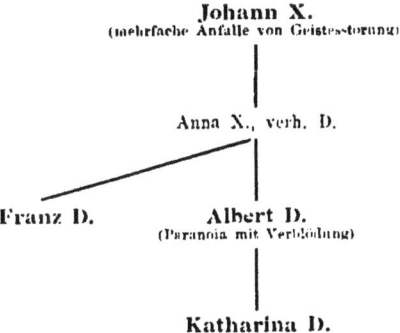

Hier hat also der Urgrossvater der Katharina anscheinend an
periodischer Geistesstörung gelitten, der Vater der K. an einer zur
Verblödung führenden Paranoia, die K. selbst an einer vermuthlich
nicht recidivirenden, zur völligen Heilung führenden Melancholie.

Die Thatsache, dass es offenbar endogene Anfälle von Geistesstörung gibt, welche nach ihrem symptomatischen Charakter als
prognostisch günstig aufgefasst werden müssen (Melancholie, Manie),
gibt uns Veranlassung, unseren Begriff des Degenerativen noch etwas
einzuschränken Wir haben bisher die Worte „endogen" und „degenerativ" promiscue gebraucht. Es ist jedoch besser, das Wort
degenerativ auf diejenigen endogenen functionellen Geistesstörungen
einzuschränken, welche zu einem dauernden geistigen Schwäche-
zustande führen.

Der angeborene (degenerative) Schwachsinn.

Der Typus der degenerativen functionellen Geistesstörungen
ist diejenige Form des angeborenen Schwachsinns. welcher nicht durch
organische Hirnzerstörung oder als Theilerscheinung einer ander-

16*

weitigen Erkrankung (z. B. beim Cretinismus) aufzufassen ist, sondern
als frühzeitiger Stillstand in der Entwicklung der cerebralen Functionen bei anatomischer Intactheit des Organs.
Diese Art der angeborenen Schwachsinnigen ist entweder ganz frei
von morphologischen Abnormitäten, oder sie hat solche nur in der
Weise einer zufälligen Coincidenz, ebenso wie jeder geistig Normale
auch zufälliger Weise einige morphologische Abnormitäten haben kann.

Wir lösen also die Fälle von angeborenem Schwachsinn in folgende Gruppen und Krankheitseinheiten auf:

I. Angeborener Schwachsinn, bei dem sich etwas über die materielle
Hirnveränderung aussagen lässt (cfr. Porenkephalie, besonders
die porenkephalische Form der Mikrokephalie).

Als Anhang hierzu rechnen wir diejenigen Fälle von angeborenem Schwachsinn, in welchen morphologische Abnormitäten
vorhanden sind, mit welchen die geistige Entwicklungshemmung in
einem gesetzmässigen Zusammenhange steht. insofern, als beide
aus der gleichen Ursache entstehen (z. B. Cretinismus).

II. Angeborener Schwachsinn rein functioneller Natur, der gewissermassen als prämature functionelle Geistesstörung aufzufassen ist:

a) ganz ohne allgemein morphologische und speciell cerebrale
Abweichungen,

b. mit zufälligen morphologischen Abnormitäten, welche
weder directen noch indirecten Causalzusammenhang mit der
geistigen Schwäche haben.

Wir reissen also die zusammenfassende Rubrik des angeborenen
Schwachsinns   im Hinblick auf eine pathogenetische Eintheil-
lung der geistigen Abnormitäten völlig auseinander und erklären
ausdrücklich. dass „angeborener Schwachsinn" keine Diagnose. d. h.
keine Krankheitseinheit. sondern blos ein Name für ein Symptom
ist, zu welchem durch eine kritische Analyse des einzelnen Falles
erst die Krankheitseinheit gesucht werden muss. Um den angeborenen
Schwachsinn ohne cerebrale Zerstörung und ohne in Betracht kommende morphologische Abweichung kurz zu bezeichnen, schlage ich
den Ausdruck: prämaturer Schwachsinn vor, weil er einen
functionellen Stillstand der Denkapparate bald in den ersten
Jahren nach der Geburt darstellt. — Diese Form der Geistesstörung
ist pathogenetisch vollkommen mit dem später ausbrechenden Schwachsinn. den man „primär" nennen kann. um diese Krankheitsform von
den secundären Schwächezuständen abzugrenzen, trotz der grossen
symptomatischen Verschiedenheit auf gleiche Stufe zu stellen. Es
handelt sich im Wesentlichen nur um die chronologische Differenz
im Ausbruch der Krankheit: Kommt der endogene functionelle Stillstand der Denkapparate sehr zeitig zu Stande, so entsteht das Symptomenbild des angeborenen Schwachsinns. kommt er erst später zu
Stande. nach Entwicklung eines reicheren individuellen Lebens. so
entstehen die wechselnden Symptomenbilder des primären Schwachsinns.

Wir wollen nun einen Fall analysiren. welcher diese Probleme
sehr scharf hervortreten lässt. besonders was die Beziehung von morphologischen Abnormitäten zu geistigen Schwächezuständen betrifft.

Es handelt sich um drei Brüder Bäuerlein, 1. Michel, geboren 1860, 2. Ludwig, geboren 1861, 3. Valentin, geboren 1865, aus Wustviel im Steigerwald; — Familie der Mutter in auf- und absteigender Linie angeblich völlig frei von psychischen Abnormitäten. Ein Bruder des Grossvaters war ein „toller Kerl", soll einmal auf der Irrenabtheilung des Julius-Spitales gewesen sein. Von dessen 4 Kindern sollen 2 normal, 2 (Söhne) geistesbeschränkt sein, können sich jedoch mit Steineklopfen ihr Brot ver-

Fig. 21.

Gebrüder Bäuerlein, angeborener (degenerativer) Schwachsinn.

dienen. Der zweite Bruder des Grossvaters war ein starker Trinker. Von dessen 3 Kindern ist ein Sohn auch etwas geistesbeschränkt, hat einen „falschen Gang", krumme Körperhaltung. Von den 5 Geschwistern des Vaters soll nur ein vor zwei Jahren verstorbener Bruder geistesbeschränkt, aber nie in einer Anstalt gewesen sein. Der Vater war Potator, vertrank sein ganzes Vermögen, misshandelte Frau und Kinder. Vor vier Jahren traf ihn im Mostrausch der Schlag. Die drei idiotischen Brüder haben noch 2 Geschwister, zwei Schwestern, die eine geistig gesund, die andere, 31 Jahre, ist nicht „wie sie sein soll", arbeitet jedoch so weit, dass sie ihr Brot verdienen kann. Trotzdem viel auf die Erziehung der 3 Kinder verwendet wurde, war es nicht möglich, ihnen Lesen und Schreiben beizubringen, nicht einmal zu den gewöhnlichsten Feldarbeiten oder zum Viehhüten waren sie zu gebrauchen, sie konnten höchstens Lasten tragen.

Die drei Söhne sind zwar alle drei als angeboren schwachsinnig zu bezeichnen, zeigen aber doch verschiedene Grade dieses Zustandes und individuelle Eigenthümlichkeiten. Relativ am höchsten steht intellectuell und moralisch Ludwig, der zweitälteste. Er kann etwas mehr Gegenstände bezeichnen als die anderen, kann circa bis 6 zählen, kann zu Reinigungsarbeiten verwendet werden, während die anderen höchstens zum Tragen von Lasten verwendbar sind. Dabei hat er ein gutmüthiges Wesen, ist höflich, sagt z. B. stereotyp bei jeder Visite: Guten Morgen, Herr Doctor. Michel, der älteste, steht am niedrigsten, er hat eine ganz plumpe ungeschlachte Haltung, kann keine Handgriffe machen, nur Lasten tragen, Steineklopfen und Pumpen. Läuft meist mit gesenktem Kopfe. Wenn er ordentlich darauf los arbeiten kann, ist er ganz vergnügt. Wenn man die geringsten geistigen Anforderungen an ihn durch Fragen stellt, so geräth er in den folgenden Zustand: Zuerst senkt er den Kopf, macht ein griesgrämiges Gesicht. Fragt man weiter, so bekommt er plötzlich einen Wuthanfall, in welchem er auf den Nächststehenden, z. B. seinen Bruder, unsinnig einhaut. Er kann nicht bis auf zwei zählen. Valentin zeigt ein ebenso ungeschlachtes Wesen wie Michel. Er hat meist ein freches Lachen an sich. Von den vergleichenden Intelligenzprüfungen, welche an den drei Brüdern vorgenommen worden sind, gebe ich folgende auf das Bezeichnen von Bildern bezügliche Tabelle.

Es wurde stets ein Buch mit einem Bild mit der Frage: Was ist das? gezeigt. Es nannte:

	Ludwig	Valentin	Michael
Bank	Lineal	Eine Zahl	Vacat
Schiefertafel	Kaune	Spiegel	Spiegel
Ovaler Tisch	Fisch	Leuchter	Vacat
Rothe Farbe	—	Roth	—
Sopha	Rothes Ding	Häuser	
Bettstatt	Weisses Ding	Hund	—
Spiegel	Bild	Spiegel	—
Bild	Bild	Spiegel	..
Kommode	Buch	Spiegel	—
Stuhl	Hund	Stuhl	
Fussbank	Hund	Hund	
Schrank	Buch		
Leuchter	Kreuz		—
Messer	Messer	Messer	Messer
Löffel	Löffel	Löffel	Löffel
Gabel	Gabel	Gabel	Gabel
Flasche	Weisses Ding	-	—
Glas	Weisses Ding	—	
Bouteille	Schwarz	Bouteille	
Trichter	Ein rothes Ding		
Pfanne	Kreuz		

	Ludwig	Valentin	Michael
Topf	Kamm	—	—
Kessel	Kamm	—	—
Mörser	Ein weisses Ding	—	—
Oellampe	Kreuz	—	—
Scheere	Scheere	Scheere	Scheere
Bügeleisen	Bügeleisen	—	—
Waage	Waage	Waage	
Hammer	Hämmerlein	Hammer	—
Kaffeemühle	Mühle	Mühle	—
Korb	Kamm	Körbele	—
Sichel	Sichel, Messer	Sichel	—
Wagen	Ringele	Wagen	—
Wagenstange	—	Deichsel	—
Rad		Räder	—
Kette	—	Kette	—
Giesser	Giesserle	Giesser	—
Beil	Hämmerle	—	—
Spaten	Kreuz	—	—
Violine	Geige	Geige	—
Trompete	Trompete	Trompete	
Flöte	Federheft		
Posaune		Trompete	
Flinte	Flinte	Flinte	
Säbel	Säbel	Säbel	
Fahne	Fahne	Fahne	Fahne
Schwarz, weiss, roth	—	roth, roth	schwarz, roth
Trommel	Wo man eine Uhr einsteckt.		
Schloss	Eine Mühl	—	
Haus	Eine Mühl		
Weinfass	Kamm	—	
Treppe	Stiege	Stiege	
Kirche	Kreuz	Thurm	
Brücke	Kreuz	—	
Statue	Kreuz	—	
Glocke	Kamm	—	
Invaliden	Soldat	Männer	Mutter Gottes
Infanterie	Soldat	Soldat	
Reiter	Soldat	Gaul	
Seemann	Soldat	—	
Eisenbahn	Ein Ringel	Bild	
Postomnibus	schwarz	Gaul	
Hund	Hund	Hund	Lübber (sic!)
Eichhorn	Hund	Reh	
Schwein	Hund	Sau	
Bär	Hund	Bär	
Maulwurf	Maulwurf	—	
Fledermaus	Kreuz		

	Ludwig	Valentin	Michael
Katze	Katze	---	---
Hase	Hirsch	--	
Eber	Katz	Sau	
Löwe	Katz	Gaul	
Tiger	Hund	Bär	—
Hirsch	Hund	Gaul	--
Ziege	Gais	Gais	--
Kuh	Gais	Ochs	
Ochs	Gäul	Ochs	
Kameel	Gaul	Bär	--
Pferd	Gaul	Gaul	Gaul
Schaf	Gais	—	-
Esel	schwarz, Schimmel	Bär	Gaul
Nashorn	schwarz	—	--
Elephant	schwarz	---	---
Eule	Hund	Geier	-
Adler	Schwalbe	Huhn	
Rebe	Schwalbe	Geier	--
Papagei	Schwalbe	Geier	—
Pfau	roth	Geier	
Truthahn	Hühner	Höcker	Huhn
Storch	Gans	Geier	Ente
Hahn	Höcker	Höcker	Huhn
Henne	Ein Huhn	Höcker	—
Schwan	Ein rothes Ding	Geier	Ente
Gans	Gans	Geier	-
Ente	Ente	Geier	Ente
Schlange	Fisch	Geier	

Aus dieser Intelligenzprüfung geht hervor, dass Ludwig in dieser Beziehung der klügste, Michel der dümmste ist.

Nur die Gegenstände, die zum Essen nothwendig sind, Messer, Gabel, Löffel, werden von allen dreien gekannt, ferner Scheere und Fahne.

Ludwig und Valentin kennen einiges mehr: Waage, Kaffeemühle, Giesskanne, Geige, Trompete, Flinte, Sichel, Säbel, Stiege, Soldat, Hund, Katze, Ziege, Pferd, Hahn. Im Uebrigen treten folgende Eigenthümlichkeiten hervor: Für ganz verschiedene Gegenstände wird oft das gleiche Wort verwendet, das Wort Kanne von Ludwig für Schiefertafel, Topf, Kessel, Korb, Weinfass, Glocke; das Wort Buch für Kommode, Schrank, das Wort Hund bei Ludwig für Stuhl, Fussbank, Eichhorn, Schwein, Bär, Tiger, Eule, dasselbe Wort Hund bei Valentin für Bettstatt, Fussbank, das Wort Kreuz bei Ludwig für Leuchter, Pfanne, Oellampe, Spaten, Kirche, Brücke, Statue u. s. f. Es sind also in diesem Zustande ganz unklare Wortbegriffe vorhanden.

Derartige Intelligenzuntersuchungen, welche auf den ersten Anblick als Spielerei erscheinen, können von der grössten Wichtigkeit werden, wenn es gilt, einen angeborenen Schwachsinnigen von einem später schwachsinnig Gewordenen zu unterscheiden.

Es handelt sich hier um das bekannte Caspar Hauser-Problem.[1] Wenn die Psychiatrie damals schon in der Lage gewesen wäre, auf Grund von Intelligenzuntersuchungen festzustellen, dass es sich bei Caspar Hauser nicht um einen später schwachsinnig Gewordenen, sondern um einen angeboren Schwachsinnigen gehandelt hat, so wären viele Aufregungen in dieser sensationellen Affaire zu vermeiden gewesen. Im vorliegenden Falle wäre nun auf Grund der Intelligenzuntersuchung zu sagen gewesen, dass es sich nur um angeborenen Schwachsinn handeln könne. Bei dem später ausbrechenden Schwachsinn sind diese elementaren Vorstellungen, wie z. B. Namen von gebräuchlichen Gegenständen stets erhalten.

Besonders kommt hierbei ein so ganz inhaltsloser Gebrauch von Worten nie vor. Ferner sind meist die einfachen Schulkenntnisse, wie Lesen, Schreiben und etwas Rechnen erhalten. Es hätte sich hier also sicher behaupten lassen, dass angeborener Schwachsinn vorliegt.

Dieser zeigte nun im gegebenen Falle deutliche Abstufungen bei den drei Brüdern. Alle drei Brüder haben dabei die gleiche morphologische Abnormität des Schädels („Degenerationszeichen"). Entsprechend der Coronarnaht, also am oberen Rande der Stirnbeine, zeigt sich bei allen dreien eine ziemlich tiefe, den Schädel in der Frontalebene umziehende Einsattelung (Sattelkopf). Da bei allen drei Brüdern ein angeborener Schwachsinn und eine morphologische Abnormität zusammentreffen, so liegt zunächst der Schluss nahe, dass ein Causalzusammenhang zwischen der morphologisch nachweisbaren Schädeldeformität und der psychischen Entwicklungshemmung bestehe. Es fehlt nun aber erstens jedes Symptom, welches für eine bestehende grobe Hirnzerstörung, die als Folgezustand einer Schädeldepression aufgefasst werden könnte, wodurch der dreifache Fall in's Capitel der Porenkephalie gerathen würde, sprechen könnte, zweitens ist es kaum unmöglich, eine Schädeldepression, welche sich genau bei drei Individuen an den Verlauf der Coronarnaht hält, als Wirkung eines Trauma aufzufassen. Höchstens könnte an eine gemeinsame Ursache in der Mechanik des Geburtsactes bei der gemeinsamen Mutter gedacht werden. Nun ist aber weder eine Lagenabnormität bei den drei Geburten vorhanden gewesen, noch zeigen die Geburtswege der Mutter irgend eine Abweichung, welche bei normaler Kindslage eine Art von traumatischer Einwirkung auf den Schädel hervorbringen könnte.

Der Bericht der geburtshilflichen Klinik W. lautet: „Frau B. hat ein recht geräumiges, etwas über normal grosses Becken ohne jeden nachweisbaren pathologischen Befund, wie Exostosen etc. Die äusseren Maasse sind: Dist. spin. 28·0, Dist crist. 31·5, Conjugat. extern. 20·5. Das Promontorium kann in Folge seniler Kolpitis bei innerer Untersuchung überhaupt nicht erreicht werden.

Es fehlt somit jeder Anhaltspunkt, um die Schädelabnormität als Wirkung einer Causa externa auffassen zu können. Es handelt sich also um eine durch Vererbung bedingte, 3 Glieder einer Familie betreffende morphologische Abnormität am Schädel.

[1] Aus Prof. *Rieger's* Vorlesungen.

Da nun ebenfalls für die angeborene Geistesstörung jede organische Hirnzerstörung oder anderweitige das Gehirn schädigende Krankheit (Cretinismus. Mikrokephalie, Hydrokephalie) fehlt, so muss also auch diese angeborene Geistesschwäche als Ausdruck eines ab origine bedingten, endogenen Stillstandes der cerebralen Functionen aufgefasst werden.

Es frägt sich ferner im Hinblick auf die gleiche endogene Beschaffenheit der morphologischen Abnormität und der Geistesschwäche, ob diese beiden Beanlagungen eine gemeinsame degenerative Basis haben, d. h. als zwei verschiedene Aeusserungen desselben Degenerationsprocesses aufzufassen sind. Hier zeigt sich nun aber gerade die sonderbare Thatsache. welche auf die ganze Lehre von den Degenerationszeichen ein scharfes Licht wirft, dass in Bezug auf die psychische Degeneration die Familie des Vaters als das belastende Moment erscheint, während die morphologische Abnormität von der sammt ihrer Familie geistig ganz normalen Mutter stammt. Die Mutter hat nämlich dieselbe Sattelform des Kopfes.

Es zeigt sich in der morphologischen Abnormität eines Körpertheiles ein von der endogenen Geistesstörung ganz unabhängiges Vererbungsphänomen. Wäre von den Ascendenzverhältnissen der drei Brüder nichts bekannt, sondern wären beispielsweise nur ihre Schädel in einer Schädelsammlung conservirt mit der Angabe, dass es sich um drei idiotische Brüder handle, so würde ohne Zweifel die in scheinbar gesetzmässiger Weise bei allen dreien vorhandene morphologische Abnormität als Degenerationszeichen aufgefasst und zusammen mit der angeborenen Geistesstörung aus der gleichen degenerativen Quelle abgeleitet worden sind. Wir kommen bei der Betrachtung dieses Falles auf den schon in der Einleitung geäusserten Gedanken zurück, dass die einzelnen Organe des Körpers in der Vererbung und endogenen Variation ihrer Form eine grosse Unabhängigkeit von anderen Organen zeigen und durchaus nicht einen degenerativen Zustand des Gesammtorganismus ausdrücken. Der eigentliche Hintergrund der Degenerationslehre in der bisherigen Form ist eigentlich die Idee einer psychischen Gesammtpersönlichkeit, deren abnormer Zustand sich in abnormen Formen ausdrückt, genau so, wie die Gall'sche Phrenologie speciell in der Schädelform einen directen Ausdruck der psychischen Elemente gefunden hat. Der Unterschied liegt nur darin, dass die Gall'sche Phrenologie mehrere psychische Elementarfähigkeiten und dementsprechend mehrere localisirte und specifische morphologische Ausdrücke angenommen hat. während in der Degenerationslehre aus den morphologischen Abweichungen der verschiedensten Organe immer auf die gleiche Degeneration des Gesammtwesens geschlossen wird, ferner. dass sich die Gall'sche Phrenologie wesentlich nur auf den Schädel, die moderne Degenerationslehre auf den ganzen Körper bezieht. Die Degenerationslehre kann geradezu als pathologische Phrenologie bezeichnet werden. Im Hinblick auf unseren eclatanten Fall stellen wir zunächst fest. dass es falsch ist. morphologische Abnormitäten. die sich zugleich mit endogenen geistigen Schwächezuständen finden, ohne weiteres als Ausdruck und Zeichen der psychischen Degeneration zu betrachten.

Die Diagnose auf eine degenerative Geistesbeschaffenheit muss ausschliesslich aus der psychologischen Analyse gestellt werden.

Der angeborene (partielle) moralische Schwachsinn.

Der Nachweis des pathologischen Charakters eines Geisteszustandes ist nach den vorstehenden Ausführungen von dem Vorhandensein von morphologischen Abnormitäten ganz unabhängig. Mit der Negation, dass es keine morphologischen Stigmata gibt, welche einen abnormen Charakter erkennen lassen, ist jedoch durchaus nicht die Negation gegeben, dass es keine „geborenen Verbrecher" gibt. Es gibt einen in die Pathologie gehörenden angeborenen moralischen Schwachsinn. Wir müssen in Bezug auf diese Zustände die gleiche Betrachtung anstellen wie in Bezug auf den angeborenen Schwachsinn im Allgemeinen: In den meisten Fällen handelt es sich um symptomatische Aeusserungen bestimmter Grundkrankheiten, (Porenkephalie, Hydrokephalie, Cretinismus, Mikrokephalie, Epilepsie u. A.), deren Ausschliessung die diagnostische Hauptaufgabe ist, bevor von angeborenem moralischen Schwachsinn geredet werden darf. Wer bei einem Kinde mit epileptischen Anfällen, welches sich psychisch, speciell moralisch abnorm erweist, von „angeborenem moralischen Schwachsinn" reden wollte, würde in einer durchaus unnaturwissenschaftlichen Weise an Stelle der Krankheit ein Symptom setzen. Es bleiben jedoch, wenn man alle die Fälle, in welchen der angeborene moralische Schwachsinn nur Theilerscheinung einer anatomisch oder ätiologisch bestimmbaren Krankheit oder eines allgemeinen angeborenen Schwachsinns ist, ausschliesst, eine allerdings kleine Anzahl von Fällen übrig, in welchen man rein auf Grund der psychologischen Analyse ganz unabhängig von dem eventuellen Bestehen von morphologischen Abnormitäten von einem angeborenen (partiellen) moralischen Schwachsinn im engeren Sinne reden muss.

Die Abgrenzung dieser unter den § 51 des Strafgesetzbuches, welcher von der Ausschliessung der Zurechnungsfähigkeit handelt, fallenden Zustände von denjenigen unmoralischen Geisteszuständen, welche die Zurechnungsfähigkeit nicht ausschliessen, ist eine der schwierigsten Stücke der gerichtlichen Psychopathologie. Diese Schwierigkeit liegt nicht in der mangelnden Kenntniss derselben, sondern darin, dass es manchmal zweifelhaft erscheinen kann, ob auf einen unmoralischen Zustand der Begriff der Krankheit anzuwenden ist oder nicht.

Dies wird in allen den Fällen leicht sein:

I. Wenn eine Grundkrankheit nachzuweisen ist, deren Theilerscheinung die unmoralische Handlung ist (progressive Paralyse, Intoxicationen, Epilepsie[1], Paranoia, allgemeiner angeborener Schwachsinn etc.).

---

[1] Natürlich beweist nicht jede unmoralische Handlung eines Epileptischen eo ipso Unzurechnungsfähigkeit. Nur wenn man annehmen kann, dass eine bestimmte Handlung mit der Epilepsie im Verhältniss vom Symptom zur Grundkrankheit steht, ist die Zurechnungsfähigkeit ausgeschlossen.

II. Wenn ein subjectives Pathos vorliegt, d. h. wenn die unmoralische Handlung in einem Widerspruch zu dem bewussten
Willen der Person zwangsmässig ausgelöst wird (z. B. bei
posthypnotisch wirkenden Suggestionen und bei Zwangshandlungen) oder ihr selbst schadet.

Die Schwierigkeit beginnt erst da, wo weder eine bestimmt
charakterisirbare Grundkrankheit, noch ein subjectives Pathos vorhanden ist. Hier liegt der Begriff der Krankheit nicht so klar zu
Tage. Wenn ein Mensch wiederholt Handlungen begeht, die zum
Schaden seiner Mitmenschen gereichen und sich dabei subjectiv ganz
wohl befindet, so sträubt sich das natürliche Bewusstsein, hier von
Krankheit zu reden und ruft kategorisch nach Strafe.

Immerhin gibt es hier doch Momente, welche die Krankhaf-
tigkeit des Zustandes glaubhaft machen. Diese liegen in der Verbindung von zwei bestimmten Zügen. Der erste dieser Züge ist in
der chronologischen Folge der geistigen Zustände im individuellen
Leben gegeben. In zwei Fällen werden wir unmoralische Neigungen
— bei Abwesenheit einer dieselbe symptomatisch verursachenden
Grundkrankheit — als krankhaft bedingt vermuthen.

1. Wenn dieselben schon in einem Lebensalter hervortreten, wo
   sie nach unseren sonstigen Erfahrungen an „normalen" Kindern
   vollständig fehlen, so dass uns die endogene Beschaffenheit
   dieser Neigungen begreiflich wird.
2. Wenn sie bei Menschen auftreten, welche früher in sittlicher
   Beziehung durchaus untadelig waren, während äussere Momente,
   welche diese Aenderung bedingen könnten, völlig fehlen.

Aber diese chronologischen Momente genügen nicht, um
einen unmoralischen Zustand als krankhaft bezeichnen zu können.
Hierzu gehört noch ein zweites Moment, nämlich dass gleichzeitig
die Handlungen des betreffenden Menschen nicht nur der menschlichen Gesellschaft, sondern auch dem Individuum selbst schädlich sind. Nur bei dem Zusammentreffen dieser beiden Momente:

1. Des einen der genannten chronologischen Züge, nämlich des
   abnorm frühzeitigen Auftretens der unmoralischen Neigungen.
2. Der Selbstschädlichkeit der unmoralischen Handlungen kann
   von einem angeborenen moralischen Schwachsinn im
   engeren Sinne mit Ausschliessung der Zurechnungsfähigkeit die
   Rede sein. Werden die Grenzen des Begriffes weiter gezogen,
   so wird eine dauernde Streitigkeit zwischen Irrenärzten und
   Richtern die Folge sein, so lange der § 51 des deutschen
   Reichsstrafgesetzbuches zu Rechts besteht.

Es ist also bei der Begutachtung durchaus nicht nur die Be-
tonung auf den Begriff des angeborenen zu legen, denn es gibt
eine grosse Menge von angeborenen Trieben, deren Befriedigung
die Verantwortlichkeit durchaus nicht ausschliesst. Auch genügt
ein einziges der oben genannten Momente allein — nicht zu der
strafrechtlich so bedeutungsvollen Diagnose auf angeborenen moralischen Schwachsinn. Nur in der Verbindung dieser beiden
Momente liegt die Möglichkeit, den Begriff der Krankheit auf
einen unmoralischen Zustand, welcher nicht Symptom einer Grundkrankheit oder von subjectivem Pathos begleitet ist, anzuwenden.

Wir haben bei dieser Auseinandersetzung fortwährend den
allerdings seltenen Fall im Auge, dass die moralischen Defecte und
der Mangel an Urtheil über die schädlichen Folgen der Handlungen
für das Individuum isolirte — Lücken bei einem sonst geistig gut
entwickelten Menschen sind. In den Fällen, wo unmoralische Handlungen Theilerscheinung eines allgemeinen angeborenen Schwachsinns sind, kommt diese ganze Ueberlegung gar nicht in Folge, da
dann das Vorhandensein einer die Handlung bedingenden Grundkrankheit leicht zu zeigen ist.

Ich gebe nun ein Beispiel eines solchen deliquente nato,
welcher in das Capitel des angeborenen (partiellen) moralischen
Schwachsinns gehört.

M. L. aus M., aufgenommen am 20. November 1893 im Alter von
15 Jahren. Mutter hat 8 geistig gesunde Geschwister. Sie selbst ist offenbar sehr nervös. Nach dem Tode des Schwiegervaters starke „Nervenauf-
regung".

Sie fühlte sich schwach, „es tobte im Kopfe", „die Nerven am
Hinterkopf haben sich fühlbar gemacht, haben gezappelt". Sonst ist in
der Familie nichts von Nervenkrankheit und Geistesstörung zu ermitteln.
M. ist das älteste von 4 Kindern. Davon ist eines im Alter von 2 Jahren
unter Symptomen, welche retrospectiv für Epilepsie oder Meningitis
sprechen, gestorben.

M. fiel schon, seitdem er sprechen gelernt hatte, der Mutter durch
seine Neigung zu tollen Streichen auf. Die Mutter gibt mit Bestimmtheit
an, dass sie nicht erst jetzt das frühere Benehmen des Kindes auffallend
findet, sondern schon, als der Knabe 3—4 Jahre alt war, über seinen
Zustand mit Bedenken gesprochen hat. Sie hatte „Angst wegen seiner
Zukunft" und redete mit ihrem Manne oft darüber, als der Knabe kaum
vier Jahre alt war. Er zeigte schon, bevor er zur Schule kam, einen
grossen Trieb zu Narrheiten und losen Streichen.

Im sechsten Jahre gab ihm der Grossvater einmal Geld, welches er
der Mutter bringen sollte. An Stelle dessen kaufte er sich Spielsachen.
Mehrfach wurde er von der Mutter hart gestraft, bekam nichts zu essen,
erhielt starke Prügel, wurde in eine dunkle Kammer gesperrt. In den
ersten Schuljahren zeigte er schon sexuelle Neigungen, suchte seiner einige
Jahre jüngeren Schwester an den Genitalien zu manipuliren. Der Lehrer
nannte ihn „nicht schlecht beanlagt, aber furchtbar faul und lässig, phleg-
matisch, zerstreut". Im neunten Jahr hat M. öfter Geld gestohlen und hat
es mit seinen Kameraden verprasst. Wenn er ausgeschickt wurde, trieb er
sich lange über die Zeit in den Strassen umher. Einmal fuhr er mit dem
gestohlenen Gelde auswärts. Er hielt sich unrein, liess Koth und
Urin in die Hosen. Die Mutter prügelte ihn deshalb öfter fürchterlich mit dem Kleiderklopfer, so dass er Striemen auf dem Rücken
bekam, schmierte ihm einmal den Koth um den Mund.

In eine Schulanstalt gegeben, machte er tolle Streiche. Lief fort,
fuhr nach N., trieb sich an einem Circus herum. Er hatte den ganzen
Tag in N. nichts gegessen und getrunken. In der Schule nagelte er einmal
einen Häringskopf an die Wand, weshalb er demittirt wurde. Im Alter
von 13 Jahren erbrach er die Casse der Mutter, stahl 50 Mark, fuhr von
N. nach W., wo er polizeilich aufgegriffen wurde. Er war ganz ver-
wahrlost, hatte Urin in den Kleidern. Zu Verwandten gegeben,

nässte er die Betten, stahl seinem Onkel die Uhr und lief dann fort.
Schwindelte der Mutter vor, die Verwandten hätten ihn fortgeschickt. In
ein Geschäft eingetreten, hielt er sich ganz unordentlich, wusch sich nicht,
log sehr stark, stahl in einer sinnlosen Weise Kleinigkeiten (Manschetten-
knöpfe, Uhrketten, unterschlug 50 Pfennige. Wieder entlassen, führte er zu
Hause tobsüchtige Scenen auf. Schrie öfters furchtbar laut, um die Mutter
zu ärgern, während die Hausleute Ruhe haben wollten und ihr mit Kün-
digung gedroht hatten. Hielt sich unrein. Schimpfte oft ohne Veranlassung
unflätig gegen die Mutter. Machte unsinnige Gedichte, verdrehte die
Sprache. Die sexuellen Züge traten verstärkt hervor.

Status praesens: Morphologisch und neurologisch völlig normal.
Keinerlei epileptische Symptome. Ganz lebhafte Auffassung.

Momentan zu Beschäftigungen gut zu brauchen, aber ohne jede
Neigung zu einer geregelten Arbeit. Andauernd Tendenz zu ausgelassenen
Streichen.

Nur unter dauernder Aufsicht einigermassen in Ordnung zu halten.
Würde ausserhalb der Anstalt ohne Zweifel sofort criminell
werden.

Es muss nun nach dem oben Gesagten in solchen Fällen immer
zunächst gefragt werden, ob es sich bei dem moralischen Schwachsinn um Theilerscheinungen oder Symptome anderer Krankheiten
handelt. Vor Allem war an Epilepsie zu denken, besonders im
Hinblick auf das häufige Bettnässen, welches erfahrungsgemäss bei
Kindern oft als Folge von Epilepsie auftritt.

Dabei war besonders daran zu denken, dass ein Bruder vielleicht an Epilepsie, beziehungsweise „Zahnkrämpfen", „Gefraisch"
gelitten hat. Es liess sich jedoch bei sorgfältigster Anamnese kein
einziges epileptisches Symptom finden. Das Bettnässen musste als
bewusste Handlung aufgefasst werden. Ferner war keine organische
Hirnkrankheit, welche moralischen Schwachsinn bedingen kann, zu
ermitteln.

Ebenso wenig lag allgemeiner angeborener Schwachsinn vor.
Es fragte sich also, ob der vorliegende Zustand von Unmoral bei
seiner Isolirtheit als krankhaft zu bezeichnen ist oder nicht.

Es treten nun in der Anamnese deutlich zwei Züge hervor,
welche den Ausschlag für die Beurtheilung geben:

1. Das Auftreten von bestimmten unmoralischen Neigungen in
einem abnorm jugendlichen Alter.

2. Selbstschädigung. Das Benehmen eines Kindes, welches
den Eintritt einer harten Strafe (z. B. Prügel mit dem Kleiderklopfer) bei Begehung einer bestimmten Handlung (in's Bett uriniren
kennt und diese doch begeht, ist als Selbstschädigung zu bezeichnen. Ebenso ist das Verunreinigen der Kleider mit Urin und
Koth an sich selbst eigentlich durchaus nicht als etwas rein anti-
sociales zu betrachten, sondern als eine dem Betreffenden selbst
am meisten schädliche Handlung.

L. wäre eventuell, wenn er ausserhalb der Anstalt criminell
würde, als angeboren moralisch schwachsinnig zu bezeichnen
und unter den Schutz des § 51 zu stellen, andererseits aber durch
Detinirung in einer Irrenanstalt dauernd unschädlich für die menschliche Gesellschaft zu machen.

Der primäre Schwachsinn.

Neben dem angeborenen, nicht durch anderweitige Krankheiten bedingten Schwachsinn sind diejenigen im postnatalen Leben ausbrechenden Geistesstörungen unter dem Sammelnamen des degenerativen Irreseins unterzubringen, welche am deutlichsten ihren endogenen von äusseren Umständen unabhängigen Charakter zeigen und zu dauernden Schwächeanständen führen.

An zweiter Stelle muss der primäre Schwachsinn genannt werden, welcher meist im Alter von 15—25 Jahren ohne äussere Ursachen ausbricht und bei dem sich nach einem relativ kurzen Initialstadium, in welchem das Bild der Manie, Melancholie oder Paranoia bei oberflächlicher Betrachtung vorgetäuscht werden kann, das ganze geistige Leben auf ein niedrigeres Niveau einstellt. Es ist das gerade eine sehr wichtige Aufgabe der psychiatrischen Diagnostik, diejenigen Fälle von scheinbarer Manie oder Melancholie etc., in denen von vornherein das Element des Schwachsinns dominirt, richtig zu erkennen und diese Fälle trotz der Aehnlichkeit mit anderen Formen von Psychose bald in die für die Prognose entscheidende Rubrik des primären Schwachsinns unterzubringen. Diese Krankheit bricht manchmal mit ganz kurzen und unbedeutenden Aufregungszuständen aus, die für die Umgebung oft gar nicht unter den Begriff der Psychose fallen. Die Kenntniss der durchaus endogenen Natur dieser Krankheit ist von grösster Wichtigkeit für den Praktiker, weil gerade in solchen Fällen immer Causae externae gesucht und oft Recriminationen von Angehörigen gegen Menschen, die am Ausbruch der Geisteskrankheit „schuld" sein sollen, erhoben werden. Z. B. handelt es sich höchst wahrscheinlich bei einer Reihe von schweren Soldatenmisshandlungen um solche während der Militärzeit primär schwachsinnig Gewordene.

Das Wesentliche an diesem Process ist der rasche Verfall in Schwachsinn. Legt man auf die mannigfaltigen psychischen Symptome Werth, welche sich im Beginn daran zeigen, so wird man eine unendliche Menge von Krankheitsbildern aufstellen müssen. Fast jeder Fall ist in seiner speciellen Erscheinung verschieden, das Gemeinsame und differentialdiagnostisch wichtige ist der Umstand, dass trotz der symptomatischen Aehnlichkeit mit bestimmten wohlcharakterisirbaren Psychosen, wie Melancholie, Manie, Paranoia doch bei dieser Erkrankung schon von vornherein das Bild des Schwachsinns unter dem Schleier der begleitenden Symptome deutlich hervortritt.

Der in statu nascendi Paranoia-ähnliche primäre Schwachsinn.

Klinisch sehr interessant sind diejenigen Formen des primären Schwachsinns, welche symptomatisch der Paranoia ähnlich sehen. In der That könnte die Frage aufgeworfen werden, ob nicht hierbei die Paranoia als Grundkrankheit anzuerkennen und die rasch eintretende Verblödung als eine Besonderheit des Verlaufes einzelner Paranoiafälle anzusehen ist. Das Studium der Originärverrückten

und der im späteren Leben an Verfolgungswahn Erkrankten zeigt
jedoch, dass die Paranoia durchaus nicht nothwendig zur Verblödung führt, wenn allerdings auch bei spät entstehender Paranoia,
wie wir zeigen werden, Fälle vorkommen, bei denen im Lauf von
vielen Jahren völlige begriffliche Verwirrtheit auftritt. Jedenfalls
kommen im Alter von 15—25 Jahren Fälle vor, in denen nach
einem kurzen paranoiaähnlichen Vorspiel das Bild des Schwachsinns
mit zusammenhangslosen Resten der paranoischen Gedanken sehr
rasch hervortritt. Der Streit, ob es sich hier um eine primäre
paranoiaähnliche Demenz oder um eine rasch zur Demenz führende
Paranoia handelt, wird sich wahrscheinlich dahin schlichten lassen,
dass beide Krankheiten Degenerationsprocesse sind.

An zweiter Stelle ist als klinischer Typus, unter welchem der
primäre Schwachsinn auftreten kann, der hallucinatorische Wahnsinn zu nennen. Dieser lässt sich jedoch klinisch von dem echten
hallucinatorischen Wahnsinn durch das von vornherein im Vordergrunde stehende Moment des Schwachsinns in vielen Fällen schon
diagnostisch, nicht blos retrospectiv — unterscheiden.

Es treten bei jugendlichen Individuen plötzlich Sinnestäuschungen auf, welche zu einem incohärenten Wahnsystem verarbeitet werden. Das Charakteristische in Bezug auf die von vornherein bestehende Grundkrankheit, nämlich den ausbrechenden
Schwachsinn, ist der Mangel an gemüthlicher und motorischer
Reaction auf die Sinnestäuschungen. Die Kranken sagen, dass sie
verfolgt seien, sind dabei aber keineswegs traurig, wie die an echten
Verfolgungswahn leidenden, auch führen sie nur selten und nur in
sehr schwächlicher Weise Handlungen aus, welche im Sinne des
Wahnes consequent wären. Sie behaupten, dass die Stimmen ihnen
herrliche Dinge über ihre Zukunft erzählen, machen aber ohne
Widerrede gewöhnliche Arbeiten. Es zeigt sich eine Incohärenz
zwischen ihren Handlungen und den von Hallucinationen genährten
confusen Wahnideen. Während zwischen dem echten hallucinatorischen
Wahnsinn und der Paranoia ein klinischer Unterschied zu machen
ist, gehen die Grenzen zwischen den im Beginn des primären Schwachsinns auftretenden Abbildern dieser Typen in einander über. Man
kann hier nur von einem mehr chronischen oder mehr acuten Beginn
des Leidens sprechen. Deshalb kann man diese Fälle kurz unter
dem Namen Dementia paranoides[1] zusammenfassen.

Manchmal ist die Periode der Sinnestäuschungen und der
Wahnbildung so kurz, dass der Ausbruch des Schwachsinns ganz
übersehen werden kann und diese Menschen sozusagen über Nacht
schwachsinnig werden.

Wir kommen also zunächst zu der Besprechung des unter der
Form einer Paranoia oder hallucinatorischen Wahnsinns bei jugendlichen Personen auftretenden Schwachsinns, welcher, wie angedeutet,
allerdings auch als eine rasch zur Verblödung führende Form von
Paranoia aufgefasst werden könnte.

Ueber die Stellung dieser Erkrankungen im Rahmen einer
Classification kann, wie schon gesagt, ein Zweifel bestehen, je nach-

---

[1] Cfr. *Kraepelin*, Psychiatrie, pag. 456.

dem man entweder die paranoische Periode des Anfangs oder die
terminale Verwirrtheit als das Wesentliche der Erkrankung aufgefasst hat. Ob sich differentialdiagnostische Momente finden lassen
zwischen derjenigen Form des primären Schwachsinns, welche
symptomatisch mit der Paranoia Aehnlichkeit hat, und der
bei jugendlichen Personen auftretenden Form von Paranoia, welche
enorm rasch zum Schwachsinn führt, ist noch zweifelhaft.

In den meisten Fällen tritt sehr rasch ein phantastischer, von
Hallucinationen genährter Grössenwahn zu Tage, den wir auch bei
den später ausbrechenden Formen von Paranoia als ein Kennzeichen
baldiger Verblödung kennen lernen werden.

Hierher gehört folgender Fall:

K. R. aus Uehlfeld, Dienstmädchen, aufgenommen am 28. Juni 1890
im Alter von 25 Jahren. Eine Schwester der Mutter war im Klimakterium
kurze Zeit, circa 8 Tage, geistig gestört, wurde nicht in die Anstalt gebracht. Soust keine Heredität zu ermitteln. Ganz normale Entwicklung.
Seit zwei Jahren vor der Aufnahme ununterbrochen in einer Stelle als
Dienstmädchen. Die Krankheit begann 7 Wochen vor der Aufnahme. Sie
wurde misstrauisch gegen die Umgebung, behauptete, die Leute reden und
flüstern über sie (z. B. „sie sei nicht gescheidt", „sie steige auf den Dächern
herum"). Dann traten Verfolgungsideen auf. Ihre Verwandtschaft habe sich
verbündet, um ihr Vermögen zu nehmen, sie umzubringen. Dabei war sie
immer ruhig, Appetit und Schlaf waren immer regelmässig.

In dieser Anamnese, welche zunächst das Bild eines durch
Sinnestäuschungen genährten Verfolgungswahns gibt, sind zwei
Züge bemerkenswerth, erstens der eigenthümlich schwachsinnige
Inhalt ihrer Gehörstäuschungen („sie steige auf den Dächern
umher"), zweitens die auffallende Affectlosigkeit gegenüber den
Hallucinationen und Wahnideen. Höchst wahrscheinlich sind dies
Momente, welche prognostisch für die Frage nach der social mehr
oder minder störenden Richtung, in welcher sich die Paranoia ent-
wickeln wird, in Betracht kommen.

Vielleicht kündigt sich gerade in diesen beiden Zügen bei einer
Krankheit, welche im Uebrigen bis dahin völlig mit dem chronischen
Verfolgungswahn übereinstimmt, der Ausgang in Verwirrtheit
schon an.

Es zeigte sich nun folgender Status: Körperlich völlig normal. Blühendes
Aussehen. Gesichtsausdruck freundlich und zufrieden. Gibt anscheinend
ganz verständig Auskunft. Macht manchmal eine geheimnissvolle Miene und
scheint etwas zu verbergen. Wahnideen vorläufig nicht zu ermitteln.

1. Juli 1890. Die Wahnideen kommen allmählich zu Tage. Sie glaubt
einen grossen Schatz zu besitzen. Dieser liegt zum Theil in München im
Königsschloss. Es sind darin Gold, Edelsteine, kostbare Ohrringe. Auf die
Frage, wie sie zu diesem Schatz gekommen sei, sagt sie: das sei ein Glück
gewesen. Sie hat es am Benehmen der Leute gemerkt, dass sie so reich
sein müsse.

10. Juli. Sie meint, sie sei eine Fürstin, brauche deshalb nichts
zu arbeiten. In der That ist sie zu keiner Arbeit zu bewegen. Meist zeigt
sie ein heiteres Aussehen, manchmal wird sie zornig und widerspenstig.
Beklagt sich über Freiheitsberaubung, sagt, sie sei nicht geisteskrank. Bei

einem Spaziergang mit der Wärterin erregt sie dadurch Aufsehen, dass sie vor einem Heiligenbild sonderbare Gesten macht und nicht fortzubekommen ist. 28. Juli. Verfolgungsideen sind ganz in den Hintergrund getreten. Sie zeigt einen confusen Grössenwahn. Ist schon jetzt eher schwachsinnig als paranoisch zu nennen. Wird mit der Prognose, dass sie lebenslänglich schwachsinnig bleiben wird, entlassen. Ist andauernd schwachsinnig geblieben, nicht mehr paranoisch.

Hier zeigt sich also eine überraschend schnelle Aufeinanderfolge von Verfolgungsideen, Grössenwahn und psychischer Schwäche. Es muss schon hier bemerkt werden, dass ein ganz ähnlicher Process sich in manchen Fällen von spät ausbrechender Paranoia, allerdings in einem Zeitraum von vielen Jahren, vollzieht.

Ganz entsprechend verhält es sich in folgendem Falle:

A. W. aus Z., Stubenmädchen, aufgenommen am 23. Juli 1893 im Alter von 23 Jahren. Heredität nicht nachzuweisen. Als Kind sehr mürrisch. Seit 6 Monaten Stubenmädchen in einem Hôtel. War öfter unglücklich, hat öfter geweint. Hat gewöhnlich mit Niemandem gesprochen. Im letzten Vierteljahr körperlich abgenommen. Seit 6 Wochen auffallendes Benehmen, ohne dass die Umgebung gerade an Geistesstörung dachte. Lag oft halbe Nächte wach und betete. Am Tage vor der Aufnahme sprach sie von einer „Stimme". Sie lachte viel, hat alle Leute begrüsst, zeigte ein glückliches, pathetisches Wesen, forderte die Leute auf, ihr die Hand zu reichen, man solle ihr gut und freundlich sein.

Am Tage darauf, nachdem sie sich sonntäglich gekleidet hatte, gab sie an, sie sei Braut. Redet Alle mit „Du" an. Schmückte alle Kehrbesen mit Schleifen. Sagte, es gehe etwas Besonderes vor. Es sei ein Glückstag, eine Stimme habe es gesagt.

Sie fragte, wann sie heiraten werde, sie müsse ja in den nächsten Tagen heiraten. Dann wollte sie wissen, wann der Namenstag des heiligen Aloisius sei, sie wolle ihm gratuliren. Ueber den Inhalt der Stimmen gab sie an, dass sie nur schöne Sachen höre. Sie gab an, dass sie nur, wenn sie allein sei, die Stimme höre. Sie wollte durchaus im Hut serviren, die Stimme habe es gesagt.

Status bei der Aufnahme: Morphologisch durchaus normal. Keine Organerkrankungen, keine Innervationsstörungen. Sagt, dass etwas Ausserordentliches passiren werde, deutet eine Heirat an, ferner sagt sie, dass es in der Ewigkeit sehr schön sei. Sie lacht öfter in geheimnissvoller Weise. Sie gibt an, öfters Nachts Gestalten gesehen zu haben, eine Stimme habe ihr Wichtiges über Zukunft und Ewigkeit verkündet. Meist waren es heitere Dinge, die sie sah und hörte. Wenn die Stimme einmal Hässliches sagte, z. B. wenn sie auf andere Leute schimpfte, so hat sie sich die Ohren zugehalten. Verfolgungsideen sind nicht zu ermitteln. Ihre Gemüthsstimmung ist im Allgemeinen heiter, selten wird sie unwirsch.

24. Juni 1893. Sie hält die Gestalten, welche sie Nachts sieht und die mit ihr sprechen, für Wirklichkeit. Sie sagt: „Das sind Thatsachen und keine Visionen." Sie hat „Gutes und Schlimmes gesehen". Die Leute haben oft über sie geredet, es hat ihr immer so in den Ohren geschellt. In der letzten Nacht hat sie einen feurigen Mann am Bett gesehen. Sie fürchtet sich aber nicht vor diesen Erscheinungen. „Im Gegentheil, ich muss mich freuen." — Die Erscheinungen sprechen von der Zukunft, manchmal von der Vergangenheit, meist Erfreuliches, öfter auch hässliche Dinge.

Die Stimmung ist meist heiter, manchmal erotisch. Fordert den Arzt auf, sich zu ihr in's Bett zu legen (nb. war früher sehr sittsam). Verfolgungsideen fehlen ganz. Das Unangenehme, was sie hört, bezieht sich oft gar nicht auf sie, sondern auf andere Leute. Dabei besteht Personenverwechslung. Eine aufgeregte Kranke im Nebenzimmer hält sie für ihre Schwester und will mit ihr fortgehen. Einen Arzt erklärt sie für ihren Vater. Dabei zeigt sich etwas Neckisch-Kindisches. Einmal sagt sie auf eine Frage: „Als mein Papa müssen Sie das doch wissen." Auf die Entgegnung, dass sie ja doch einen Arzt vor sich habe und nicht ihren Vater, weshalb sie denn meine, dass sie ihren Vater vor sich habe, sagt sie: „Sie haben ja doch ein Bissel Buckelnase wie ich."

Ferner tritt hervor, dass sie meist von dem Fragenden meint, er wisse eigentlich die Sache, nach der er gefragt hat, selbst. Sie bringt oft die Phrasen vor: „Das werden Sie wohl schon wissen", „Das wissen Sie besser und länger als ich." Dies ist ein bei Paranoischen sehr häufig zu beobachtender Zug. Sodann sucht sie oft hinter gleichgiltigen Dingen geheimnissvolle Bedeutung. Die Phrase: „Da steckt etwas dahinter" bringt sie sehr häufig vor.

27. Juni 1893. Sie ist stolz darauf, dass sie so merkwürdige Dinge sehen darf (feurige Männer, Engel, Wolken).

8. August. Hat heute Morgen in's Bett urinirt, was bisher nie vorgekommen ist. Motive sind nicht zu ermitteln. Verfolgungsideen nicht zu ermitteln. Sie hat immer noch phantastische Gesichtstäuschungen, bildet aber kein „Wahnsystem". Wird beschäftigt, was meistens leicht geht. Manchmal Schwankungen der Stimmung mit entsprechender Färbung der Sinnestäuschungen.

29. August. Heute probeweise entlassen. Ist schon jetzt vielmehr dem Schwachsinn als der Paranoia zuzurechnen.

Prognose: Lebenslänglicher Schwachsinn leichten Grades.

Januar 1894 wurden Erkundigungen über die Kranke eingezogen. Die Eltern schreiben, dass sie keine verkehrten Dinge mehr redet, manchmal noch ohne äusseren Anlass lacht und zur Arbeit nicht recht zu bringen ist. W. selbst schreibt, dass sie ganz gesund sei, „man solle sich wegen ihres Kopfes nicht sorgen". Nach dem Brief der Eltern ist sie mässig schwachsinnig, entsprechend der Prognose.

In dieser Krankengeschichte treten von Anfang an die heiteren Sinnestäuschungen und Grössenideen ganz in den Vordergrund. Verfolgungsideen fehlen. Die Entwicklung geht im Laufe von circa 2½ Monaten soweit in der Richtung des Schwachsinnes vorwärts, dass die in psychologischer und socialer Beziehung wichtige Prognose mit ziemlicher Bestimmtheit gestellt werden konnte.

Es müssen nun die Beziehungen, in welchen diese rasch zum Schwachsinn führenden Fälle von Paranoia bei jugendlichen Individuen zur „originären Paranoia" stehen, im Hinblick auf diesen Fall erörtert werden.

Abgesehen von der einen Angabe, dass W. als Kind sehr mürrisch gewesen sei und in ihrem Dienst von Anfang ein sonderbares Wesen gezeigt hat, liess sich Folgendes ermitteln:

Sie ist schon in der Klosterschule, wo sie als Kind war, durch ihr eigenthümliches Wesen aufgefallen. Die Mutter hat sich über den Ausbruch der Krankheit nicht gewundert, sondern hat zu der Dienstherrin, welche sie beim Ausbruch rasch entschlossen in die Anstalt brachte, gesagt: „Ich hab' mir's doch immer gedacht, dass mit der etwas passirt." Vor einem Jahr hat sie sich einmal in einen Abort eingeschlossen und hat heftig geweint. Sie selbst sagte manchmal aus, dass sie schon seit einigen Jahren „Erscheinungen" habe.

Allerdings lassen sich diese Züge leicht wegdisputiren. Es ist klar, dass Verwandte nach Ausbruch einer Krankheit längst vergangene Kleinigkeiten in einem grellen Lichte sehen, so dass manche ganz normale Handlung eine pathologische Färbung bekommt.

Ferner sind Angaben, dass Kinder „mürrisch" oder dergleichen gewesen sind, durchaus nicht als Zeichen von pathologischer Beschaffenheit derselben anzusehen. Schliesslich kann man die eigenen Angaben der Kranken als retroactive Sinnestäuschungen auffassen. Es fallen also scheinbar alle Argumente weg, aus welchen man annehmen könnte, dass es sich bei W. nur um den acuten Ausbruch einer schon längst in dem Kinde entwickelten Paranoia handelt.

Immerhin ist es nothwendig, bei den weiteren Studien über die Dementia paranoides, beziehungsweise die Paranoia ad dementiam vergens die Beziehung zur originären Verrücktheit im Auge zu behalten.

Das Wesentliche an der Erkrankung ist der degenerative Charakter, welcher sich in dem nach kurzem paranoischen Stadium eintretenden dauernden Schwachsinn zeigt. —

Es gibt ferner Fälle, die mit ganz kurz dauernden, kaum als Manie zu bezeichnenden Aufregungen beginnen und in wenigen Tagen zu dauerndem Schwachsinn führen.

G. L. aus Z., aufgenommen am 13. December 1889 im Alter von 22 Jahren. Heredität nicht zu ermitteln. Körperlich und geistig normal entwickelt bis zum Ausbruch der Krankheit, welcher circa ½ Jahr vor der Aufnahme ganz plötzlich erfolgte. L., der bei einem Bauer im Dienst war, lief eines Morgens, statt zum Dreschen zu gehen, ohne Mütze und Schuhe weg, irrte in der Umgebung umher, bis er erkannt und zurückgeholt wurde. Seitdem im Krankenhause zu R.

Status bei der Aufnahme: Körperlich blühend. Spricht freiwillig nichts. Blöder, immer lächelnder Gesichtsausdruck. Einige Schulkenntnisse erhalten: ganz muthlos und unselbstständig. Zu einfachen Arbeiten, bei denen er automatisch immer dasselbe machen kann, gut zu gebrauchen.

Entlassen 13. September 1890. Andauernd schwachsinnig. Manchmal störrische Aufregungen. Oft wochenlang täglich die gleiche Phrase, dass er sich draussen einen Dienst suchen müsse, jedoch ohne jeden Nachdruck und Ernst.

Prognose: Dauernder Schwachsinn.

Wir kommen nun zu den mit stärkerer Verblödung einhergehenden Fällen von primärem Schwachsinn.

K. N. aus Waldzell, aufgenommen am 3. December 1888, 21 Jahre alt im Zustand von apathischem Blödsinn. Sie spricht spontan kein Wort, macht nie spontane Handlungen, um irgend ein Bedürfniss zu befriedigen, braucht zu allen Bewegungen enorm lange Zeit, ist nur durch kräftige Stimulation zu einigen (allerdings richtigen) Antworten zu bringen. In diesen

Zustand ist das Mädchen 6 Jahre vor der Aufnahme, circa in ihrem 15. Jahr, verfallen. Sie ist allmählich blöd, apathisch, arbeitsscheu geworden, hat nicht mehr an den Mahlzeiten der Familie theilgenommen und hat stumpf im Bett gelegen.

Prognose: Unheilbarer Schwachsinn.

Auch diese Kranke, welche von ihren Angehörigen zur Noth verpflegt wurde, wäre, da nie eine stärkere Erregung, welche Aufnahme in eine Anstalt bedingt hätte, vorhanden war, nie zu psychiatrischer Beobachtung gekommen, wenn sie nicht zufällig von Seiten der Klinik entdeckt und zur Aufnahme herangeholt worden wäre.

Der ohne anfängliche Erregung ausbrechende primäre Schwachsinn ist praktisch von grosser Wichtigkeit. In Staaten, welche erschwerte Aufnahmebedingungen für ihre Irrenanstalten haben, kommen solche Kranke nur selten oder wenigstens fast nie im Beginn der Erkrankung in psychiatrische Beobachtung. Hiermit mag es zusammenhängen, dass diese praktisch so wichtige Krankheitsform in der psychiatrischen Literatur so spärlich vorkommt. Es handelt sich um meist stark erblich belastete Personen, die im Alter von 16—25 Jahren in relativ sehr kurzer Zeit eine völlige und bleibende Veränderung ihrer geistigen Functionen erleiden, eine Art von Niveauverschiebung.

B. K., Dienstmagd, aufgenommen am 5. Februar 1891, im Alter von 25 Jahren. Ein Bruder war geisteskrank, der Vater hatte ein abnormes Wesen, ohne in einer Irrenanstalt gewesen zu sein, war im Dorfe als der tolle „Schubertles Joseph" bekannt. B. lernte in der Schule gut und war früher immer normal, nur soll sie im 15. Lebensjahr einmal etwas „neben drauss" gewesen sein.

Seit circa 5 Monaten kam das Mädchen dem Begleiter, einem Verwandten von väterlicher Seite, entschieden schwach im Kopfe vor, ohne dass eine stärkere psychische Erregung dagewesen wäre. Sie legte sich in den Kleidern in's Bett, zeigte keine Lust zur Arbeit, liess in dem kleinen Häuschen, welches sie bewohnte, Alles verwahrlosen, misshandelte die jüngere Schwester, die bei ihr wohnte, hielt sich unreinlich. Manchmal lief sie ungenügend angekleidet im Dorf herum, vernachlässigte die nothwendigsten und einfachsten Verrichtungen (Essen, Kochen etc.).

Status am 6. Februar 1891. Körperlich gesund und robust, die eingelernten Wortreihen aus der Schule sind ihr geläufig. Sie ist vollständig kritiklos über sich und ihr früheres Verhalten. Motive für ihre Handlungsweise kann sie nicht angeben. Könnte bis auf diese völlige Urtheilslosigkeit bei oberflächlicher Untersuchung als geistig normal erscheinen.

21. März 1891. Hat einen Wechsel von Apathie, leidlich heiterer Stimmung und weinerlichen Aufregungen gezeigt.

Manchmal hypochondrische Klagen, z. B. dass sie nicht schnaufen könne und sterben müsse. Manchmal stärkere ängstliche Erregungen. Oft sehr eigensinnig und manchmal zu Gewaltthätigkeiten geneigt. Wollte öfter nicht arbeiten, drohte die Fenster einzuschlagen, riss einmal wüthend ein Stück vom Ofen herunter. Zu geregelter Arbeit als Dienstbote oder zur selbstständigen Führung eines Hauswesens ganz unfähig.

Diagnose: Primärer Schwachsinn. — Prognose: Wird dauernd schwachsinnig bleiben.

Hier ist ohne vorangegangene stärkere Aufregung ein Zustand von Schwachsinn aufgetreten, in welchem manchmal intercurrent weinerliche und zornige Aufregungen zu beobachten waren.

Ein weiterer Fall ist folgender:

E. K., Gärtner, aufgenommen am 5. September 1891 im Alter von 21 Jahren. Mutter hat, als sie mit dem Kinde schwanger ging, einen maniakalischen Anfall gehabt. Schon in früher Jugend sehr störrisch und unverträglich. Im 14. Jahr hatte er einmal einen vorübergehenden Wuthanfall. Mit 16 Jahren wurde er Gärtner, war aber nicht zu brauchen, da er sich mit seiner Umgebung nicht vertrug. Seitdem lebt er in der Familie, obgleich er sich gegen seine Geschwister unleidlich benimmt.

Er ist meist unthätig und meint, dass die Leute ihn beobachten, „weil er nichts sei". Seit einigen Wochen wird er gewaltthätig gegen die Schwestern. Am Tage vor der Aufnahme hätte er die eine Schwester fast erwürgt. Zu der Anderen sagte er, er werde sie erschiessen. Daraufhin in die Klinik gebracht.

Status praesens. Frei von Missbildungen und Innervationsstörungen.

Hat die im Durchschnitt zu erwartenden Schulkenntnisse. Motive für seine Handlungen weiss er nicht anzugeben. Wahnideen sind nicht zu ermitteln. Zeigt ein ängstlich gehorsames Wesen, sitzt meist apathisch da.

17. September 1891. Wahnideen sind nicht vorhanden. Durchaus unselbstständiges, gedankenloses Wesen. Kümmert sich um nichts. Heute nach Haus entlassen. Geht mit den Worten: „Er sei ein anderer Mensch geworden."

Prognose: Unheilbarer Schwachsinn mässigen Grades mit Unfähigkeit zu eigener Lebensführung.

Dieser Fall ist durch die scheinbare Beziehung zur Paranoia bemerkenswerth. Es treten ganz verstreut und abgeschwächt einige paranoiaähnliche Züge auf: Er meinte, die Leute beobachten ihn, weil er nichts sei, zeigte das störrische und misstrauische Wesen der beginnenden Paranoiker. Aber diese Züge sind ganz flüchtig und bedeutungslos. Das Wesentliche ist der in kurzer Zeit vor sich gegangene Verfall in einen mässigen Grad von Schwachsinn. Dieser Fall wäre vielleicht nie zu psychiatrischer Kenntniss gekommen, wenn nicht zufällig das alarmirende Ereigniss, das Attentat auf die Schwester, vorgekommen wäre.

Sehr lehrreich in Bezug auf den manchmal kaum merklichen Beginn und die allmähliche Steigerung der Krankheit ist folgender Fall:

Peter B., Techniker, aufgenommen am 19. Mai 1892 im Alter von 18 Jahren. In der Familie der Mutter mehrfach Geisteskrankheiten. Normal entwickelt. In der letzten Zeit zu keiner Arbeit mehr zu gebrauchen, lief tagsüber zwecklos umher und blieb auch Nachts oft im Freien. Behauptete dann, er habe die Sterne beobachtet. Der Vater behauptet, er sei nicht geisteskrank, andererseits hält er ihn auch nicht mehr für vernünftig, weshalb er ihn eben in die Klinik bringt.

Status bei Aufnahme: Körperlich normal. Manches früher Gelernte gut erhalten. Bruchstücke von naturwissenschaftlichen und technischen Kenntnissen. Ganz gleichgiltiges Verhalten gegen seine Umgebung, keine Wahnideen. Könnte momentan für gesund gehalten werden.

4. Juni. Gleichgiltig, ohne jedes active Interesse. Schläft tagsüber viel, ohne sich um seine Umgebung zu kümmern. Legt sich manchmal der Länge nach auf den Boden. Nachts sieht er stundenlang zum Fenster hinaus oder treibt Unfug. Kriecht manchmal unter die Betten und bleibt da liegen. Am Tage macht er im Bett allerlei Gliederverrenkungen, singt manchmal in einer exaltirt gröhlenden Weise.

8. Juni. Aeussert nie selbstständig einen Wunsch, ist mit dem dauernden Aufenthalt in der Klinik, welcher wegen seiner kindischen Streiche nöthig ist, ganz zufrieden.

11. Juni. Sehr unruhig, treibt Spielereien, unreifes, kindisches Benehmen. Spricht nie den Wunsch aus, nach Hause oder auf seine Schule zurückzukommen. Er lässt sich ganz willenlos dirigiren. Arbeitet auf Geheiss einfache Dinge mit. Arbeiten, welche einige Aufmerksamkeit erfordern, kann er nicht machen.

Sich selbst überlassen, schlendert er hastig und zwecklos auf und ab. Nachts oft sehr unruhig, zu ausgelassenen Streichen geneigt.

Prognose: Wird dauernd schwachsinnig bleiben, wenn er auch vielleicht zeitweise wieder ausserhalb der Anstalt leben kann.

Die leichteren Formen des primären Schwachsinns können äusserlich eine sehr verschiedene Gestalt annehmen, je nach dem Gedankenkreise, in welchem die Betroffenen bei Ausbruch der Krankheit gelebt haben. Wenn die Krankheit z. B. bei Menschen ausbricht, welche Interesse an poetischen oder philosophischen Dingen gehabt haben, so vermengen sich in dem schwachsinnig gewordenen Kranken die Bruchstücke dieser früheren Bildung zu einem wirren Durcheinander, welches von manchen Menschen durchaus nicht für einen Ausdruck des Schwachsinns, sondern für eine besondere Form von Poesie oder Philosophie angesehen wird. Das geringe Ansehen, in welchem letztere in unserer Zeit steht, rührt vielleicht mit davon her, dass Schwachsinnige aus den gebildeten Ständen öfter mit solchen unverdauten Bruchstücken um sich werfen und dadurch diese berechtigte Denkrichtung in Misscredit bringen.

Hierher gehört folgender Fall:

L. B., Lehrer, aufgenommen am 29. Juni 1881 im Alter von 18 Jahren. Heredität nicht zu ermitteln. In den letzten Monaten manchmal etwas ängstlich. Durch den Tod der Mutter, welcher im Mai eintrat, noch mehr betrübt. Einige Tage vor der Aufnahme lebhafte Unruhe, hat viel durcheinander geredet, benahm sich auffallend, wollte z. B. in der Eisenbahn im Coupé Violine spielen u. s. w. Seit 2 Tagen zu Hause, sehr heiter, spricht in einemfort, ist gegen Widerspruch sehr empfindlich. Nachts legt er sich nicht in's Bett. Gegen eine Schwägerin benahm er sich sehr verliebt.

Status bei Aufnahme: Patient schwatzt fortwährend, meist zusammenhangslos. Er ist kurze Zeit zu fixiren, beginnt dann wieder mit allen möglichen Phrasen. — Nach kurzer Periode von Erregung dauernder Schwachsinn mässigen Grades, welcher sich durch das confuse Zusammenwürfeln aller möglichen Bildungselemente charakterisirt. Patient war seitdem noch zweimal vorübergehend in der Klinik und hat eine Menge von Gedichten, Eingaben und Aufsätzen verfasst, von denen wir einige als typische Producte des primären Schwachsinns bei Angehörigen der „gebildeten Stände" mittheilen wollen.

I. Immer lebe Carneval.

1.

Nichts verdränget Carneval.
Ist auch tot des Kuckucks Schall.
Fastnacht kommet wieder.
Maske Dich zur Furcht beweget,
Ernst Gefühl in Dir erreget,
Fehlen jetzt die Lieder.

2.

Damit stehst Du erst beim Laden
Dabei wird das Herz zum Faden
Weil das Geld Dir fehlet.
Schaffe Mittel Dir und Freude
Diese Larven sind nur heute.
Wurden schon gewählet.

3.

Schenke mir doch mehr Vertrauen.
Balde Schnee und Eis da thauen,
Eh' Du noch verzagest.
Hüll' Dein blasses Antlitz mit mir.
Ich das Fest entsprechend zier',
Dass Du nicht verklagest.

4.

Vor den Masken Kinder fliehen.
Ja, ihr Wert lässt Kassen blühen
Selbst zu allen Zeiten.
Sie ist's, die den Müller hüllet,
Unerkenntlich Wangen füllet,
Will Dir Lust bereiten.

5.

Maskentage gibt es drei,
Vier darüber, wo die Weih'
Uns'res Königs war. —
Deren Wert und deren Klang
Man so häufig schon besang.
Was da stand, bewahr.

6.

Scheint auch sinulos, wer sie liebet,
Wenn Ihr sie nur lang betriebet.
Lobt wär euch gebracht.
Kern und Wissen bergen sie,
Die Historika verliehn,
Trauer wird verlacht.

7.

Wünscht Euch Fastnachtszeit herbei,
Ob's noch heftiger da schnei'.
Trübe Sorgen tilget sie.
Mindert es auch an der Kasse,
Stimmt es dennoch viel zum Spasse.
Das vergess' mir nie.

II. Die Quadratur des Zirkels.

Aufgabe: Aus dem Kreise $ABCD$ ein Quadrat $DEFG$ zu machen.

Auflösung: Aus dem Kreise $ABCD$ kann man ein Quadrat auf folgende Weise construiren: Man misst den Durchmesser AC nach Centimetern; er sei 10 Cm. oder 1 Dcm. lang. Die Länge der Peripherie ist bekanntlich 3·14159 mal so gross als der Durchmesser. Da nun der Durchmesser AC 1 Dcm. gross ist, so ist die Peripherie $ABCD$ 1 Dcm. × 3·14159 gross = 3·14159 Dcm. Eben so gross ist der Umfang des Quadrates. 3·14159 : 4 = 0·7853975. Diese Zahl in Decimetern ist die Seite des gesuchten Quadrates. 0·7853975 Dcm. = 7·853975 Cm. Zur Construction können wir nur 7·85 brauchen. Man zieht nach dem Metermasse eine 7·85 Cm. grosse Linie, errichtet auf einem ihrer Endpunkte mit dem Winkelholz eine eben so grosse Senkrechte. Dann zieht man zu jeder dieser zwei Linien die genau so grosse Parallele, indem man auf dem Endpunkte einer jeder derselben mit dem Winkelmesser (Winkelholz) eine Senkrechte errichtet.

Geschrieben in der psychiatrischen Klinik zu Würzburg am Dienstag, den 26. März 1889. L. B. aus K.

III. Definitionen.

1. Literat ist die Auseinandersetzung irgend eines zu erörternden Punktes.

2. Prosaisches Literat heisst man ein geistiges Erzeugniss, welches frei von Reim ist.

3. Poetisches Literat nennt man ein Schriftstück, das mehr den Charakter des Schönen und Erhebenden, als das Princip des Beruhigenden hat.

4. Was ist Volksliteratur? Volksliteratur ist die Gesammtheit der geistigen Leistungen einer Nation, sowohl in gebundener als in ungebundener Redeform.

5. Was ist wissenschaftliche Literatur? Unter wissenschaftlicher Literatur versteht man das gesammte, von einem bestimmten Lehrgegenstande handelnde Bücherwesen, welches in der Regel nur in den Händen der Gelehrten ist.

6. Was ist epische Poesie? Epische Poesie ist jedes prosaische Erzeugniss, welches hauptsächlich von Helden handelt, die in der Regel glorreich aus der Darstellung hervorleuchten.

7. Was versteht man unter lyrischer Poesie? Unter lyrischer Poesie versteht man jene Art von Dichtung, welche Naturschönheiten bewundert, Helden und ihre Thaten besingt, Glückliche preist und Todte beweint.

8. Was ist Didaktik? Didaktik ist jene Dichtart, die als Zweck oder Ideal ihrer Schilderung die Belehrung hat.

9. Was heissen wir dramatische Poesie? Dramatische Poesie heissen wir jene Darstellungsart, welche mit der Epik die Aehnlichkeit hat, dass sie erzählt; unterscheidet sich von der letzteren aber dadurch, dass sie in der Regel viele Personen schildert, die einer Hauptperson als Ideal huldigen; nicht nur allein von Vergangenheit erzählend, entwickelt sich aus der Dramatik ein ethisches Gemälde, für uns und spätere Generationen ein warnendes Beispiel in unserem Umgange mit der Menschheit bildend.

10. Was ist Katastrophe? Katastrophe ist jenes entscheidende Moment einer dramatischen Erzählung, in welchem das Ernste der zu Grunde gelegten Begebenheit seinen höchsten Grad erreicht, der gewöhnlich einer baldigen Entscheidung vorangeht.

11. Was ist Roman? Roman ist eine deutliche, in's Einzelne des alltäglichen Lebens gehende Schilderung, die in der Regel an ihrem Schlusse von Wiederaussöhnung redet und in welcher oft die verschiedensten Gemüthsbewegungen zweier sich Liebenden herzergreifend gelichtet sind.

12. Was ist Novelle? Novelle bildet eine kleine, meist interessante Mittheilung aus einer fremden Stadt oder Gegend, die mehr, ihrer Form nach, der Geschichte als der Liebeserzählung gleicht.

13. Was ist Elegie? Elegie ist ein in poetischer Form gegebenes Trauerlied, in welchem ungefähr ein theurer Freund oder weiser Herrscher beklagt wird.

Diese bei Gebildeten auftretenden Formen des primären Schwachsinns, welche sich durch die verworrene Verwendung früher erworbener Bildungselemente auszeichnen, sind am ersten zur psychiatrischen Cognition gekommen und sind zum Theil als Hebephrenie beschrieben worden. Die sonderbare Thatsache, dass trotz der Häufigkeit der Erkrankung, dieselbe, abgesehen von den Mittheilungen über Hebephrenie, in der Literatur ganz im Hintergrunde steht, erklärt sich daraus, dass

1. der Beginn der Erkrankung selten so stürmisch ist, um eine
rasche Aufnahme in eine Anstalt nothwendig zu machen;
2. dass, wenn diese rasche Aufnahme nothwendig gewesen wäre,
diese sich wegen der erschwerten Aufnahmeverhältnisse meist so
lange hinauszögerte, bis das kurze Erregungsstadium vorbei
war, so dass die Irrenärzte diesen primären Schwachsinn selten
in statu nascendi sehen konnten;
3. dass der Grad des Schwachsinns meist so gering ist, dass in
vielen Kreisen an die Anstaltsverpflegung solcher Kranker überhaupt nicht gedacht wird:
4. dass im Zusammenhang hiermit nur die gebildeten und reicheren
Familien solche Kranke der Anstaltspflege übergaben und somit
den an die Anstalten gebundenen Irrenärzten diese Krankheitsform zum · Bewusstsein brachten.
Damit hängt zusammen, dass diese Krankheitsform an denjenigen
öffentlichen Anstalten am häufigsten beobachtet werden wird, an
welchen die Aufnahmsbedingungen und Verpflegssätze eine rasche
und unterschiedslose Aufnahme ermöglichen.

Der primäre Schwachsinn ist also eine Krankheit, welche
in statu nascendi gerade den praktischen Aerzten am häufigsten
zur Cognition kommt, während die fertigen Zustände mehr der Beobachtung der Irrenärzte anheimfallen.

Neben der Diagnose ist für den praktischen Arzt besonders
die Kenntniss der durchaus endogenen Natur dieser Geistesstörung,
ihr degenerativer Charakter wichtig. Denn gerade in solchen Fällen
wird fast immer von den Verwandten eine Causa externa gesucht,
welche als Grund zur Recrimination gegen irgend welche Personen,
die an der Geistesstörung „schuld" sein sollen, dienen muss. Dieser
Umstand kommt besonders auch bei den in der Militärzeit ausbrechenden Fällen von primärem Schwachsinn in Betracht.

Diese auf endogenem Wege schwachsinnig Werdenden sind
natürlich unfähig, den Anforderungen des Militärdienstes zu genügen,
und werden dann, weil die pathologische Natur des Zustandes von
der Umgebung nicht erkannt wird, manchmal arg geplagt. Wird nun
die Geistesstörung deutlicher, so soll dann Jemand aus der Umgebung,
z. B. ein Unterofficier, welcher dem anscheinend „störrischen" Menschen
vielleicht Schläge versetzt hat, „schuld" sein. In solchen Fällen
muss die Frage, ob etwa primärer Schwachsinn vorliegt, stets auf
das Genaueste geprüft werden.

Das periodische Irresein.

Als durchaus endogene Erkrankungen fassen wir die periodischen Formen des Irreseins auf. Allerdings werden nun bei den einzelnen Ausbrüchen der bestehenden „Anlage" sehr gern äussere
Causalitäten zu den einzelnen Perioden gesucht, sei es nun, dass der Mond
und atmosphärische Einflüsse, oder Aerger, Ueberanstrengung etc. als
Gelegenheitsursache angeschuldigt werden. Bei unbefangener Prüfung
der Fälle zeigt sich aber, dass, wenn einmal Jemand dazu durch
seine Organisation determinirt ist, mehrere Anfälle von Geistesstörung zu bekommen, dass diese dann ohne jede Beziehung zu

äusseren Umständen in den besten und ruhigsten Verhältnissen und allen Vorbeugemassregeln zum Trotz ausbrechen.

Allerdings darf nun nicht Jeder, der in seinem Leben mehrfach Anfälle von Geistesstörung hat, als periodisch geisteskrank im Sinne des endogenen Irreseins erklärt werden. ⟨Für den Praktiker ist die Kenntniss der periodischen Psychosen besonders wichtig wegen der günstigen Prognose des einzelnen Anfalles.⟩ Es ist deshalb bei jeder geistigen Erkrankung nicht nur der Beginn dieser zu erörtern, sondern auch das oft schwer zu ermittelnde Vorhandensein früherer Anfälle. Lässt sich dieses mehrfache Vorhandensein von Anfällen psychischer Störung feststellen, so ist vor Allem zu untersuchen, ob diese Anfälle etwa nur mehrfache Ausdrücke einer anderweitigen mit Geistesstörung verbundenen Nervenkrankheit sind. Vor Allem ist hierbei an Epilepsie zu denken und dementsprechend zu forschen. ⟨Es kommen jedoch z. B. auch Fälle von progressiver Paralyse vor, welche mit ihrem Wechsel von Geistesstörung und Remissionen symptomatisch ganz den Eindruck einer periodischen Geistesstörung machen können.⟩ Ferner ist auszuschliessen, dass die verschiedenen einander folgenden Anfälle von Geistesstörung Folgen einer wiederholten, von aussen kommenden toxischen Einwirkung sind. Wenn z. B. Jemand unter wiederholtem Abusus spirituosorum mehrfach Delirium tremens bekommt, welches öfter atypisch verläuft und mit anderen Formen von Geistesstörung (hallucinatorische Verwirrtheit, hallucinatorischer Wahnsinn etc.) verwechselt werden kann, so kann fälschlich eine endogene periodische Geistesstörung angenommen werden, während es sich um wiederholte Folgen gleicher äusserer Schädlichkeiten handelt. Ebenso ist es z. B. bei mehrfachen Intoxicationen durch Gifte, welche im eigenen Körper bei bestimmten Krankheiten gebildet werden, z. B. bei Urämie, ferner beim Coma diabeticum.

⟨Ferner muss erwogen werden, ob es sich etwa bei den verschiedenen „Anfällen" nur um Exacerbationen oder stärkere „Aeusserungen" einer dauernd bestehenden Geistesstörung handelt. Hier kommt besonders der Schwachsinn mit Aufregungszuständen und die chronische Paranoia mit vorübergehenden stärkeren Aufregungen in Betracht.

Schliesst man jedoch bei der Diagnose alle diese Fälle aus, so kann man das wiederholte Auftreten von Geistesstörung als periodische Krankheit bei einem Individuum bezeichnen und muss diese Formen für durchaus endogen erklären. Die specielle Form, unter welcher die einzelnen Anfälle der periodischen Geistesstörung auftreten, kann sehr verschieden sein. Es gibt eine periodische Manie, periodische Melancholie, periodische Verwirrtheit, periodischen hallucinatorischen Wahnsinn, periodische Zwangstriebe (z. B. Dipsomanie etc. Eine besondere Art der periodischen Geistesstörung ist das circuläre Irresein, welches sich in einem Wechsel von 1. geistiger Gesundheit, 2. Manie, 3. geistiger Gesundheit, 4. Melancholie, 5. geistiger Gesundheit u. s. f. abspielt. Der Beginn der periodischen Bewegung kann auch durch eine Melancholie gebildet werden. Wenn die eingeschobenen Perioden geistiger Gesundheit sehr kurz sind, so kann auch scheinbar ein blosser Wechsel von Melancholie und Manie auftreten

Die specielle symptomatische Erscheinungsform ist hier verschwindend gegen den periodischen Zeitcharakter und die endogene Natur der Störung.

Das Wort „periodisch" ist also für den Praktiker wesentlich ein prognostischer Begriff und bedeutet, dass der einzelne Anfall ebenso günstig verlaufen wird, wie die früheren, wenn auch die Möglichkeit eines Recidivs, beziehungsweise eines neuen Anfalles mit einiger Wahrscheinlichkeit vorauszusagen ist. Zugleich enthält das Wort eine Negation, dass es sich nämlich nicht um eine in wiederholten Anfällen sich äussernde Grundkrankheit, auch nicht um wiederholte Wirkungen äusserer Schädlichkeiten handelt. In pathogenetischer Beziehung liegt in dem Begriff „periodisch" die Anerkennung des endogenen Charakters der Störung. Für den Praktiker ist die Ausschliessung der Ursachen, welche wiederholt Geistesstörungen bei dem gleichen Individuum bedingen können, die erste Aufgabe. Dementsprechend stellen wir bei der folgenden Exemplification die differentialdiagnostischen Beispiele in den Vordergrund.

I. Scheinbare periodische Geistesstörung bei Epilepsie. Mann von 40 Jahren. Plötzlich erregt. Singt und tanzt, ist dabei verwirrt. Dauer der Aufregung 6 Tage. Hat früher schon vier solcher Anfälle in Pausen von 4—6 Wochen gehabt.

Bei der Abwesenheit paralytischer Symptome, der kurzen Dauer und Häufigkeit der Anfälle, bei ihrem symptomatischen Charakter (motorische Erregung und Verwirrtheit ohne Ideenflucht), ferner im Hinblicke auf die grosse Anzahl von Narben am Schädel wird die Wahrscheinlichkeitsdiagnose Epilepsie gestellt.

Anamnese. Seit circa 12 Jahren epileptisch. Seltene, aber schwere Anfälle. Am Beginn der ersten Geistesstörung zwei schwere epileptische Anfälle. In den Pausen zwischen den weiteren Geistesstörungen öfter epileptische Anfälle.

II. Scheinbare periodische Geistesstörung bei Paralysis progressiva. Mann von 43 Jahren. Vor circa $1\frac{1}{2}$ Jahren plötzlich 14 Tage lang verwirrt und manchmal ängstlich. Seitdem dreimal scheinbar periodische Wiederholung dieser Anfälle.

Status bei der Untersuchung. Psychisch anscheinend wieder normal. Bei genauerer Untersuchung ergeben sich Gedächtniss- und Intelligenzstörungen. Kniephänomene fehlen beiderseits. Seit circa 3 Jahren ziehende Schmerzen in den Beinen (Tabes). Rechts reflectorische Pupillenstarre.

Diagnose. Paralysis progressiva mit Remissionen.

III. Scheinbare periodische Geistesstörung bei Alkoholismus. 36jähriger Mann. Vor 3 Jahren wegen Vagabundirens eingesperrt. Im Gefängniss plötzlich ausbrechende Geistesstörung. Er sah schwarze Männer auf sich zukommen. Hörte schimpfende Stimmen. War heftig erregt. Nach 4 Tagen wieder ganz klar. Gleicher Anfall vor circa $1\frac{1}{2}$ Jahren in einem chirurgischen Spital, wohin er wegen einer Verrenkung gekommen war. Einige Tage vor Aufnahme in die Klinik war er in Untersuchungshaft gekommen. Darin plötzlich mit Sinnestäuschungen und ängstlicher Erregung erkrankt.

Status bei Aufnahme. Viele Gehörshallucinationen, keine Thiervisionen, mässige Verwirrtheit, ängstlich. Starker Tremor der Hände und
Albuminurie.

Diagnose. Atypische Form von Delirium tremens.

Verlauf. Verschwinden der Hallucinationen und der Verwirrtheit
nach 3 Tagen, des Albumens nach 5 Tagen, des Tremors nach circa
10 Tagen. Im Hinblick auf die symptomatische Aehnlichkeit werden auch
die früheren Anfälle als Delirium tremens aufgefasst.

IV. Scheinbare periodische Geistesstörung bei Cocainismus.

35jährige Frau. Vor 3 Jahren ein Anfall von Hallucinationen, besonders des Gehörs und Tastgefühls mit Wahnbildung. Sie behauptete, von
Stimmen beschimpft zu werden, fühlte Ungeziefer in der Haut, welche sie
mit dem Messer anbohrte, um das Ungeziefer herauszulassen, behauptete,
dass elektrische Ströme durch die Haut gejagt würden. Dauer des ersten
Anfalles 10 Tage. Seitdem noch 3 solche Anfälle von grosser symptomatischer Aehnlichkeit, sämmtlich als acuter hallucinatorischer Wahnsinn
zu bezeichnen.

Es stellt sich heraus, dass es sich um eine Cocainistin handelt,
welche in diese Geistesstörungen stets nach längerem Missbrauch des
Cocains verfallen ist und sich immer nur einige Zeit nach dem Anfall
von dem Gift freihalten konnte.

V. Scheinbare periodische Geistesstörung bei chronischer Paranoia.

36jährige Frau, zum vierten Mal wegen heftiger Erregung in der
Anstalt. Sie schimpft über ihre Verfolger, weint viel, hat viele Gehörstäuschungen, hört besonders scheltende Stimmen. Kann nach 8 Tagen wieder
beruhigt nach Hause entlassen werden, obgleich sie ihre Verfolgungsideen,
welche sie nachweislich schon seit circa 8 Jahren hat, nach wie vor behalten hat.

Diagnose. Vorübergehende Exacerbation einer chronischen
Paranoia.

VI. Scheinbare periodische Geistesstörung bei chronischem Schwachsinn.

28jähriges Mädchen. Im 17. Jahre nach kurzer paranoiaähnlicher
Geistesstörung in Schwachsinn verfallen. Kann im Familienkreis gehalten
werden. Arbeitet leichte Arbeit mit. Circa alle 2 Jahre einmal eine mehrtägige stärkere Erregung, welche auf einige Zeit ihre Aufnahme in eine
Anstalt nothwendig macht.

Diagnose. Mehrfache Aufregungszustände bei dauerndem
Schwachsinn.

Periodische Geistesstörung darf also erst diagnosticirt werden,
nachdem die Vorfrage, ob mehrfache Anfälle auf einer anderweitig
bestimmbaren Krankheitsbasis vorliegen, genau in Betracht gezogen ist.

Wir kommen nun zu der Exemplification für die wirklichen
periodischen Geistesstörungen.

I. Periodische Manie.

Anna St. aus R., Steinhauersfrau, aufgenommen am 7. December 1893 im Alter von 63 Jahren. Status: Körperlich besonders im Hin

blick auf das Lebensalter blühend. Keine alten Verletzungen. Keinerlei
Innervationsstörungen, welche auf organische Hirnerkrankung (Paralysis
progressiva, Herderkrankungen) deuten könnten. Sehr aufgeregt. Agitirt
lebhaft. Redet viel durcheinander ohne bestimmten zusammenhängenden
Inhalt. Schreit manchmal minutenlang, singt in einer exaltirten Weise. Ist
dabei ganz klar über ihre Umgebung. Kann, wenn man ihre Aufmerksamkeit fesselt, über ihr Vorleben zur Auskunft gebracht werden. Nimmt mit
grosser Feinheit Alles, was um sie vorgeht, wahr.

Die diagnostische Frage lag nun so: Die paralytische Natur
der Erregung erschien ausgeschlossen wegen des hohen Alters und
der gleichzeitigen Abwesenheit aller tabischen Symptome. Ebensowenig konnte die Aufregung als symptomatische Aeusserung einer
ausgedehnten Herderkrankung des Gehirns aufgefasst werden.

Die Frage der Epilepsie ist in solchen Fällen in zweiter Linie
zu prüfen. Gegen Epilepsie sprach 1. der Mangel an Verwirrtheit;
2. das Vorhandensein der für die echte Manie charakteristischen
Ideenflucht; 3. (mit einiger Wahrscheinlichkeit) die Abwesenheit
äusserer Spuren einer epileptischen Erkrankung, welche bei dem
eventuell anzunehmenden langjährigen Bestehen gewiss zu Verletzungen und Narben geführt haben würde.

Mit alkoholistischen Aufregungen kann die Störung bei Mangel
aller charakteristischen Symptome nicht verwechselt werden.

Es blieb also die mit dem symptomatischen Charakter der Krankheit vollständig sich deckende Diagnose auf reine Manie übrig, die
im Hinblick auf die von der Kranken erhobene und von den Verwandten bestätigte Anamnese als periodische bezeichnet werden muss.

St. hatte 1865, also in ihrem 35.Jahre, zum ersten Mal einen maniakalischen Anfall von mehreren Wochen, in welchem sie viel lärmte, lachte,
sich herumwälzte und unrein war. Zweiter Anfall 1869, also vier Jahre nach
dem ersten. Dritter Anfall im Frühjahr 1893, also 24 Jahre nach dem
zweiten. Sie warf Alles zusammen, liess sich nicht im Bett halten, wälzte
sich herum. Vierter Anfall brach circa 5 Tage vor Aufnahme in die Klinik
ohne erkennbaren Grund aus.

Auf Grund der Thatsache, dass alle drei vorangegangenen Anfälle nur die sehr kurze Zeit von einigen Wochen gedauert hatten,
wurde auch für den vierten gegenwärtigen Anfall eine kurze Dauer
mit Wahrscheinlichkeit angenommen. Entsprechend war der Verlauf.

8. December. Nachts sehr unruhig. Lärmt, lacht, schreit, wälzt sich
herum. Zerriss ein Hemd. Früh etwas ruhiger, jedoch viel schwatzend und
gesticulirend.

11. December. Schlägt im Takt gegen die Bettstelle und gegen die
Wand. Nimmt theatralische Posen ein. Spielt manchmal Rollen. Schimpft
öfter und zotet in witziger Weise, spielt dann wieder die ehrbare alte
Frau. Nimmt Alles scharf wahr. Rechnet sehr gut, wenn ihre Aufmerksamkeit zu fixiren ist. Fasst Alles schlagfertig auf. Nahrungsaufnahme sehr
wechselnd: manchmal fällt sie gierig über alles Erreichbare her, manchmal
wirft sie wieder Alles mit lachender Miene von sich.

15. December. Tobt seit gestern fast andauernd, schreit mit über-
lauter Stimme, schwatzt, singt, athmet in willkürlicher Weise keuchend,
schlägt um sich, ist manchmal unrein.

18. December. Auf einige Stunden viel ruhiger. Sagt, „sie habe sich jetzt ausgetobt, sie könne nach Haus". Bald nachher wieder stark erregt.

22. December 1893. Abwechselnde Zustände von leidlicher Ruhe, in denen man sich gut mit ihr unterhalten kann, und stärkerer Erregung.

12. Januar 1894. Bis zum 5. Januar Abnahme des Körpergewichtes von 50 auf 45 Kgrm., seitdem Stillstand des Abfalls. Psychisch wechselndes Verhalten. Manchmal noch heftige maniakalische Ausbrüche (Scheibeneinschlagen, Schreien etc.).

31. Januar. Seit fünf Tagen fast ganz beruhigt. Sie schreibt einen ganz correcten Brief nach Hause, der Mann möge sie abholen, die Krankheit sei vorbei, sie habe sich ausgetobt.

5. Februar. Geheilt entlassen.

Der Anfall hat also circa acht Wochen gedauert. Seit dem 5. Januar continuirliches Steigen des Körpergewichtes von 45 Kgrm. auf 49 Kgrm.

Hier ist in der That der Anfall ebenso wie die früheren relativ kurz gewesen, woraus die Wichtigkeit der Ermittelung früherer Anfälle bei dem Auftreten von Geistesstörungen unmittelbar klar wird. Der Fall muss entschieden trotz des grossen Zeitraumes von 24 Jahren, der zwischen dem zweiten und dritten Anfall liegt, zu den periodischen Geistesstörungen gerechnet werden.

Im Folgenden gebe ich noch einen Fall von periodischer Manie, in welchem ein sonst mehr in das Gebiet der Paranoia gehörendes Symptom, nämlich Personenverkennung, das Bild etwas trübt.

Anna V. von Frickenhausen, Taglöhnerin. Zum ersten Mal aufgenommen am 17. December 1874 im Alter von 59 Jahren. Dauer des Anfalls bis 4. April 1875, also $3\frac{1}{2}$ Monate. Geheilt entlassen. Freies Intervall $3\frac{3}{4}$ Jahre. Zweite Aufnahme am 17. December 1878, geheilt entlassen am 5 März 1879 nach $2\frac{1}{2}$ Monaten. Freies Intervall $2\frac{1}{4}$ Jahre. Dritte Aufnahme am 22. Februar 1881. Dauer des Anfalls bis 24. März 1881, also circa 4 Wochen. Freies Intervall $3\frac{3}{4}$ Jahre. Vierte Aufnahme am 21. December (nb. ebenso wie die ersten beiden Anfälle im December!) 1884. Dauer bis 5. Mai 1885, also circa $4\frac{1}{2}$ Monate.

Seit Mitte November zeigte sie wieder ein exaltirtes Benehmen. Sie arbeitet nichts, lässt nichts im Zimmer stehen, zerbricht und zertrümmert Alles, wirft es zum Fenster hinaus, reisst die Tapeten von den Wänden, zieht sich zuweilen nackt aus, spricht dabei fortwährend unzusammenhängende Sachen, verkennt dabei Personen, verlangt beständig Geld, um es ganz unnütz zu verschleudern, treibt Unfug, wirft dem Kinde ihres Schwiegersohnes Streichhölzköpfchen in den Kaffee, wollte Sachen verbrennen u. s. f. Bei der Aufnahme: Typisch maniakalisch. Ist sehr heiter, zufrieden, exaltirt, gesticulirt viel, begrüsst die Kranken als alte Bekannte, zeigt eine grosse Schwatzhaftigkeit. Sehr übermüthig und gewaltthätig.

Der Zustand führte allmählich zur völligen Beruhigung und geistigen Gesundheit. Bemerkenswerth an dem Fall ist, dass hier noch im 59. Jahr eine Manie ausgebrochen ist, welche sich deutlich als eine periodische erwiesen hat, ferner dass Personenverwechslung mehr als sonst bei Manie im Vordergrund gestanden hat.

Hierauf beziehen sich die folgenden krankengeschichtlichen Notizen:

13. Januar. Sie hält Professor, Arzt und Wartepersonal für Leute aus ihrem Ort und ihrer Verwandtschaft.

17. Januar. „Personenverkennung noch theilweise vorhanden, auffallend ist dabei, dass Patientin ebenso wie früher die Personen immer mit dem gleichen Namen benennt." — Seit Anfang April bietet sie dieses Symptom nicht mehr, ist vollständig orientirt, ist sich vollständig bewusst, dass sie die Personen verkannt hat, gibt sogar genau an, für wen sie die einzelnen Personen gehalten hat.

Trotz dieses nicht ganz zum Typus der Manie gehörenden Symptoms stimmt alles Andere zur Annahme einer echten, und zwar periodischen Manie.

II. Periodische Melancholie. Diese Fälle weichen in keiner Weise in Bezug auf die Symptomatologie des einzelnen Anfalles von den Formen der nicht periodischen Melancholie ab, weshalb wir sie hier kurz übergehen können.

III. Periodische Verwirrtheit.
Helene L., Haushälterin aus R., aufgenommen am 1. April 1891 im Alter von 39 Jahren. Hereditär belastet: Schwester der Mutter epileptisch geisteskrank. Ein Bruder der L. ebenfalls geisteskrank, blieb blödsinnig bis zu seinem nach sieben Jahren erfolgten Tod. Fünf Wochen vor der Aufnahme nach einer Gerichtsverhandlung am 25. Februar sehr niedergeschlagen. Am nächsten Tage schon Ausbruch einer schweren Geistesstörung. Sie verzog fortwährend die Gesichtsmuskeln und agitirte mit den Extremitäten. Sagte, sie sei eine Verbrecherin, habe einen Meineid geschworen. Zwei Tage darauf noch erregter, klagte sich laut des Meineids und anderer Verbrechen an, machte einen Selbstmordversuch.

Bis dahin scheinen melancholische Wahnideen im Vordergrunde des Krankheitsbildes zu stehen. Diese sind jedoch hier nur die Einleitung der eigentlichen, in's Gebiet der hallucinatorischen Verwirrtheit gehörenden Psychose.

Schon in der Nacht vom 28. Februar heftige hallucinatorische Anfälle mit Verwirrtheit. Sie tobte und schrie überlaut, sie habe das höllische Feuer im Leib, sie werde verbrannt, hörte die Stimme des Teufels rufen, dann gab sie wieder unarticulirte oder nichts bedeutende Laute von sich, rief z. B. stundenlang lo lo lo. Nach etwa zwei Tagen, also kaum fünf Tage nach Beginn der Krankheit, wurde sie ruhiger, war aber ganz verwirrt. Sie gab auf Befragen keine Antwort, lag meist stumm da, liess Koth und Urin unter sich gehen, schnitt oft fürchterliche Grimassen.

Am 13. März, also circa 18 Tage nach Beginn der Erkrankung, folgender Status: Macht physiognomisch einen heiteren Eindruck. Ihre Reden werden in einer verworrenen affectlosen Weise vorgebracht. Sie gibt an, dass sie sterben müsse, kommt aber gleich nach dieser anscheinend sehr tragischen Rede auf ganz indifferente oder erfreuliche Dinge. Sie werde bald die Krone einer Königin erhalten, sie wolle nicht den Lorbeerkranz, sie wolle den mit Vergissmeinnicht und wie sie zum Herrn Bezirksarzt gesagt habe, so müsse es bleiben. In ihrer Jugend habe sie ein Verbrechen begangen. Nach diesem befragt, sagt sie immer nur „pfui", redet dann in verwirrter Weise, jedoch ohne eigentlichen maniakalischen Charakter weiter: „Recht muss recht bleiben." Wo ihr Mann begraben liegt, da wolle sie auch begraben sein, aber nicht in R. Der Doctor habe die Photographie und ihre Schwägerin habe Alles verrathen. Ueber ihre Umgebung — Spital in R. — ist sie nicht orientirt. Ihre Tochter und den Vater erkennt sie bei einem Besuch wieder und geräth in grosse Aufregung, ohne ein bestimmtes Verlangen wegen Entlassung etc. zu äussern. Hinterher ist sie wieder heiter, sitzt in theatralischer Stellung auf dem Boden des Zimmers, sagt, dass sie nur in einem Salon essen könne, sie sei jetzt Frau Doctor u. s. f. Für gewöhnlich verhält sie sich ruhig, zeigt auch nicht den Bewegungsdrang der Maniakalischen, redet nur, wenn sie angeredet wird, verwirrt durcheinander.

In der Klinik in W., wo sie vom 1. April an war, bot sie fast constant folgendes Bild:

Sie macht einen heiteren Eindruck; sobald man sie anredet, kommt als Antwort eine Fluth ganz unzusammenhängender Sätze. Ueber ihre Umgebung ist sie völlig unorientirt. Im Vordergrunde steht Personenverkennung, welche in Bezug auf bestimmte Menschen in ganz stereotyper Weise vor sich geht.

Das Wesen des Zustandes war die einfache, nicht mehr wie im Anfang mit Sinnestäuschungen complicirte Verwirrtheit. Gegen den Schluss der Erkrankung, welcher Mitte Juni erfolgte, war von grossem Interesse der wechselnde Grad von Verwirrtheit. Das Körpergewicht war von 46 Kgrm. am 1. April — auf 44 Kgrm. am 24. April gesunken, stieg dann ununterbrochen bis 54·70 am 12. Juni, also um 21·4 Pfund im Laufe von kaum 7 Wochen. L. war nach der Entlassung in ihren häuslichen Verhältnissen ganz normal.

Zweiter Anfall im August 1892. Bei der Aufnahme am 26. August im gleichen Zustand wie bei dem früheren Anfall: heiter verwirrt, ohne maniakalische Ideenflucht und ohne Bewegungsdrang. Das Körpergewicht stieg nach der Aufnahme von 48·2 Kgrm. an constant bis auf 56·7 am 13. October, also um 17 Pfund in circa 6 Wochen.

Entlassen mit der Prognose, dass sie vermuthlich noch einen oder mehrere Anfälle von Verwirrtheit bekommen, aber immer wieder davon genesen wird.

Da es für den Praktiker sehr wichtig ist, das Krankheitsbild der Verwirrtheit kennen zu lernen und es gegen die symptomatisch ähnlichen Zustände bei Manie, Paranoia etc. abgrenzen zu können, gebe ich noch einen in seinem Verlauf sehr charakteristischen Fall.

Anna G. aus C., Dienstmädchen, aufgenommen am 27. September 1888 im Alter von 20 Jahren. Eine ganz weitläufige Blutsverwandte von ihr war geisteskrank. Der Grossvater des Vaters war „im Stillen" geisteskrank. Von den Grosseltern an lässt sich in den Familien kein Fall von Geistesstörung nachweisen. Ohne dass irgend etwas vorausgegangen wäre, was als causa externa angezogen werden könnte, plötzlicher Ausbruch einer Geistesstörung. Von dem telegraphisch herbeigerufenen Vater mit nach Haus genommen, jammerte sie viel und redete „sonderbare" Sachen. Sprach von „Religionsmachen". „Ich habe die Welt erlöst, dazwischen gesungen, jetzt kommen zwei Gott, ein Frauengott (womit sie sich selbst bezeichnet) und ein Mannsgott."

Status bei der Aufnahme: Gesundes und blühendes Aussehen, welches zu ihren zeitweiligen ängstlichen Erregungen einen auffallenden Widerspruch bildet. Aengstlich, von Sinnestäuschungen beherrscht.

14. October. Meist von ängstlichen Gefühlen und Sinnestäuschungen beherrscht.

20. October. Jetzt heiter erregt, redet verwirrt, Gehörstäuschungen, verkennt ihre Umgebung.

25. October. Ruhig, spricht wenig, glaubt sich verfolgt, zeigt aber in diesen Ideen keine Constanz. Macht einer neben ihr liegenden Patientin Alles nach, das Aufstehen, das Haarkämmen, das Weinen und Lachen.

Diese drei Aufzeichnungen geben eine gute Charakteristik der ausserordentlich wechselnden Bilder, welche im Laufe einer hallucinatorischen Verwirrtheit auftreten können. Ein ungeübter Beobachter würde sie vielleicht am 14. October für melancholisch, am 20. October für maniakalisch und am 25. October für paranoisch erklärt haben. Diese wechselnden symptomatischen Zustände sind aber weiter nichts als Reactionen auf die Sinnestäuschungen, welche mit der Verwirrtheit gleichzeitig vorhanden sind. Oft gehen an einem Tage bei solchen Kranken maniakalische und paranoische Züge durcheinander. Z. B. ist von dieser Patientin notirt:

1. November. Sehr heiter. Personenverwechslung. Sieht die Wärterin für ihre Mutter an.

Charakteristisch für die Verwirrtheit dieses Zustandes ist folgende Notiz:

7. November. Aeusserlich wieder beruhigt. Ist sehr erfreut darüber, ihre verstorbene Mutter zu sehen (die Wärterin, welche sie für die Mutter hält).

12. November. Wieder unnatürlich heiter. Hört viele Stimmen.

17. November. Sehr unruhig, lärmt, bleibt nicht im Bett.

1. December. Gestern grosse Aufregung nach längerer Ruhe. Reisst Bilder von der Wand, klettert am Fenster in die Höhe, von Hallucinationen beherrscht. Sie hört eine Stimme vom Himmel.

18. December. Wieder sehr nachahmungslustig.

26. December. Behauptet, sie habe einen Bund mit dem Herrn Professor.

Auch in diesen Aufzeichnungen tritt der grosse Wechsel in ihrem äusseren Verhalten bei gleichbleibender Verwirrtheit zu Tage.

14. Januar 1889. Versuchsweise beschäftigt.

20. Januar. Gestern Abends sehr erregt, weinte und jammerte viel.

27. Januar. Deutliche Besserung. Gut zur Arbeit zu gebrauchen.

3. März. Geheilt entlassen.

Dieser erste Anfall darf nicht zur Paranoia gerechnet werden, sondern gehört durchaus zu der von der Paranoia zu trennenden hallucinatorischen Verwirrtheit.

II. Aufnahme: 29. Januar 1892. Patientin kommt freiwillig in die Klinik. Sie war von März 1889 bis Januar 1892 wieder Dienstmädchen in W. Vor circa 8 Tagen hat sie wieder angefangen, Stimmen zu hören, freundliche und böse, sonderbare Gestalten zu sehen und Alles auf sich zu beziehen. Dazu traten heftige Kopfschmerzen. Bei der Aufnahme in heftiger Unruhe. Ist besonnen und hat Einsicht in die krankhafte Natur der Stimmen.

4. Februar. Erklärt sich wieder für völlig gesund.

10. Februar. Völlig normal entlassen.

Trotz der Kürze dieser Störung handelt es sich dabei offenbar um einen ganz kurzen und leichten Anfall von gleicher Art wie früher. Allerdings war sie jetzt bei der Aufnahme viel weniger verwirrt, soll dagegen nach Aussagen der Herrschaft 8 Tage vorher einen ganz verworrenen Eindruck gemacht haben und bald übertrieben heiter, bald abnorm traurig gewesen sein.

III. Aufnahme: 30. Januar 1893. Hat seit der letzten Entlassung unbeanstandet ihren Beruf als Dienstmädchen erfüllt. Mehrere Tage vor dem dritten Eintritt wieder von massenhaften Sinnestäuschungen, theils heiterer, theils schrecklicher Art befallen. Kommt wieder freiwillig in die Klinik mit einer Art von confusem Krankheitsgefühl, viel weniger mit klarer Einsicht in das Pathologische der Sinnestäuschungen. Steht dabei offenbar noch unter deren Einwirkung. Sie hört schimpfende Stimmen und sieht Gestalten.

2. März. Wieder ganz normal entlassen.

Prognose: Wird wahrscheinlich noch mehrere Anfälle bekommen, aber immer wieder gesund werden. Selbst wenn einer der kommenden Anfälle symptomatisch zum Theil der Paranoia sehr ähnlich sein sollte (geringere Verwirrtheit, consequentere Wahnbildung), so wäre die Diagnose in Bezug auf den einzelnen Anfall günstig zu stellen.

Die Constatirung der periodischen Natur einer Geistesstörung ist also wesentlich ein prognostischer Begriff. Von grosser praktischer Wichtigkeit ist die Kenntniss der circulären Formen von Geistesstörung, welche einen Circulus vitiosus von Melancholie, geistiger Gesundheit und Manie in dieser oder umgekehrter Reihenfolge bilden. Symptomatisch unterscheiden sich die einzelnen Phasen nicht von den entsprechenden reinen Krankheitsformen. Es ist also bei dem jetzigen Stand unserer Kenntnisse noch nicht möglich, aus dem Status praesens einer Melancholie oder Manie zu entscheiden, dass es sich um das eine Extrem eines circulären Zustandes handeln müsse.

Zu den durchaus endogenen Formen des Irreseins rechnen wir:

Die Paranoia.

Das Wort Paranoia (von παρά, neben; νοῦς, Verstand) bezeichnet das „Danebendenken", das Abweichen vom richtigen Wege beim Denken. In diesem Wortbegriff wird also mit Recht der Nachdruck auf die Wahnbildung gelegt, neben welcher sich klinisch noch eine Reihe von anderen Symptomen aufführen lässt.

Als erster Punkt für die Diagnose der Paranoia muss nun der Satz aufgestellt werden, dass nicht jede Wahnbildung ohne Weiteres als Paranoia aufgefasst werden soll. Wahnbildung ist ein in die allgemeine Psychopathologie gehöriges Symptom, welches bei den verschiedensten Krankheiten vorkommen kann. Wer die Wahnbildungen, die sich z. B. an die durch eine Intoxication mit Alkohol, Cocaïn, Cannabis indica etc. bedingten Hallucinationen anschliessen oder aus einer Stimmungsanomalie entspringen, oder auch die Wahnbildungen bei Paralytischen als Paranoia bezeichnet, thut dasselbe, als wenn man in der körperlichen Medicin bei allen Fällen von Seitenstechen die Diagnose auf Pneumonie stellen wollte; in beiden Fällen wird ein allgemeines Symptom für eine bestimmte Krankheit gehalten.

Es ist also die erste Regel in allen Fällen, wo Wahnbildung vorliegt, genau zu untersuchen: 1. ob eine organische Hirnerkrankung (progressive Paralyse) vorliegt, welche dieselbe ausnahmsweise als Symptom haben kann, 2. ob eine Intoxicationserkrankung vorliegt, 3. ob eine andere functionelle Nervenkrankheit vorhanden ist, bei welcher die Wahnbildung nur ein nebensächliches Symptom sein kann. Bei der echten Paranoia ist die chronische progressive Wahnbildung das Wesentliche der Krankheit. Alles Andere: Hallucinationen, Stimmungsanomalie, motorische Erregungen, sind nur Nebenzüge. Wir fassen also den Begriff der Paranoia viel enger auf, als es gewöhnlich geschieht, wenn man ohne Weiteres alle Fälle, in welchen sich die beiden Symptome Hallucinationen und Wahnbildung vorfinden, als Paranoia erklärt. Es muss mit dieser rein symptomatologischen Betrachtungsweise in der Psychiatrie durchaus gebrochen werden. Es kommt in der Psychopathologie nicht nur auf den blossen Bestand von Symptomen, sondern auf ihre Pathogenese und Verknüpfung an. Hallucinatorischer Wahnsinn und Paranoia sind zwei ganz verschiedene Krankheiten, welche nur bei der vergleichenden Zusammenstellung und Identificirung einzelner Symptome, nie aber bei der Vergleichung der Symptomengruppen für gleich gehalten werden können. Die schlagendsten Analogien für diese Identität einzelner Theile bei völliger Verschiedenheit des durch die Gruppirung entstehenden Gesammtsinnes bietet die Arithmetik: z. B. stimmen die Zahlen 31 und 13 in ihren einzelnen Bestandtheilen völlig überein, während durch die Zusammenstellung eine ganz andere Grösse herauskommt. Sollte Jemand dieses mathematische Argument für wenig angebracht psychischen Phänomenen gegenüber betrachten, so bietet auch die körperliche Medicin für diese merkwürdige Erscheinung der Psychopathologie eine Reihe von Beispielen.

Auch bei den Fällen von Verbindung psychischer und körperlicher Symptome zeigt sich das Gleiche. Z. B. kann das gleichzeitige Bestehen von Geistesstörung und Albuminurie ganz verschiedene „Gruppirung" der Symptome zeigen. In einem Falle (alkoholistisches Delirium) sind beide Theilerscheinung einer Grundkrankheit, im anderen Falle (Nierenerkrankung, Urämie kann die körperliche Erkrankung das Wesentliche und die Geistesstörung Folgezustand sein. Ebenso verhält es sich bei rein körperlichen Symptomengruppen. Z. B. kann eine Mitralinsufficienz entweder Folge oder Ursache der gleichzeitig bestehenden Hypertrophie und Dilatation des linken Ventrikels sein. Im Lichte dieser Thatsachen der allgemeinen Pathologie müssen nun auch die psychopathischen Symptome einer genauen Untersuchung in Bezug auf ihren pathogenetischen Zusammenhang unterzogen werden. Vor Allem ist eine Abgrenzung der Paranoia einzig unter Anwendung dieser Kriterien möglich.

Jedenfalls trennen wir den hallucinatorischen Wahnsinn völlig von der Paranoia, mit welcher er nur symptomatische Aehnlichkeit, aber keine pathogenetische Uebereinstimmung zeigt.

Für den hallucinatorischen Wahnsinn gilt der Satz: Sublata causa cessat effectus. Verschwinden die — vielleicht durch eine bestimmte causa externa — hervorgerufenen Sinnestäuschungen, so verschwindet die Wahnbildung. Bei der Paranoia dagegen sind die Hallucinationen Begleiterscheinung der Wahnbildung, welche bestehen bleibt, wenn auch jene temporär verschwinden.

Die Paranoia kann zunächst nach der Zeit des Ausbruches, womit die klinischen Erscheinungsformen zusammenhängen, eingetheilt werden:

I. in die originäre Paranoia,

II. die Paranoia tarda.

Es ist schon angedeutet worden, dass die Lücke, welche hier in Bezug auf die Zeit des Ausbruches gelassen wird, vielleicht durch die Dementia paranoides ausgefüllt werden kann, d. h. also, dass diese eine in jugendlichem Alter ausbrechende und rasch zum Schwachsinn führende Paranoia ist.

Die Paranoia tarda muss nach ihrem klinischen Verlauf in zwei Formen eingetheilt werden:

a) Die constant bleibende Paranoia, bei Intactheit der übrigen geistigen Leistungen, welche speciell als chronischer Verfolgungswahn auftritt.

b) Die progressiv zur Verwirrtheit führende Paranoia.

Die originäre Paranoia.

Es handelt sich um Menschen, bei denen die Entwicklung von verkehrten Ideen sich bis in frühe Kindheit zurück verfolgen lässt, und die oft schon in sehr frühem Lebensalter in völliger Paranoia, beziehungsweise postparanoischem Schwachsinn endigen. Diese Art von Geistesstörung führt stets zu dauernder Geistesschwäche und muss deshalb zu den degenerativen Zuständen im engeren Sinne gerechnet werden.

C. Sch., Schreiber aus K., aufgenommen am 25. September 1888 im Alter von 22 Jahren. Heredität nicht zu ermitteln. Nach dem Verlassen der Schule kam Sch. als Schreiber zu einem Advocaten. Vor einem Jahre klagte er öfter beim Nachhausekommen, „er halte es in der Schreibstube nicht mehr aus, es werde so eingeheizt, man wolle ihn anscheinend vergiften". Er sang dabei, pfiff, schimpfte und weinte durcheinander. Nach einigen Tagen wieder ruhig, ging aber seiner Beschäftigung nicht mehr nach.

Bei der Aufnahme zeigte er sich völlig paranoisch. Er sei ein untergeschobenes Kind, er sei in Kleinasien geboren und von seinen Eltern, die zur Cur in K. waren, zur Verpflegung zu Herrn Sch. (seinem richtigen Vater) gegeben worden. In seinen paranoischen Phantasien spielt eine Hebeamme und ein Staatsanwalt eine grosse Rolle. Sch. gewöhnte sich in der Anstalt rasch ein, wurde ein gesuchter Schreiber. Von Zeit zu Zeit bekommt er Aufregungen oder schreibt Eingaben. Ein vollständig klarer Zusammenhang in seinen Ideen ist nie zu finden. Im Einzelnen wechseln seine Wahnideen etwas. Einmal ist er aus Kleinasien, das andere Mal aus Brasilien. Manchmal ist er Harun al Raschid, manchmal unterschreibt er sich als Carl Sch. Sein Geisteszustand wird am besten aus folgenden Schriften klar:

An die syrische Regierung zu Handen des Kriegsministers in Smyrna. (Kleinasien.) Betreff: Anmeldung des Recruten Harun al

Raschid von dort. Der gehorsamst Unterzeichnete bittet um baldgefl.
Anweisung einer Summe Geldes, die zur Reise dorthin nöthig ist, um
rechtzeitig in der Kaserne nach Cairo einrücken zu können, und bietet
gleichzeitig seine Dienste als Zahlmeister unterthänigst an. Bezl. seines
Gesundheitszustandes bezieht er sich ausschliesslich auf das Zeugniss
des pr. Arztes Hrn. Dr. I... in Bad K........ Gehorsam Harun al
Raschid, derzeit unter Beobachtung in der psychiatrischen Klinik in
Würzburg, Rothkreuzstr., am 12. October 1888.
            Würzburg, 4. December 1892. Sehr geehrter Herr S.....! Ich
bin Gott sei Dank wieder genesen und wohl und habe mir einen
weiteren Zahn ziehen lassen müssen. Ich glaube, dass ich Euch wieder
einmal Weihnachten einen Besuch machen kann und Ihr werdet Euch
gewiss freuen, wenn Ihr mich in anderer Verfassung sehen werdet.
Warum erfahre ich keine Neuigkeiten von Euch? Wie geht es Euch?
Hoffentlich wird das Christkind bei Euch recht gut ausfallen und Euch
eine schöne Bescheerung bringen. Was für eine schöne Zukunft könnte
ich haben, wenn Ihr mir meine Sachen prüfen würdet, so würdet Ihr
Euren Stolz behaupten und Euch nicht so elend behandeln lassen. Wo
habe ich es denn verdient, da ich in meinem vollsten Rechte bin. Unehr-
lichen Leuten gelingt alles. Habe ich vielleicht kein Geld zu bezahlen,
Schulden, die ich nicht bezahlen kann? Es ist gemein, was man mir
angethan und ich nicht verdient habe. Wie geht es Herrn Baron
v. L......? Viele herzl. Grüsse an alle Verwandte und Bekannte Euer
aufrichtiger Sohn Johann Karl Josef Sch...
            Würzburg, 19. Februar 1893. Liebe Eltern! Es müsste mir eine
grosse Freude sein, zu erfahren, wann es einmal Zeit wäre, dass es
mit Euch anders würde. Die Ungezogenheiten habe ich satt, es kommt
der Anstand vielleicht zu spät. Aber auch das Angenehme, das man
leider entbehren muss, kommt oft mit Reue und Geständniss im Zucht-
haus heraus. Vielleicht kommt eine anständige Behandlung und was
wenn Ernst am Galgen gemacht wird? Wer den verdient hat, er wird
ihn bekommen. Der Zahn muss heraus und mein Schaden durch wider-
rechtliche Verkümmerung meiner Rechte gut gemacht! Euer ewig
dankbarer Sohn Karl Johann Josef.
            27. October 1893. An das hohe Polizeipräsidium Würzburg. Nach-
dem ich seit einer Reihe von Jahren ohne Hoffnung auf meine Rückkehr
in die Heimat (Brasilien) hier in der psychiatrischen Klinik internirt bin,
so ersuche ich um gehorsame Aufklärung, wann meine gesetzliche
Operation des Stockzahnes (Zahnhummer) erfolgt. Den Termin werden
Sie gefälligst mir bekanntgeben. Ist dann eine Freilassung unter polizeil.
Schutz möglich, da die hieraus entstehenden Folgen wegen fahrlässiger
Tödtung, verursacht durch mangelhafte Ausgänge und werthlose Freiheitsberaubung, Sprachkenntnisse etc., Kosten, Schäden der Staat nicht
tragen kann. Gehorsam: Karl Johann Josef S......

Diese Fälle von originärer Paranoia zeigen stets einen mehr
oder minder grossen Grad von Schwachsinn mit Bruchstücken der
früheren Wahnbildung. In diesem Punkte liegt das social günstige
dieser Krankheit. Die meisten Paranoischen können in der Anstalt
noch relativ nützliche Mitglieder dieses Gemeinwesens werden, weil
sie zwar im Stillen noch an ihre wahnhaften Gedanken spinnen, aber
sich in die Thätigkeit des Anstaltslebens oft überraschend gut einfügen.

Der chronische Verfolgungswahn.

Wir haben den chronischen Verfolgungswahn bei Intactheit des sonstigen intellectuellen Zustandes als eine besondere Gruppe der progressiv zur Verblödung führenden Form der Paranoia entgegengestellt. Es zeigt sich allerdings, dass viele Fälle von scheinbar ganz isolirtem Verfolgungswahn allmählich im Laufe von 20 und mehr Jahren schliesslich doch zu einem beträchtlichen Grade von Schwachsinn führen, so dass die Intactheit der sonstigen intellectuellen Functionen nicht für den ganzen Ablauf der Krankheit zutreffend ist. Vielleicht handelt es sich in der That nur um den sehr verlangsamten Ablauf des gleichen Degenerationsprocesses, welcher in anderen Fällen relativ rasch (d. h. im Laufe von mehreren Jahren) zu postparanoischer Verwirrtheit führt. Es gibt ein diagnostisches Kriterium, welches mit einiger Sicherheit diesen rascheren oder langsamen Verlauf zu einem in socialer Beziehung relativ günstigen Zustand von Schwachsinn bei der Paranoia erkennen lässt: nämlich das baldige Auftreten, beziehungsweise das langdauernde Fehlen von Grössenwahn bei dem bestehenden Verfolgungswahn. Jedenfalls haben die Fälle von reinem Verfolgungswahn ohne Grössenwahn einen klinisch besonders in Bezug auf den voraussichtlichen Ablauf der Krankheit verschiedenen Charakter.

Das Wesentliche des Verfolgungswahnes ist das constante Festhalten der gleichen Wahnideen in Bezug auf die gleichen Personen. Das Charakteristicum liegt nicht blos in dem Vorhandensein von Wahnideen, sondern in der Constanz und deductiven Folgerichtigkeit derselben.

Dieser Begriff des Paranoischen ist der wesentliche Massstab bei der Abgrenzung des hysterischen Charakters, welcher mit seiner Beeinflussbarkeit und dem wechselnden, von aussen angeregten Inhalt des Denkens dem Paranoischen durchaus entgegen zu setzen ist.

Eine Eintheilung dieses chronischen Verfolgungswahns nach den speciellen Eigenarten desselben kann in der Psychopathologie nur eine temporäre Bedeutung haben, da nach dem Gesammtbewusstsein des Volkes und dem speciellen Bildungsniveau des Menschen die specielle Einkleidung wechselt.

Ein in einfachen religiösen Vorstellungen aufgewachsener Mensch wird sich vielleicht vom Teufel verfolgt oder besessen wähnen, ein Techniker wird zur Erklärung der feindlichen Einwirkungen, welche seine Verfolger üben, Maschinen ausdenken, ein im Hypnotismus Erfahrener wird ein telepathisches System aussinnen.

In den meisten Fällen ist die Diagnose auf chronischen Verfolgungswahn wegen der eclatant perversen Beschaffenheit der Wahnideen leicht.

Allerdings gehört in anderen Fällen der Nachweis eines versteckten Verfolgungswahns zu dem Schwersten in der Psychiatrie und sollte von den praktischen Aerzten stets den Specialisten zugeschoben werden. Wir Irrenärzte selbst sollten bei der Beobachtung von Menschen, bei denen Verdacht auf einen solchen versteckten Wahn vorliegt, zwei Dinge gleichmässig berücksichtigen:

1. Dass erfahrungsgemäss schon viele Menschen von ihrer Umgebung für halb oder ganz paranoisch gehalten worden sind,
welche die geschichtliche Betrachtung als die Bahnbrecher neuer
Gedanken anerkennt.
2. Dass hinter dem scheinbar normalsten Wesen sich im höchsten
Grade gemeingefährliche Wahnideen verstecken können.

Da die Diagnose des eclatanten Verfolgungswahnes dem Volks-
bewusstsein und daher auch den nicht psychiatrisch unterrichteten
Aerzten am geläufigsten ist, da andererseits die Diagnose des latenten Verfolgungswahnes ausschliesslich Sache der Specialisten sein
soll, so können wir hier diese Krankheitsform kurz übergehen.
Implicite handeln wir ja den Verfolgungswahn auch bei der Besprechung derjenigen Formen ab, welche allmählich zur Verblödung
führen.

Ein theoretisches Bindeglied zwischen dem reinen Verfolgungswahn und den rasch zur Verwirrtheit führenden Formen von
Paranoia ist folgender Fall:

Michael K. aus Veitshoechheim, aufgenommen 1861 im Alter von
34 Jahren. Mit dem zwölften Lebensjahr unter fremde Leute, wo es ihm
sehr schlecht ging. Später zu einem Goldarbeiter in die Lehre. Schon
damals hatte er den Wahn, vergiftet zu werden; begab sich einmal wegen
einer solchen vermeintlichen Vergiftung in's Hospital. Er wanderte später
viel herum in Oesterreich, Frankreich. Er war dabei intellectuell ganz normal,
hatte nur öfter die Idee, vergiftet zu werden. Wegen Furcht vor Cholera
ging er aus Paris fort. In Paris fasste er auch den Wahn, den Bandwurm
zu haben, den er mit allen möglichen Mitteln (auch Menschenblut) zu vertreiben suchte, wobei er schliesslich aber fand, dass dieser Bandwurm sein
Beschützer sei.

Bei der Aufnahme zeigt er völlig systematisirten Grössen- und Verfolgungswahn. Er ist nach seiner stilistisch vorzüglichen Lebensbeschreibung
der Sohn König Ludwig's, erzeugt von Frau Deportes in Wasserlos, wurde
durch einen Mönch dem Schuhmacher K. als dessen Sohn untergeschoben.

Ich hebe aus seinen Aufzeichnungen folgende Sätze hervor, in
welchen eine Reihe von Symptomen, die noch im Verlauf dieser Erkrankung eine Rolle spielen, sehr deutlich hervortreten.

„Im Aufang meiner Lehrzeit wurde ich vergiftet und kam in Folge
dessen in's Hospital, wo meine Krankheit als ein gastrisches Fieber betrachtet
und geheilt wurde.‟

„Ich reiste nach Pforzheim und Stuttgart, wo ich den Herzog Ernst
verkleidet als Turner kennen lernte und mich mit ihm verbrüderte. Ich
wurde am gleichen Tag durch Choleragift inficirt.‟ — „Ich wurde nochmals
durch Venerie befleckt, was jedoch bald wieder verschwand, da ich fleissig
das Bad bei Berg genoss.‟ —

„Ich lernte währenddem meine so schöne als liebenswürdige Nachbarin Trinchen kennen, die ich um jeden Preis als Gattin wünschte. Mein
Wunsch wurde mir durch die dortigen Freimaurer willfahren. Ich erhielt
sie des Nachts ohne zu träumen erst durch den dortigen Pastor angetraut
sofort in's Ehebett. Der Act der Liebe wurde unter Zeugen vollzogen. Sie
wurde wieder mit fortgenommen mit der Bemerkung, dass, wenn ich sie
mir erringen wollte, ich viel Leiden zu ertragen hätte, was ich auch ge-
tobte. Mit einem Male ärgerten sich alle meine Freunde gegen mich öffent-

lich unter Schmälungen, dass meine Getränke und Speisen vergiftet wurden. Ich genoss sie jedoch im Vertrauen auf Gott und mein unbezwingliches Naturell. — Ich wurde unter stürmischem (!) Giftgenuss krank, so dass aus allen Poren Kalkmassen drangen." (Darauf schildert er seine Ueberführung in eine Irrenanstalt.) „Unter dem schrecklichen Weltenfluch, der auf mir lastete, versetzte ich mir vermittelst eines starken Modellirgriffels, welchen ich mit Choleragift geätzt glaubte, fünf- oder sechsfache Stiche unter meinen Armen in der Meinung, der Zauberer könne dann keinen Gebrauch von meinem Körper für das Jenseits machen." — (Dann wird das Entspringen aus der Irrenanstalt und der Rücktransport geschildert.) „Ich hatte während dieser fünf Monate jede Nacht Epilepsie, ohne zu mormonen."

Hier wollen wir auf die bisherigen Aeusserungen des K. zurückblicken. Es zeigen sich darin folgende Züge:

I. K. zeigt einen combinirten Verfolgungs- und Grössenwahn.

II. K. verlegt den Anfang seiner Leiden durch Vergiftungen weit zurück bis in seine Lehrlingszeit und färbt überhaupt seine ganze Vergangenheit im Sinne seines zur Zeit bestehenden Wahns.

III. K. erzählt neben glaubhaften und notorischen Ereignissen (Reisen, Verbringung in die Anstalt, Entspringen etc.), Dinge als wirklich, welche unmöglich geschehen sein können (Vermählung mit dem Mädchen durch die Freimaurer). Dies sind entweder Erinnerungsfälschungen oder. früher wirklich subjectiv erlebte Sinnestäuschungen.

IV. K. erzählt Ereignisse, bei welchen paranoische Auffassung wirklicher Erlebnisse sehr wahrscheinlich ist. (Er sicht in einem Turner den Herzog Ernst.)

V. K. zeigt Ansätze zu einer Geheimsprache und eigene Sprachbildungen („Epilepsie", „Mormonen").

Wir wollen nun zunächst seine Aeusserungen weiter wiedergeben:

„Ich reiste vom Irrenhause nach Schwäbisch-Gemünd. Ich arbeitete wacker, hatte aber Nachts die fabelhaftesten Visionen und Krämpfe"...

„Ein magnetischer Dolch blieb unter Verfluchung in meiner Hand gegen meinen innigstgeliebten Bruder Göb, Sohn des Königs Ludwig."

„Auf das Verfluchen, welches ich durch bekannte Stimmen in Schwäbisch-Gemünd von Hanau aus mit Gewissheit hörte, eilte ich nach Hanau, um mich mit meinen Feinden zu versöhnen"...

„In Hanau angelangt, währten die bösen Stimmen fort, fast ein halbes Jahr mit stürmischen nächtlichen Krämpfen." „Immer wieder nach Hanau zurückkehrend wurde ich nachher mormont und erwiderte auf solches nach allen Richtungen, weil ich vernahm, dass mein Trinchen meinen Rivalen mehr liebte als mich. Ich wurde von ihm fast aller meiner magnetischen Kräfte beraubt, als auch meiner schönen und kräftigen Gliedmassen, wofür ich andere Glieder erhielt, jedoch der alten Form nach beibehalten, indem es durch eine allmähliche chemische Auflösung von statten ging und vermittelst Krämpfe das Gélée in mir wieder festgestaut wurde."

„Auch forderte ich meinen Rivalen und Peiniger auf Pistolen schriftlich. Statt sich mit mir als Ehrenmann zu schlagen, zeigte er mich bei der Polizei an. Ich wurde sofort belangt und in's Irrenhaus gebracht."

Nun folgt eine ganz verständig erscheinende Beschreibung seiner Reisen und Wanderungen über Nürnberg, München etc. „Ich blieb nun wieder einige Wochen in Veitshöchheim und reiste in Erwartung, meine Feinde würden sich endlich meiner erbarmen, nach Hanau ....“ „Nicht zu feig, um meinem Leiden ein Ende zu machen, habe ich in H. mir nochmals vermittelst Stahls einen Stich versetzen wollen, was jedoch auf derselben Stelle, wo ich mich für verwundbar glaubte, wie auf einem Stahlpanzer abprallte, so heftig ich mit vollem Bewusstsein den Stoss führte, was nur einen kleinen Hautschmerz verursachte.“

In diesen Aufzeichnungen zeigen sich nun ferner folgende Züge:
1. K. hat mit Bestimmtheit Gehörstäuschungen gehabt, und zwar im Sinne seines Verfolgungswahnes (Stimmen von Hanau etc.).
2. R. hat, was notorisch ist, nachdem er schon mehrfach in Irrenanstalten war, weite Reisen gemacht, ohne als geisteskrank angehalten zu werden.
3. Seine Internirung ist erfolgt, als er durch Handlungen (Forderung zum Duell) gemeingefährlich wurde.
4. K. bauscht eine geringe Handlung (leichter Stich gegen die Hand, ein ernsthafter Selbstmordversuch liegt notorisch nicht vor) retrospectiv im Sinne seines Grössenwahnes stark auf.

K. war von 1861 bis 1881 in der Irrenpfründe des Julius-Spitales und hat sich im wahren Sinne des Wortes in seine Paranoia eingesponnen. Ueber seiner Bettstelle hatte er ein telegraphennetzähnliches Gewirr von Drähten angebracht, das in einer Ecke in einem Topf mit Wasser endigte und das dazu dienen sollte, die „Morben“ abzuleiten und von seinem Leibe weg in's Wasser zu befördern. Ferner hat K. den Verschlag, in welchem sich sein Bett befindet, mit den mannigfachsten Holzschnitzereien verziert.

Er äusserte seinen Grössenwahn in Gestalt von langen, im Sinne seiner Paranoia gefärbten Eingaben über die Reform des deutschen Reiches, Gesetzgebung, Kriegswesen, Eintheilung der Staaten. Dabei hatte K. viel Sinnestäuschungen, welche von ihm noch in phantastischer Weise ausgeschmückt wurden. K. hat nun als künstlerisch gebildeter Mensch eine Reihe von Zeichnungen angefertigt, welche seine Visionen darstellen sollen. Diese Zeichnungen haben alle einen charakteristischen Styl (cfr. Fig. 22 und 23).

Die Zeichnungen des K. zeigen folgende Eigenthümlichkeiten:
1. Vollständige Stereotypie der Formen.
2. Stereotype Abrundung der Körperformen (deutlich sichtbar am Knie, Glutäen, Ellenbogen, Nase, Stirn).
3. Grösstentheils sexueller Charakter der Darstellungen (massenhafte Eicheln, Blätter etc. aus der Schamgegend hervorwachsend).

Weitere Beobachtungen von gezeichneten Hallucinationen Geisteskranker würden vielleicht manchen Aufschluss über diese sonderbaren subjectiven Vorgänge gewähren.

Es wäre nun in diesem durch lange Zeit actenmässig beschriebenen Fall sehr interessant gewesen, festzustellen, ob allmählich eine Abnahme der Verstandeskräfte im Lauf seiner Paranoia stattgefunden hat.

Leider ist dieser Punkt, welcher für die principielle Auffassung der als Paranoia bezeichneten Psychosen sehr wichtig ist, wenig

hervorgehoben. Es findet sich nur die Notiz, dass bei K. ein allmählicher Rückschritt der Geisteskräfte aufgetreten, und
dass er an Phthise gestorben ist. Immerhin ist erkennbar, dass hier
die Geisteskräfte nicht dauernd intact geblieben sind. Viel klarer
lässt sich der allmähliche über lange Jahre protrahirte Uebergang
der systematisirten Paranoia in Verwirrtheit an einem Kranken

Fig. 22.

studiren, der sich zur Zeit noch in der Irrenpfründe des Julius-
Spitales befindet. Die verschiedenen Abschnitte der Krankheit lassen
sich in seinen reichlichen Aufzeichnungen sehr deutlich erkennen.
  Der jetzt 53jährige Kranke F., früher Bauer, wurde im Alter von
38 Jahren mit deutlichem Verfolgungswahn behaftet, am 27. October 1876
aufgenommen. Er machte die mit Wahnideen durchsetzten anamnestischen

Angaben bei der Aufnahme selbst. Zu seinem Dienstherrn sei öfter eine junge Dame hingekommen, er habe sie aber nie gesprochen; er habe es selbst gemerkt, da er den Leuten ihre Gedanken an den Augen ablesen könne, dass sein Dienstherr ihn bewegen wollte, diese Dame zu heiraten und seine Filiale für 30.000 Gulden zu übernehmen. Die Dame sollte das

Fig. 23.

Geld als Mitgift mitbringen. Er kam dann in einen anderen Dienst. Er hörte manchmal, wie unbekannte Leute, die an ihm vorübergingen, ihn Professor nannten. Das gefiel ihm nicht, da er es für Spott hielt. In diesem Dienste sah er eine andere junge Dame. Man sagte zwar, sie sei Gouvernante, Andere theilten ihm aber mit, sie sei Tochter eines Freiherrn aus Frankreich mit 2 Millionen Geld. Dann kam er nach Reichenberg als Knecht. Jene erste Dame schickte dorthin öfters Kleider für ihn, die aber immer zurückgeschickt wurden; er merkte es aus den Gesprächen der Dienstboten. Vor 12 Wochen habe ihm der Besitzer des Schlosses in R. die Schlüssel des Schlosses angeboten, aber die Nachricht sei ihm unterschlagen worden. Derselbe habe ihm ebenso seine Tochter angetragen, habe endlich, um ihm die entsprechende Stellung zu verschaffen, sein (des K.) Militärzeugniss nach München geschickt, worauf der König Ludwig ihm „vermuthlich" den Titel Freiherr verliehen und eine grosse Menge Geldes, mindestens 2 Millionen Gulden, mitgeschickt habe. Das Decret sowohl als das Geld habe der Magistrat, an welchen beides geschickt wurde, unterschlagen. F. merkte das an den vielfachen Reden der Bürgersleute über ihn.

Am 4. October 1876 hörte er in der Augustinerkirche, wie der Geistliche ihn vor versammeltem Volke zum Kaiser ausrief. Er ging dann zu seiner Schwester nach G. Hier fand er 4 Kastanien, deren „geheimnissvolle Bedeutung" ihm sofort klar wurde. Es hatten nämlich die 4 Kaiser von Deutschland, Oesterreich, Russland und der Türkei „sich mit ihn verschworen", dass Derjenige, welcher ein gewisses Spiel gewinne, Kaiser sein solle über alle Reiche. Mit jenen Kastanien habe er gespielt und nach langer Anstrengung das Spiel gewonnen. Er habe nun auch die geheimnissvollen Siegeszeichen auf den Kastanien lesen können und dieselben eingesteckt. Seine Ernennung zum Kaiser aller Reiche sei schon längst da, aber die Telegraphenbeamten weigern sich, dieselbe herauszugeben. Für die Krönung sind 50 Millionen Gulden ausgesetzt.

In dieser von dem Kranken selbst gegebenen Anamnese spielt
I. eine grosse, wenn auch nicht entscheidende Rolle die „Eigenbeziehung". Mehrfach ist ersichtlich, wie F. Unterhaltungen anderer Menschen (Bürger in der Stadt, Dienstboten etc.) auf sich bezieht;
II. hat F. öfter Sinnestäuschungen gehabt, welche offenbar im Sinne der ganzen ihn beherrschenden Ideen waren. Er hörte diejenigen Worte, welche er nach der ganzen Beschaffenheit seiner Vorstellungscomplexe erwarten musste;
III. es treten vielmehr Grössen- als Verfolgungsideen bei F. auf;
IV. dementsprechend ist seine Grundstimmung selbst bei Mittheilung seiner Leiden durchaus nicht deprimirt.

In diesem Falle, bei welchem eine Periode von 17 Jahren (!) actenmässig beobachtet ist, zeigt sich nun in den literarischen Aeusserungen deutlich ein progressiver Zerfall der Geisteskräfte — selbstverständlich ohne paralytische Erkrankung. Besonders bemerkenswerth in Bezug auf die prognostische Frage, ob eine unheilbare Paranoia in den social viel günstigeren Zustand der Verwirrtheit übergehen oder sich dauernd als Verfolgungswahn erhalten wird, erscheint bei F. das rasche intensive Auftreten von Grössenideen.

F. wurde nach einem halben Jahr ungeheilt entlassen, aber bald wieder polizeilich eingebracht.

Er erzählte ganz heiter, er sei benachrichtigt worden, dass auf dem Magistrat in K. fürstliche Kleider für ihn niedergelegt seien, die er holen wollte, um sich dann nach Berlin zum deutschen Kaiser zu begeben. Er sei von Polizeimännern angehalten worden, doch waren zu seinem

Schutz preussische und hannoverische Soldaten gegenwärtig. Dann sagt er wieder, dass er Kaiser und Papst sei.

Die Kastanien führt er immer noch als „Siegeszeichen" bei sich. Alle diese Grössenideen haben etwas Schwachsinniges an sich, widersprechen sich zum Theil, werden oft variirt. Seine Briefe aus dieser Zeit sind jedoch noch ganz verständig, abgesehen von den Wahnideen. Z. B. schreibt er: „Lieber Bruder! ... Ich sitze jetzt bereits schon ein halbes Jahr im Spital und bekomme weder Kleider, noch irgend Geld oder sonst etwas. Es wird mir Alles entzogen. Ich bitte Dich daher mir Kleider oder Geld zukommen zu lassen, sammt einer Schiffskarte, dass ich von diesem Lande hinwegkomme." — „Der, welcher sich auf meinen Namen ausruft, ist ein Apotheker, es haben ihn beiden Stadtmagistrate zum Kaiser machen wollen und mich wollten sie in's Arbeitshaus bringen. Ich wollte nicht arbeiten, ich bin doch im Besitze der 5 Welttheile und hätte zu erhalten 35 Hundert Millionen und jetzt sind mir blos 10 Hundert bewilligt."

Aehnlich sind die Briefe bis 1878, in welchem Jahre sich in denselben schon deutlich der Uebergang zur Verwirrtheit ankündigt.

Eine Niederschrift aus diesem Jahre lautet:

Arfis Sirbo Kosta Elfendi;; da ich im Jahre 76 den 28. November Abend zur Geschaffung der Erde; dasjenige nicht vollziehen auch nicht beachtet geglaubt hätte;; dass solches durch meine Siegeszeichen;; zwar verlieren aber verloren wieder auffinden könnte; so ersuche ich keine grosse Herren;; auch nicht Staatsbeamte zu solches gefühlloses beachten nöthig habe; indem ich in Bayern solches Recht nicht zu vertreten vermag;;;; die neue Welt zu geschaffen; etc."

Am Anfang findet sich also ein Bruchstück aus seiner selbstgeschaffenen Sprache, deren Spuren zuerst 1878 auftreten.

Manchmal sind noch Bruchstücke von Perioden und Sätzen vorhanden, die Interpunction ist ganz sinnlos, es kommen abgerissene Stücke seines früheren Grössenwahns zum Vorschein.

Jedenfalls steht aber diese geistige Leistung beiweitem noch nicht auf dem tiefen Standpunkt wie die folgende aus dem Jahre 1880. Diese lautet:

Zirvio dirvio 11 Dubo ♯ 11.

Zebo elle sebe ebe aba dawa ell ell all alli alli voll, volli;; daszte, daszte dibist dibist subust abust dabe dabe;; kaba kaba dabe dabe ebe, ubo.

In dem mehrere Seiten langen Schreiben ist kein einziges verständliches Wort vorhanden, es sind lauter neue Wortbildungen, zum Theil blos Zeichen.

Sehr häufig in der Stilprobe ist die Wiederkehr desselben ganz unverständlichen Wortes in einer Reihe hintereinander und die fortschreitende Variirung desselben sinnlosen Wortgebildes.

Es werden von diesen erfundenen Worten einzelne Theile weggelassen und neue Silben oder Laute zugefügt. Z. B. findet sich folgende gewissermassen durch Variation entstandene Wortreihe:

Sestwest sewest sewest sawest suwest sellwest zellwest ollwest ollwest illwist illwist ollwost ollwost durwast dirrwest cettwest ettwett, ottwett duszwett etawett dellwett deeswett dewett dolwo dullwu dewes dallwo u. s. f.

Von den ganz unverständlichen Ueberschriften der einzelnen Abschnitte theile ich folgende Proben mit:

Korbilisz Ehrwe Siede Dertofist; — Karlisto Befess Sebidasz; — Cerristo Verdce;; Eio Seho;; — Seffo Barro;; Fistelero;; — Kerbo baba;; Dibbo #;; Seblida doba;; Sebbo # #. — Kebbilos # 11 Sasstes # 11 Bellida;; Baar # 11 Zen #.

Neben dieser nicht blos unverständlichen, sondern anscheinend wirklich sinnlosen Production finden sich manchmal in diesem Jahre noch Briefe, die zwar sehr stark mit paranoischen Elementen, besonders unverständlichen Wortbildungen durchsetzt sind, aber doch noch einigen Zusammenhang erkennen lassen. Wie schon früher, tritt dabei ein confuses „Fabuliren" hervor. Z. B. schreibt er in einem Briefe:

Ueberschrift: „Erzele doer 11. Dao 11." Dann heisst es:

Im Jahre 2 nach Christe wurde ein Kaiser zu Jerusalem von einem Herrn zu Tische geladen: sein Vater war ein Beamter. Zur Zeit war in Rom ein Concil über einen Kaiser, der Nero hiess; seine Gemahlin hiess Zebispois.

Einst sass dieser Kaiser in Rom zum Mittag. Als dieser Mittagstisch vorbei war, stand seine Gemahlin vom Tische auf und ging zum Kaiserlichen Hof hinweg; ging zum päpstlichen Palast vor den heiligen Stellvertreter Christi;; meldete sich zum geistlichen Priester, wurde dort sehr gut aufgenommen." — Dann kommt ein phrasenreicher Passus, in welchem sie zum Mittagessen beim Papst eingeladen wird, dann heisst es: „Sie nahm es mit Freuden an; wurde gänzlich zum Pabste gebracht u. s. f." Bei dieser Mahlzeit erzählt dann diese imaginäre Frau Dinge, welche ebenso verwirrt und phantastisch sind.

Es sind nun in der Literatur mehrere Fälle unter dem Titel Paranoia confabulans beschrieben worden, als ob dieses Confabuliren eine specifische dauernde Eigenschaft einer Gruppe von Paranoikern wäre. In Wahrheit handelt es sich um ein Stadium in dem psychischen Auflösungsprocess, welchen eine Reihe von Fällen im Rahmen der als Paranoia bezeichneten Krankheit zeigen. Bei F. ist dieses nur temporäre Auftreten des einen Symptomes sehr deutlich nachzuweisen. Ungefähr zu gleicher Zeit wie obiger Brief ist ein anderer geschrieben, in welchem ein fabulöser Anfang unmittelbar in ein verwirrtes Hintereinander von Begriffen übergeht.

„Es ist im Jahre 59 gewesen, wo die Wiener mit Italien, mit Frankreich führten, trug sich aber folgendes Ereigniss vor im Monat;; den 17. Juli wurde auf der Strasse bei Venedig eine Uniform aufgefunden;; und diese war aus dem Lande von Preussen benannt." Dieser Anfang hat aber keine entsprechende Fortsetzung, sondern F. kommt in dem Briefe in ganz unverständlicher Weise und ohne geschlossene Satzconstruction, welche seine früheren Briefe noch auszeichnete, auf die verschiedensten Dinge zu sprechen: Kissingen, Wasserquell, kaiserliche Majestät, Kämmerer, Wiener Weltausstellung, Rechtskundig, linkskundig, Theologen der heiligen Justina, Kaiserin Isabella, römische Papstbeamten.

Neben diesen durcheinandergewürfelten „confabulirten" Worten finden sich noch Spuren von enormem Grössenwahn:

Z. B.: „Ich in meinem Gewande Göttlicher Geistiger Fleischiger mit
benannt Kaiserlicher Thronerblicher Erlöser Papst beider Kaiserkronen."

In diesem Briefe geht unmittelbar das „Confabuliren" in völlige
Verwirrtheit über. Entsprechend verhält es sich mit dem Symptom

Fig. 24.

des Confabulirens im Allgemeinen. Es ist nur ein Stadium in der
Entwicklung einer bestimmten Form von Paranoia.

Seit ungefähr 1882 ist F. in der Irrenpfründe des Julius-
Spitales (cfr. Fig. 24). Es ist seitdem weder schriftlich, noch münd-
lich ein vernünftiges Wort aus ihm herauszubekommen gewesen.

Für gewöhnlich arbeitet er an seiner gewohnten Beschäftigung, ohne ein Wort zu reden. Frägt man ihn, so überschüttet er den Fragenden mit einer Fluth von völlig zusammenhangslosen Worten, in denen manchmal fremdartige Wortbildungen, wie z. B. „Glimone", auftauchen.

Von einem Wahnsystem kann keine Rede mehr sein. F. ist zur Zeit durchaus gutmüthig und hat den gemeingefährlichen Charakter, welchen er während seiner „paranoischen" Periode entschieden hatte, ganz verloren.

Hier tritt die grosse sociale Wichtigkeit, welche die richtige Prognose über den Verlauf einer Paranoia haben könnte, deutlich hervor. Wenn F. nicht eingepfründet wäre, so könnte er längst als vollständig harmlos in Familienpflege gebracht worden sein, während er bei dauerndem Beibehalten seiner früheren Wahnideen durchaus in der Anstalt behalten werden müsste. Praktisch kommen diese aus der Paranoia hervorgegangenen Formen der Verwirrtheit mit den einfach Schwachsinnigen in eine Linie. Theoretisch muss man die Zustände völlig trennen. Sie lassen sich differentialdiagnostisch sehr gut unterscheiden. In der auf Paranoia folgenden Verwirrtheit zeigen sich sozusagen die Trümmer des Wahngebäudes mit sonderbaren Spracherscheinungen (eigenen Wortbildungen, Wortwiederholungen, sonderbaren Satzconstructionen etc.) vermengt. — Der gewöhnliche Schwachsinn gleicht einer öden Landstrecke, die postparanoische Verwirrtheit einem Trümmerfelde.

Es würde sich nun vor Allem darum handeln, die Kriterien zu finden, welche ein Urtheil erlauben, ob eine Paranoia dauernd in dem social sehr störenden Zustand des Verfolgungswahns verharren oder in Verwirrtheit übergehen wird. Ein prognostisches Moment scheint nun hier in dem zeitigen Auftreten von Grössenwahn zu liegen. Tritt dieser von Anfang an in den Vordergrund, so ist die Wahrscheinlichkeit der Verblödung viel grösser. Ferner gilt hier dasselbe Gesetz wie bei der Epilepsie: je älter das Individuum beim Auftreten der Krankheit ist, desto geringer ist die Gefahr der Verblödung, ganz abgesehen davon, dass bei der Länge der zu diesem Process erforderlichen Zeit bei älteren Personen der Tod denselben meist unterbricht.

Anhang: Die Hypochondrie.

Um einen Einblick in die Pathogenese der als Hypochondrie bezeichneten Zustände zu gewinnen, muss man einen scharfen Unterschied machen zwischen

1. den abnormen Empfindungen im Gebiete des Allgemeingefühls.
2. den Vorstellungen, welche zur Erklärung dieser Empfindungen gebildet werden.

Wir lassen also die engere Bedeutung des Wortes Hypochondrie, welches sich wesentlich auf die abdominalen Zustände bezieht, bei Seite und denken dabei allgemein an die perversen Sensationen des Allgemeingefühls und die daran geknüpften Vorstellungen.

Es muss nun für die Praxis der Aerzte vor Allem betont werden, dass ein grosser Theil der hypochondrischen Sensationen

Folge von leichten chronischen Erkrankungen der vegetativen Organe
sind. Eine Diagnose auf Hypochondrie darf also nur nach sorgfältigster physikalischer Untersuchung und auch dann nur sehr mit
Vorsicht gestellt werden. Wer einen Menschen mit beginnendem
Carcinoma ventriculi als Hypochonder behandelt, wird das Interesse
der wissenschaftlichen Psychopathologie vor den benachbarten klinischen Disciplinen ebensowenig vertreten, als es zum Ruhme der
internen Medicin gereicht, wenn ein „Hypochonder" für krebskrank
erklärt wird. Schliesst man nun eine körperliche Erkrankung der
vegetativen Apparate, welche hypochondrische Sensationen bedingen
könnte, aus, so frägt es sich, ob im Nervensystem Processe sich
abspielen, deren psychische Correlate (Sensationen), nach der Peripherie projicirt, eine Hypochondrie vortäuschen können. Hier sind
besonders die hypochondrischen Beschwerden bei Beginn der Tabes
und Tabesparalyse zu erwähnen.

Ist eine Erkrankung der vegetativen Organe und der Nervenapparate ausgeschlossen, so frägt es sich, ob diese hypochondrischen
Beschwerden Symptom einer anderweitig charakterisirbaren Krankheit (z. B. Epilepsie, Tumor cerebri, Melancholie und besonders der
Hysterie) sind, oder eine Hypochondrie sensu strictiori. Die
meisten der als hypochondrisch bezeichneten Beschwerden
sind hysterischer Natur. Die relativ seltenen Fälle von echter
Hypochondrie gehören durchaus in's Gebiet der Paranoia und sind
als Hallucinationen des Gemeingefühls mit einer den eigenen
Körper betreffenden Wahnbildung zu charakterisiren.

Diese Auffassung der Hypochondrie als einer dritten Form von
Paranoia bedarf einer ausführlicheren Begründung, als sie im
Rahmen dieser Diagnostik gegeben werden kann. Deshalb begnüge
ich mich vorläufig für das Bedürfniss des Praktikers folgende Regel
aufzustellen:

Diejenigen Formen von Hypochondrie, welche sich weder als
Ausdruck einer Erkrankung von vegetativen Organen oder von
Nervenapparaten, noch als Symptome anderweitig charakterisirbarer
Krankheiten, besonders nicht als Symptom von Hysterie auffassen
lassen, haben eine ebenso infauste Prognose, wie die vorgenannten
Formen von Paranoia und trotzen fast immer aller Behandlung.

Die Zwangsvorstellungen.

Man hat den Begriff der Zwangsvorstellungen auf diejenigen
zwingend auftretenden Vorstellungen eingeschränkt, welche als Zwang
zum Bewusstsein kommen. Um eine zusammenhängende Uebersicht
über dieses Gebiet zu geben, ist es geeignet, von diesem quälenden Bewusstsein des Zwanges zunächst abzusehen und ferner den
Begriff „Vorstellung", wie in der *Leibnitz*'schen Psychologie. im
weitesten Sinne zu fassen, so dass alle Arten von geistigen Vorgängen. Gedanken. associative Vorstellungen, Gefühle und Antriebe darunter verstanden werden. Innerhalb der weiten Grenzen.
welche dadurch gewonnen werden, kann man dann eine genaue
Specialisirung der einzelnen Gruppen vornehmen.

Wir haben also unter Zwangsvorstellungen alle diejenigen Geisteszustände zu verstehen, in denen sich bestimmte Gedanken oder Gefühle, beziehungsweise Antriebe zu bestimmten Handlungen mit zwingender Gewalt unabhängig von Eindrücken der Aussenwelt (Milieu) immer wieder in der gleichen Weise geltend machen. Wenn daraus resultirende Handlungen zufällig gegen das bestehende Gesetz sind, so imponiren sie den psychiatrisch Ungebildeten als Ausdruck einer besonderen criminellen Beanlagung.

In Wirklichkeit ist jedoch kein principieller Unterschied zwischen Zwangshandlungen, die sich im Rahmen des erlaubten Subjectivismus bewegen, und solchen, welche im einzelnen Fall von psychiatrisch Ungebildeten als criminelle Acte aufgefasst werden, zu machen. Ebensowenig ist psychologisch ein principieller Unterschied zwischen Zwangsgedanken, welche subjectiv indifferent sind und solchen, welche subjectiv als quälend empfunden werden (Zwangszustände im engeren Sinne).

Für die übersichtliche Darstellung dieser Zustände ist es geeignet, das Moment des Zwingenden in den Vordergrund zu stellen und die psychologische Differenz von blossen Gedanken und Antrieben bei Seite zu lassen. Wir wollen daher im Folgenden auch die stereotyp mit zwingender Gewalt auftretenden Gedanken als Ausdruck eines Triebes mit den Antrieben zu Handlungen zusammenfassen. Diese Zwangszustände, beziehungsweise -Triebe müssen nun, wie schon angedeutet, von einem doppelten Gesichtspunkt aus eingetheilt werden:

1. Nach der Reaction, welche die Gesammtpersönlichkeit der Betroffenen auf den vorhandenen Zwangstrieb zeigt:

a) in Zwangstriebe (-Gedanken. -Gefühle) verbunden mit dem störenden Bewusstsein des Krankhaften und Zwingenden,

b) in Zwangstriebe ohne Bewusstsein des Krankhaften und Zwingenden.

2. Nach dem Verhältniss der resultirenden Handlungen zur socialen Gemeinschaft:

a) in social störende.

b) in social indifferente.

Am meisten als πάϑος zu betrachten sind diejenigen, welche einerseits als fremdartig und zwingend empfunden werden, andererseits zugleich social störend sind; am wenigsten πάϑος zeigen diejenigen, welche ohne Bewusstsein des Krankhaften im Individuum vor sich gehen und zugleich social indifferent sind.

Aus der Combination dieser beiden Eintheilungsprincipien entstehen folgende vier Gruppen:

I. (1a+2a.) Zwingende Triebe, welche als fremd und krankhaft empfunden werden und gleichzeitig social störend sind.

II. (1a+2b.) Zwingende Triebe, welche als fremd und krankhaft empfunden werden und dabei social indifferent sind.

III. (1b+2a.) Zwingende Triebe, welche nicht als krankhaft zum Bewusstsein kommen und social störend sind.

IV. (1b+2b.) Zwingende Triebe, welche nicht als krankhaft zum Bewusstsein kommen und social indifferent sind.

Zur ersten Gruppe gehören z. B. viele Fälle von Onomatomanie (cfr. *Magnan*. Psychiatr. Vorlesungen, IV/V), in denen das

19*

zwangsmässig producirte Wort social störende Wirkungen hervor-
ruft. Wenn z. B. Jemand im Theater den Zwangstrieb bekommt,
Feuer zu schreien, so können dadurch eine Reihe von schlimmen
Wirkungen hervorgebracht werden. Allerdings ist naturgemäss diese
Gruppe am kleinsten, weil diejenigen Menschen, welche ihren Zwangstrieb als etwas Krankhaftes empfinden, sich nicht in Situationen
bringen werden, wo derselbe für sie durch seine sociale Wirkung
noch verhängnissvoller werden kann. Die zweite Gruppe ist weit ver-
breitet. Im Einzelnen ist die Symptomatologie sehr reichhaltig, wie
z. B. aus folgendem Fall ersichtlich ist. Ein junger wohlbegabter
Student zeigt folgende Symptome: Wenn er in's Theater geht,
denkt er, die Decke fällt herunter. Er setzt sich nie unter einen
Kronleuchter. Er kann nicht auf die Striche des Trottoirs treten, muss
jeden Stein mit einem Schritt nehmen, so dass er manchmal ganz
sonderbare Sprünge macht. Wenn er in die Droschke steigt, so tritt
er mit dem rechten Fuss zuerst an etc.

Zu dieser Gruppe gehören eine Reihe von sehr verschiedenen
Zuständen, wie Grübelsucht (Folie du doute), Onomatomanie, ge-
schlechtliche Verkehrtheiten, die als solche empfunden werden, viele
Fälle von Dipsomanie, Zahlenbesessenheit, Erinnerungszwang für
Gesichter. Berührungsfurcht, Lachkrämpfe bei feierlichen Gelegen-
heiten, Angst, dass durch das Feuer im Haus Unglück passiren
könnte, Angst vor bestimmten Gegenständen, z. B. Wachsfiguren,
Leichen, missgestalteten Menschen, Gewitterfurcht etc.

Magnan unterscheidet fünf Unterarten der Onomatomanie:
1. Manche suchen ängstlich nach einem Namen der Worte.
2. Andere haben ein Wort im Sinn mit dem Zwange, es zu wiederholen, specielle Form: Koprolalie.
3. u. 4. Anderen kommt bei einem gewissen Worte oder Zahl
immer der Gedanke, dass es eine böse oder glückliche Bedeutung habe.
5. Bei einem stellt sich geradezu körperliches Uebelbefinden ein
durch ein anscheinend im Magen liegendes Wort und Erleichterung durch Würgen und Ausspucken.

Diese Zustände rechnen wir mit ihrer Objectivirung eines
Wortes schon völlig den Hallucinationen des Gemeingefühls zu,
welche in der Paranoia eine grosse Rolle spielen.

Bei der dritten Gruppe, nämlich bei denjenigen Zwangstrieben, welche ohne subjectiven Widerstand in der Persönlichkeit
eines Menschen auftauchen und zugleich antisocial sind, befinden wir
uns völlig auf dem Boden der Criminalität.

In der That gibt es eine Anzahl von Verbrechern, bei welchen
dies zutrifft. Der Streit, ob hier Geistesstörung oder Verbrechen
vorliegt, ist ganz überflüssig. Es handelt sich einfach um determinirt
antisociale Individuen, welche dauernder Detention bedürften, wenn
nicht an dem ganz unzutreffenden Begriff der Bestrafung einzelner Handlungen festgehalten würde.

Zur dritten Gruppe gehören diejenigen Fälle, welche gewöhnlich als Moral insanity aufgefasst werden.

Ferner gehört hierher der sogenannte Querulantenwahn, da
wir keinen principiellen Unterschied zwischen zwingenden Antrieben

zu bestimmten Handlungen und zwingend auftretenden Gedanken, aus denen erst secundär social störende Handlungen entspringen, machen.

In diese Gruppe gehören ferner alle die verschiedenen Arten von perversen Sexualtrieben, soweit sie nicht durch das sociale Moment der Verführung, sondern durch angeborene zwingende Antriebe bedingt sind und in der Gesammtpersönlichkeit des Menschen keinen hemmenden Widerstand finden. Die Erscheinungsformen dieser specifischen sexuellen Hyperästhesie sind individuell so mannigfaltig, dass eine gesonderte Hervorhebung einzelner Perversitäten aus der massenhaften Literatur hierüber lückenhaft und deshalb überflüssig erscheint.

Es stellt sich immer mehr heraus, dass mit allen Arten von Vorstellungen in einzelnen Persönlichkeiten im Gegensatz zu der Mehrzahl der anderen Menschen Wollustgefühle verknüpft sein können. Es hat gar keinen Zweck, nach der zufälligen Beschaffenheit des Objectes (Pelze, Schuhe, bestimmte Körpertheile, homosexuelle Menschen, Thiere, Leichen u. s. f.) einzelne Krankheitsformen bei der sexuellen Perversität zu unterscheiden. Das Wesentliche ist stets die Stellung dieser zwingenden Neigungen im Gesammtcharakter einerseits und der mehr oder minder starke Widerspruch der resultirenden Handlungen zu dem Zustand der socialen Umgebung.

Bei der Beurtheilung dieser Dinge kommt noch in Betracht, ob diese zwingenden Antriebe bei normalem Verstande oder bei vorhandenem Schwachsinn auftreten.

Sehr häufig findet man sie auch bei Menschen, die im jugendlichen Alter eine Psychose (Manie, Melancholie) hatten und scheinbar zur Norm zurückgekehrt sind, so dass sie von ihrer Umgebung gar nicht als psychopathisch angesehen werden. Z. B. kenne ich eine Frau, die nach einer abgelaufenen agitirten Melancholie ganz normal erscheint, so dass sie heiraten konnte, die nur eine unüberwindliche Neigung hatte, sich selbst die Haare auszuzupfen, wodurch sie sich den Kopf halb kahl gemacht hatte.

Allerdings gehört dieses Beispiel eigentlich in die letzte Gruppe, nämlich zu den Zwangstrieben, welche subjectiv nicht als πάθος empfunden, social indifferent sind. Hierzu gehören ferner viele Fälle von Dipsomanie, wenn die Betreffenden sich mit ihrem krankhaften Trieb abfinden und gleichzeitig durch ihre periodische Trunksucht vermöge ihrer socialen Situation nicht stören. Allerdings kann man hierbei gerade sehen, wie sehr es bei der socialen Beurtheilung dieser Dinge auf die Umgebung ankommt. Mancher Dipsomane kommt überhaupt nur deshalb wenig zur Kenntniss seiner Mitmenschen, weil seine verständige Frau das „Laster" gut vor den Menschen zu verstecken weiss.

Hierher gehören sodann viele Fälle von perverser Sexualität. Wenn z. B. ein Mann durch den Anblick von nackten Männern wollüstig erregt wird, ohne dass er den Trieb zur Päderastie hat oder ihn nicht ausübt, — wenn er zur Befriedigung dieses Gelüstes Handlungen begeht, die jedem Manne erlaubt sind, z. B. Badeanstalten besucht (cfr. *Magnan*, Psychiatrische Vorlesungen, IV, V, pag. 36), so ist er in socialer Beziehung ganz indifferent, während er psychopathologisch völlig auf gleicher Stufe mit einem sexuell Perversen steht, dessen Handlungen criminell werden!

So gibt es eine grosse Menge von Fällen, in denen indifferente Vorstellungen mit grossem Wohlgefühl betont werden und bei denen zugleich zufällig jede Criminalität fehlt.

Wir stellen hier in dieser psychiatrischen Diagnostik nach der kurzen Uebersicht über die Zwangstriebe die Zwangszustände im engeren Sinne, bei welchen ein subjectives Leiden vorliegt, in den Vordergrund und wollen hierbei im Hinblick auf die nothwendige pathogenetische Auffassung der psychopathischen Zustände besonders die Beziehungen zur Melancholie und Paranoia, welche symptomatisch manchmal den Zwangszuständen sehr ähnlich sehen können, hervortreten lassen.

Ich theile nun einen Fall von Zwangsvorstellungen mit, in welchem die auftauchenden Gedankenreihen als etwas Quälendes empfunden werden und dabei in ihren socialen Consequenzen störend sind, wenn die betreffende Kranke auch nie criminell geworden ist.

B. G. aus Lengfeld, geboren 1852, Taglöhnersfrau, aufgenommen am 27. Juni 1891 im 39. Jahre. Die Mutter war lange geisteskrank, eine Schwester hat *Morvan*'sche Krankheit. B. G. war früher immer normal. Sie hat zwei Kinder von 7 und 2 Jahren.

„Vor einiger Zeit ist es ihr eines Tages hinten in den Kopf gefahren.“ Seitdem muss sie fortwährend „simuliren“. Sie fühlt sich dadurch beängstigt. Oft merkt sie, dass sie zwangsmässig etwas denken muss, z. B. bei dem Anblick eines Crucifixes muss sie inwendig sagen: „Luder.“ Nachher empfindet sie Gewissensbisse über diese Sünde.

Im vorigen Jahre wollte sie immer in den Weinberg gehen, auch wenn sie es nicht nöthig hatte. Sie „fühlte sich hingedrängt“, konnte sich nicht zurückhalten, lief aus der Familie fort, vernachlässigte dabei ihre Kinder arg. War dann wieder traurig, weil sie fortgelaufen war. — Wenn sie einen Pfarrer sieht, spricht es in ihr „Teufel“. Sie hält das für Anfechtungen und fühlt sich aufgeregt und beängstigt, weil sie öfter „denken“ muss. Sie erklärt, dass es in der letzten Zeit besser gegangen sei, sie wolle aber ganz gesund werden. Schon am nächsten Tage nach der Aufnahme will sie wieder austreten, nicht weil sie etwas auszusetzen hat, sondern weil sie „keine Ruhe“ mehr hat. Sie will wieder ihren Haushalt versehen. Nach drei Tagen wird sie von dem Gedanken gequält, dass es schon längst mit ihr besser wäre, wenn sie schon früher hergekommen wäre. Auch dieser an sich vielleicht richtige Gedanke quält sie durch seine beständige Wiederholung. Am 5. Februar, also nach 10 Tagen, entlassen. Sie kam am 25. Februar freiwillig wieder in die Anstalt. Gleich am folgenden Tage, nachdem sie aus der Anstalt entlassen war, hat sie fortwährend denken müssen, „sie hätte eher in die Anstalt gehen sollen“. Sie meint, sie könnte die Kinder nicht mehr so schön besorgen wie früher. Sie frägt, ob sie nicht eine Kopfverletzung habe. Möglicherweise sei sie gehirnkrank. Dieser Gedanke kommt ihr oft wieder, obgleich sie eigentlich der gegentheiligen Versicherung glaubt. Manchmal hat sie den zwingenden Gedanken, dass sie nicht weiter gehen könne. Besonders wenn sie in die Kirche gehen will, kann sie manchmal keinen Schritt mehr weiter machen und muss fortbleiben. Die Kranke wurde bald wieder beruhigt entlassen.

Sie kam noch mehrmals in einem symptomatisch ganz agitirt-melan-
cholischen Zustand in die Klinik und ging dann nach mehreren Stunden
wieder getröstet von dannen. Die Schwester gibt an, dass sie für ihre
Familie fast unerträglich ist, weil sie manchmal scheinbar unmotivirt
jammernd aus dem Hause läuft, erst spät wiederkommt, die Kinder vernachlässigt, dass sie den Haushalt herunterbringt, weil sie bei dem besten
Willen zur Arbeit öfter von ihren Zwangstrieben befallen wird.

Hier ist es nur ein kleiner Ausschnitt der socialen Gemeinschaft,
welcher durch die aus den Zwangstrieben resultirenden Handlungen
geschädigt und gestört wird, nämlich die Familie, immerhin ist
der Fall ein Beispiel für die erste am meisten pathologische
Gruppe von Zwangsvorstellungen, welche subjectiv und social
störend sind.

In dieser Krankengeschichte tritt nun ferner eine sonderbare
Unentschiedenheit, ein fortwährender Wechsel der Entschliessungen
hervor. Dieser Zug kommt nun auch isolirt als Unterart des Zwangs-
denkens, gewöhnlich als Folie du doute (Zweifelsucht) bezeichnet vor.

Vor Allem bemerkenswerth in dieser Krankengeschichte ist
noch die lebhafte Gefühlsreaction, welche die Kranke auf ihre Zwangsvorstellungen zeigt. Es verstärkt sich dabei gegenseitig das Gefühl
von dem zwingenden Auftreten dieser Gedanken und die Gefühlsreaction auf den blossen Inhalt der Zwangsvorstellungen. Besonders
wenn die zwangsmässig ausgelösten Gedanken und Worte zu dem
sonstigen geistigen Inhalt der Person in einem starken Widerspruch
stehen, so kommen manchmal anhaltende Gemüthsreactionen zu Stande,
welche dem Bilde der Melancholie zum Verwechseln ähnlich sehen,
während sie pathogenetisch durchaus verschieden zu sein scheinen.
Bei einer genauen Analyse der Fälle, welche als „Melancholie mit
Zwangsvorstellungen" bezeichnet werden, kommt man dazu, einen
grossen Theil davon pathogenetisch als Zwangsvorstellungen mit
lebhafter Gemüthsreaction aufzufassen.

In diesem Sinne der Umkehrung in Bezug auf das Causal-
verhältniss der beiden Symptome: „Gemüthsverstimmung" einerseits,
„Zwangsdenken" andererseits, möchte ich folgende Krankengeschichte
anführen:

Kunigunde W. aus L., geboren 1844, Schusterswitwe, aufgenommen
3. Juni 1889 im 45. Jahre. Geistesstörungen in der Ascendenz nicht zu ermitteln. Nur hat eine Schwester vor Jahren vorübergehend einige Wochen
eine krankhafte Aengstlichkeit gehabt. Im vorigen Winter hatte W. einen
grossen Kummer, weil ihr Sohn von der Präparandenschule wegen Lesens
eines verbotenen Buches entlassen wurde. Bietet bei der Aufnahme das Bild
einer echten Melancholie. Sie isst und schläft wenig, jammert oft, sie habe
keinen Glauben, keine Hoffnung, keine Liebe mehr, sie käme nicht in den
Himmel, sie habe Gott beleidigt.

Allmählich trat als wesentlicher Zug ihrer Erregung hervor, dass
sie zwangsmässig auftretende Gedanken hat, auf welche sie lebhaft reagirt.
Sie klagt über Schlaflosigkeit, weil „ihre Gedanken sie nie in Ruh' liessen".
Es werde in ihrem Kopfe immer über Gott geflucht, ohne dass sie etwas
dafür könne.

10. Juni. Sie jammert fortwährend, sie müsse vor Kummer sterben. Sie bittet, man möge ihr doch ihre Gedanken vertreiben, welche ihr Tag und Nacht keine Ruhe liessen.

12. Juni. Sehr unruhig, läuft beständig im Zimmer herum, jammert, dass sie nicht denken könne, wie sie wolle, dass sie immer schlechte Gedanken habe, auf Gott fluchen müsse. Sie glaubt deshalb, sie sei auf ewig verloren.

26. Juni. Beständig von qualvoller Unruhe beherrscht, sie bittet verzweifelt, man möge sie doch von ihren Gedanken befreien. Heute Morgen machte sie einen energischen Suicidalversuch, sich mit einem Tuch zu erdrosseln.

30. Juni. Deutliche Zwangsgedanken. Manchmal producirt sie dieselben unwillkürlich laut, ruft z. B. „Verfluchter Herrgott, Teufelsherrgott."

10. Juli. Patientin fühlt sich etwas erleichtert, ihre Zwangsgedanken treten nicht mehr so heftig auf.

25. Juli. Patientin ist frei von Zwangsgedanken, ist jedoch noch ängstlich und deprimirt, jammert den ganzen Tag, sie könne es vor Heimweh nicht aushalten.

Sie wurde am 1. September, also nach 3 Monaten, geheilt entlassen.

Hier haben also fortdauernd Zwangsgedanken das klinische Bild beherrscht. Allerdings ist sie noch circa 5 Wochen lang nach deren Aufhören in einem sehr deprimirten Zustand gewesen. Dass die Kranke so rasch gesund geworden ist, spricht durchaus nicht gegen die Diagnose auf „Zwangsdenken", weil dieses auch anfallsweise auftreten kann.

Immerhin muss zugegeben werden, dass dieser Fall auch die andere Auffassung gestattet, dass es sich im Wesentlichen um eine einfache Melancholie gehandelt hat. Es liegt aber in der Consequenz einer Psychiatrie, welche nicht blos Krankheitseinheiten auf Grund ähnlicher Symptomencomplexe construiren, sondern die Pathogenese der Zustände als Unterscheidungsmerkmal der ähnlichen Symptomenbilder anwenden will, derartige Unterscheidungen zunächst bei der Analyse des einzelnen Falles zu machen.

Ich führe nun noch kurz einen Fall an, welcher eher einwandsfrei in Bezug auf die Priorität der Zwangsgedanken vor der melancholischen Verstimmung zu sein scheint.

K. W. aus R., Bauersfrau, aufgenommen am 17. October 1887 im Alter von 37 Jahren. Geisteskrankheit in der Familie nicht nachzuweisen. Sie hatte schon im Alter von 22 Jahren, sechs Monate lang, und im Alter von 35 Jahren, sechs Wochen lang, „tolle Gedanken", war nicht in einer Anstalt Seit einiger Zeit Vernachlässigung des Haushaltes, sie kocht nicht mehr, will immer aus dem Hause laufen, vernachlässigt die Kinder. Raufte sich oft die Haare aus und jammerte, dass sie nicht selig werden könne, da sie so dumme Gedanken gegen die Reinlichkeit habe. Auch vom Herrgott denkt sie Unreines. Seit 5 Wochen Nachts unruhig, jammerte, dass sie verloren sei. Zeigt grosse Angst, isst zeitweise nichts. Vor acht Tagen wollte sie sich im Garten vergraben. Wenige Tage darauf weinte sie in der Kirche laut auf.

Bei der Aufnahme kommen ihre Zwangsvorstellungen als Ursache ihrer Gemüthserregungen klar zu Tage. Sie gibt an, dass sie bei jedem Menschen, den sie gesehen habe (männlich oder weiblich), habe denken müssen, die Geschlechtstheile müssten ihn am Gehen hindern, dann habe sie gedacht, sie käme deshalb nicht in den Himmel. Ferner habe sie auch den dummen Gedanken bekommen, Christus sei ein angenagelter Donnerkeil. Im Uebrigen ist sie ganz verständig und ruhig. Konnte nach 14 Tagen (!) als geheilt entlassen werden.

Hier hat sich in der That ein symptomatisches Bild, welches anamnestisch entschieden als einfache Melancholie hätte aufgefasst werden müssen, bei genauerer Untersuchung als Folge und Begleiterscheinung von Zwangsdenken herausgestellt.

Bemerkenswerth ist, dass die Kranke früher schon anscheinend zwei, wenn auch mässigere Anfälle desselben Leidens gehabt hat, so dass der Fall eigentlich in das Gebiet der periodischen Psychosen gehört.

Alle diese Fälle zeichnen sich dadurch aus, dass die Gesammtpersönlichkeit der Kranken zu den auftretenden Zwangsvorstellungen in lebhaften Widerspruch geräth und enorme Gemüthsreaction zeigt. In vielen Fällen entspringen daraus Handlungen, welche zwar nicht als criminell, aber doch zum mindesten als social störend zu betrachten sind. Die Fälle gehören also in die erste der von uns aufgestellten Gruppen.

Ebenso wie zur Melancholie, haben die Zwangsvorstellungen zur Paranoia viele Beziehungen.

Oefter tritt das Zwangsdenken in der Art auf, dass bei allen im Laufe des gewöhnlichen Lebens nothwendigen Handlungen eine bestimmte Art von Associationen in Bezug auf die Consequenzen der betreffenden Handlungen auftritt.

P. S., Kaufmann, 35 Jahre alt. Ein Geschwisterkind von ihm ist 25 Jahre in einer Anstalt gewesen. S. erklärt, er leide an „Hypochondrie". Er muss immer denken, dass er durch seine Handlungen eine Vergiftung bewirkt. Deshalb unterlässt er oft gewisse Handlungen, weil er das Auftreten solcher Vergiftungsideen fürchtet. Er getraut sich nicht mehr einen Cigarrenstummel auf die Strasse zu werfen, weil er dann fürchten würde, es könne eine Nicotinvergiftung daraus entstehen.

Wenn er ein Schwefelholz in den Ofen wirft und es steht ein Topf darauf, so bekommt er Angst, es könne sich Rauch in den Topf schlagen und den Inhalt vergiften. Wenn er auf dem Stuhl sitzt, so glaubt er, Andere werden angesteckt. Hier ist also ein Zusammenhang zwischen seiner Vergiftungsidee und der vorhandenen Situation erst construirt worden. Erst durch die Mittelvorstellung des „Rauches" werden hier die räumlich getrennten Gegenstände, ein in den Ofen geworfenes Streichholz und ein auf dem Ofen stehender Topf, in Bezug auf die Vergiftung zusammengebracht.

Oft sind die Zusammenhänge noch viel künstlicher, so dass ganze Reihen von Vorstellungen zwischen der Situation und der Vergiftungsidee ausgespannt werden. Er erzählt manchmal lange Geschichten, z. B.: „Neulich kaufte ich Lebkuchen, da war Staub auf dem Paket. Abends lese ich in der Zeitung, dass ein Wiener Arzt Bacillen auf staubigen Apfelschalen gefunden habe; jetzt glaubte ich sofort, die Person, die von dem Lebkuchen esse, sei verloren. Da einige davon schon wieder verkauft waren, so war ich deshalb in Verzweiflung, wollte sie zurücknehmen, wusste aber nicht, wer sie hatte."

Hier ist nun bemerkenswerth der Umstand, dass in Bezug auf ein schon geschehenes Ereigniss. nämlich das Verkaufen von staubigen

Lebkuchen, die Vergiftungsidee erst später von einer ähnlichen Vorstellung ausgelöst, gewissermassen retrospectiv entstanden auftritt.

Ferner ist die lebhafte Gefühlsreaction zu beachten, welche sich bei dem Kranken auf seine Zwangsvorstellungen einstellen. Es kann dadurch manchmal völlig das Bild einer agitirten Melancholie vorgetäuscht werden, wenn man die Veranlassung der Gefühlsreactionen, eben die quälenden Zwangsvorstellungen, übersieht.

In den bisherigen Beispielen über den Geisteszustand des Mannes kommen immer Vergiftungsideen vor, welche sich auf andere Menschen beziehen.

In Bezug auf sich selbst bekommt er oft den Zwangsgedanken, dass er syphilitisch angesteckt sei, wozu kein objectiver Grund in seinem Leben vorliegt. Manchmal befällt ihn der Gedanke, dass er in keine Gesellschaft mehr gehen und auf keinem Stuhle mehr sitzen dürfe, weil dadurch ein Anderer angesteckt werden könne.

Bei der Untersuchung kommt er alle Augenblicke darauf zurück. Nachdem man ihm lang und breit auseinandergesetzt hat, dass Alles grundlos sei, sagt er am Schluss doch: „Darf ich also auf einem Stuhle sitzen? Ich werde doch nicht angesteckt sein." — Im Uebrigen ist der Mann ganz verständig, kann seinen Geschäften vorstehen.

In den zuletzt zugegebenen Mittheilungen tritt hervor, dass sich dieses Krankheitsbild in einem Zuge sehr dem nähert, was man Folie du doute (Zweifelsucht) genannt hat. Man konnte ihn für wenige Augenblicke überzeugen, dass Alles Einbildung sei, sofort kamen aber wieder die zweifelvollen Fragen: „Darf ich also auf einem Stuhl sitzen? Bin ich nicht vielleicht doch angesteckt?"

Die Folie du doute nähert sich in der That in manchen Fällen der Paranoia sehr an. Man muss dabei einen Unterschied je nach dem Gegenstand, auf welchen sich das Zweifeln bezieht, machen. Oft werden ganz künstliche Begriffsantithesen ausgeklügelt, an welchen sich dieser Trieb zum Zweifeln die Gegenstände sucht, zwischen denen er hin und her gehen kann. Ein mir bekannter Gärtnerbursche musste beim Einsetzen von Pflanzen immer grübeln, ob das Recht oder Pflicht sei. In solchen Fällen ist die ganze Fragestellung so absurd, dass man von einer beginnenden Wahnbildung in Bezug auf eine dieser Alternativen nicht reden kann. Im eben mitgetheilten Falle jedoch wird fortwährend gezweifelt, ob Syphilis am eigenen Körper vorliege oder nicht. Hier ist die eine Alternative, wenn sie geglaubt wird, eine positive Wahnidee. Es kommt nun wirklich vor, dass aus der einen Seite dieser Alternativfragen eine völlige Wahnbildung hervorwächst.

Hieher gehört der folgende Fall, der noch nicht als abgeschlossene Krankheit vorliegt, der aber gerade deshalb sehr geeignet ist, als diagnostisches Problem angeführt zu werden.

Rosa M. aus B., Brauburschenfrau, Deserta, geb. 1859, aufgenommen 19. Juni 1893, also im Alter von 34 Jahren. Geisteskrankheiten in der Familie nicht nachzuweisen. Lebte in unglücklicher Ehe. Wurde oft geschlagen, lief dem Manne aus dem Hause, nachdem dieser sie mit dem Messer bedroht hatte. Vor 5 Monaten fuhr sie nach W., ohne dass die Bischofsheimer Verwandten bestimmten Bescheid bekamen. Sie schrieb Briefe, aber ganz schwankend, mit fortwährender Aenderung der Entschlüsse. Nachhaus zurückgekehrt, wurde sie manchmal gewaltthätig, schlug z. B. auf einem Spaziergang gegen eine alte Frau und ein Kind los; schlug manchmal auf ihre Schwiegermutter los, benahm sich aber sonst ganz verständig. Nur zeigte sie eine sonderbare Unentschlossenheit, rannte z. B. am Tage 15mal zum Arzt, der ihr wiederholt versicherte, sie sei körperlich gesund.

In der Anstalt waren bei eindringlichster Prüfung weder Wahnideen, noch Hallucinationen zu ermitteln. Das wesentliche pathologische Merkmal bestand zuerst in einer Nahrungsverweigerung, welche nicht durch dauernde Gemüthsverstimmung bedingt war. Sie grübelte fortwährend, ob es erlaubt sei, zu essen oder nicht. Bei jeder Handlung, die sie thun soll, stockt sie. Sie weiss nicht, ob es sein soll oder nicht. An einem Tag quält sie sich fortwährend mit dem Gedanken, ob es schlecht von ihr sei, dass sie ihre falschen Zähne nicht abgegeben habe, oder nicht. Hat bei Allem, was sie thun soll, ein Aber. Muss immer von einem fremden Willen geleitet werden. Sie isst meist nur auf energischen Befehl. Sagt öfter, sie wisse nicht, wie sie das später bezahlen solle. Wenn ihr versichert wird, dass sie einen Freiplatz hat und nichts zu bezahlen braucht, so scheint sie es einen Augenblick zu glauben, verfällt aber gleich wieder in ihren Zweifel. Dabei war sie durchaus nicht melancholisch, zeigte sich öfter ganz heiter. Sehr oft theilte sie, wenn sie etwas gethan hatte, z. B. gebetet, das dem Arzt mit und fragte, ob das recht gewesen sei? Die Entgegnung, dass sie ja gebetet habe, nimmt sie ruhig an, fragt aber bald darauf wieder, „ob das recht gewesen sei".

Nun traten weiterhin melancholieähnliche Verstimmungen auf, sie weinte oft dabei, zeigte jedoch im Wesentlichen immer Zweifelsucht. War manchmal durch ihre Unentschlossenheit ganz in ihren Handlungen gehemmt, sie wusste nie, ob es so oder so sein solle. Konnte sich dabei bei Besuchen so gut mit Verwandten unterhalten, dass sie für ganz normal angesehen wurde. Oft wiederholte sie die gleiche Bitte 20mal, wenn man ihr auch jedesmal dieselbe zusagte. Z. B. heisst es 13. Juli 1893: „Verlangt in die Kirche zu gehen. Wenn man ihr das zusagt, so stellt sie nach einigen Minuten die gleiche Bitte, als ob man ihr gar keine Antwort gegeben hätte." Dazwischen zeigte sie wieder weinerliche Aufregungen, welche manchmal das Bild einer Melancholie vortäuschten.

Manchmal waren die Bitten einfach unerfüllbar. Sie wiederholte sie dann immerfort, wenn man ihr auch das Unmögliche derselben klar zu machen gesucht hatte.

24. Juli 1893. Stellt die Bitte, gleich fortgehen zu dürfen zu Fuss nach Bischofsheim (circa 7 Meilen). Trotzdem ihr gesagt wird, dass das in Anstaltskleidern, in denen sie war, und ohne Geld nicht gehen würde, wiederholt sie die Bitte oft, ohne je einen ernsthaften Versuch dazu zu machen oder sich auch nur ihre eigenen Kleider auszubitten. Muss immer noch mit grosser Mühe zum Essen gebracht werden. Fragt man sie, warum sie nicht essen will, so sagt sie mit einem freundlichen, unsicheren Lächeln: „Das ist ja zu viel, wer soll denn das Alles bezahlen?" Dauernd melancholisch ist sie durchaus nicht, trotz der öfteren weinerlichen Erregungen. Bei dem Besuch des Vaters benimmt sie sich ganz verständig, sagt diesem gleich, es sei hier ganz schön, es gebe aber zu viel zu essen, wer denn das eigentlich bezahlen solle? Es trat nun immer mehr hervor, dass, wenn sie einmal eine Bitte oder Frage vorgebracht hatte, diese dann constant wiederkehrte,

gleichgiltig, welche Antwort oder Auskunft sie bekommen hatte. Sie war besonders auch gegen den oft unmöglichen Inhalt ihrer constanten Bitten, welche sie nie mit entsprechenden Handlungen begleitete, ganz kritiklos. Sie bittet z. B., wieder nach Bischofsheim gehen zu dürfen. Dass das in Pantoffeln, Anstaltskleidern und ohne Geld nicht geht, sieht sie nicht ein, beziehungsweise sie wiederholt bei jeder Gelegenheit, trotz dieser Einwände, ihre Bitte. Der Ton jeder Wiederholung ihrer Fragen und Bitten ist so, als ob überhaupt gar nichts vorangegangen wäre. Bei der Entlassung am 31. Juli ganz unverändert. Im Vordergrund stehen ihre Zweifelsucht und ihre Zwangsgedanken, für deren Thorheit sie kein Einsehen hat und die sie durchaus nicht als etwas Fremdartiges empfindet.

In diesen letzten beiden Zügen liegen die Momente, welche den Fall der Paranoia nahe bringen. Die Gesammtheit von Vorstellungen, welche die Persönlichkeit ausmachen, reagirt nicht mehr gegen die hier auftretenden stereotypen und praktisch unmöglichen Gedankenreihen durch das Gefühl des Fremdartigen. Die auftauchenden Ideen werden nicht mehr kritisirt, sondern immer von Neuem den triftigsten und handgreiflichsten Einwänden gegenüber maschinenmässig wiederholt. Die Ideen, besonders z. B. der Zweifel, „wer denn das bezahlen soll“, wären viel weniger prognostisch ernst zu nehmen, wenn sie aus einer dauernden Gemüthsverstimmung entsprängen, mit welcher sie — sublata causa cessat effectus — wieder verschwinden könnten. Gerade die Abwesenheit dieser und die Verständigkeit der Frau, abgesehen von ihrem Zweifeln und Zwangsdenken, macht die Prognose im Sinne einer ausbrechenden Paranoia ungünstig.

Es gibt in der That Fälle von ausgebildeter Paranoia, deren Entstehung aus einem Vorstadium von Zweifelsucht und Zwangsdenken sich anamnestisch nachweisen lässt.

In diesen Zusammenhang gehören die als Querulantenwahn beschriebenen Krankheitsbilder. Es muss aber hier gleich davor gewarnt werden, in leichtsinniger Weise Menschen, welche viel queruliren, ohne Weiteres für Querulanten-wahnsinnig zu erklären. Es könnten sonst leicht die wenigen Menschen, welche den Muth haben, ihre vorgesetzten Behörden mit fortgesetzten Eingaben wegen bestimmter Verbesserungen zu behelligen, fälschlicher Weise in eine psychiatrische Kategorie gerathen.

Es handelt sich um Menschen, welche zwangsmässig immer die gleiche Art von (im speciellen Fall recriminirenden) Gedanken bilden müssen, ohne dass in den äusseren Verhältnissen ein Anlass dazu gegeben wäre. Die Diagnose dieser Zustände ist neben der latenten Paranoia das Schwierigste in der Beurtheilung von Geisteszuständen und muss den Specialisten überlassen bleiben. Diese selbst aber müssen bedenken, dass, ebenso wie das Anklagen bei den Staatsanwälten, so auch das Einreihen in Krankheitskategorien bei den Psychiatern zum Zwangstrieb werden kann, und dass die Diagnose auf Querulantenwahn nur mit grösster Vorsicht gestellt werden soll.

Es ist betont worden, dass es sich für die Beurtheilung hauptsächlich darum handelt, festzustellen, in welchem Verhältniss solche zwingend auftretende Triebe zu bestimmten Handlungen zu dem Gesammtgeisteszustande der damit Behafteten steht. Im Folgenden theile ich nun ein typisches Beispiel mit, in welchem sich dieser psychopathische Zug auf der Basis des angeborenen Schwachsinnes gezeigt hat.

A. M., geboren 1855, Grossvater geisteskrank. Aus der Zeit vor seiner ersten Aufnahme in die Klinik 1882 ist Folgendes bekannt:

In den ersten Lebensjahren viel an Krämpfen gelitten. Er blieb später geistig immer mehr hinter seinen Altersgenossen zurück. Er lernte in der Schule sehr schwer und nur gezwungen, war gutmüthig von Charakter. Auffallend war seine Vorliebe für Uhren schon als Kind. Er soll im Alter von 3 Jahren eine Kinderuhr geschenkt bekommen haben, an der er eine ganz unsinnige Freude hatte. Während seines schulpflichtigen Alters bekam er manchmal Anfälle von motorischer Unruhe, er sang und sprang umher, lachte ohne äusseren Grund, zog sich dadurch viele Strafen zu. Nach der Entlassung aus der Schule kam er in eine Erziehungsanstalt, wo er das Schuhmacherhandwerk lernte.

Dort erfuhr er eine sehr harte Behandlung, erlitt viele Strafen, hauptsächlich wegen seiner heftig auftretenden Lachkrämpfe. Diese Lachkrämpfe hinderten ihn auch später am Fortkommen; da dieselben oft auftraten, wenn ein trauriges Ereigniss zu beklagen gewesen wäre, wurde ihm dies häufig als Herzlosigkeit ausgelegt. Er hatte 18 - 20 Lehrherren, die ihn immer wegen seines „Rappels" entliessen. Zuletzt verlor er seinen kärglichen Verdienst als Strassenarbeiter, da er häufig mitten in der Arbeit von einem Sturme, wie sich Patient ausdrückt, überfallen wurde, sein Arbeitszeug wegwarf und umherrannte, wobei es zu Scandalen mit den anderen Arbeitern kam.

Die Neigung für die Uhren hatte sich andauernd erhalten. Er konnte derselben eines Tages nicht widerstehen, und obwohl er das Strafbare seiner Handlung kannte, entwendete er eine Uhr unter Umständen, welche seine sofortige Festnahme und spätere Bestrafung nothwendig nach sich ziehen mussten. Damals erhielt er eine Gefängnissstrafe von 2 Monaten, später wurde er in Folge von Uhrendiebstahls noch dreimal mit Gefängniss von 10—18 Monaten bestraft. Andere Diebstähle hat er nie ausgeführt. Jedesmal hatte Patient die That mit Bewusstsein vollbracht. Er hatte nie versucht, die gestohlenen Uhren zu verwerthen, sondern sie immer versteckt und sich heimlich an ihnen erfreut. Immer gestatteten die Umstände, unter denen die That verübt wurde, den Thäter alsbald ausfindig zu machen. Längere Zeit ist er bettelnd auf den Landstrassen herumgezogen.

Bei der Aufnahme in die Klinik 1882 zeigte er sich entschieden schwachsinnig. Dass er eingesperrt wird, wenn er Uhren stiehlt, weiss er, er kann es aber nicht lassen.

Seine Begriffe über Diebstahl sind ganz verworren. Wenn man Einem die Uhr aus der Tasche nimmt, so sei das gestohlen; wenn man sie aber von der Wand oder vom Tisch nimmt, so sei das blos „genommen". Am Schluss einer klinischen Vorstellung bettelt er das Auditorium um eine Uhr an. In Bezug auf die Erreichung seines fortwährenden Wunsches nach einer Uhr ist er ganz kritiklos. Er meint, wenn die beiden Aerzte jeder ein paar Mark geben, so könne man ihm eine Uhr kaufen, was er sehr hofft. Ferner bricht er sehr oft in ein krampfhaftes Lachen aus, wodurch die Mitpatienten sehr gestört werden.

Nach der Entlassung aus der Klinik im Februar 1882 bis zur zweiten Aufnahme im Jahre 1893 hat er noch viermal Uhren gestohlen und hat im Gefängniss gesessen, wo er seinem Wärter eine Uhr wegnahm. Zum letzten Mal hat er seinem Onkel eine Uhr entwendet. Hier in der Anstalt zeigt er sich in mässigem Grade schwachsinnig, arbeitet im Allgemeinen gut, bekommt manchmal Aufregungen, in denen er gemeingefährlichen Unfug treibt (Wasserhähne aufdrehen, Telephon beschädigen), lacht öfter krampfhaft und hat eine ganz kindische Freude, wenn man ihm für einige Minuten eine Uhr gibt. Er nimmt sie dann liebevoll in die beiden Hände, dreht sie nach allen Seiten, betrachtet das Zifferblatt, hält sie an's Ohr.

Hier sind die beiden Zwangsantriebe, das krampfhafte Lachen und das Uhrenstehlen, Theilerscheinungen des allgemeinen mässigen Schwachsinns. Bei der Begutachtung müsste dieser, nicht aber das einzelne antisociale Symptom in den Vordergrund gestellt werden.

Das Wesentliche der psychiatrischen Diagnostik besteht eben darin, nicht am einzelnen Symptom hängen zu bleiben, sondern die Grundkrankheiten festzustellen.

· ◆ ·

Druck von Gottlieb Gistel & Comp. in Wien.